数字化制造工艺仿真

主　编　董　延　张　柯
副主编　薛誓颖　王亚强　王林军（企业）
主　审　王美姣

北京理工大学出版社
BEIJING INSTITUTE OF TECHNOLOGY PRESS

内容简介

本书以 Tecnoamtix 软件的功能应用为主线，共分为 7 个项目，包括 Tecnomatix 认知、创建项目及数据导入操作、装配仿真设计操作、关键设备设计操作、人机工程仿真设计操作、工业机器人操作仿真、生产流水线综合训练。每个项目由“项目描述”“项目实施”和“任务评价”三个部分组成，将 Tecnoamtix 软件系统的模块功能及操作运用融入各项目，且每个任务的操作步骤非常细致，如同工作手册一样，读者在不借助其他参考书的情况下，按照相应步骤就能完成本书的实践性操作。

本书可作为高等院校、高职院校培养工艺仿真人才的教材，既可用于工艺仿真基础教学，也可以作为初次学习工艺仿真 Process Simulate 软件的参考用书。

图书在版编目(CIP)数据

数字化制造工艺仿真 / 董延，张柯主编. -- 北京：北京理工大学出版社，2024.1

ISBN 978-7-5763-3630-6

Ⅰ. ①数… Ⅱ. ①董… ②张… Ⅲ. ①数字技术-应用-机械制造工艺-教材 Ⅳ. ①TH16-39

中国国家版本馆 CIP 数据核字(2024)第 049272 号

责任编辑：钟　博　　**文案编辑**：钟　博
责任校对：刘亚男　　**责任印制**：李志强

出版发行 / 北京理工大学出版社有限责任公司
社　　址 / 北京市丰台区四合庄路 6 号
邮　　编 / 100070
电　　话 / (010) 68914026 (教材售后服务热线)
(010) 68944437 (课件资源服务热线)
网　　址 / http://www.bitpress.com.cn

版 印 次 / 2024 年 1 月第 1 版第 1 次印刷
印　　刷 / 河北盛世彩捷印刷有限公司
开　　本 / 787 mm×1092 mm　1/16
印　　张 / 17.75
彩　　插 / 1
字　　数 / 406 千字
定　　价 / 85.00 元

图书出现印装质量问题，请拨打售后服务热线，负责调换

前 言

智能制造是中国政府所实施的制造强国重要战略，党的二十大报告指出，要“推进新型工业化，加快建设制造强国”。国家先后出台《“十四五”智能制造发展规划》《“十四五”机器人产业发展规划》等一系列相关规划，推动构建新型智能工厂、数字化工厂以助力传统产业智能制造升级，将新一代信息技术贯穿到设计、工艺、生产、物流等各个环节中。

随着虚拟调试与仿真技术的高速发展，产品制造首先基于产品的三维数字模型进行工艺流程开发，然后根据产品工艺进行产线规划设计，最后通过产线仿真来验证工厂的规划是否可行并满足设计需求，有效助力企业降低成本、缩短工期、提高效率。

西门子 Tecnomatix 是一套开放式数字制造数据管理平台，包括装配过程仿真、人因仿真、设备定义、机器人仿真等诸多功能。用户可以方便地运用这些功能快速地进行装配工艺过程仿真、机器人操作仿真、人机工程仿真等，展示产品生产的整个工艺过程。虚拟仿真技术将生产工艺过程搬进教室，使学生在教室里就能模拟整个生产工艺过程，了解生产工艺过程，从而激发学生的学习兴趣，培养学生解决生产工艺问题的能力，掌握先进工具的应用技能，为投身行业打下坚实的基础。

本书以实用性为主，基于学生作为设计者的角色需求，强调学生必须在目标和兴趣的驱动下进行主动学习。本书选取企业实际仿真验证项目案例为主体基础内容，采用理论分析与生产实际相结合的方法，结合专业群 1 + X 证书相关要求，进行项目式教材建设并配套开发信息化资源。本书以 Tecnomatix 软件的功能应用为主线，将 Tecnomatix 软件系统的模块功能及操作运用融入书中各项目。每个项目按照“项目描述”“项目实施”和“任务评价”3 个部分组织内容。

本书由河南职业技术学院董延、张柯任主编，河南职业技术学院薛誓颖、王亚强和国机工业互联网研究院（河南）有限公司王林军任副主编。具体编写分工为：董延编写项目 2、项目 4，张柯编写项目 5、项目 7，薛誓颖编写项目 1、项目 6，王亚强编写项目 3。本书由河南职业技术学院王美姣主审。本书在编写过程中得到了国机工业互联网研究院（河南）有限公司王林军的大力支持和帮助，在此表示衷心的感谢。

由于编者水平有限，书中不妥及疏漏之处在所难免，敬请广大读者批评指正。

编 者

目　录

项目 1 Tecnomatix 认知

【知识目标】

- 了解西门子数字化双胞胎和虚拟调试技术的概念和主要内容。
- 熟悉西门子数字化双胞胎的实施工具。
- 熟悉 Tecnomatix 软件体系和数据体系。

【能力目标】

- 能够理解数字化双胞胎在智能制造中的价值与应用。
- 能够理解 Tecnomatix 软件体系，能够构建 Tecnomatix 软件体系结构图。
- 能够理解 Process Designer、Process Simulate、eMServer 的三层数据架构。

【职业素养目标】

- 培养学生的爱岗敬业精神和职业道德意识。
- 培养学生综合运用知识分析、处理问题的能力。
- 培养学生从客户需求出发分析和解决实际问题的能力。

1.1 项目描述

1.1.1 项目内容

(1) 了解西门子数字化双胞胎和虚拟调试技术的概念和主要内容。
(2) 熟悉西门子数字化双胞胎的实施工具。
(3) 熟悉 Tecnomatix 软件体系和数据体系。
(4) 能够理解数字化双胞胎在智能制造中的价值与应用。
(5) 能够理解 Tecnomatix 软件体系，能够构建 Tecnomatix 软件体系结构图。
(6) 能够理解 Process Designer、Process Simulate、eMServer 的三层数据架构。

1.1.2 项目实施步骤概述

(1) 了解 Tecnomatix 软件与数据体系。

（2）了解 Tecnomatix 软件的功能。

（3）熟悉 Tecnomatix 软件环境与数据服务。

（4）熟悉 eMServer 数据存储。

（5）理解 PDPS 数据与文件存储。

（6）理解 PDPS 中的基本工艺对象及关系。

1.2 项目实施

1.2.1 Tecnomatix 软件与数据体系

1. Tecnomatix 软件体系

Tecnomatix 是西门子全面数字制造解决方案的组合，它连接了制造工艺与产品工程的数据，实现了产品的加工与创新。Tecnomatix 软件体系包含工艺布局和设计、工艺模拟和验证、产品制造及执行设计等整个生产流程，其设计基础是开放式产品生命周期管理（PLM）技术。

PLM 起初是一种基于计算机辅助设计（CAD）、计算机辅助制造（CAM）和产品数据管理（PDM）的概念，但随着技术的不断发展，其范围已经拓展到了产品生命周期框架的各个环节，包括概念、设计、制造、应用、回收、处置及运输等。在整个产品生命周期中，PLM 技术提供了对产品和过程知识的访问。Tecnomatix 软件系统是 PLM 技术的重要组成部分，它包含了一套 PLM 不可或缺的软件工具，相关软件及其功能如下。

1）零件规划和验证

零件规划和验证包含零件制造计划、加工线规划、冲压线模拟与虚拟机床等相关的工具软件。

2）装配规划和验证

Tecnomatix 软件体系通过一系列工具来实现装配规划和验证的应用开发，所涉及的软件模块如下。

（1）资源分配、布局与工艺规划软件 Process Designer。

（2）装配过程控制组件 Process Simulate Assembly。

（3）人体工程学组件 Process Simulate Human、Jack 等应用软件。

在上述软件模块中，Process Designer 能对三维仿真、产品线平衡等过程中的资源、操作和产品等要素进行粗略的规划。Process Simulate Assembly 能对装配工艺进行可行性验证，对装配路径、装配顺序、碰撞干涉等过程进行详细的规划，主要功能包括精确分析、仿真操作、碰撞规划、时间分析、人机工程学分析、工业机器人离线编程（Off - Line Programming，OLP）及虚拟调试（VC）等。其中，包含在 Process Simulate 中的人体工程学组件主要是模拟人的生物力学，为提高工作场所的工效，分析、改善与消除职业病等提供了可行的仿真工具和较高的改善效率。

3）工业机器人技术和自动化规划

工业机器人技术和自动化规划所使用的主要软件工具有 Process Designer、机器人工艺操作模拟仿真组件 Process Simulate Robotics 或 Process Simulate Robcad 以及机器人生产过程与焊接模拟组件 Process Simulate Spot Weld 等。它们可用于工业机器人的装配、搬运、加工、喷涂和焊接等工艺仿真，还可以用于工装夹具、自动化设备工艺等的设计与仿真，工业机器人及自动化设备工位布局、工位节拍等的规划与仿真验证。

4）工厂设计和优化

工厂设计和优化主要用于工厂 CAD、工厂流程优化与工厂模拟等，所用到的软件是 Plant Simulation，以及相关功能组件 Factory CAD、Factory FLOW 等。其中，Plant Simulation 主要用于工业过程的二维布局优化，它包括动态模拟、人员和机器的开发、工作站中薄弱位置的识别、供应的运输、策略的验证以及仓库的占用等。Factory CAD 与 Factory FLOW 都属于 AutoCAD 的上层构架软件，Factory CAD 可用于快速构建项目生产与生产工作站的 3D 布局。使用 Factory FLOW 可以构建物流、变量所引起的运输成本变化的图形和数字表达等。

5）质量和生产管理

质量和生产管理包含尺寸计划和验证（DPV）、误差分析（VSA）、检测规划（CMM）、制造执行系统（MES）、数据采集及人机交互 HIMI/SCADA 等。

从应用方面来看，上述软件之间的分组关系可用图 1－1 来表述，共分为如下 3 组。

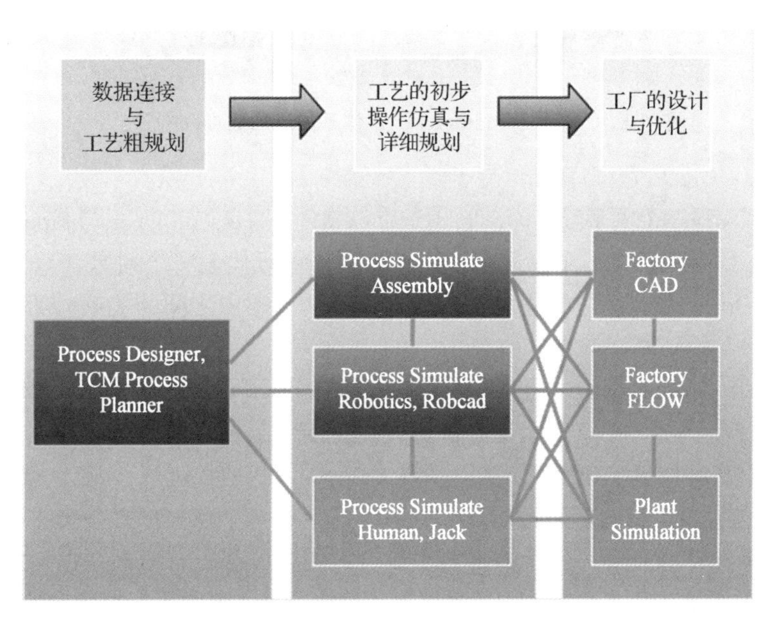

图 1－1 Tecnomatix 应用组件的分类

（1）第一组包含数据连接与工艺粗规划，用到的软件有 Process Designer 或者基于数据协同平台的 TCM Process Planner。

（2）第二组包含工艺的初步操作仿真与详细规划，用到的软件有装配过程控制组件 Process Simulate Assembly、工业机器人工艺操作模拟仿真组件 Process Simulate Robotics 或者 Robcad，以及人因工程组件 Process Simulate Human 或者 Jack 组件。

（3）第三组包含工厂的设计与优化，用到的软件有 Factory CAD、Factory FLOW 和 Plant Simulation 等。

上述分组概括了 Tecnomatix 软件体系的应用范围，这些应用软件的后台支撑是数据库，以及基于数据库平台的制造协作平台 Team Center of Manufacturing（TCM）。各种应用软件是在管理、处理与运用各种数据的过程中发挥其作用的。因此，数据分类是 Tecnomatix 体系的核心，也是构建包含零件制造特征、资源和操作等信息的各类加工工艺的基础。下面对 Tecnomatix 数据体系做简要介绍。

2. Tecnomatix 数据体系

Tecnomatix 数据体系包含 3 个层次。如图 1－2 所示，在 Tecnomatix 的三层数据架构中，软件 Process Designer 和 Process Simulate 均通过 eMServer 服务器访问 Oracle 数据库，执行与各种用户的连接功能。这三层数据架构的关系如下。

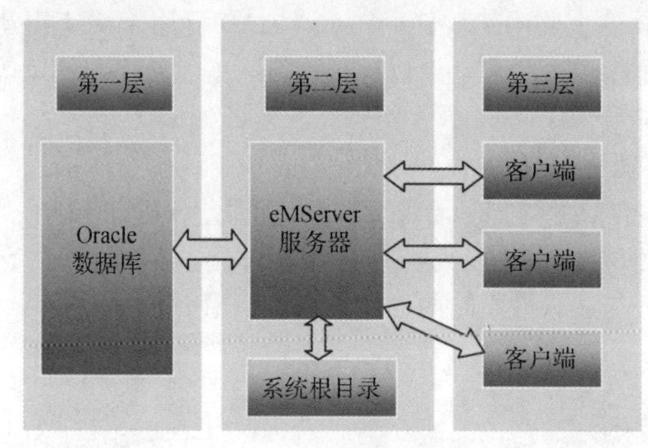

图 1－2　Tecnomatix 数据体系的三层数据架构

1）第一层：Oracle 数据库

Oracle 数据库是一个关系数据库，它用于存储软件 Process Designer 与 Process Simulate 中的对象。Oracle 数据库就像一个巨大的 Excel 表页，每行代表一个对象，每列代表对象的一个属性。在 Oracle 数据库中，每种类型的对象（包括对象之间的关系）都由一个 Oracle 数据表存储。

在图 1－2 中，Tecnomatix 数据体系的解决方案使用了 Oracle 数据库，其主要功能是管理数据和控制访问，例如锁定方案用于保证数据更新结果的一致性。Oracle 数据库充当持久性存储数据的场所，它被细分为不同的 Oracle 账户存储区，称为数据对象集合（schema），它包含表、视图等多种对象。一般情况下，每个账户都有一个主数据对象集合区用于保存所有生产数据，另一个数据对象集合区用于保存所有测试数据。每个主数据对象集合区都与一个被称作高级队列（Advanced Queue，AQ）的数据对象集合区成对出现，以维持系统自动刷新机制的运作。也就是说，主存储区保存所有项目节点的各种结构树数据；AQ 存储区则保存了客户端应用程序中用户对主存储区所更新的临时列表。这些过程由 eMS 代理监视。对于用户而言，Oracle 数据服务器运行单个 Oracle 实例，包含数据库的进程和内存。一个实例可以包含多个存储区域，但 eMServer 数据服务器一次只能使用一个存储区域。

2）第二层：eMServer 数据应用服务器层

第二层属于业务逻辑层，用于管理 Oracle 数据库与客户机应用程序之间的连接，并能够根据制造过程中资源、操作等的规则和逻辑，提供服务和建模元素。它是 Tecnomatix 解决方案的核心。第二层的应用模式如图 1-3 所示，它能为客户端应用程序提供服务，并管理整个业务的逻辑流程。

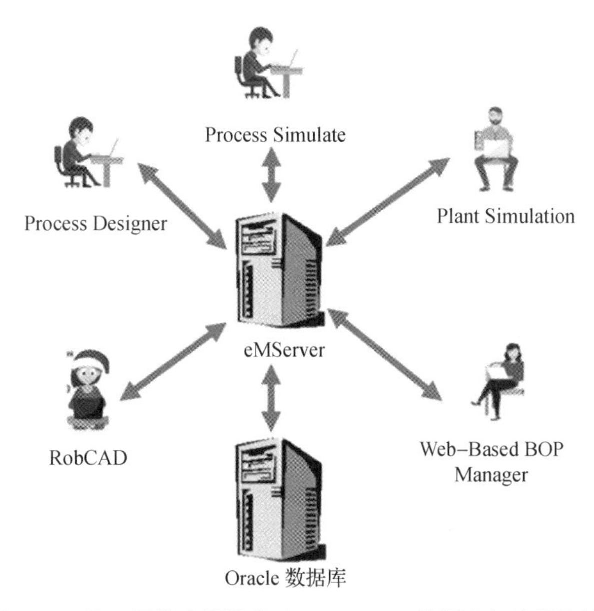

图 1-3　第二层的应用模式（Tecnomatix 数据库与访问软件）

来自 Process Designer 或 Process Simulate 客户的所有数据请求都会通过 eMServer 传输到 Oracle 数据库中。eMServer 能够让客户端指向同一个系统根目录和同一个 Oracle 数据库区域，以便所有指向 eMServer 的客户端都查看相同区域的数据和系统根目录。如果在 eMServer 上更改设置，通常由数据管理器和系统管理员进行操作。从技术上讲，eMServer 是一个数据应用服务器，由微软公司的 COM 技术托管，所用到的主要接口如下。

（1）eMS API。

使用 eMS API 可以编写应用程序访问数据库中的数据，Process Designer 和 Process Simulate 对客户创建的应用程序使用相同的数据进行访问和控制。

（2）DCOM。

DCOM 称作分布式组件对象模块，是一套微软公司的程序接口。eMServer 与 eMS 客户端交互的接口是 DCOM。它充当动态链接库（DLL）的载体和事务管理器，用于客户端程序向同一网络中的服务器程序发出服务请求。

（3）Oracle 客户端。

Oracle 客户端是 eMServer 使用 SQLNet 与 Oracle 数据服务器交互的接口。Process Designer 与 Process Simulate 中的数据主要存放在两个位置，即系统根目录下与 Oracle 数据库中。其中，eMS 数据可以理解为用于应用软件的数据，如 Process Designer 与 Process Simulate 中 Oracle 数据库的数据。与 eMS 数据节点相关的所有外部文件都存储在系统根目录所在的文件夹路径下，在大多数情况下，这些文件主要包括图形显示区域内的三维模型文件。与此对应，Oracle 数据库则存储项目的所有对象节点及其实时读写的各种关系数据。因此，eMServer 对于应用程序中的文档、三维组件和工程文件等非数据库文件，需要通过访问系统根目录来获取。例如，如果要将模型添加到 Process Designer 或 Process Simulate 中，则必须将三维模型放置在系统根目录中。

3）第三层：客户端层

该层包含使用 eMServer 的所有应用程序。通过 API 编程，实现客户机应用程序与 eMServer 的接口，如 Process Designer、Process Simulate 和 Plant Simulation 等软件均采用这种接口机制。因此，可以把 eMServer 看作一个多用户接口的软件工具集，多个用户可以工作在同一个数据库或项目中，但位于不同的分支上。系统的签入、签出机制允许用户签出项目的一部分进行修改，然后签入该部分。当用户签出分支或项目时，其他用户只能以只读模式查看该分支。通过向业务逻辑层（第二层）添加其他组件的功能，第三层就可以轻松地被扩展为多层体系结构。例如，把第二层扩展为 Web 服务、流服务（eBOP）、文件服务、报告服务等数据管理服务，这样第三层就会具备对应的业务请求服务。

1.2.2 Tecnomatix 软件的功能

Tecnomatix 提供了一套工程研究软件工具，主要有 Process Designer、Process Simulate 和 Plant Simulation 等。这些软件的功能特点介绍如下。

1. Process Designer 的功能特点

Process Designer（简称 PD）是一个快速而准确的流程规划工具，主要用于规划制造工艺和管理工艺数据库。它具有如下特征。

（1）使用层次化的工艺数据库，将产品数据、制造资源和操作连接在一起，形成一个完整的生产工程过程的集成框架。

（2）作为自上而下创建、修改和导航过程数据的系统，Process Designer 协调并简化了工艺规划的任务。

（3）集成了制造工艺规划、分析、验证和优化功能，简化了整个流程规划任务，缩短了项目生命周期。

（4）构成一个单一的逻辑位置，所有流程信息都可以关联、集成和控制。

Process Designer 是 Tecnomatix eMS 解决方案不可或缺的一部分。

2. Process Simulate 的功能特点

Process Simulate（简称 PS）是一个动态环境套件，主要用于帮助工程人员进行概念验证、装配和可用性的研究。它包含 Process Simulate Human、Process Simulate Robotics 和 Process Simulate Assembly（Flow Paths）等组件。通常情况下，Process Designer 与 Process Simulate 合称 PDPS，它们构成了 Tecnomatix 的重要内容。Process Simulate 具有如下主要功能。

（1）验证产品装配的可行性。

（2）制订零件的装配和拆卸路径。

（3）进行工业机器人的可达性位置检查。

（4）开发和下载工业机器人流程和路径（包括逻辑）。

（5）根据需要进行人体可达性检查和人体工程学研究。

（6）进行人因模拟。

（7）动态检查工具、工业机器人和人手臂之间的干涉和容差间隙。

（8）对总成进行可用性研究。

（9）确定如何为总成的指定部分提供服务。

3. Plant Simulation 的功能特点

Plant Simulation 是模拟产能吞吐能力的工厂模拟器，它可用于模拟与研究生产系统的效率、质量、交期和成本，可对生产系统的各个组成环节建立仿真模型，从而实现优化系统性能、提升效率以及减少浪费的目标。

1.2.3 软件环境与数据服务

PLM 是有效地创建和使用全球性创新网络的基本要素，它可使众多组织及其合作伙伴能够在产品生命周期的每一个阶段实现协同运作；也可以在产品生命周期的各个阶段（包括规划、开发、执行和运营支持等）为企业提供统一的信息。

如图 1－4 所示，作为 PLM 的一个重要组成部分，Tecnomatix 提供了一种基于 eMServer 及相关软件规划工具的集成环境。eMServer 在数字 PLM 解决方案 Teamcenter 的支持下，与各种软件工具在整个产品的生产周期中能够达成良好的协同关系。

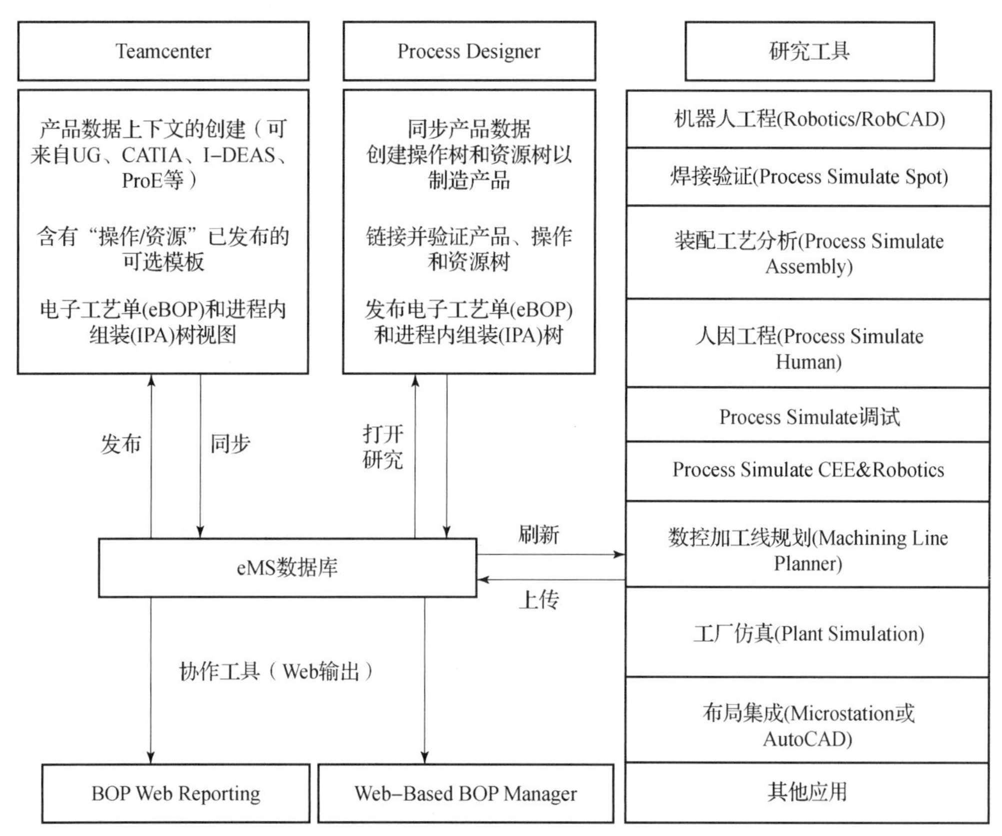

图 1－4 eMS 数据库协同关系示意

图 1－4 所涉及的一些关键词解释如下。

1. eMS 数据库

eMS 数据库指在 Process Designer、Process Simulate、Web－Based BOP Manager 和 BOP Web Reporting 等软件环境下使用的 Oracle 数据库。eMS 数据指 eMS 数据库中的数据。

2. eBOP

eBOP是电子工艺单（electronic Bill of Process）的缩写，它主要包含4个对象，即产品（Product）、操作（Operation）、资源（Resource）和制造特征（Manufacturing Features）。这4个对象的概念解释如下。

（1）产品：依据eBOP制造工艺生产的对象。

（2）操作：生产产品所执行的步骤序列。

（3）资源：生产产品所执行操作的对象，如机器、工具和工人。

（4）制造特征：用于表示零件与生产之间的特殊关系，例如在工业机器人喷漆或电弧焊、点焊时，沿着零件移动的工业机器人路径。

3. IPA树

IPA是进程内组装（In Process Assembly）的缩写，IPA树是一种类似操作树的层次结构树，它包含已传入的，分配到装配线工作站零件的列表。

4. Web - Based BOP Manager与BOP Web Reporting

它们是Web浏览工具，有助于更好地理解Process Simulate的数据，以及更好地了解Process Designer和eMS数据库中的数据结构方式。

在图1-4中，Teamcenter构建于开放式的PLM基础之上，是产品信息的虚拟入口，它能够使相关人员与产品知识、流程知识联系起来，在产品生命周期的环境中，以数字化的方式管理产品数据和制造数据，这就能够为全球组织中的所有用户提供实时的数据访问权，从而帮助用户了解与当前业务系统关联的人员、过程与信息，以灵活建立解决方案，以及管理全球分布环境中的数据更改，为下游应用程序提供信息，创建、捕获、保护并管理企业知识，实现最高的企业杠杆度。因此，从eMS数据库、Teamcenter数据管理软件与各类应用软件之间的服务关系可以看出它们之间的协同工作机理：使用产品生命周期工具Teamcenter，通过管理产品生命周期，如组织和修改产品、控制不同的配置视图、分类数据、发起和管理工作流程、跟踪产品在整个生命周期中的更改等，实现对企业产品信息的管理，以及对数据的保护、控制和访问等操作。eBOP数据存储在eMS数据库中，有几种主要工具用于访问这些数据，图1-4中列出的主要工具有：工艺设计与数据创建工具Process Designer、工艺仿真模拟环境Process Simulate、数控加工线规划器Machining Line Planner、模拟产能吞吐能力的工厂模拟器Plant Simulation以及用于查看eBOP数据的Web浏览器、报告管理工具Web - Based BOP Manager。

1.2.4 eMS数据存储与表达

在eMS数据应用工具中，Process Designer、Process Simulate和Web - Based BOP Manager等软件存在4种基本类型的数据：产品、操作、资源和制造特征。4种基本类型数据的存储方式主要有两种：库存储与层次树存储。在这些软件中，4种基本类型数据的表达各不相同，对它们的描述如下。

1. 产品数据表达

（1）零件库是一个平面树，包含产品层次树（树浏览器）中每个唯一零件的主控件。

（2）产品树是一个层次树，通常由产品设计小组按最终产品的不同零件（如车身底部、发动机舱等）组织起来。产品树通常有如下几种组织形式。

①工程物料清单（Engineering Bill of Materials，EBOM）：按物流车具活动区域组织起来的产品数据。这是可供产品设计小组使用并存储在CAD系统中的层次树。

②制造物料清单（Manufacturing Bill of Materials，MBOM）：按产品到达工厂进行装配的方式组织起来的产品树。它包含沿线路进入装配站的装配部件。

③ IPA树：一种类似操作树结构的层次树。它包含在装配线上输入零件分配到工位的零件列表中。

2. 操作数据表达

（1）操作库是一个平面树，包含常用操作序列的模板副本。

（2）操作树又称为eBOP，是一种层次树，通常按制造工厂的区域（如工厂、生产线、区域和工作站等）来组织。每个工作站都包含在该处要执行的操作序列。

3. 资源数据表达

（1）资源库是一个平面树，它包含层次资源树中每个唯一资源的主控件。资源库中的资源可能比资源树中的资源多。资源库具有公共资源（如工业机器人和工人）和特定项目资源（如工具）的标准列表。可以使用这些资源创建子库，以更好地组织资源。

（2）资源树又称为资源清单（Bill of Resources，BOR），是一种层次树，通常按制造工厂的区域（如工厂、生产线、区域和站点等）来组织，每个站点都包含一个资源列表。

4. 制造特征数据表达

制造特征库是一个平面树，包含每个唯一焊点或基准的主控件。可以创建子库，以便按最终产品的区域更好地组织制造特征（如车底、发动机舱等）。

1.2.5 PDPS数据与文件存储

1. 数据与文件的存放

数据与文件在Process Designer中主要存放在如下两个位置。

1）系统根目录

系统根目录是一个文件夹，它包含了eMS数据节点引用的所有外部文件。其位置可以借助eMS管理工具来定义。通常，此文件夹位于中心文件服务器上，所有eMServer软件和客户端软件（Process Designer、Process Simulate和Web－Based BOP Manager等）都可以访问。系统根目录下包含了所有外部文件，这些外部文件的类型主要包括产品和资源的三维模型、图形数据、Excel电子表格和AutoCAD文件等。存储在此路径下的所有外部文件可通过相应的节点被引用到eMS数据库中。

图1－5所示为系统根目录下文件结构的示例。系统根目录下包含了存储系统中的附着文件、客户化定制文件、说明文档、产品与资源的三维模型，PERT/甘特图等截图文件、项目收集数据、工业机器人的通信数据、项目的报告单文件和二维布局文件等。

在安装Process Designer或Process Simulate期间，在默认情况下，以下文件夹位于系统根目录（.\Sysroot）下，各类文件夹（图1－5）的说明如下。

（1）General：通用信息文件类，包含库管理器、Web浏览器、Process Designer和Process Simulate等软件的使用信息。

（2）Report：报告，包括各个报告模板。

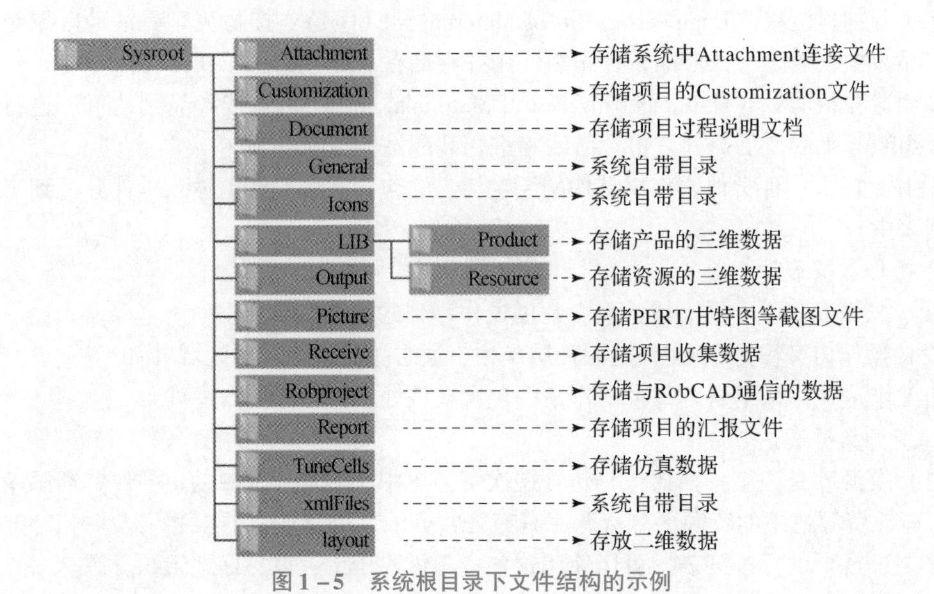

图1-5　系统根目录下文件结构的示例

（3）xmlFiles：如果要使用 Web - Based BOP Manager、Process Designer 或 Process Simulate，则此文件夹必须存在。它是在安装过程中使用默认的 Web - Based BOP Manager 创建和发布的，这些 XML 文件表示系统中的页面、函数或选项卡等。

大多数用户会将下面的文件夹置于系统根目录下。

（1）Images：包含使用主菜单命令“主页”→“输出”→“附加文件”输出的图像文件，路径可通过 Process Simulate 和 Process Designer 中“选项”对话框的“eMServer”选项卡设置。

（2）Output：导入/导出文件夹，该文件夹的确切名称并不重要，如果要将数据从 eMS 数据库中导入或导出，则应该存在一个文件夹中，只要它包含要导入、导出的文件即可。在不需要时，可将其删除。

（3）Libraries：如果要使用三维数据，库的根文件夹应该存在，文件夹名称可以任意设置，该文件夹需包含三维组件库，每个库都是一个文件夹，其中包含图形数据、三维组件（包含 . jt 文件的 . cojt 或 . co 文件夹），这些组件可在 eMS 客户端应用程序的图形查看器中使用。

（4）Libraries HUMAN_MODELS 库：由 Process Simulate 用户模拟了人体模型的默认存放位置，在 Process Simulate 的人体功能模块上定义。

（5）Librariesisystem：三维数据的默认位置，例如主控点 PLP 相关的制造特征、空组件等。

（6）Movies：包含使用主菜单命令“主页”→“输出”→“附加文件”输出的影片，它在 Process Simulate 和 Process Designer 中“选项”对话框的“eMServer”选项卡中定义。

（7）Volumes：存储 Process Simulate 创建的扫描卷的默认文件夹，在“选项”对话框的“运动”选项卡中定义。

（8）TuneCells：如果要使用 Process Designer 加载的查看器或 Process Simulate，则此文件夹必须存在。它的名称非常重要，如果该文件夹不存在，则将在第一次运行时创建该文件夹。该文件夹包含根据使用 Process Simulate 以“标准模式”或“生产线仿真模式”打开的每个项目的外部 ID 命名的子文件夹，子文件夹都会包含一个具有 XML 文件的文件夹，有时还包含其他内部文件。

根据 Process Designer 和 Process Simulate 中使用的模块，系统根目录下还有可能包含以下文件夹。

（1）Documents：用于保存节点项目中的说明文档。

（2）3D Documentation：用于存放三维 PDF 文件。

（3）Attachments：用于保存项目系统中数据库节点的连接附加文件。

（4）ALB：仅当使用 Process Designer 的自动“线平衡”功能时才需要。

（5）Icons：此文件夹必须存在，否则 Process Designer 和 Web – Based BOP Manager 就不能正常工作，但它不一定驻留在系统根目录下，其默认位置是 C:\Program Files\TecnomatixleMPowerl InitDatalIcons。

（6）Macros：存储 Process Simulate robot 宏的默认位置，在 Process Simulate 的“选项”对话框的“运动”选项卡中定义。

（7）RobotMachineDataFiles：当使用基于 RRS 的工业机器人仿真时，由 Process Simulate 用作存储工业机器人的数据文件和配置信息的默认位置，它也是上传和下载的默认位置。

2）数据库中系统数据的描述

此处的数据库是指 Oracle 服务器上用于存储 eMS 数据的数据库，它被划分为不同的数据对象集，这些数据对象集又被划分到多个项目中，每个项目包含具有属性的节点树。在系统数据的描述中，一些重要关键词的解释如下。

（1）对象（Object）。在 PDPS 中，对象是项目的重要组成部分，共有 4 种基本工艺对象，它们分别是零件、操作、资源和制造特征。4 种基本对象可用来表达制造工艺，其信息均可采用“树”浏览器的方式显示，具有对应的节点（Node）和属性（Attribute）；eMS 数据库（例如 Process Designer、Process Simulate 和 Web – Based BOP Manager 等）可以容纳多种对象类型。与每个对象类型关联的唯一图标在包含该类型对象的树视图中标识该对象。表 1 – 1 所示为大多数对象类型描述。

表 1 – 1　大多数对象类型描述

图标	数据类型	描述
	项目	一个完整的项目
	文件夹	包含其他文件夹的对象类型容器
	文件夹快捷键	包含对象类型快捷方式的文件夹
	零件	单一零件
	复合零件	包含一个或多个零件，或者零件子装配体的装配体
	操作	单一操作

续表

图标	数据类型	描述
	复合操作	包含一个或者多个子操作的操作集
	资源	单一资源
	复合资源	包含一个或多个资源构成的资源集
	操作库	操作库
	零件库	零件库
	资源库	资源库
	Tx 进程装配	含有零件、复合零件、Tx 进程装配的 IPA

(2) 节点。一般情况下，节点与对象的含义相同，它是树浏览器中的对象，可以在树结构数据中表达对象。节点的属性之一是添加的附件，附加到节点的文件存储在项目的系统根目录文件夹下。系统可以附加任何类型的文件，常见的附着文件有项目的三维模型文件、MS Office 文件和 AutoCAD 文件等。

(3) 项目（Project）。项目由制造工艺中的所有对象组成。当用户登录到一个项目中时，其不能直接访问另一个项目的数据。用户能够看到存储空间中的任何项目，可以很容易地在用户数据集中的项目之间切换。

(4) 项目列表（List of Project）。可将项目分组到一个列表中，此列表即项目列表。当用户登录 Tecnomatix eMS 数据库时，显示给用户的列表由系统管理员定义。

图 1-6 所示为数据库系统中的项目数据结构。在该数据结构中，Oracle 数据库位于最顶层，存储了项目组中所有用户的数据对象集、项目的树数据、对象节点、对象属性及其关联关系。该数据结构中的数据关系可解释如下。

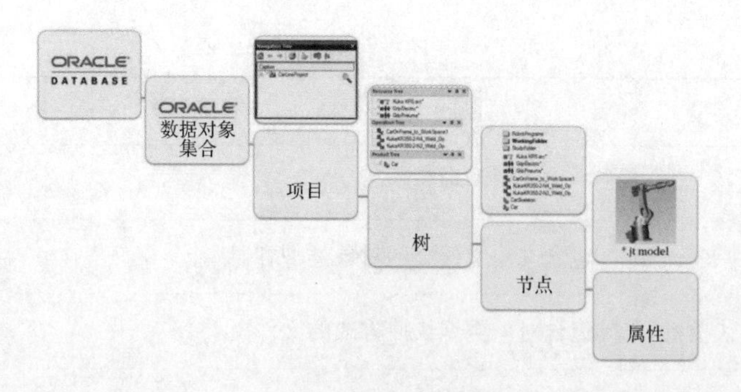

图 1-6　数据库系统中的项目数据结构

(1) 节点或者对象是构成树数据块的基本单元。例如，在一个工业机器人加工系统的项目中，对象或节点可以代表工业机器人单元或者加工零件。

(2) 树是一个具有相似类型对象的结构化组。例如，产品树可以包含一个飞机装备体的所有部件或者汽车装备体的所有部件。

(3) 项目中的各种数据被组合在一起形成数据对象集合（Schema），它定义了 Oracle 数据库中的一个区域，其架构是在 eMServer 上设置的。eMServer 上的客户端只能打开数据对象集合中的项目。

2. 在 PDPS 中创建与加载 eMS 数据

使用 PDPS 构建研究数据的操作步骤如下。

(1) 数据管理员新建一个协作环境（包含适用的结构环境）。

(2) 数据管理员新建一个应用程序接口与 eMS 数据库项目匹配。

(3) 用户将相关的环境数据同步到此项目中。

(4) 创建工厂、生产线、区域操作和资源等的树结构框架。

(5) 在区域内创建工作站。

(6) 布局工作站资源内容［或在步骤（8）进行］。

(7) 为工作站分配模板操作。

(8) 为区域、站点设置 PERT 图表。

(9) 为工作站分配资源［或在步骤（5）进行）］。

(10) 请求、执行详细的研究（通常使用的软件组件为 RobCAD 和与 Process Simulate 相关的软件组件：Process Simulate Assembly、Process Simulate Human、Process Simulate Robotics、Process Simulate Commissioning，以及 Plant Simulation 等）。

(11) 使用 Web - Based BOP Manager 和 BOP WebReporting 来查看数据。

(12) 用户发布数据到 Teamcenter 处理或更改。

1.2.6 数据间关系

1. PDPS 中的基本工艺对象

1) 对象的表达方法

在 PDPS 中，4 种基本工艺对象分别是：零件（Part）、操作、资源和制造特征。这 4 种基本对象的表达方法如下。

(1) 零件组成了产品的最终单元，用橙色三角形表示。复合零件（CompoundPart）则用 3 个橙色三角形表示。

(2) 操作是为执行制造产品活动而设置的，用洋红色方块表示。复合操作（CompoundOperation）用 3 个洋红色方块来表示。

(3) 资源是实现生产操作所需的各种工装设备，包括生产线、工位和夹具等，用蓝色圆圈表示，复合资源（CompoundResource）用 3 个蓝色圆圈表示。

(4) 制造特征描述了不同零件之间的关联关系，制造特征包含焊点、主控制点 PLP、焊缝胶条等，它们的图标分别是：焊点、主控制点 PLP、焊缝胶条。

2) 基本工艺对象之间的关系

基本工艺对象不是孤立存在的，它们都是表达制造工艺的基本元素，制造工艺中 4 种基本工艺对象之间的关系如下。

(1) 制造特征与零件。假设要制造一种零件，首先需要把零件的制造特征关联到所制造的零件上。以点焊为例，制造特征与零件的关系如图 1-7 所示。

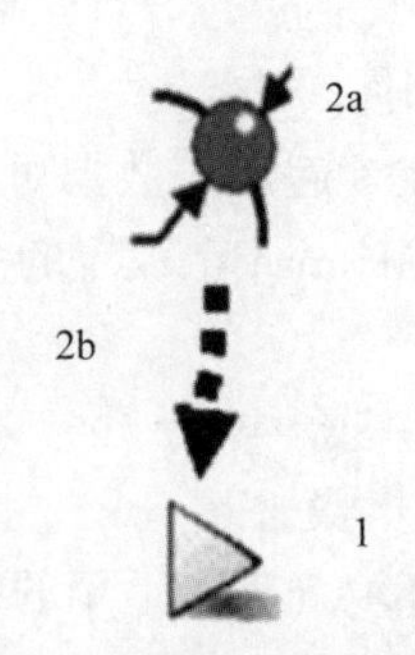

图 1-7　制造特征与零件的关系

（2）制造特征与操作。将制造特征关联到零件上之后，接下来的问题就是如何生产这个零件。在生产加工过程中需要进行若干操作，这些操作必须按照正确的工艺进行。例如，点焊是在零件焊点位置上的操作，需要零件→制造特征→焊点的配合，故存在图 1-8 所示"制造特征"→"零件"→"操作"的关联。在执行制造时，可以将制造特征（焊点）指定给某个操作，制造特征与操作的关系如图 1-9 所示。

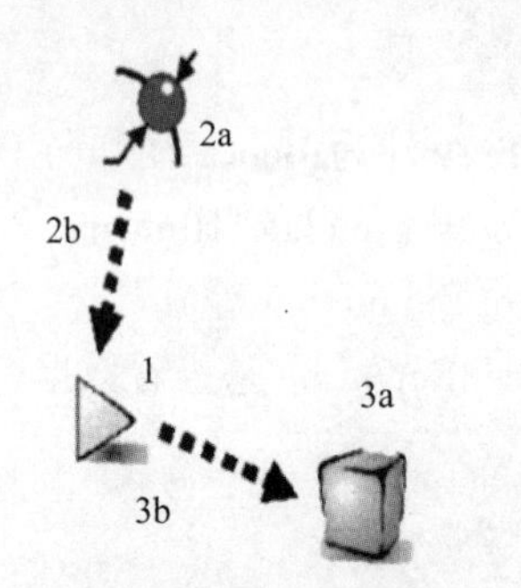

图 1-8　"制造特征"→"零件"→"操作"的关联

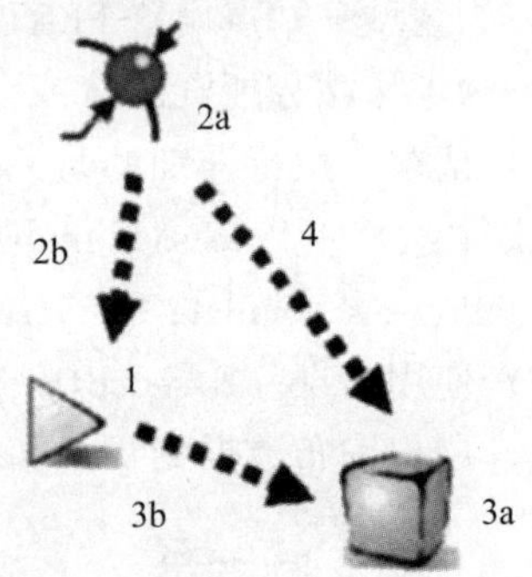

图 1-9　制造特征与操作的关系

（3）资源与操作。要执行操作，需要分配特定的资源，它们之间的关系如图 1-10 所示。例如，执行焊接操作需要工业机器人、焊枪、变位机、工作单元、工厂和工人等，这些都是待分配的资源。在这个系统中，基本工艺对象（操作、资源、零件和制造特征）与它们之间的关系定义了 eBOP，这就是 eMS 数据库中所包含的内容。

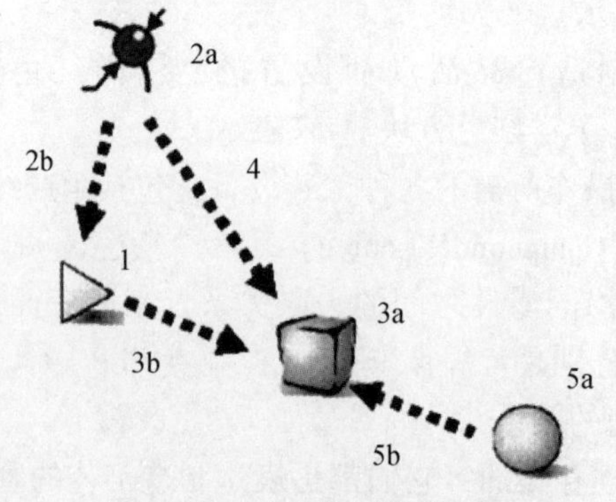

图 1-10　资源与操作的关系

2. PDPS 中的数据视图

在 PDPS 中，每个类型的节点都有特定的视图和编辑工具，用于查看它们的数据层次结构和修改数据之间的关联关系，各对象节点在 eMS 数据库中的存储方式是库和树结构。4 种基本工艺对象数据（零件、操作、资源和制造特征）的显示和编辑工具如图 1-11 所示。各种视图的具体显示形式将在后面的项目中逐步介绍，这里不再赘述。

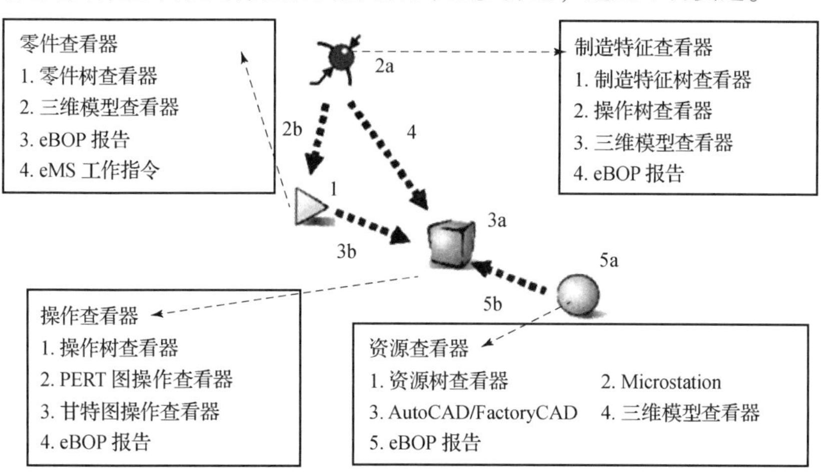

图 1-11 基本工艺对象数据的显示和编辑工具

1.3 任务评价

项目 1 任务评价见表 1-2。

表 1-2 项目 1 任务评价

评价项目	分值	得分	
		自评分	师评分
了解西门子数字化双胞胎和虚拟调试技术的概念和主要内容	5		
熟悉西门子数字化双胞胎的实施工具	10		
熟悉 Tecnomatix 软件体系和数据体系	10		
能够理解数字化双胞胎在智能制造中的价值与应用	20		
能够理解 Tecnomatix 软件体系，能够构建 Tecnomatix 软件体系结构图	20		
能够理解 Process Designer、Process Simulate、eMServer 的三层数据架构	20		
学习认真，按时出勤	10		
具有团队合作意识和协同工作能力	5		
总计得分			

项目 2 创建项目及数据导入操作

【知识目标】

- 熟悉 Process Designer 流程规划软件的基础操作。
- 掌握 Process Designer 中对数据文件的处理方法，包括加载零件与资源三维模型、焊点数据文件等；在图形查看器中布局仿真环境，生成工程库与焊点库等的操作方法。
- 掌握 Process Designer 中对数据库数据的处理方法，包括资源、操作、产品零部件、制造特征数据的创建、分配及编辑等操作方法。
- 掌握工艺双胞胎的创建与设置方法。
- 掌握在 Process Designer 环境下创建、启动与打开 Process Simulate 项目研究的方法。
- 掌握在 Process Designer 中保存 Process Designer 创建的项目的方法。

【能力目标】

- 会清理既往 Process Designer 的项目数据，会创建新的项目。
- 会加载非数据库文件，能够在 Process Designer 项目中创建资源库、产品库与操作库，并完成零件、资源及操作的库分配。
- 会加载焊点等产品制造特征，把焊点分配到对应的产品中去。
- 会创建工艺双胞胎，学会使用 PERT 图，以实现操作、资源与制造特征数据的关联，并完成工作站流程的创建以及工程进程装配等。
- 能在图形查看器中完成项目环境的布局，创建节点并打开 Process Simulate 项目研究。
- 会保存完成的 Process Designer 项目，并导出 XML 文件节点。

【职业素养目标】

- 培养学生的爱岗敬业精神和职业道德意识。
- 培养学生综合运用知识分析、处理问题的能力。
- 培养学生从客户需求出发分析和解决实际问题的能力。

2.1 项目描述

2.1.1 项目内容

要求完成的任务如下。

Process Designer 介绍和 Process Designer 项目清除

(1) 在 Process Designer 中创建并保存项目，设置系统根目录。

(2) 在 Process Designer 中加载资源、产品零件三维模型和焊点等项目文件。

(3) 在图形查看器中完成工业机器人、焊枪、行走轴、变位机、安全栅栏、工件及焊点等三维模型的布局。

(4) 创建产品库、资源库、制造特征库和工艺库等项目工程库。

(5) 创建产品、资源和操作等 eMS 数据，打开并加载到对应的浏览器视图中。

(6) 创建工艺双胞胎，完成工作区、工作站、工作岗位中的操作设置。

(7) 创建工作流，完成产品、资源、制造特征、制造时间和操作顺序等的配置，以及它们之间的链接关系。

(8) 创建研究，通过 Process Designer 启动 Process Simulate，查看研究中的数据。

2.1.2 项目实施步骤概述

项目实施的主要操作步骤概括如下。

(1) 创建新项目。组织项目文件与数据，使用 Process Designer 设置系统根目录，新建项目。

(2) 创建工程库。在 Process Designer 中载入组件模型与制造特征数据文件，创建产品库、资源库与制造特征库；加载产品数据、资源数据与制造特征数据。

(3) 数据的关联与分配。在 Process Designer 中创建产品零件、资源与操作组件，完成产品零件与产品库部件、资源与资源库部件的关联，以及产品与焊点的关联。

2.2 项目实施

2.2.1 熟悉 Process Designer 用户界面

命令讲解

如图 2-1 所示，启动并打开 Process Designer，即可看到 Process Designer 用户界面由标题栏、定制快速访问工具栏、主菜单及其功能区、树浏览器视图窗口、图形查看器、状态栏等部分组成。

1. 标题栏

标题栏位于用户界面的最上方，用于显示软件的版本、图标等信息，使用标题栏最右边的图标按钮可以最小化、最大化和关闭窗口。在标题栏图标的左边还镶嵌了一个“定制快速访问工具栏”的使用按钮。

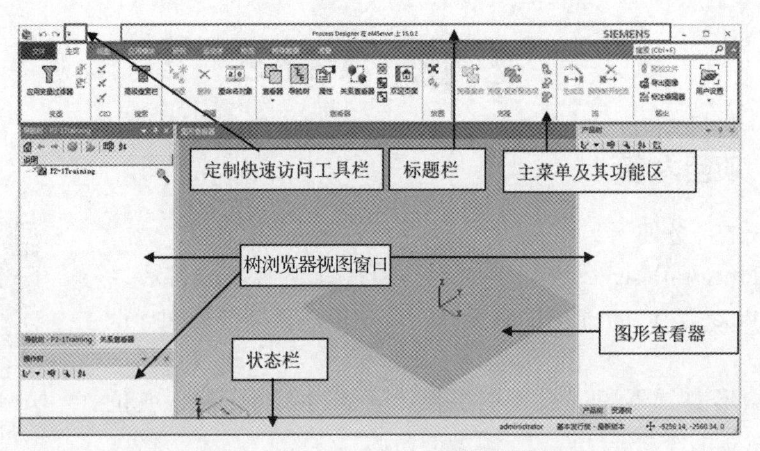

图 2-1　Process Designer 用户界面

2. 定制快速访问工具栏

定制快速访问工具栏用于定制一些常用的工具和便于用户快速访问的操作命令。其使用方法是：单击该工具栏的使用按钮，从弹出的菜单中选择“更多指令”选项，系统弹出“定制”对话框，在该对话框中单击“添加”或者“移除”按钮，可以添加或者移除相应的命令，即可完成命令与工具的定制。

3. 主菜单及其功能区

主菜单主要用于显示各个不同的功能区，各个功能区内又有不同的选项卡，每个选项卡包含若干个命令组。

4. 树浏览器视图窗口

大多数据对象都能以树浏览器视图窗口的形式显示。Process Designer 中常见的树浏览器视图有“导航树”浏览器视图、“产品树”浏览器视图、“操作树”浏览器视图、“资源树”浏览器视图、“制造特征树”浏览器视图等。其功能描述如下。

(1)“导航树”浏览器视图：用于显示整个项目的基本结构，它包含产品树、操作树、资源树及其库的信息，是 Process Designer 中所有其他视图的启动面板。

(2)“产品树”浏览器视图：将产品的各部分零件组合在一起，用于显示产品的层次结构和产品零件之间的装配关系。

(3)“操作树”浏览器视图：用于显示制造产品所需的所有工艺操作，并能够显示这些操作与零件、资源之间的关联。

(4)“资源树”浏览器视图：用于显示制造产品需要的所有生产设备和工具，以及整个工厂从上到下生产设备的组织结构。

(5)“制造特征树”浏览器视图：用于显示与产品相关的所有制造特征（包括焊点、焊缝和胶涂缝等），以及制造特征按照零件总成进行分组的情况。

5. 图形查看器

图形查看器是 Process Designer 的主要工作视图区，对产品、资源等的所有操作、仿真结果都可以在该区域展示。

6. 状态栏

状态栏包含提示行和状态行。其中，提示行用于显示当前用户、项目版本信息，状态行用于显示当前节点的编辑状态等。

2.2.2 屏幕布局操作

主菜单的“视图”菜单功能区“屏幕布局”选项卡中的命令如图2-2所示。其中“新建窗口”命令用于新建不同的图形视窗。“布置窗口”与“布局管理器”下拉菜单中的命令分别如图2-3、图2-4所示。

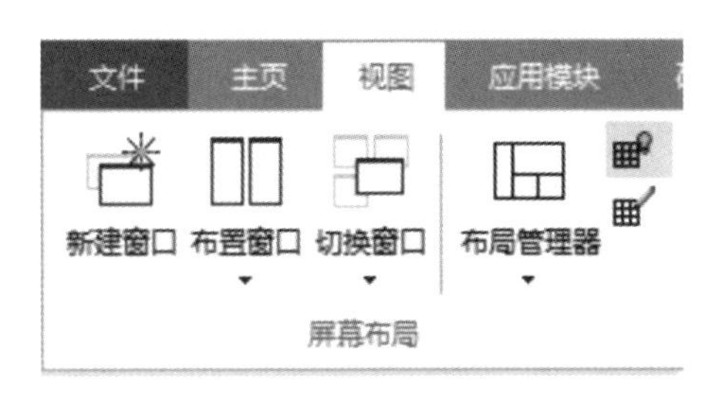

图2-2 “屏幕布局”选项卡中的命令

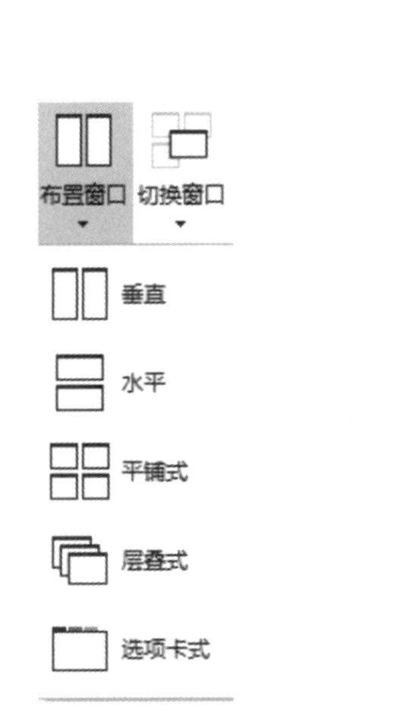

图2-3 “布置窗口”下拉菜单中的命令

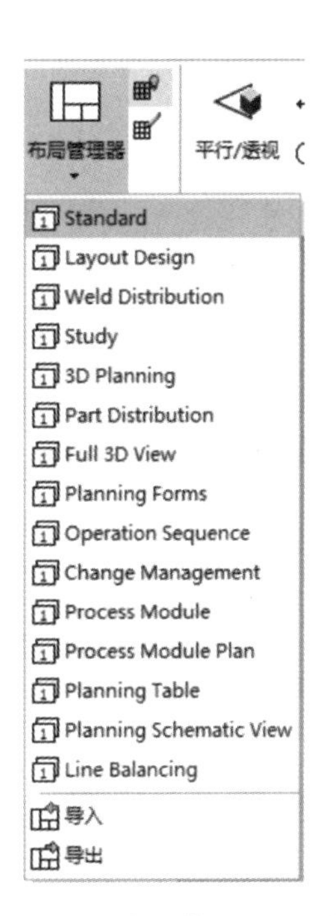

图2-4 “布局管理器”下拉菜单中的命令

“布置窗口”下拉菜单用于选择图形窗口所使用的不同排布形式。“布局管理器”下拉菜单用于调整用户界面的布局方式。

连续3次执行“视图”→“屏幕布局”→“新建窗口”命令，即可新建3个视图窗口，再执行图2-3所示的布置窗口命令，其显示效果如图2-5～图2-7所示。

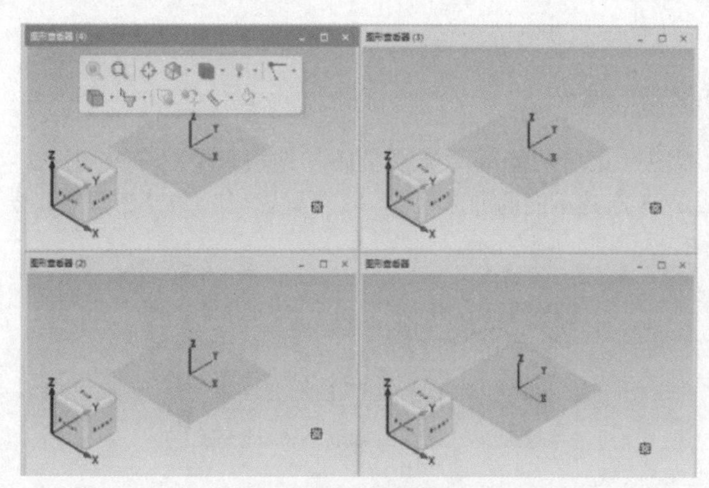

图 2－5　垂直布置窗口

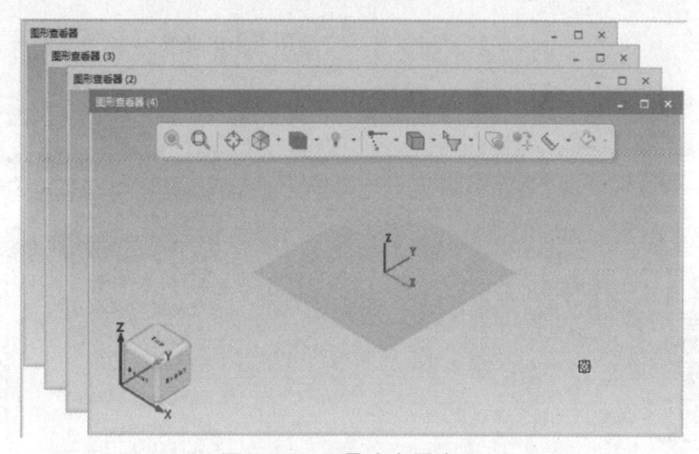

图 2－6　层叠式布置窗口

图 2－7　选项卡式布置窗口

若执行图 2－4 所示的“布局管理器”下拉菜单中的“Standard”命令，那么整个用户界面就恢复到系统默认界面，如图 2－8 所示。

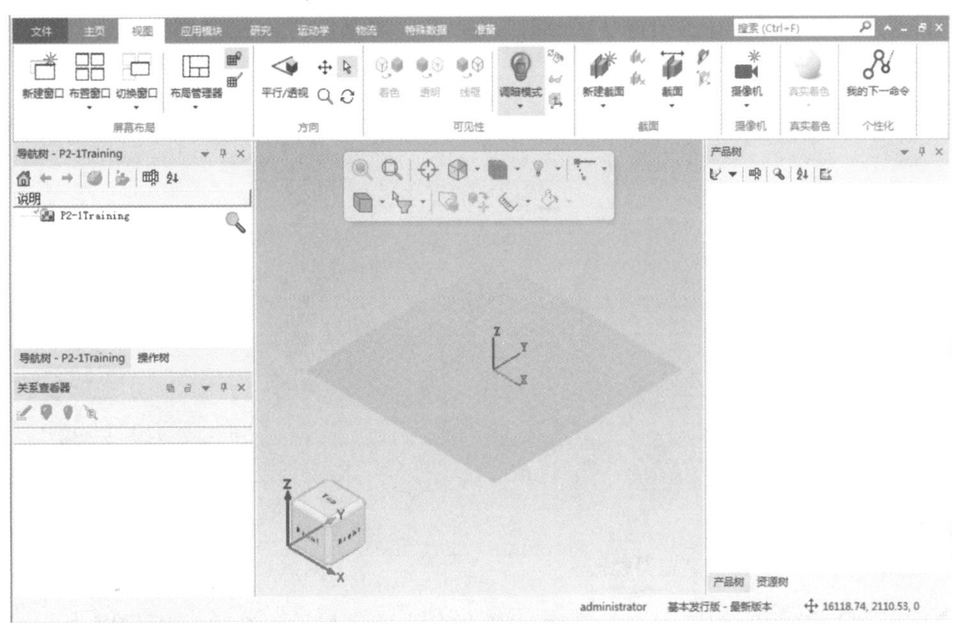

图 2－8　系统默认界面

2.2.3　视图窗口的管理

1. 视图窗口的停靠

（1）在 Process Designer 中，执行主菜单“主页”→“查看器”命令，即弹出各种视图操作命令，如图 2－9 所示。

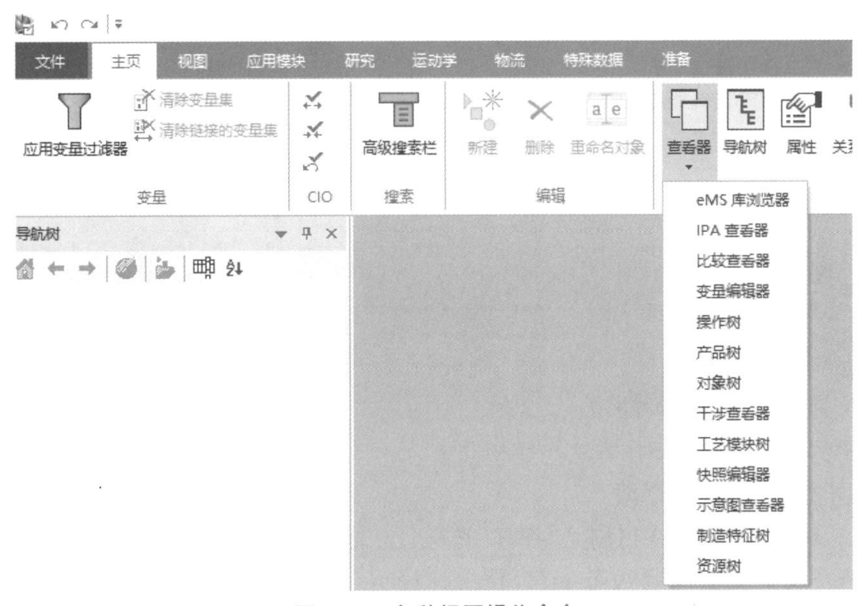

图 2－9　各种视图操作命令

（2）以“对象树”命令为例，执行该命令即弹出图 2－10 所示的“对象树”浏览器视图。拖动“对象树”浏览器的标题栏，就会在屏幕上的不同区域出现图 2－11 所示的视图窗口停靠提示。图 2－11 中的符号分别代表让该树浏览器停靠在窗口的左边、右边、上边、下边和中间。

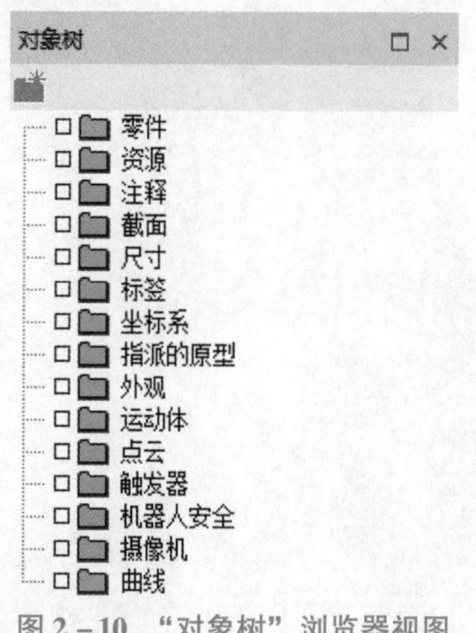

图 2－10 “对象树”浏览器视图

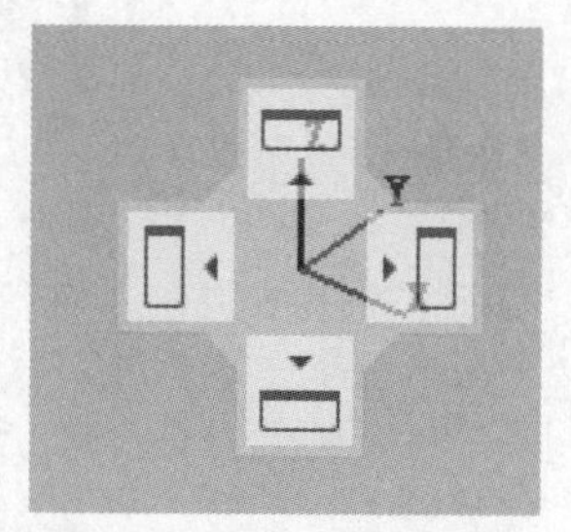
图 2－11 视图窗口停靠提示

（3）以“导航树”浏览器窗口为例，其左靠的操作与操作结果分别如图 2－12、图 2－13 所示，其中间靠的操作与操作结果分别如图 2－14、图 2－15 所示。

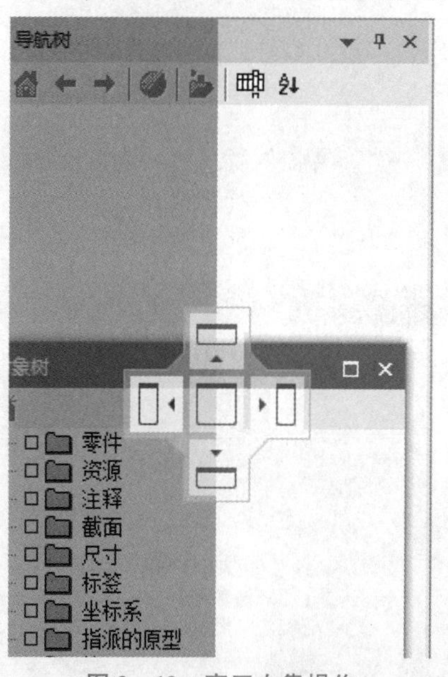

图 2－12 窗口左靠操作

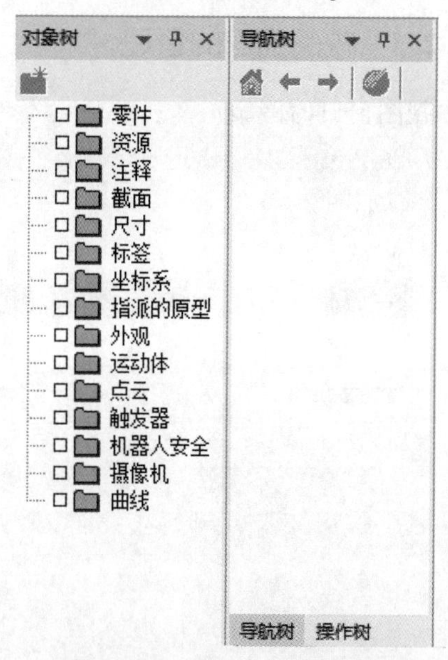

图 2－13 窗口左靠操作效果

其他树浏览器窗口的操作方法与此相同。

2. 视图窗口的锁定与隐藏

（1）在图 2－15 中，在树浏览器窗口的右上方有一个“锁定视图”按钮，单击该按钮会使视图窗口变为隐藏状态，整个树浏览器视图窗口会被隐藏在主界面窗口的左边。

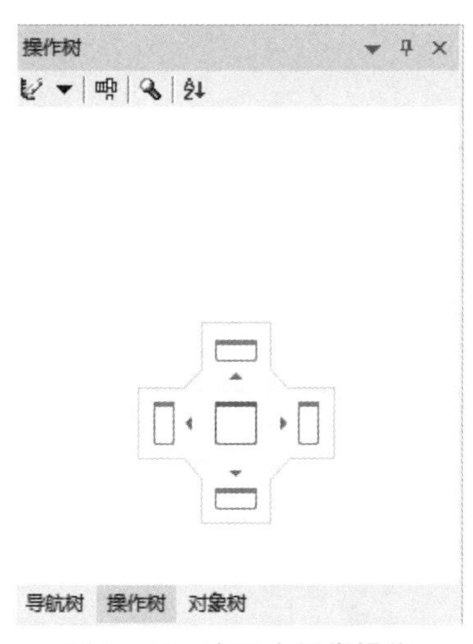

图 2－14　窗口中间靠操作

图 2－15　窗口中间靠操作效果

（2）如图 2－16 所示，当鼠标靠近左边导航条相应位置时，系统会弹出对应的树浏览器视图窗口。

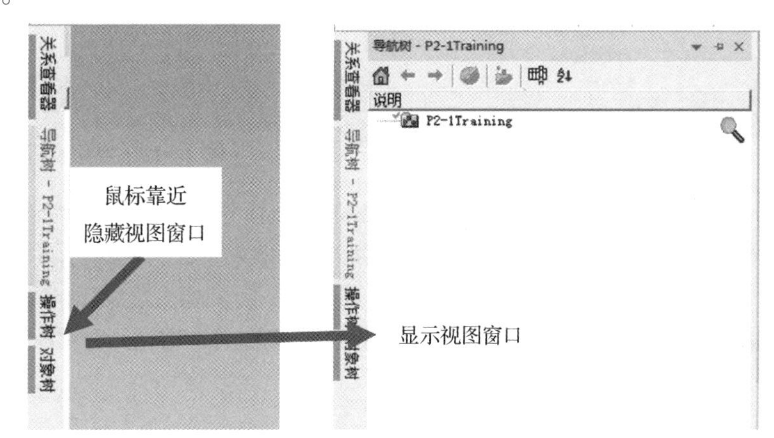

图 2－16　树浏览器窗口的隐藏与显示

3. 取消视图窗口的停靠状态

取消视图窗口的停靠状态，使之变为浮动状态的具体操作如下：如图 2－17 所示，在下方选择需要浮动的窗口标签，单击鼠标右键，在弹出的菜单中执行“浮动”命令，即可让该视图窗口重新处于浮动状态，如图 2－18 所示。

4. 显示与隐藏树浏览器中的对象

“对象树”浏览器显示了当前加载的项目元素的层次结构，通过单击改变元素名称旁小方块的图标，就可以从“对象树”查看器中改变相应对象的隐藏或显示状态。方块图标的显示状态如下。

（1）空白□：在图形查看器中隐藏该处的图形数据。

（2）显示■：在图形查看器中显示该处的图形数据。

（3）半显示◩：在图形查看器中，该处一部分图形元素为显示状态，另一部分图形元素为隐藏状态。

（4）无数据☒：该处没有数据。

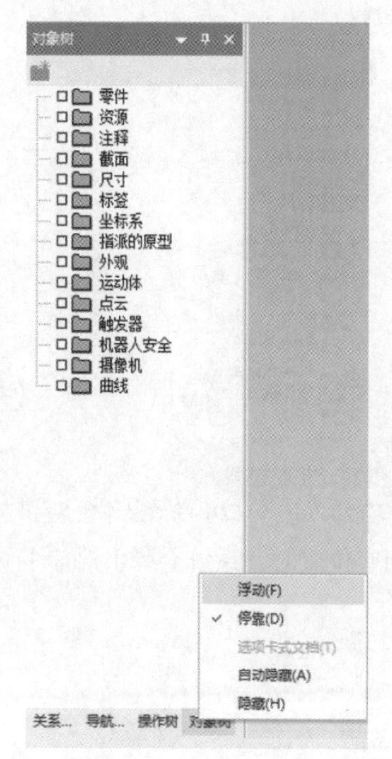

图 2－17　取消视图窗口的停靠状态

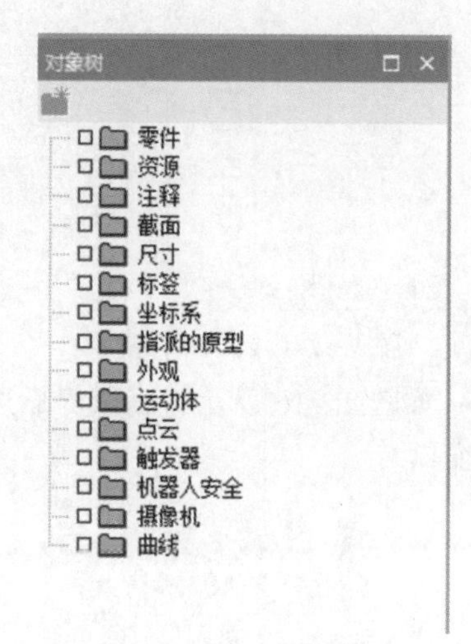

图 2－18　浮动窗口

如图 2－19 所示，“资源树”浏览器中“焊接机器人”下的资源“irb6600_255_175”处于显示状态，单击该图标使其变为隐藏状态，效果如图 2－20 所示。在图 2－20 中，由于资源“irb6600_255_175”为隐藏状态，故“焊接机器人”处于半隐藏半显示状态，其图标为。在实际的操作中，可以通过单击来切换不同图形对象的显示与隐藏状态，以达到方便地编辑图形对象的目的。

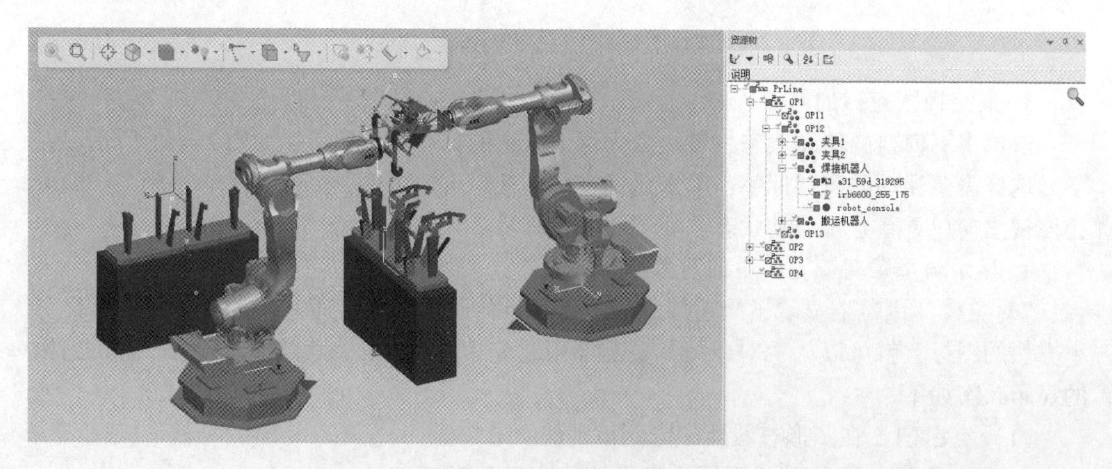

图 2－19　资源“irb6600_255_175”的显示状态

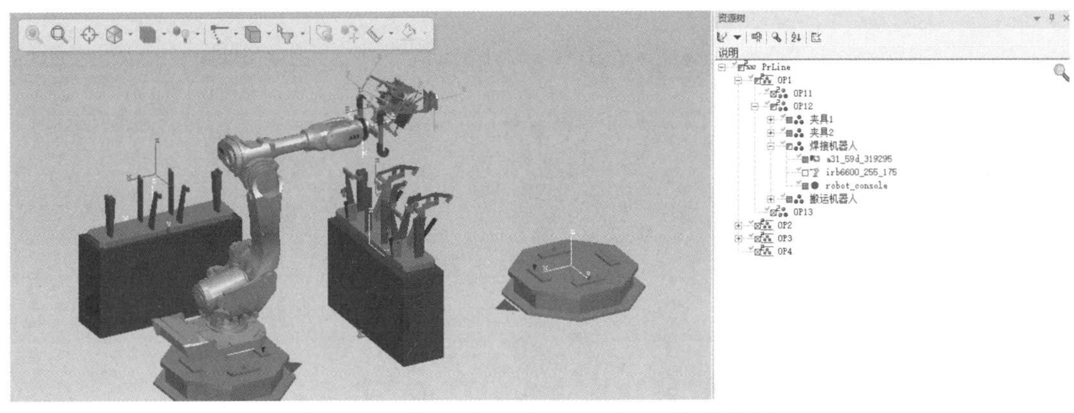

图 2－20　资源“irb6600_255_175”的隐藏状态

2.2.4　三维视窗的简单操作

三维视窗的简单操作包括视图的缩放、平移和旋转等，具体操作如下。

1. 视图的缩放

滚动鼠标滚轮，或者按住鼠标左键和中键并拖动，对应的主菜单命令为“视图”→“方向”→“缩放”，命令图标为🔍。

2. 视图的平移

按住鼠标右键和中键并拖动，对应的主菜单命令为“视图”→“方向”→“平移”，命令图标为✥。

3. 视图的旋转

按住鼠标中键并拖动，对应的主菜单命令为“视图”→“方向”→“旋转”，命令图标为↻。

4. 工艺的创建与设置

在 Process Designer 中建立工艺双胞胎，构建操作树和工艺树框架。创建制造工艺的工作区、工作站（工位），创建操作库，并向工艺工作站分配资源、产品和制造特征数据等，通过对这些数据的操作，实现工艺架构中 4 种基本数据的创建与具体工作岗位的配置（图 2－21）。

5. 创建研究（Study）

在 Process Designer 中创建研究，并通过 Process Designer 启动 Process Simulate 软件，查看研究中的项目数据（图 2－22）。

2.2.5　项目文件准备

图 2－23 所示是存放本项目三维模型文件的文件夹（“libraries”），其文件的数据组织结构如图 2－24 所示，该文件组织结构的创建步骤如下。

项目创建和产品导入

1. 创建一个文件夹（本例中文件夹名为“libraries”）

在该文件夹中创建每个三维模型文件的子文件夹，用于存放该组件的三维模型文件，子文件夹的命名规则为“存放的组件文件名＋.cojt”，最终结果如图 2－24 所示。

图 2－21　Process Designer 中的项目模型及数据浏览

图 2－22　Process Simulate 中的项目文件及数据

图 2－23　存放本项目三维模型文件的文件夹

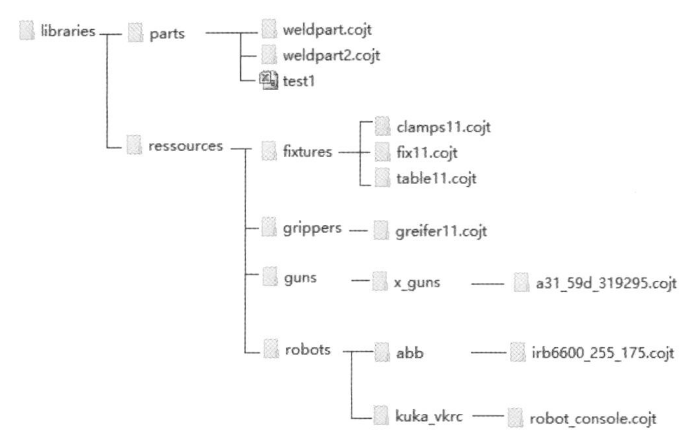

图 2 – 24　三维模型文件的数据组织结构

2. 把各 . jt 文件保存在各名称下的 . cojt 文件夹内

例如将 “irb6600_255_175. jt” 保存到 “irb6600_255_175. cojt” 文件夹内，依此类推即可。

2. 2. 6　项目创建、数据导入及其整理

（1）在桌面选择 Process Designer 的快捷方式图标，双击打开，如图 2 – 25 所示。

图 2 – 25　Process Designer 的快捷方式图标

（2）在弹出的 Process Designer 登录窗口中，单击 “确定” 按钮，进入 Process Designer 用户界面，如图 2 – 26 所示。

图 2 – 26　Process Designer 登录界面

(3) 在“欢迎使用”界面中，在系统根目录下输入对应的数据文件地址“F:\XM1”，然后在键盘上按Enter键，输入对应的地址“F:\XM1”，如图2-27、图2-28所示。

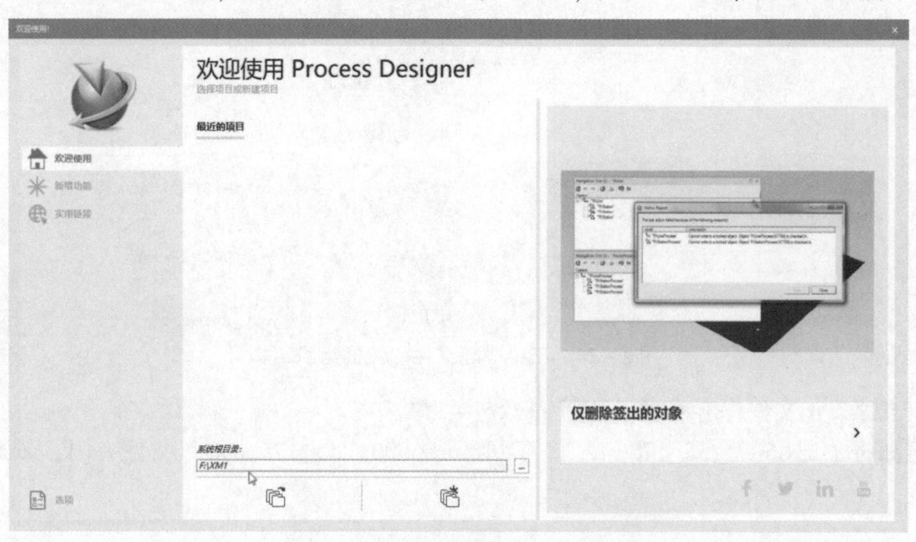

图2-27 “欢迎使用”界面

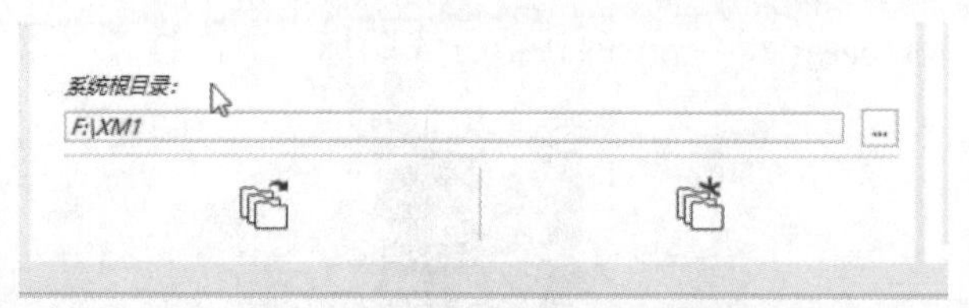

图2-28 系统根目录设置界面

(4) 单击右侧的“新建”图标，创建新项目，并在其中输入项目名称“XM1”，单击“确定”按钮，完成项目创建，如图2-29所示。

(5) 在导航树中，出现对应的项目名称“XM1”，即完成对应的项目创建过程，如图2-30所示。

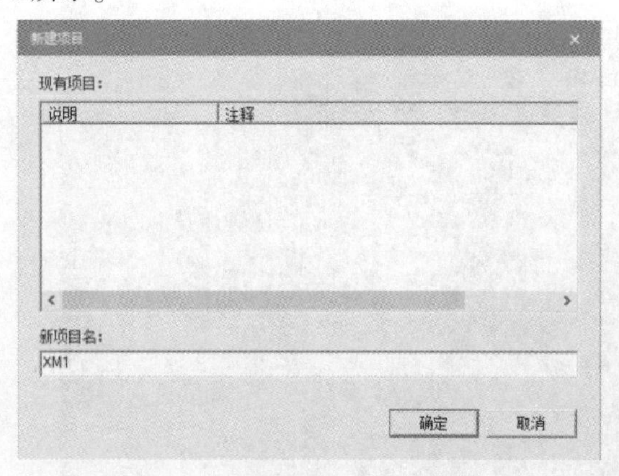

图2-29 “新建项目”对话框

图2-30 “导航树”浏览器窗口

1. 产品导入

选择导航树中的“XM1”，单击鼠标右键，在弹出的菜单中执行“新建”命令，如图

2－31 所示。

图 2－31　执行“新建”命令

在“新建”对话框中，选择节点类型为“Collection”，将“数量”更改为“4”，单击“确定”按钮，创建对应的资源文件夹，如图 2－32 所示。

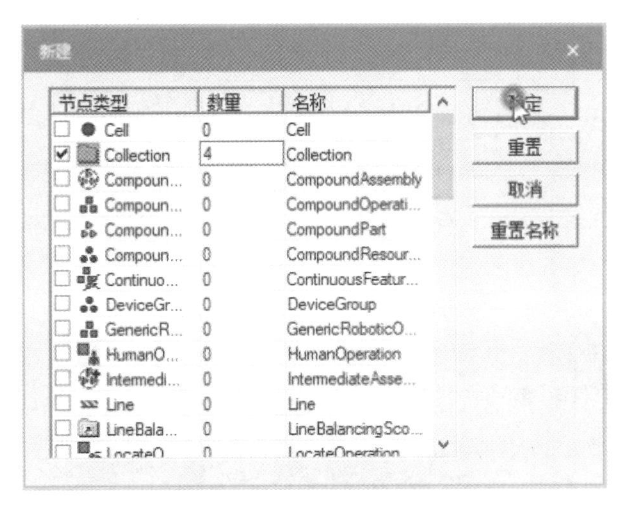

图 2－32　“新建”对话框

创建完成之后的“导航树”浏览器视图如图 2－33 所示。

选择其中的“Collection”节点，使用键盘上的 F2 键进行名称的更改，名称更改完成之后的状态如图 2－34 所示，文件夹将用于归类对应的数据类型，以方便数据整理。

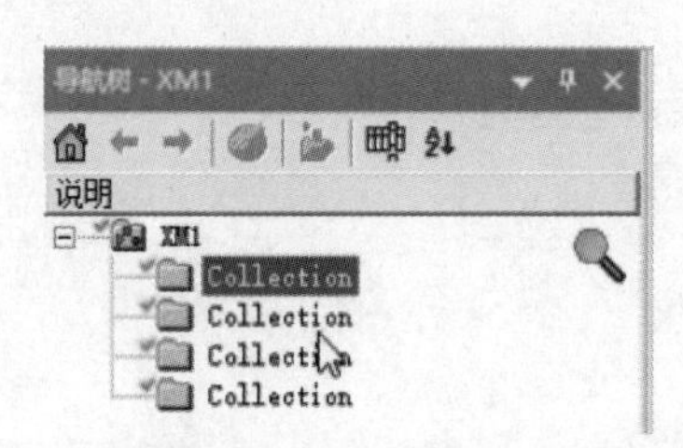

图 2-33　创建完成之后的“导航树”浏览器视图

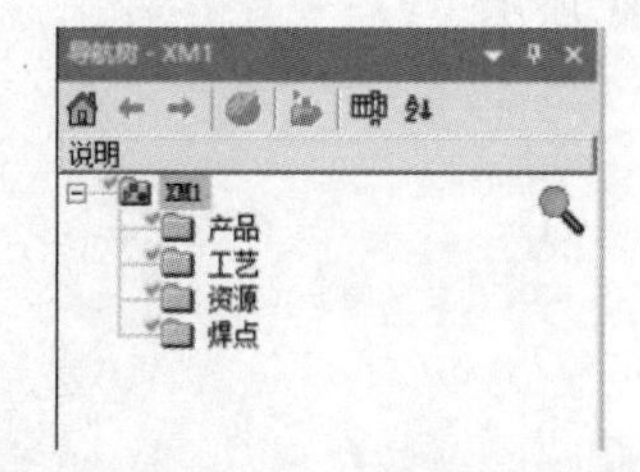

图 2-34　名称更改完成之后的状态

在主菜单“准备”中选择“库”选项卡，执行“创建工程库”命令，如图 2-35 所示，选择对应的项目文件夹的文件目录。选择“F:\XM1”文件夹中的对应的文件数据，选择其中的“parts”文件夹中的两个零件数据。单击“下一步”按钮进行零件的类型指派选择，如图 2-36 所示。

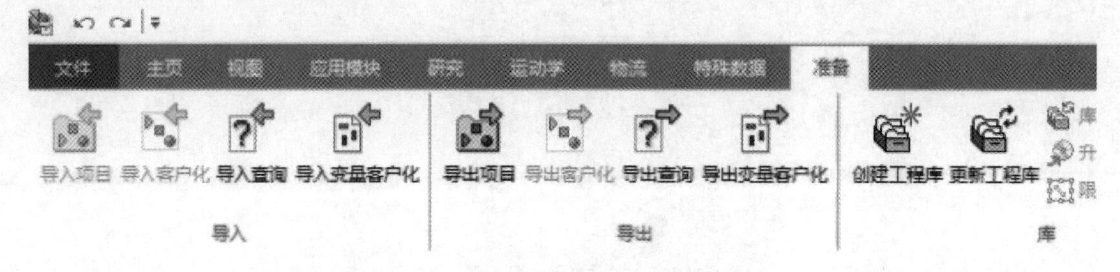

图 2-35　执行“创建工程库”命令

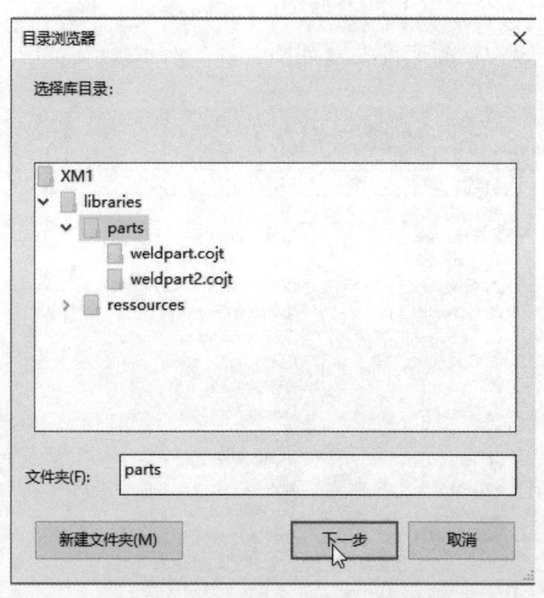

图 2-36　“目录浏览器”对话框

在“类型指派”对话框中，选择“PartPrototype”类型进行指定，如图 2-37 所示，指定之后，对应的零件文件将以产品零件类型导入 Process Designer。单击“下一步”按钮，完成对应的操作过程。在跳出的“创建工程库”对话框中，单击“确定”按钮，如图 2-38 所示。

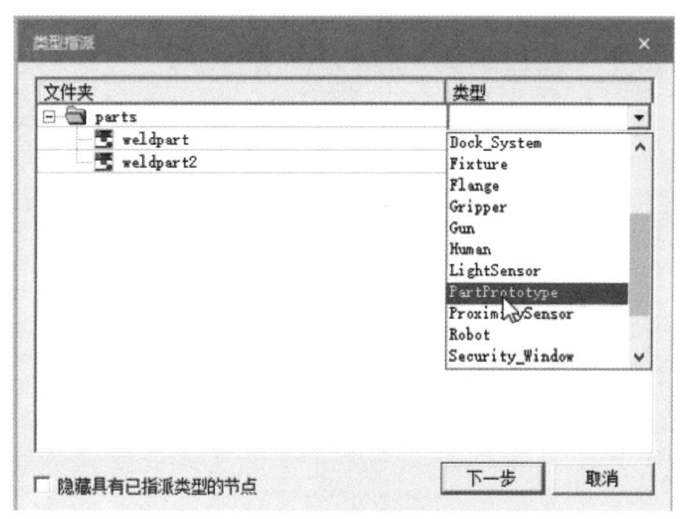

图 2-37 “类型指派”对话框

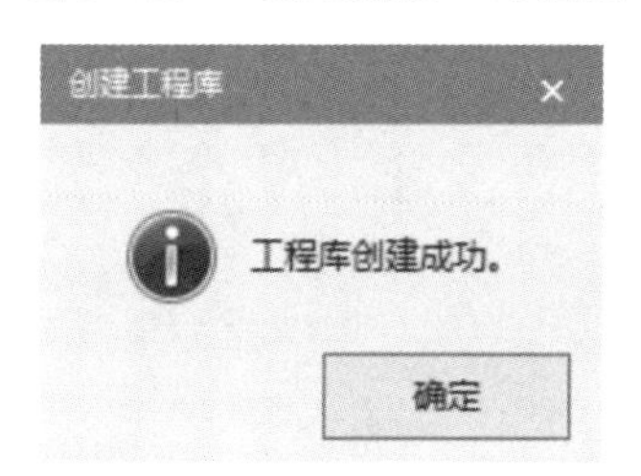

图 2-38 工程库创建成功

工程库创建完成之后，可以在导航树中观察到对应的数据文件（EngineeringPartLibrary 类型数据），如图 2-39 所示。

单击对应的数据，按住鼠标左键，将其拖动到产品目录下，如图 2-40 所示。

图 2-39 产品导入 EngineeringPartLibrary

图 2-40 将产品导入目录文件夹

单击对应的产品库文件夹，单击鼠标右键，执行“新建”命令，如图 2-41 所示。

在弹出的“新建”对话框中找到“CompoundPart”这一项，如图 2-42 所示，首先勾选前面的方框，然后在“数量”列输入数量“1”，最后单击“确定”按钮，即在产品目录下创建一个“CompoundPart”节点，如图 2-43 所示。

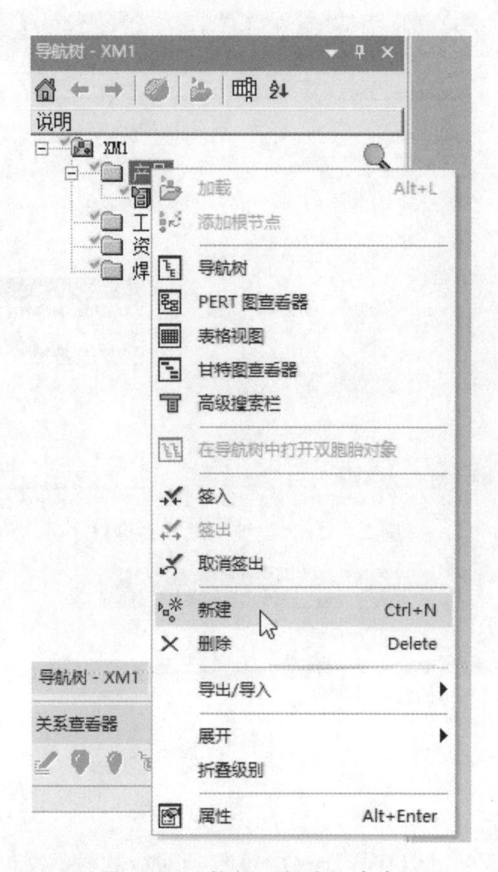

图 2 – 41　执行“新建”命令

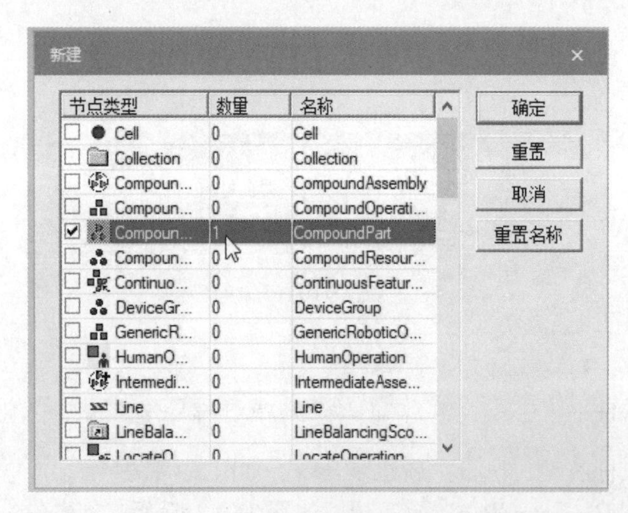

图 2 – 42　“新建”对话框

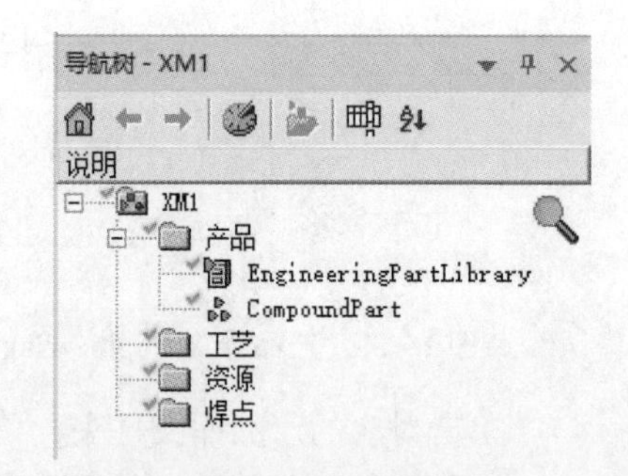

图 2 – 43　为产品创建导航树

然后，选择产品结构下的“EngineeringPartLibrary”节点，单击鼠标右键，选择“导航树”选项，打开对应文件导航树，如图 2 – 44 所示，可以详细观看其数据文件。选择导航树中的“CompoundPart”节点，单击鼠标右键，执行“添加到根节点”命令，将复合零件 CompoundPart 在“产品树”浏览器中打开。

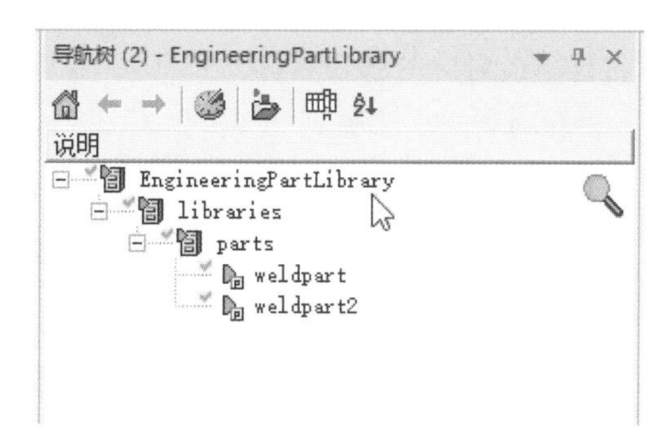

图 2-44 导航树

按键盘上的 Ctrl 键，选择“EngineeringPartLibrary”节点中的产品零件“weldpart”与“weldpart2”，将其拖动到产品树中的“CompoundPart”节点下，如图 2-45 所示。

单击产品树中各自零件前面的方框□，在白色区域变成蓝色区域▩之后，如图 2-46 所示，就可以在三维视图窗口查看产品，如图 2-47 所示。

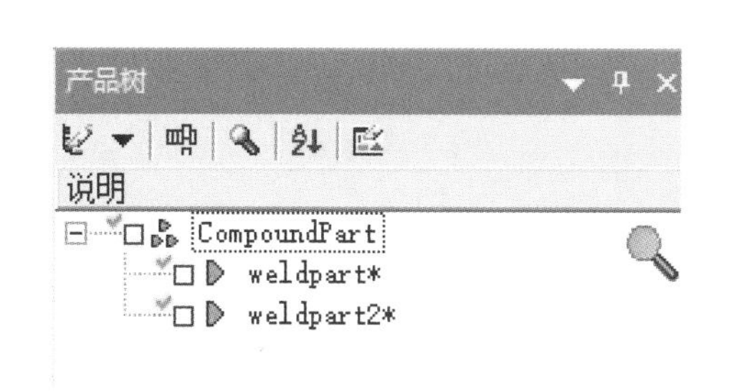

图 2-45 产品树的创建

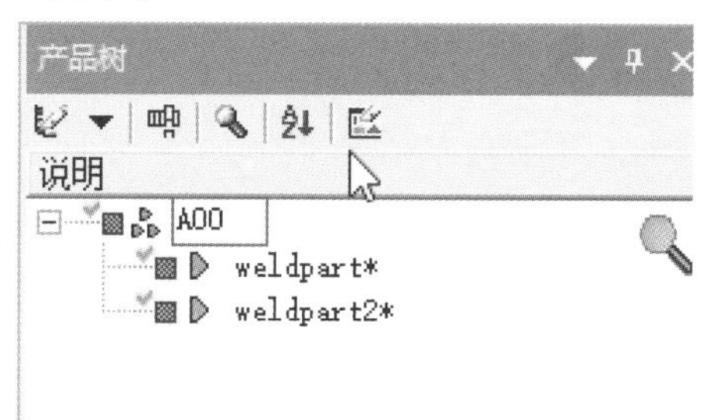

图 2-46 产品树中的零件显示

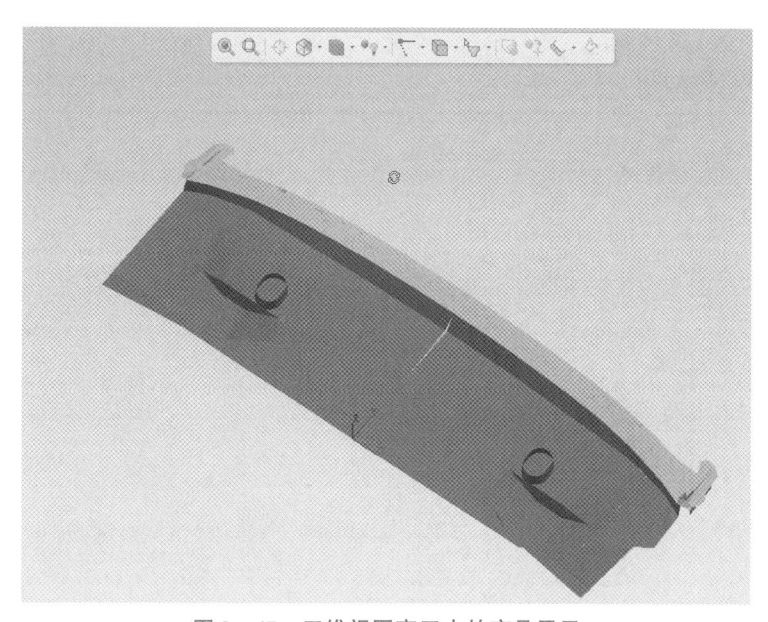

图 2-47 三维视图窗口中的产品显示

2. 焊点导入

焊点资源的导入过程

在导航树中，用鼠标右键单击对应的项目名称“XM1”，在弹出的菜单中执行“导出/导入”命令，如图 2-48 所示。

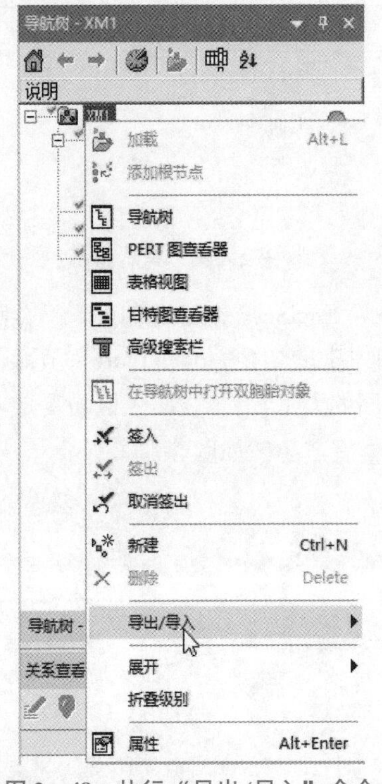

图 2-48　执行“导出/导入”命令

在打开的“导入”对话框中，选择文件夹路径“F:\XM1\libraries\parts”，选择查找的文件类型为 CSV 文件格式，在显示的对象中选择“test1. csv”文件，单击“导入”按钮，如图 2-49 所示。

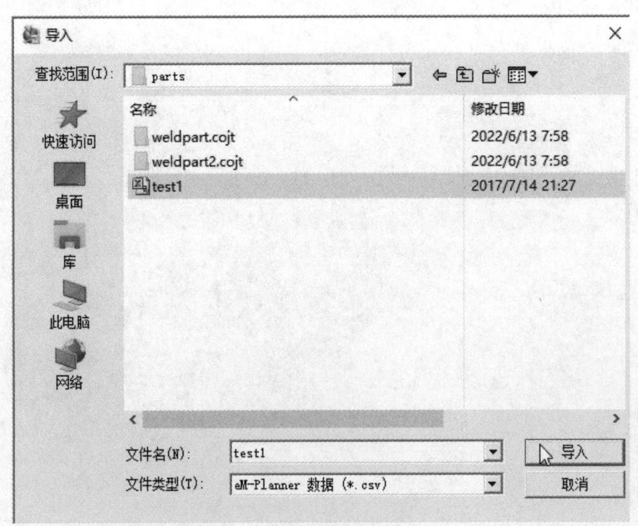

图 2-49　在“导入”对话框中导入焊点 CSV 文件

在弹出的“导入”对话框中单击“确定”按钮，即可完成焊点的数据导入工作，如图 2－50 所示。

图 2－50　焊点数据导入成功

焊点数据导入成功之后，在导航树中会出现“MfgLibrary”与“administrator's Folder”节点。在“administrator's Folder”节点中还存在一个“MfgLibrary”节点，其中包含导入后的焊点数据，如图 2－51 所示。

图 2－51　导入后的焊点数据

为了将对应文件中的焊点打开显示，需要执行“主页”→“查看器”命令，如图 2－52 所示，在下拉菜单中执行“制造特征树”命令，在视图窗口中会出现“制造特征树”浏览器视图窗口，如图 2－53 所示。

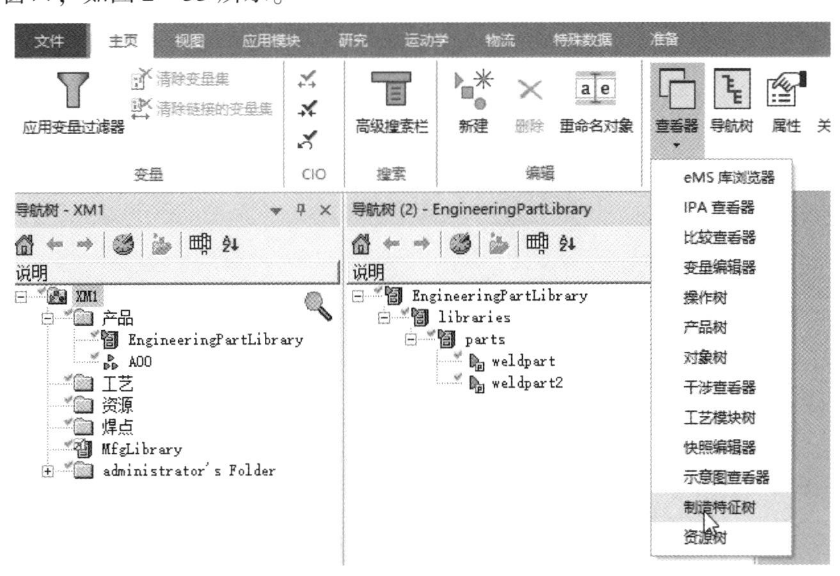

图 2－52　“制造特征树”浏览器视图窗口创建

图 2－53 “制造特征树”浏览器视图窗口

然后，选择“administrator's Folder”→“MfgLibrary”节点，将其拖动到焊点库文件夹下，进行焊点数据的分类保存，如图 2－54、图 2－55 所示。

图 2－54 导航树（1）

图 2－55 导航树（2）

选择“MfgLibrary”节点，单击鼠标右键，在弹出的菜单中执行“导航树”命令，在打开的导航树中按 Shift 键，选择所有焊点资源，单击鼠标右键，执行“添加根节点”命令，如图 2－56 所示，就可以在制造特征树中查看对应的焊点数据。

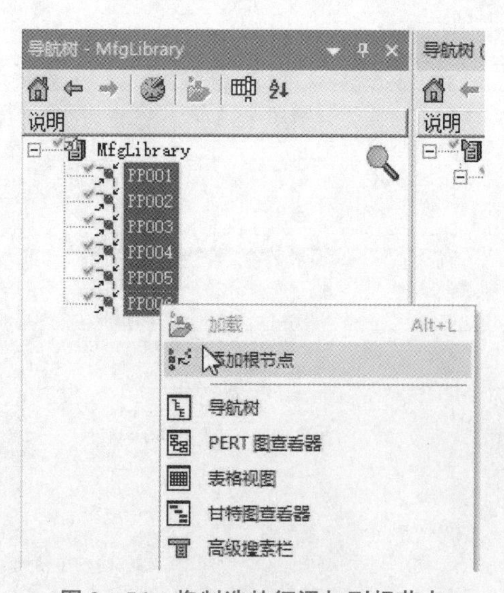

图 2－56 将制造特征添加到根节点

勾选焊点前面的方框 □，将白色区域变成蓝色区域 ▩，然后就可以在视图窗口中的零件表面观看到对应的焊点文件，如图 2－57、图 2－58 所示。

图 2－57　制造特征树中的焊点数据

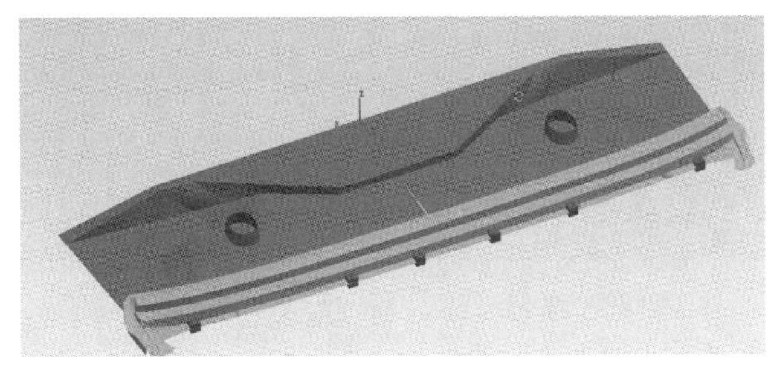

图 2－58　视图窗口中的零件与焊点

最后，将导入过程中不需要的资源删除，资源删除前后的状态如图 2－59 所示。

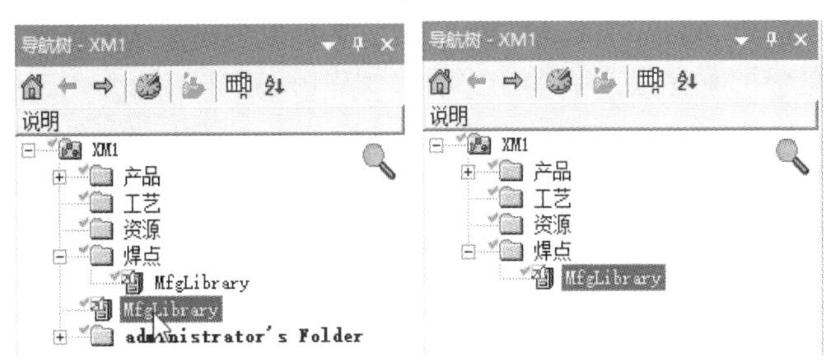

图 2－59　资源删除前后的状态

3. 项目资源导入

资源的导入过程

选择主菜单“准备”中的“库”选项卡，执行其中的“创建工程库”命令，将资源导入项目，如图 2－60 所示。

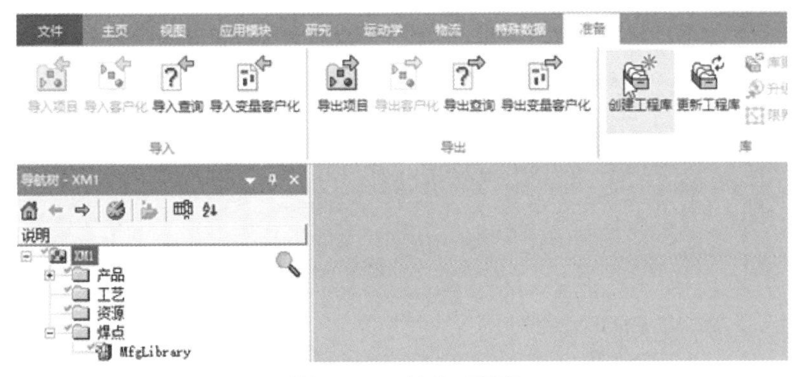

图 2－60　创建工程库

在打开的资源目录浏览器中，选择“F:\XM1”文件夹中的“ressources”文件夹，单击“下一步”按钮，将资源导入项目，如图2-61所示。

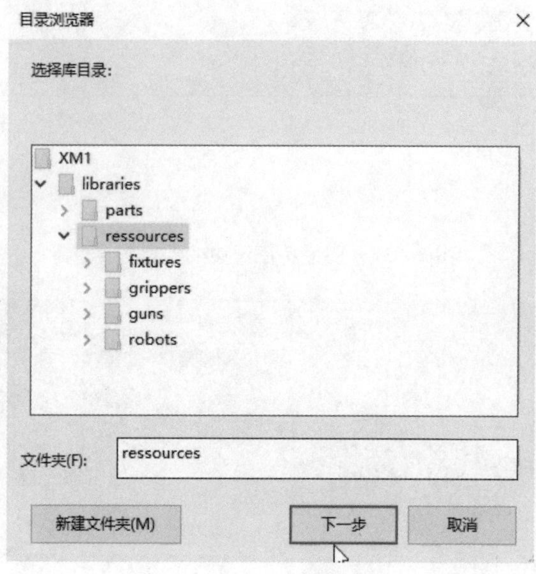

图2-61 资源目录浏览器

在弹出的“类型指派”对话框中，对所有的资源数据进行类型指派，在类型指派过程中，需要注意夹具、抓手、焊枪、工业机器人的指派类型必须按照其所有类型进行定义(参考图2-62)，类型指派完成之后单击“下一步”按钮，如图2-62所示。

图2-62 资源数据类型指派

类型指派完成之后，可以在导航树中观看到对应的数据节点“EngineeringResource-Library”，单击该节点，将其拖动到资源文件夹中进行归类，如图2-63所示。

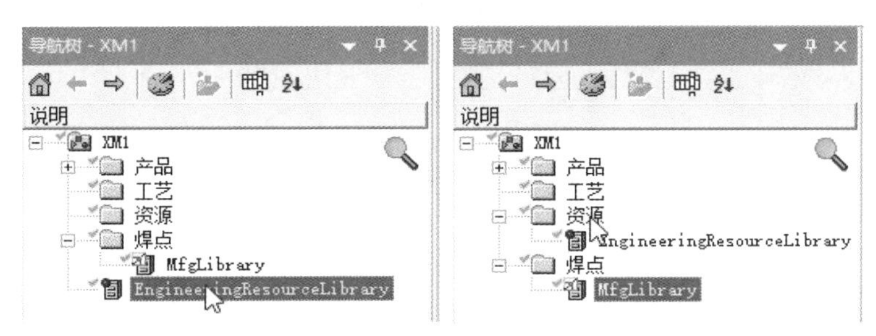

图2-63　导航树的变化

选择“EngineeringResourceLibrary”节点，单击鼠标右键，在打开的菜单中执行“导航树”命令，可以观察到其中文件夹节点的一致性，如图2-64、图2-65所示。

图2-64　导航树中的资源结构

› 此电脑 › 书 (F:) › XM1 › libraries › ressources › fixtures

名称	修改日期
clamps11.cojt	2022/6/13 7:58
fix11.cojt	2022/6/13 7:58
table11.cojt	2022/6/13 7:58

图2-65　“fixtures”文件夹中的资源结构

标准操作库的创建过程

4. 标准操作库的创建

标准操作库是作为库资源进行使用的，因此在本次设置中将其列入资源库。选择导航树中的资源，如图2-66所示，单击鼠标右键，在打开的菜单中执行“新建”命令，在打开的“新建”对话框中，选择“OperationLibrary”节点类型进行创建，并单击“确定”按钮，如图 2 - 67 所示。

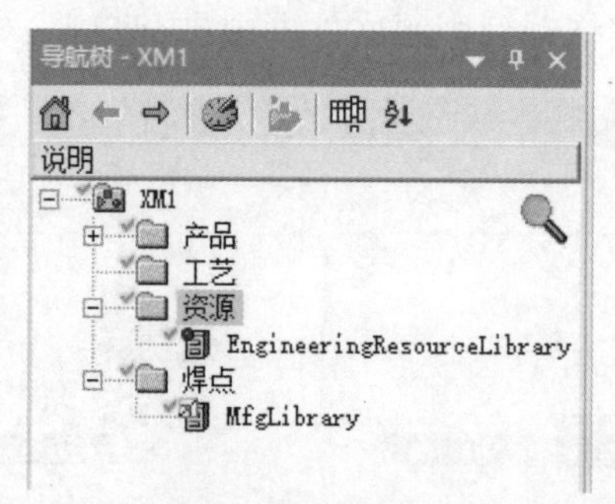

图 2 - 66　导航树

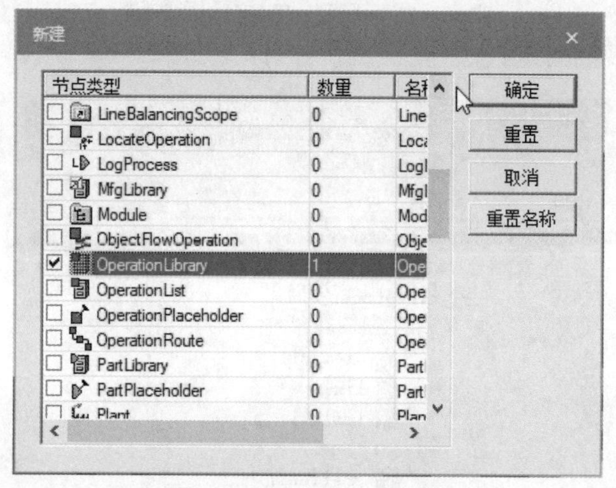

图 2 - 67　“新建”对话框

创建完成之后，在导航树中将出现对应的“OperationLibrary”操作资源文件节点，如图 2 - 68 所示。

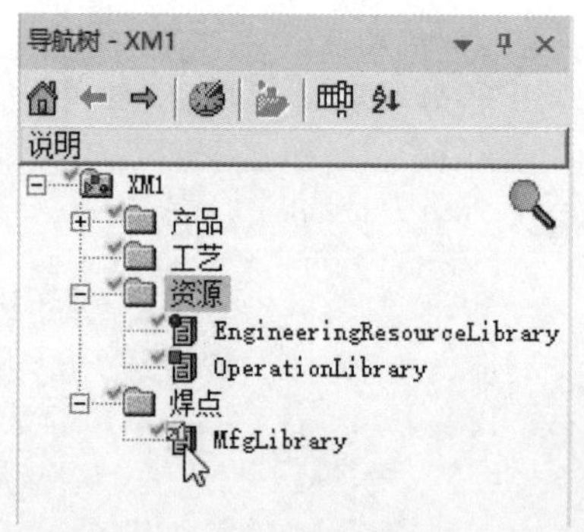

图 2 - 68　导航树对应的“OperationLibrary”操作资源文件节点

选择“OperationLibrary”节点，单击鼠标右键，在弹出的菜单中执行“导航树”命令，如图 2 - 69 所示，会在导航树的右侧创建导航树（2）。

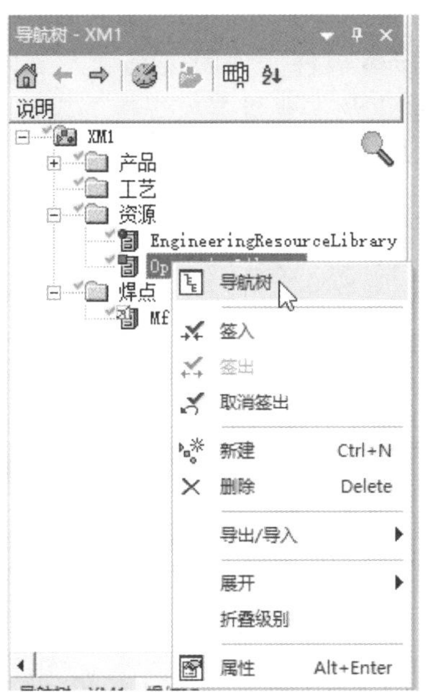

图 2 – 69　通过“OperationLibrary”节点创建导航树

在打开的导航树（2）中选择“OperationLibrary”节点，单击鼠标右键，创建多个 CompoundOperation，CompoundOperation 作为复合操作，是建立一般操作的基础，单击“确定”按钮，完成 OperationLibrary 操作树下复合操作的创建，如图 2 – 70 所示。

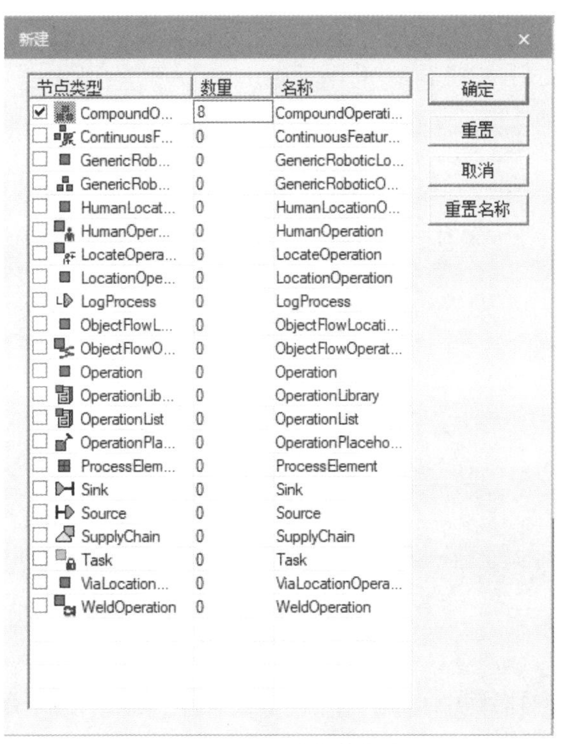

图 2 – 70　创建复合操作

在创建的复合零件中，需要对应本次的操作进行基础操作库的创建。例如，在本次仿真中会存在打开夹具、安装板件、关闭夹具、人工取件、取件完成之后移动板件、利用工业机器人搬运板件以及工业机器人焊接等操作，因此需要进行对应操作的创建。新创建的复合操作可以通过对应的操作更改名称，利用键盘上的 F2 键更改名称即可。

本次操作可以分类为手动操作和机器人操作，因此在创建操作的过程中，可以通过对其创建两个复合操作进行分类，并新建 2 个焊接操作用于其中的手动焊接和工业机器人焊接，同时利用 F2 键对其中的复合操作名称进行更改（按照图 2－71 进行命名即可）。创建完成之后的操作库窗口如图 2－71 所示。

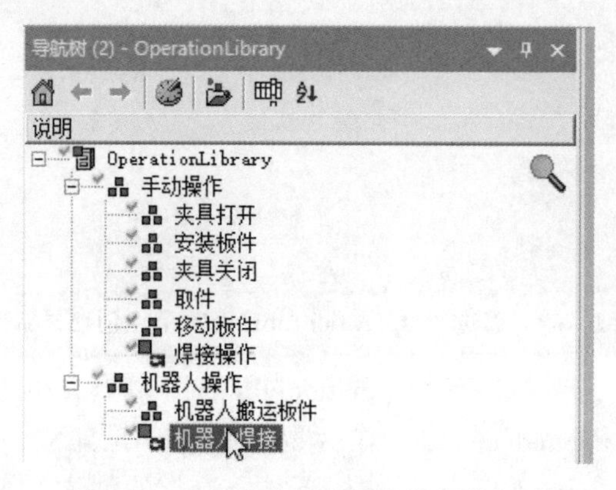

图 2－71　创建完成之后的操作库窗口

选择其中的操作，单击鼠标右键，选择“属性”选项，如图 2－72 所示，打开操作属性对话框。

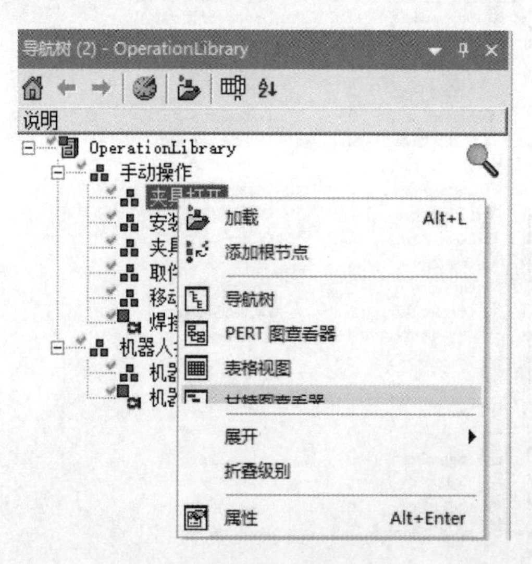

图 2－72　选择“属性”选项

在打开的操作属性对话框中，对操作的时间进行定义，全部采用默认 10 s 进行设置，选择“TMU”标准工时，如图 2－73 所示。

图 2－73　操作属性对话框“时间”选项卡

5. 生产线模型框架建立

选择导航树中的“工艺”目录，如图 2－74 所示，单击鼠标右键，执行“新建”命令，打开“新建”对话框。

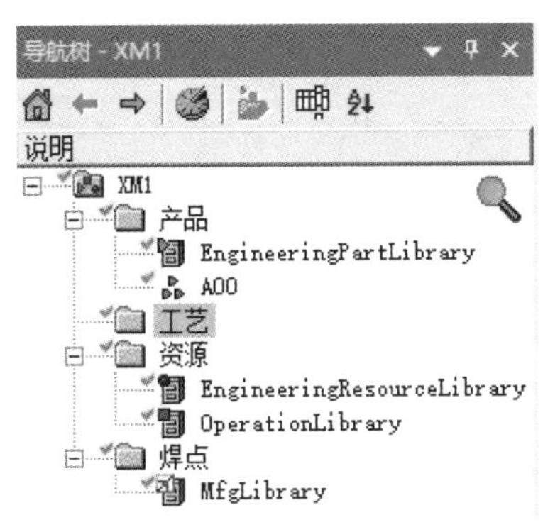

图 2－74　在导航树中选择“工艺”目录

建立生产线模型框架的过程

在打开的“新建”对话框中，选择“PrLine”节点类型进行创建，单击“确定”按钮，如图 2－75 所示。创建完成之后，在对应“工艺”目录中会出现“PrLineProcess”和“PrLine”节点，其中建立的时候“Pr”都是成对出现的，例如“PrPlant”“PrLine”“PrZone”“PrStation”，在创建其中一个之后，对应的 Process 项就会在操作树中对应出现，因此也叫作双胞胎，如图 2－76 所示。

然后，选择导航树中“工艺”文件夹下新创建的“PrLine”资源节点，单击鼠标右键，执行“添加根节点”命令，如图 2－77 所示，让其在资源树中打开。完成之后对应的“PrLine”节点会在资源树中显示出来，如图 2－78 所示。

选择资源树中的“PrLine”节点，单击鼠标右键，执行“新建”命令，对生产线进行建模。选择其中的“PrZone”节点类型，在“数量”列中输入“3”，单击“确定”按钮，如图 2－79 所示。

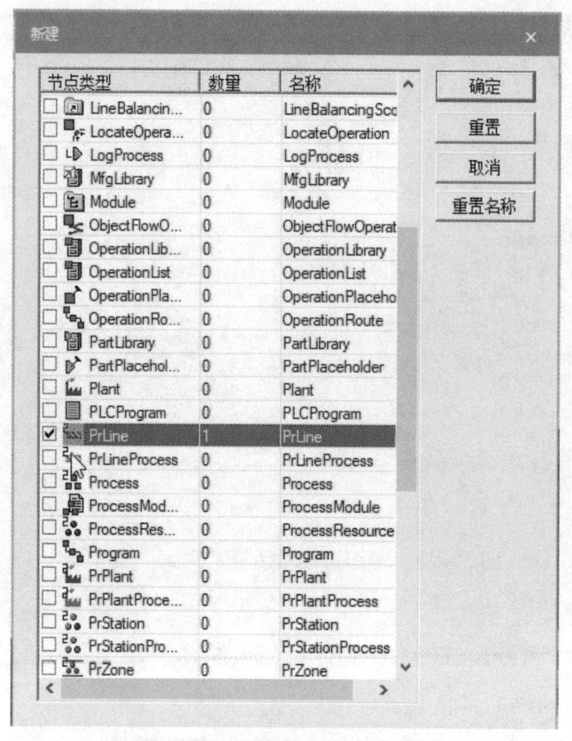

图 2-75　新建双胞胎节点类型

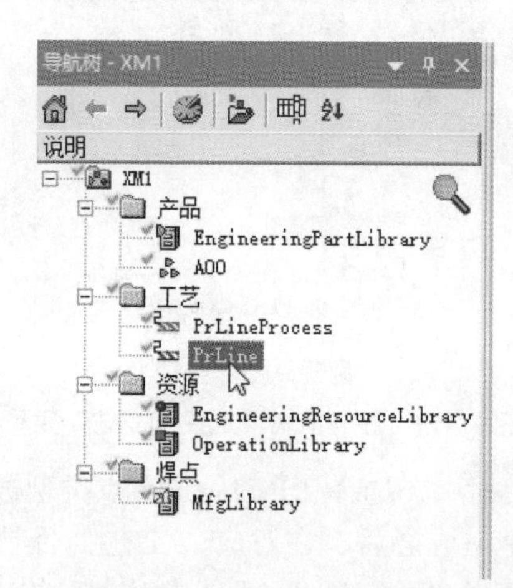

图 2-76　导航树中的双胞胎

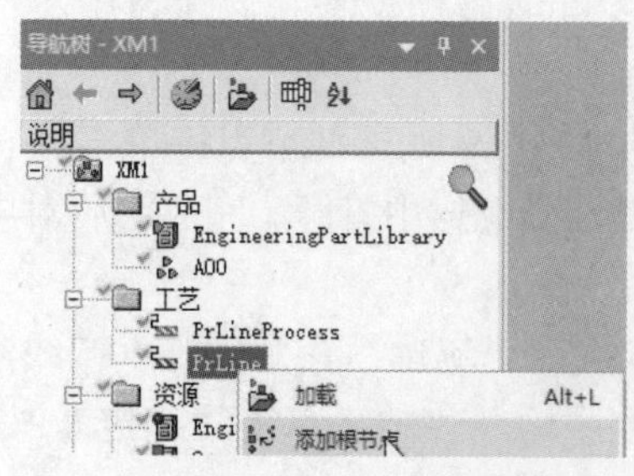

图 2-77　将资源添加到根节点

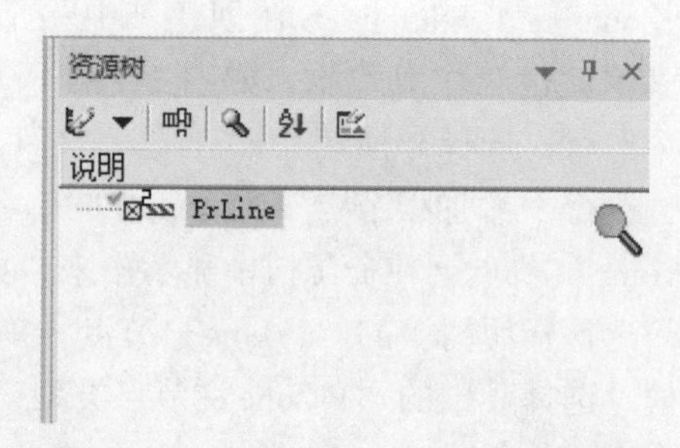

图 2-78　资源树中的“PrLine”节点

图 2－79 新建 PrZone

生产线的建模一般遵循自上向下的顺序，即车间级 PrPlant→生产线级PrLine→工作区级 PrZone→工位级 PrStation，逐层细化。创建完成的资源结构如图 2－80 所示。

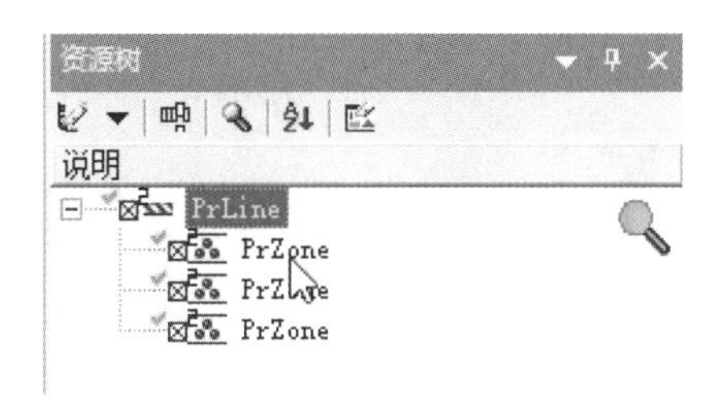

图 2－80 创建完成的资源结构

因此，创建完对应的 PrZone 级别之后，选择创建 PrZone 级别下的 PrStation 级别，如图 2－81 所示。

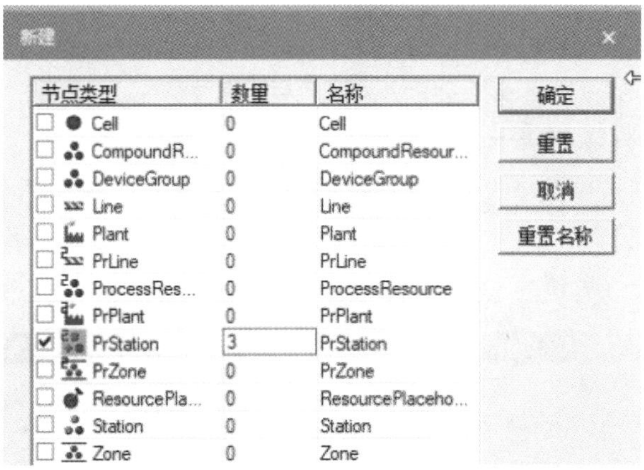

图 2－81 创建 PrStation 级别

创建过程可以参考资源目录中的列表进行，之后在导航树中选择“PrLineProcess”节点，单击鼠标右键，在打开的菜单中执行“打开到根节点”命令，打开操作树浏览器，会发现对应操作树的列表与资源树类似，如图 2－82、图 2－83 所示。

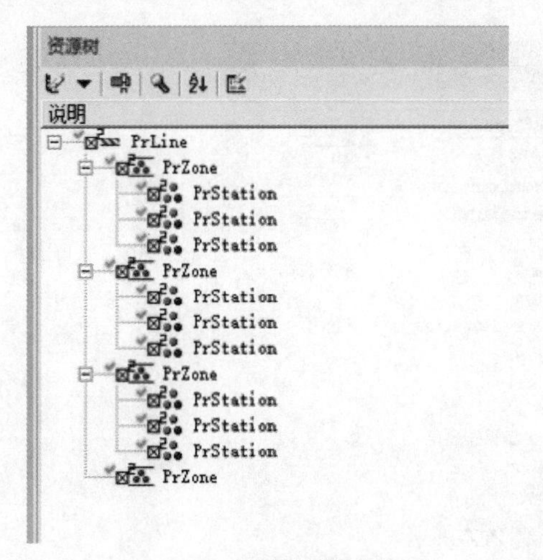

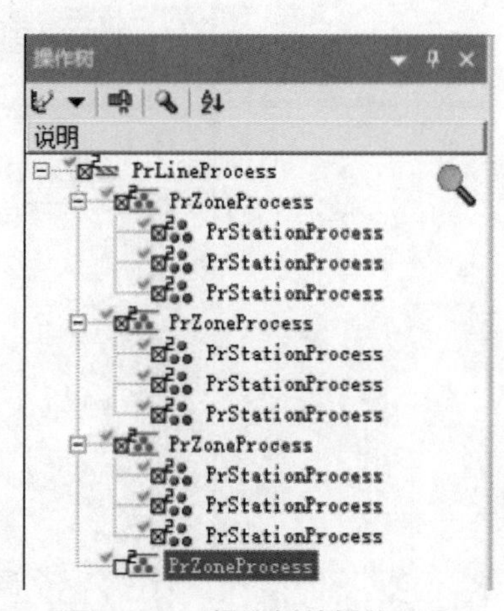

图 2－82　资源树的资源目录　　　图 2－83　操作树的操作目录

对资源树中的节点进行重命名（通过 F2 键对对应的名称进行更改），重命名后的资源列表如图 2－84 所示。

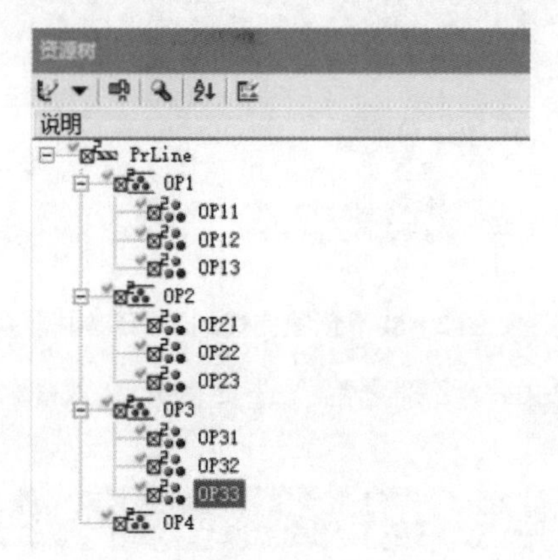

图 2－84　重命名后的资源列表

为了保证资源树和操作树中的名称同步，以方便后期仿真设计，可以在资源树中选择“PrLine”节点，之后选中菜单栏中的“特殊数据”→“杂项”→“同步工艺对象”命令，如图 2－85 所示，在打开的“同步工艺对象”对话框中，根据图 2－86 所示的条件进行选择，之后单击“确定”按钮。

图 2－85　执行“同步工艺对象”命令

在“同步工艺对象”对话框中单击“确定”按钮之后，在操作过程中的操作树名称会发生相应的变化，操作树名称与资源树的名称一致，如图 2－87 所示。

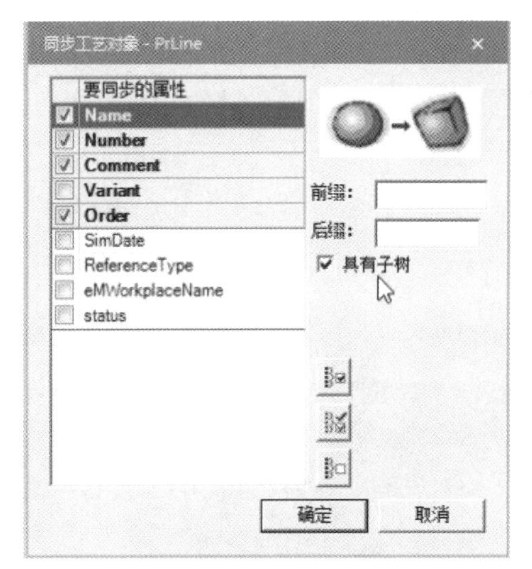

图 2－86 “同步工艺对象”对话框

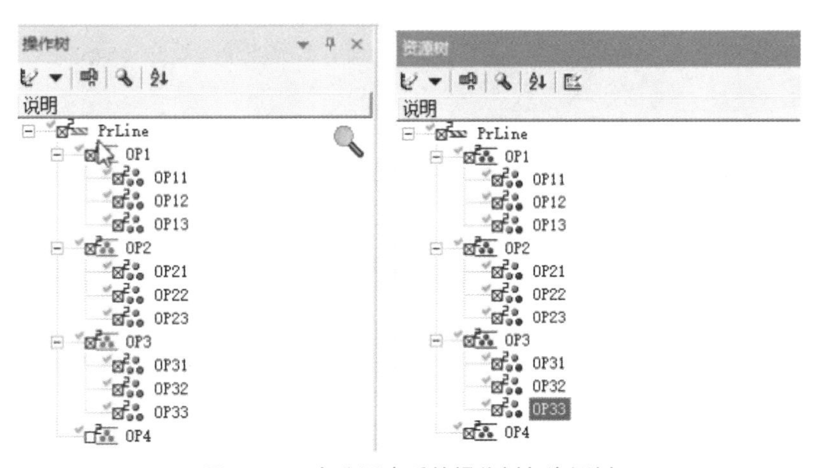

图 2－87 名称同步后的操作树与资源树

6. 焊点与零件关联

分配焊点时，只是在图形窗口中显示的零件范围内分配，如果某个零件在 Blank 状态（即隐藏状态）下，则无法对该零件进行关联，因此在操作之前需要先将需要关联的零件进行显示，对不需要关联的零件进行隐藏处理。

焊点与零件关联

在导航树中双击打开焊点库中的“MfgLibrary”节点，之后选择其中的所有的焊点，如图 2－88 所示，单击鼠标右键，在弹出的菜单中执行“添加根节点”命令，将焊点数据导入“制造特征树”浏览器，如图 2－89 所示。

在制造特征树中，将所有焊点前面的白色区域变为蓝色区域，显示对应的焊点，可以在视图中看到对应的焊点与零件有一定的接触关系，如图 2－90 所示。

图 2 – 88　导航树中的焊点

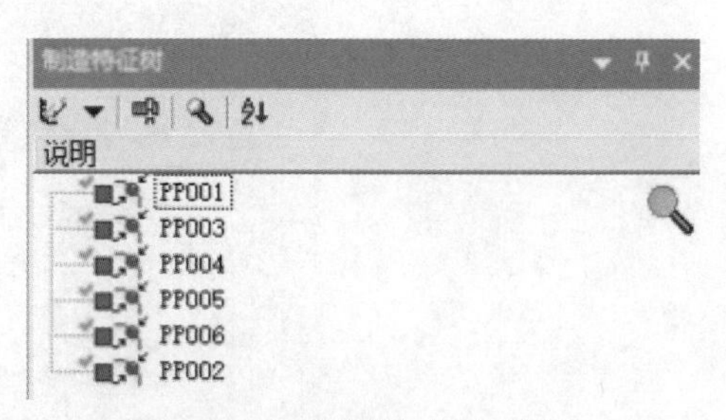

图 2 – 89　制造特征树中的焊点

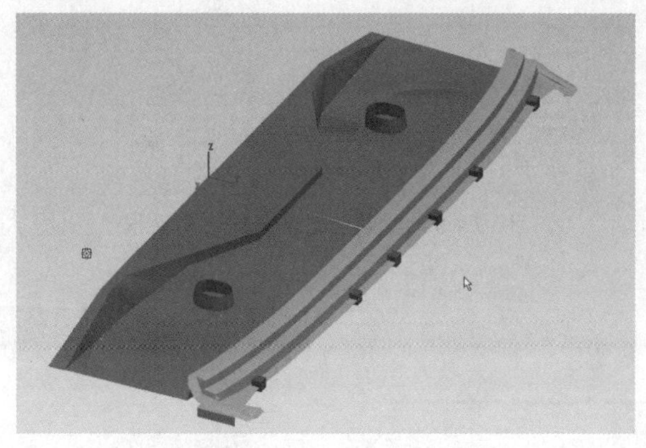

图 2 – 90　视图中的零件

然后，重新选择制造特征树中的全部焊点，如图 2 – 91 所示，在主菜单“应用模块”的“焊接”选项卡中执行“自动零件指派”命令，如图 2 – 92 所示。

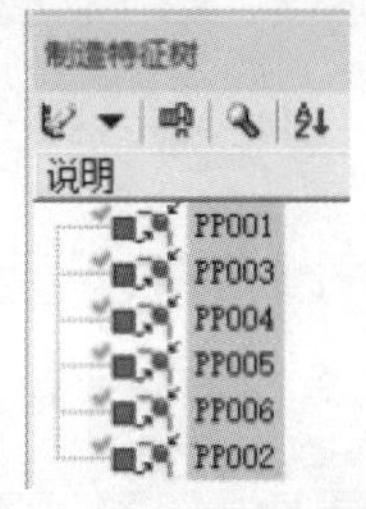

图 2 – 91　选择全部焊点

图 2 – 92　执行“自动零件指派”命令

在打开的“自动零件指派”对话框中，在焊点侧序列中显示之前全部选中的焊点数据，单击“搜索”按钮，对与焊点接近的零件进行搜索，如图 2 – 93 所示。

自动零件指派

焊点	零件 1（连接）	零件 2	零件 3	零件 4
PP002				
PP004				
PP001				
PP005				
PP006				
PP003				

图 2 – 93　“自动零件指派”对话框（1）

搜索完成之后，如图 2－94 所示，就会根据零件的关系，在零件栏中显示与焊点距离在 5 mm 以内的零件。如果焊点与零件的关系较远，则无法被搜索到。

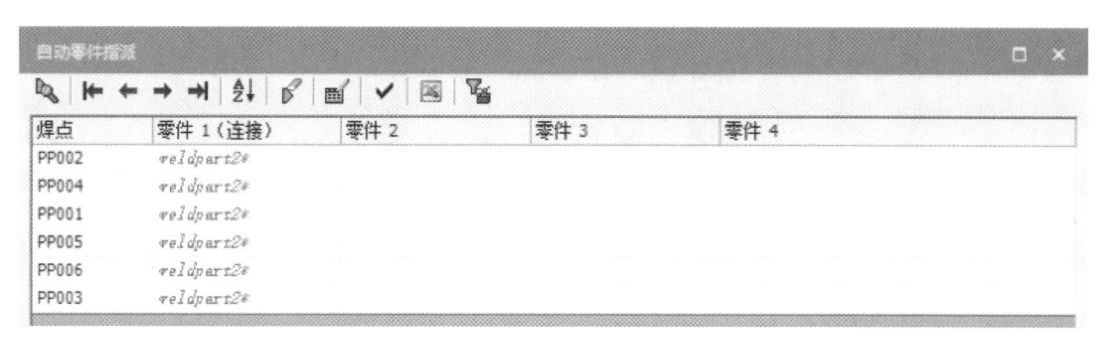
自动零件指派

焊点	零件 1（连接）	零件 2	零件 3	零件 4
PP002	weldpart2*			
PP004	weldpart2*			
PP001	weldpart2*			
PP005	weldpart2*			
PP006	weldpart2*			
PP003	weldpart2*			

图 2－94　“自动零件指派”对话框（2）

焊点与板件之间的间隔是可以设置的，单击“设置”按钮 即可出现“设置”对话框，在该对话框中对“距离”和“可见列”进行设置即可，如图 2－95 所示。

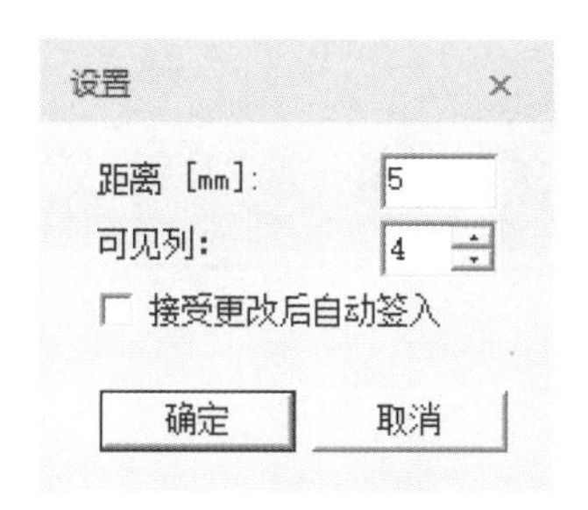

图 2－95　零件指派距离设置

根据搜索结果选择所有焊点，然后在命令栏中单击“指派”按钮 ✔，将焊点分配到对应的零件上。分配完成之后，对应的零件将从暗色变亮，如图 2－96 所示，并且焊点会被分配到“零件 1（连接）”列的零件上进行连接。分配完成之后，单击制造特征树中的焊点可以在关系查看器中看到其关联的零件关系，而且当拖动“零件 1（连接）”列中的零件时，被指派的焊点也将随其移动。

自动零件指派

焊点	零件 1（连接）	零件 2	零件 3	零件 4
PP002	weldpart2*			
PP004	weldpart2*			
PP001	weldpart2*			
PP005	weldpart2*			
PP006	weldpart2*			
PP003	weldpart2*			

图 2－96　指派完成后的焊点

7. 将零件分配到工位

在导航树中，选择工艺中的“PrLine”节点，将“PrLine”节点添加到根节点，将

“PrLine”节点在操作树中打开，之后选择操作树中的“PrLine”节点，单击鼠标右键，在弹出的菜单中执行“PERT 图查看器”命令，如图 2－97 所示，打开“PERT 图”对话框，如图 2－98 所示。

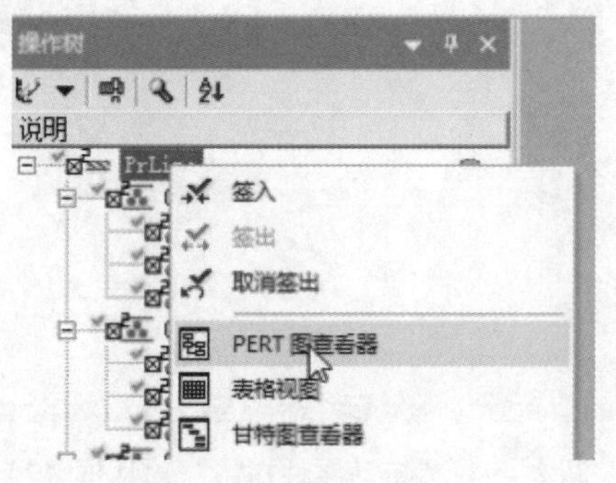

将零件分配到工位

图 2－97　执行“PERT 图查看器”命令

在 PERT 图中可以看到操作树中的各工艺路线是散乱的，需要通过 PERT 图查看器的命令对其结构进行调整，因此单击 PERT 图查看器中的“预定义布局”按钮，对各工艺路线进行排序。

图 2－98　“PERT 图”对话框

同时，单击“新建流”按钮对各工序进行排序，在排序中，可以通过“上/下钻取”按钮进入各工序的上下级，进行工序的排序。各工序关系需要根据生产情况进行一一对应，分别为 PrLine 流程排序、OP1 流程排序、OP2 流程排序以及 OP3 的流程排序，如图 2－99 ~ 图 2－102 所示。

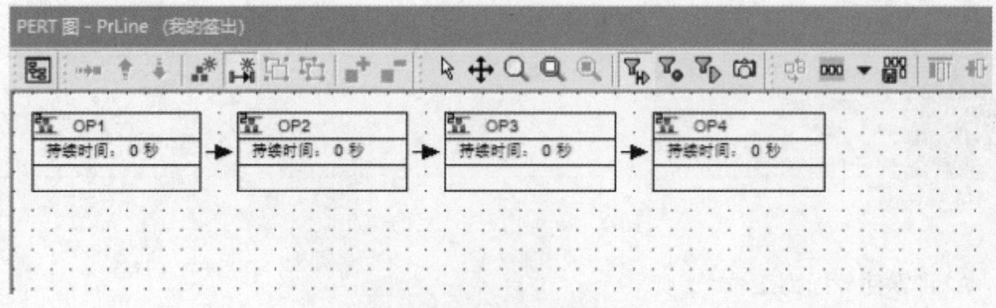

图 2－99　PrLine 流程排序

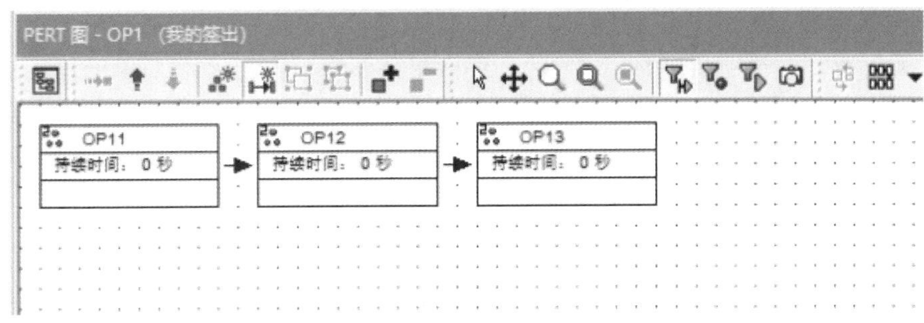

图 2-100 OP1 流程排序

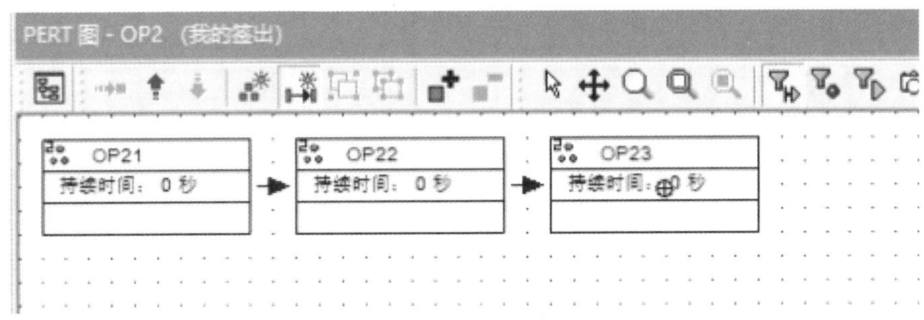

图 2-101 OP2 流程排序

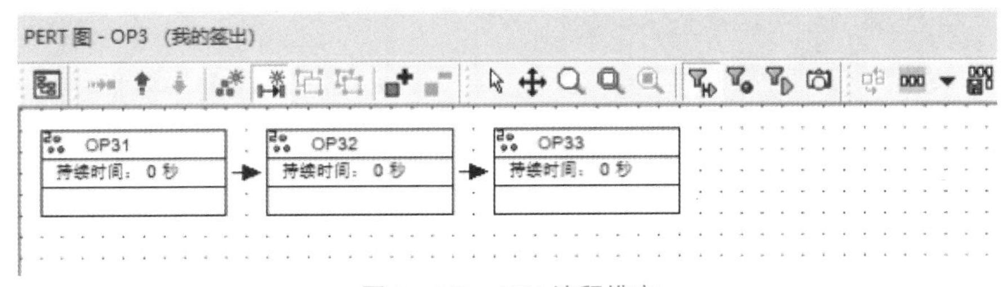

图 2-102 OP3 流程排序

8. 将零件指派到工位

在 PERT 图中，还可以将工序中需要的零件指派到对应的工序中进行分配，在打开的“产品树”浏览器视图中，选择相应的零件“weldpart”，按住鼠标左键拖动到 OP11 工序中进行添加，之后选择零件“weldpart2”，按住鼠标左键拖动选到 OP12 工序中进行添加，即完成零件指派过程。OP1 的 PERT 图效果如图 2-103 所示。

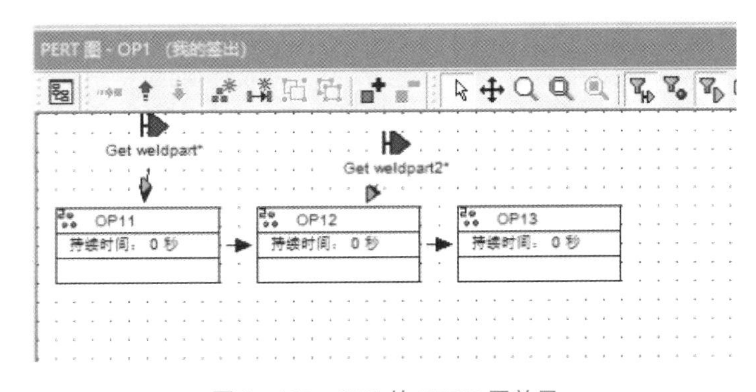

图 2-103 OP1 的 PERT 图效果

9. 创建装配树

在导航树中，选择项目名称“XM1”，单击鼠标右键，在打开的菜单中执行“新建”命令，如图2－104所示，在“新建”对话框中选择“Collection”节点类型创建文件夹，指定“数量”为“1”，单击“确定”按钮，完成对应的“Collection”文件夹的创建，如图2－105所示。

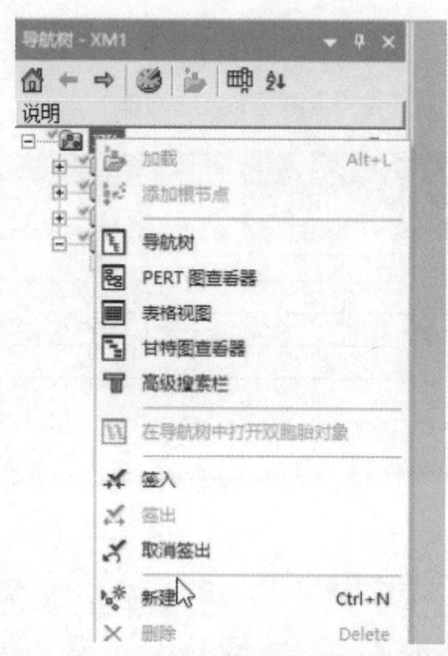

图2－104 导航树新建操作

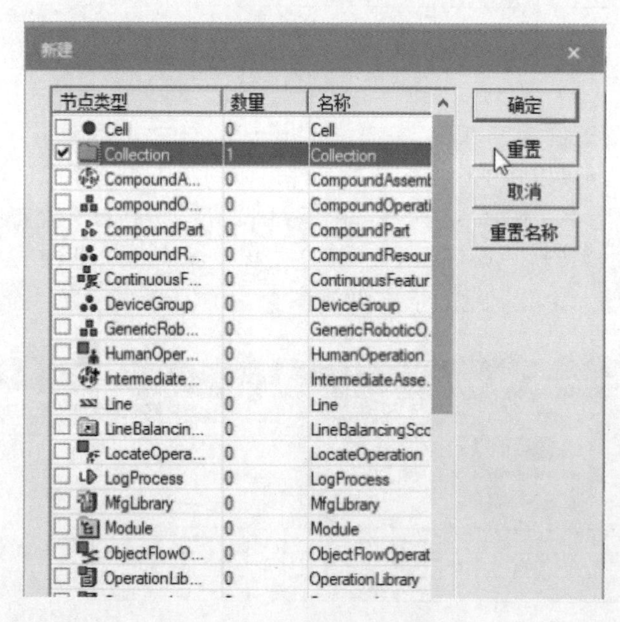

图2－105 “新建”对话框

在导航树中，选择新创建的“Collection”文件夹，通过键盘上的F2键将其更名为“工作文件夹”，如图2－106所示。

图 2-106　更改名称

选择导航树中新创建的工作文件夹，在主菜单“主页”的“用户设置”选项卡中，执行“设为工作文件夹”命令，如图 2-107 所示，将工作文件夹设置为当前用户的工作文件夹。设置完成之后，工作文件夹的形式将由普通黑色转为加黑的字体文件，如图 2-108 所示。

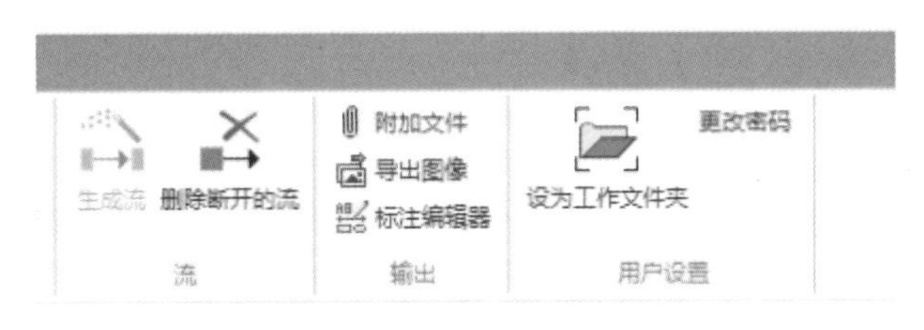

图 2-107　执行“设为工作文件夹”命令

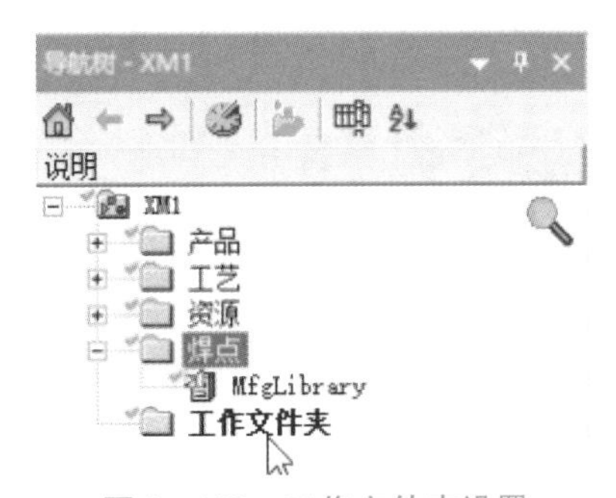

图 2-108　工作文件夹设置

选择导航树中“工艺”文件夹下的“PrLine”节点，在主菜单“特殊数据”的“IPA”选项卡中执行“生成装配树”命令，如图 2-109 所示，对“PrLine”节点生成装配树。

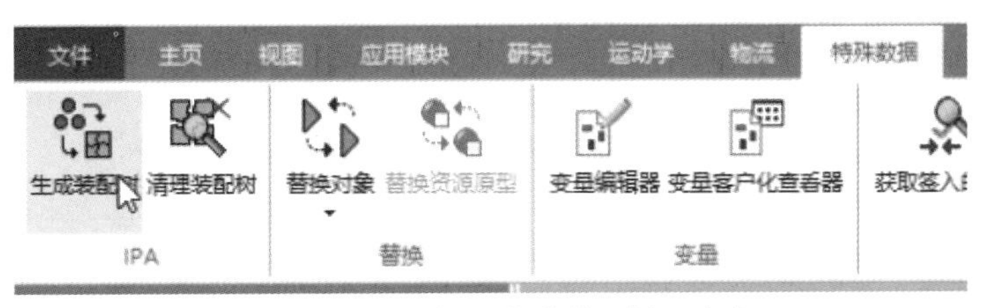

图 2-109　执行“生成装配树”命令

在弹出的“生成装配树”对话框中（图 2－110），单击“目标文件夹”框右侧的 ... 按钮，在弹出的“目标文件夹”对话框中选择新创建的“工作文件夹”，创建对应的IPA，单击“确定”按钮，如图 2－111 所示，在弹出的“装配树”对话框中单击“确定”按钮，如图 2－112 所示，就可以在新创建的“工作文件夹”中显示对应的装配树节点关系，如图 2－113 所示。

图 2－110 “生成装配树”对话框

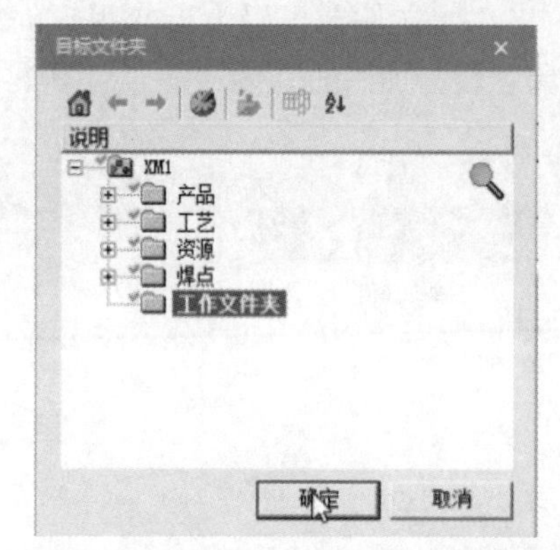

图 2－111 “目标文件夹”对话框

图 2－112 “装配树”对话框

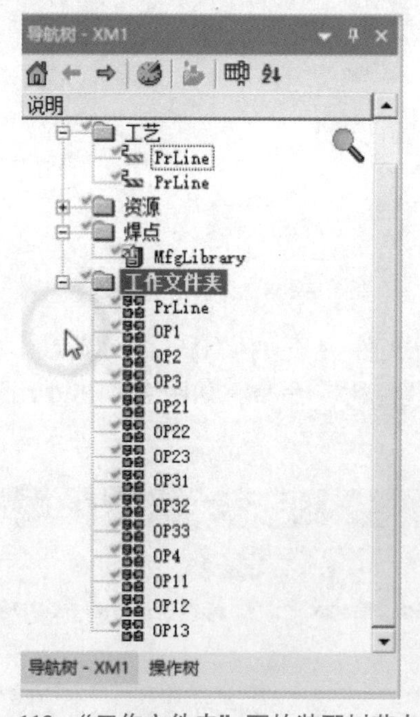

图 2－113 “工作文件夹”下的装配树节点关系

在主菜单“主页”的“查看器”选项卡中执行“查看器”→“IPA 查看器”命令，打开对应的 IPA 查看器，如图 2－114 所示。

图 2－114 打开 IPA 查看器

选择“工作文件夹”中的“PrLine”节点，单击鼠标右键，在弹出的菜单中执行“添加根节点”命令就可以在 IPA 查看器中显示“PrLine”中各级加入的产品零件，以及相应的工序流程，如图 2－115 所示。可以看出其装配顺序与零件的分配一致，装配顺序主要由 PERT 图中设定的操作顺序决定。

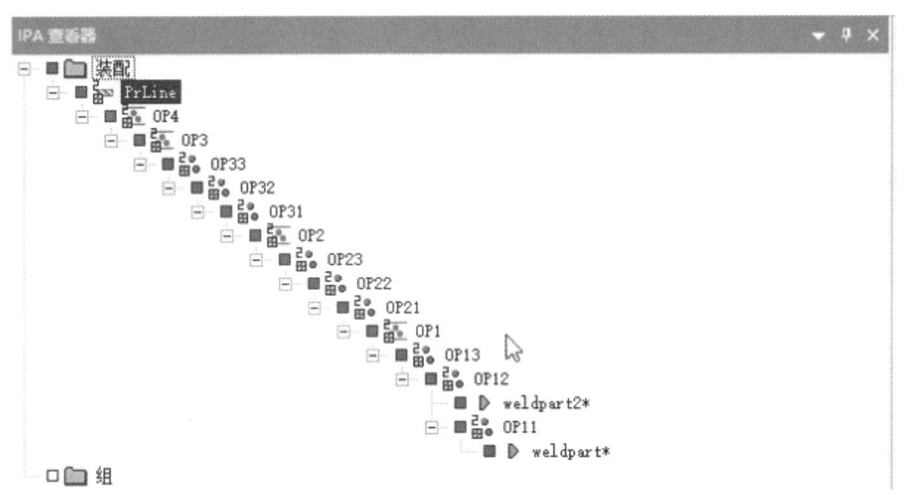

图 2－115 IPA 查看器中的装配关系

10. 将操作和焊点分配到工位

将操作和焊点分配到工位

在导航树中，选择所有焊点数据，单击鼠标右键，在弹出的菜单中执行“添加根节点”命令，打开“制造特征树”浏览器，在“制造特征树”浏览器中显示所有焊点数据，如图 2－116 所示。选择操作树中的 OP1 工序，如图 2－117 所示。

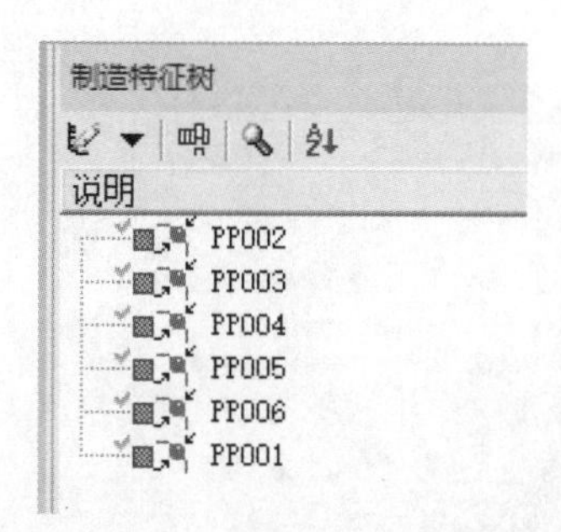

图 2－116 “制造特征树”浏览器

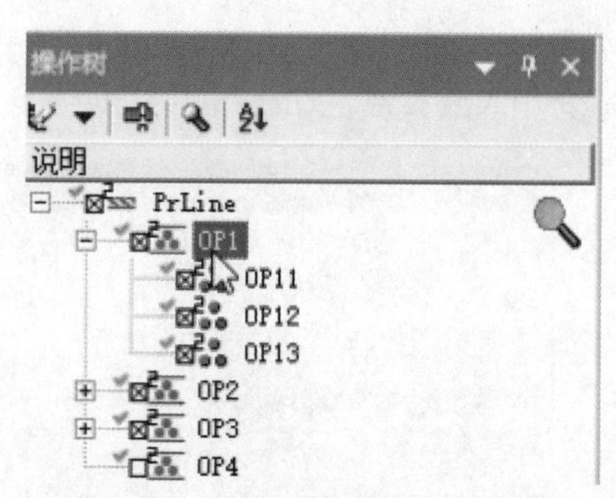

图 2－117 选择操作树中的 OP1 工序

在主菜单“应用模块”的“焊接”选项卡中执行“自动焊点分布”命令，如图 2－118 所示，将焊点自动分配到对应的工位。

图 2－118 执行“自动焊点分布”命令

在打开的“自动焊点分布”对话框中，可以看到对应的焊点与将分配到所在的工位情况，其分布的设定主要与在 PERT 图中分配零件所在的工序有直接的关系。从 PERT 图中可以看出将 weldpart2 * 分配到了 OP12 工序，而 weldpart2 * 是焊点指派的零件，因此在自动零件指派过程中会自动搜索对应的焊点关联的工序 OP12，如图 2－119 所示。

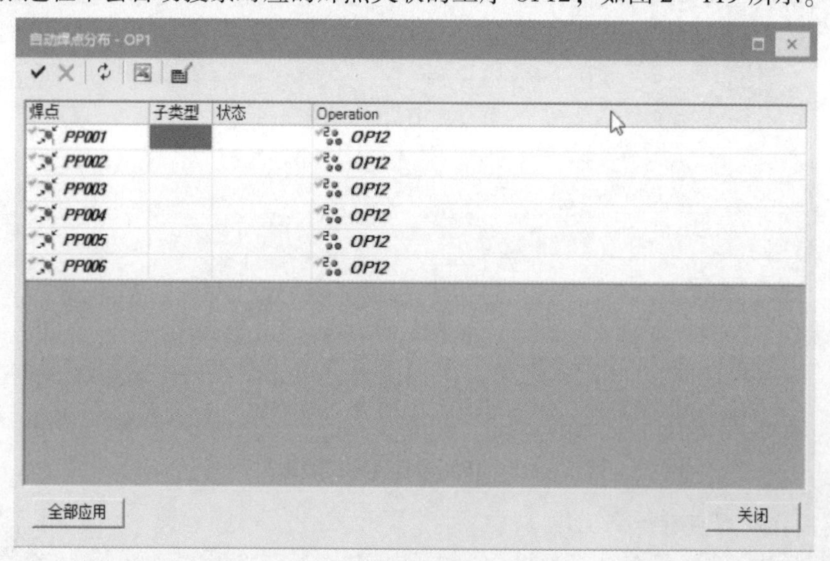

图 2－119 “自动焊点分布”对话框（1）

当确认焊点可以被指派到对应的工序 OP12 之后，单击“自动焊点分布”对话框中的“连接焊点和操作”按钮 ✔，即可将焊点连接到对应工位，在状态列表中会出现“已连接”提示，这就完成了对应的焊点分配过程，连接完成之后的状态如图 2－120 所示。单击“关闭”按钮，退出“自动焊点分布”对话框。

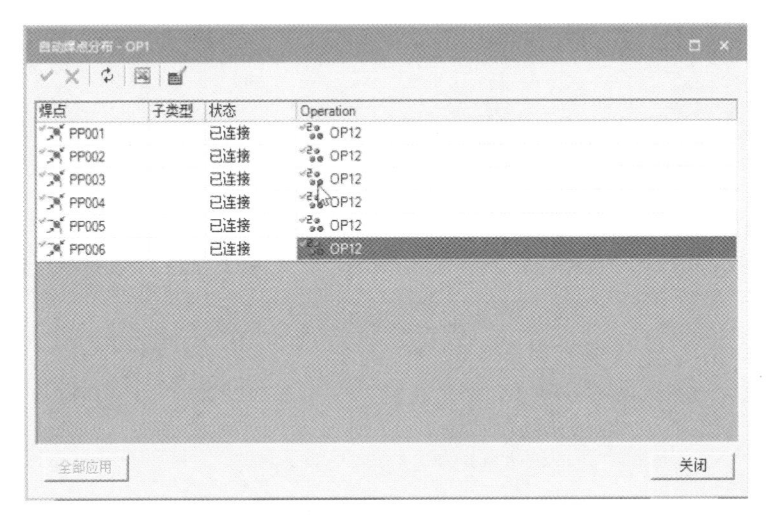

图 2－120 “自动焊点分布”对话框（2）

焊点分配完成之后，单击产品树中对应的零件“weldpart2”，就可以在关系查看器中看到对应的焊点已经被分配到相应的零件上，如图 2－121 所示。

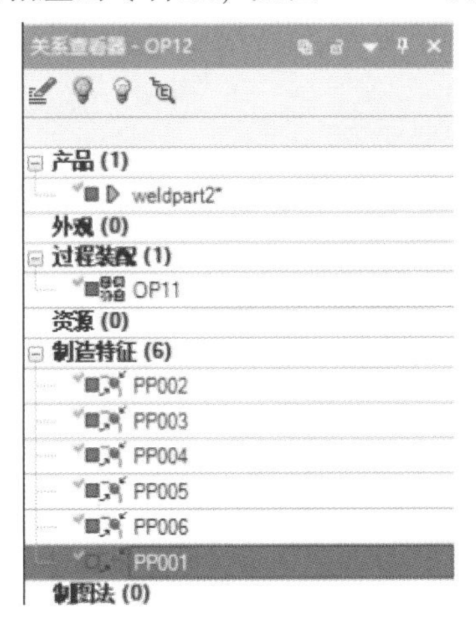

图 2－121 关系查看器

11. 将操作分配到工位

在导航树中选择“资源”文件夹中的“OperationLibrary”节点，单击鼠标右键，在弹出的菜单中执行“导航树”命令，如图 2－122 所示，会在导航树的右侧出现一个新的“导航树（2）”窗口。

选择导航树中的“PrLine”节点，单击鼠标右键，在弹出的菜单中执行“添加根节点”命令，之后打开“操作树”浏览器，如图 2－123 所示，并让“OperationLibrary”的导航树与操作树并列显示，之后选择“OperationLibrary”中的操作，如图 2－124 所示，通过“Ctrl＋V”与“Ctrl＋C”组合键，将标准操作库中的控制通过复制粘贴到 OP2 所在的操作树中。

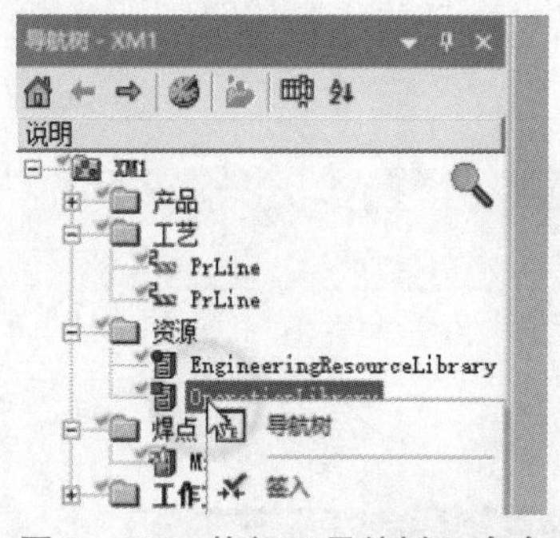

图 2－122　执行“导航树”命令

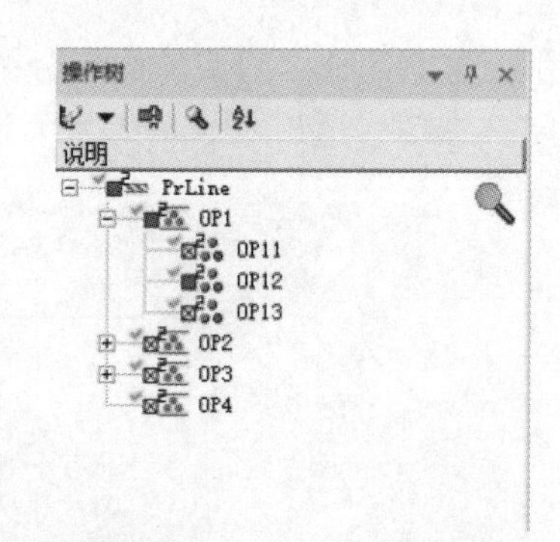

图 2－123　“操作树”浏览器

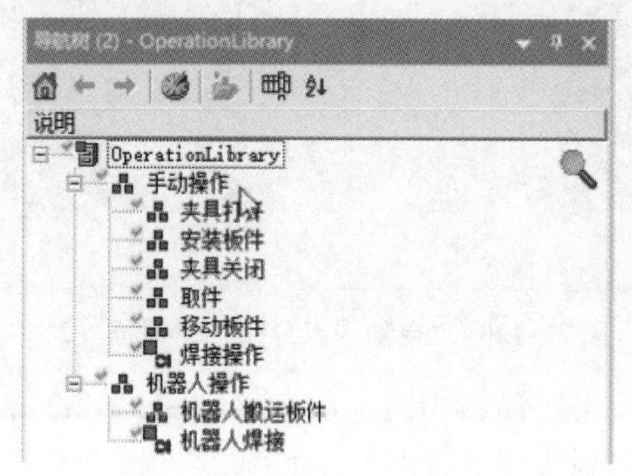

图 2－124　“导航树（2）”窗口

操作完成后的操作树如图 2－125 所示。操作顺序需要与实际生产一致。

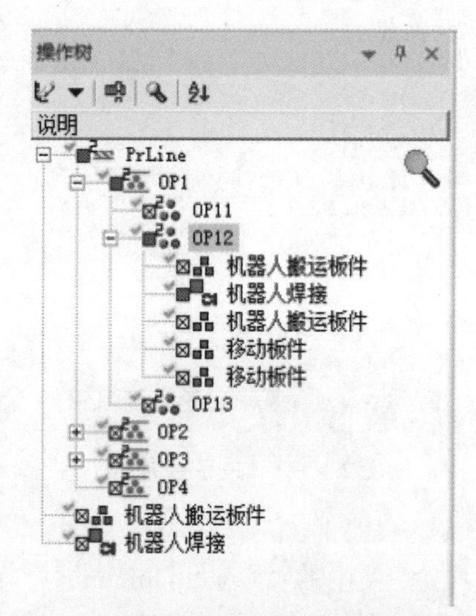

图 2－125　操作完成后的操作树

由于在 OP12 的操作树中，其整体的流程是没有进行规划的，所以可以通过 PERT 图对其流程进行规划。选择操作树中的 OP12 工序，单击鼠标右键，在弹出的菜单中执行“PERT 图查看器”命令，在 PERT 图查看器中对结构的顺序进行编辑。编辑之后的顺序如图 2－126 所示。

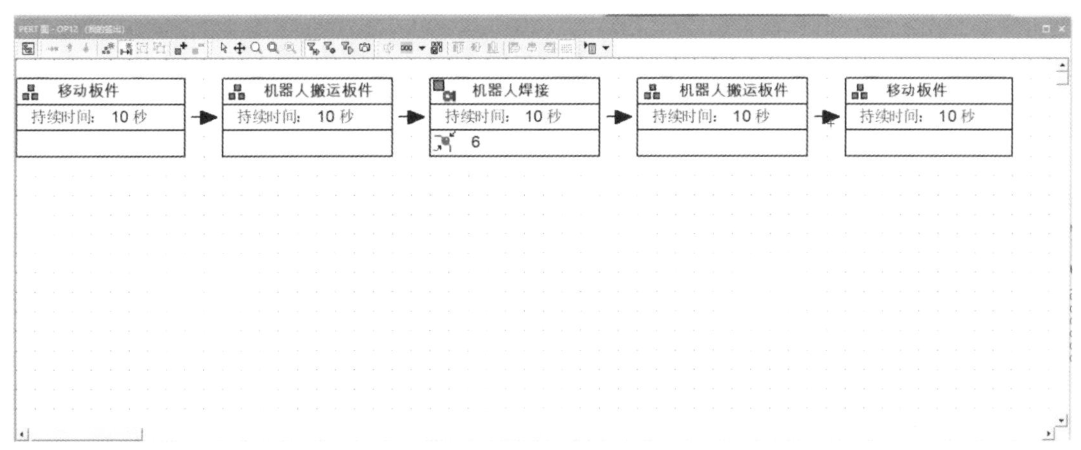

图 2－126　编辑之后的顺序

12. 甘特图

在操作树中，操作流程规划完成之后，可以通过甘特图查看整体结构中的整体用时情况。在项目规划中，通常将标准操作库分配到对应的工位之后，对每个工序中的详细时间进行定义，然后利用甘特图查看生产线的节拍情况，如果工作节拍无法满足要求，将通过调整焊接工序来重新规划生产线，只有各工作节拍都满足要求，才可以进行下一步的设计仿真工作。

选择操作树中的“PrLine”节点，单击鼠标右键，在弹出的菜单中执行“甘特图查看器”命令，打开“甘特图”对话框，如图 2－127 所示。

图 2－127　执行“甘特图查看器”命令

在甘特图查看器中，可以看出各工位的用时情况。如果需要对各工序的时间进行调整，可以选择对应的操作，单击鼠标右键，在弹出的菜单中选择“属性”选项，对属性中的时间栏进行时间调整即可，调整之后的时间会在甘特图中显示，如图 2－128 所示。

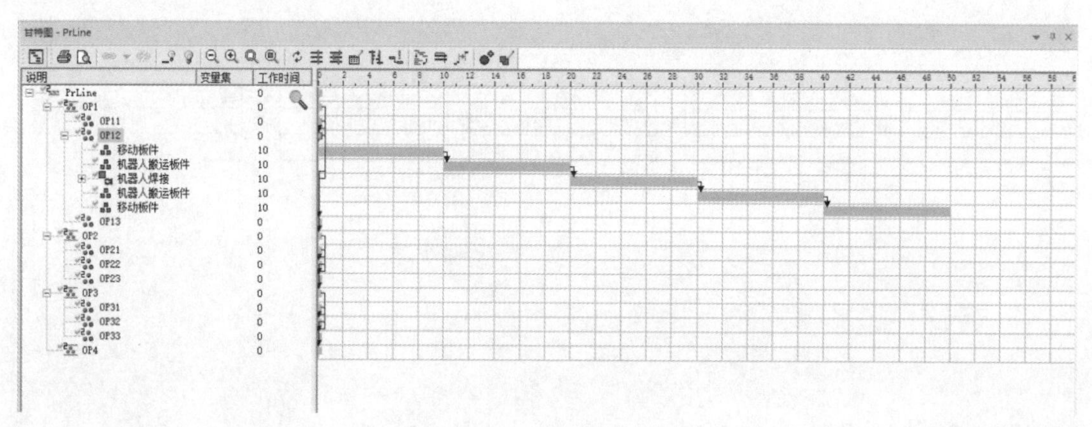

图 2-128　甘特图时间轴

13. 将资源分配到工位

由于导入的资源库作为项目各岗位中所应用的库资源，所以大部分资源是可以共用同一个资源库在项目中使用的。例如在一个项目中，多个岗位使用同一款机器人模型，因此在库资源中只需要导入一个机器人模型，在每个岗位中同时调用库模型进行模拟即可，不需要把重复的模型多次导入。在每一个岗位中，为了方便区分对应的模型，通常根据岗位分配对应的资源，并且可能调用一个模型在不同的岗位中使用。

资源分配和打开到 Process Simulate

在导航树中，选择“资源”→“EngineeringResourceLibrary”节点，单击鼠标右键，在打开的菜单中执行“导航树”命令，打开“导航树(2)”窗口，再把导航树（2）中各资源节点展开，如图 2-129 所示。

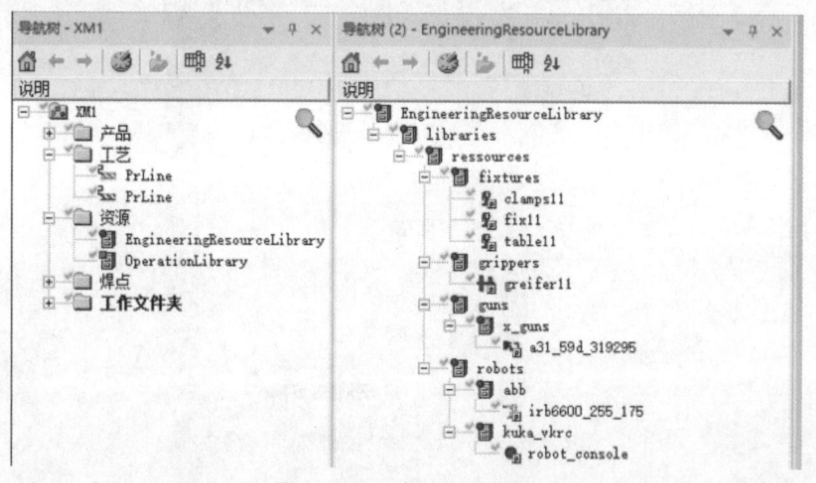

图 2-129　资源库导航树

在资源树中，零件焊接操作对应工序 OP12，因此选择资源树中的“OP12”节点，单击鼠标右键，在弹出的菜单中执行“新建”命令，如图 2-130 所示，创建 OP12 资源下的复合资源文件夹，用于资源归类。

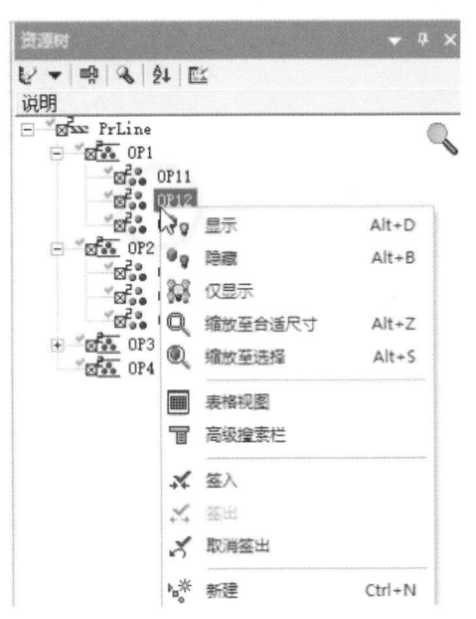

图 2－130　新建资源树

在打开的“新建”对话框中，选择“CompoundResource”节点类型，即在 OP12 工序下创建资源文件夹，如图 2－131 所示。之后对 CompoundResource 进行名称更改，更改为“夹具 1”，利用同样的方法，创建多个资源文件夹，用于其他结构的资源整合，如图 2－132 所示。

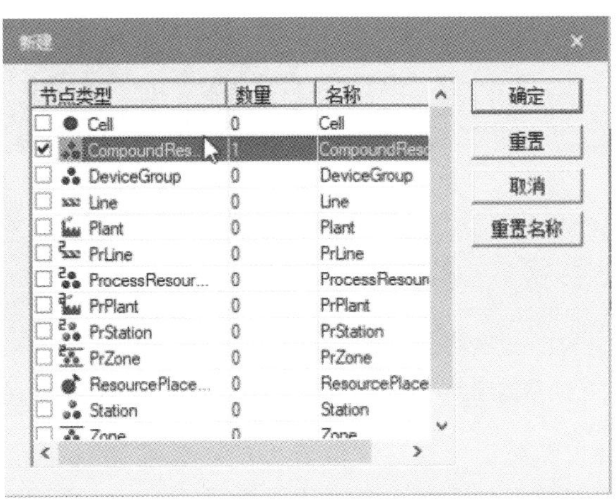

图 2－131　“新建”对话框

在“导航树（2）”窗口中，对于展开的资源中的模型，利用鼠标左键将对应的资源拖动到创建的资源文件夹中进行分配，创建完成之后的整体结构如图 2－133 所示。三维视图中的资源结构如图 2－134 所示，由于拖动对应的资源后，整体的三维结构较为凌乱，所以需要对结构中的组件进行装配或者关联，并将布局中的资源位置进行调整才可以进行仿真。

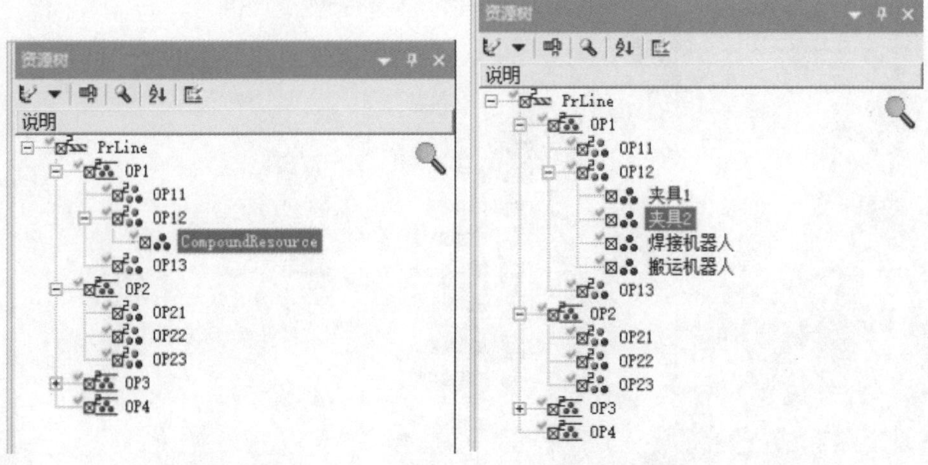

图 2－132　创建复合资源文件夹前后对照

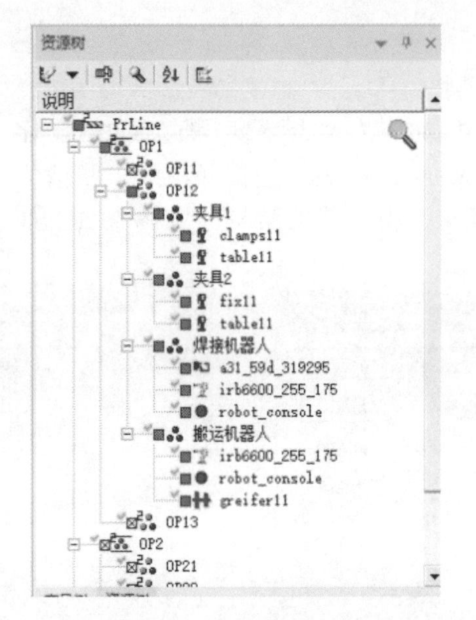

图 2－133　创建完成之后的整体结构

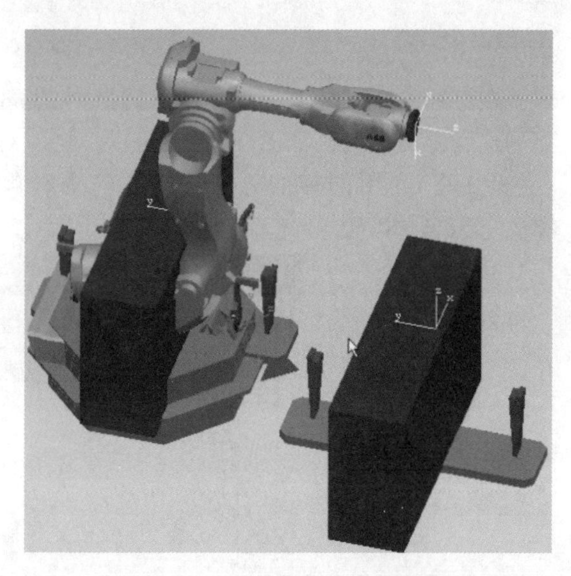

图 2－134　三维视图中的资源结构

调整视图中的资源位置时需要通过“放置操控器”按钮以及“重定位”按钮对结构中的零件位置进行调整，如图 2－135 所示。

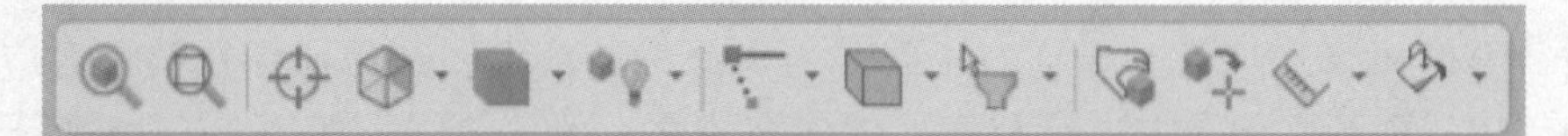

图 2－135　视图框中的命令按钮

首先选择资源库中“搬运机器人”的机器人资源，然后单击视图框中的“放置操控器”按钮，让其在 Z 方向上提升一定的高度，再单击“重定位”按钮，对零件的位置进行调整，如图 2－136 所示，其他资源位置的调整也与此方法类似。

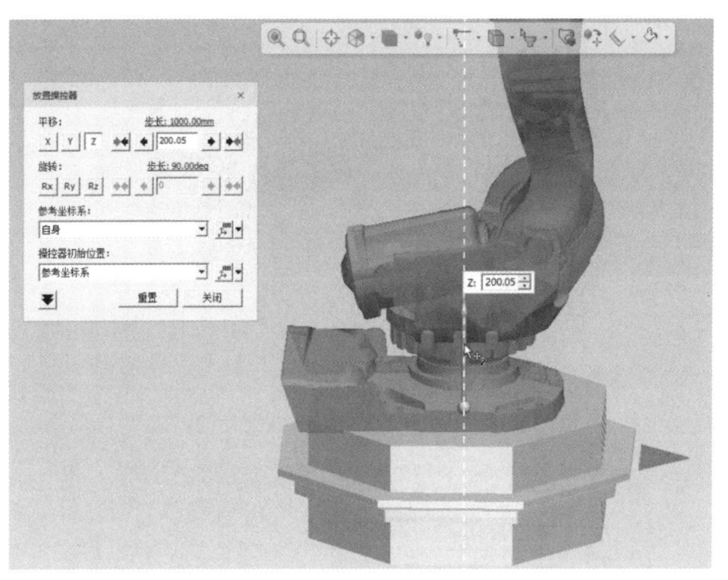

图 2－136　机器人模型位置调整

选择资源树中的搬运机器人模型“irb6600_255_175”，单击鼠标右键，在打开的菜单中执行“安装工具”命令进行操作，如图 2－137 所示，将抓手上的工具安装到机器人的末端。执行“安装工具”命令后会出现“安装工具”对话框，如图 2－138 所示。在该对话框的“工具框”中选择抓手工具“greifer11”，在“坐标系”下拉列表中选择“自身”选项，其他的选项默认，然后单击“应用”按钮，完成抓手工具的安装。抓手工具安装完成之后的状态，如图 2－139 所示。

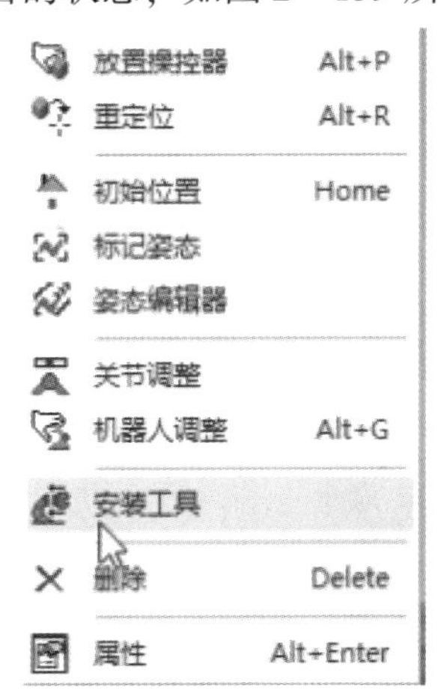

图 2－137　执行“安装工具”命令

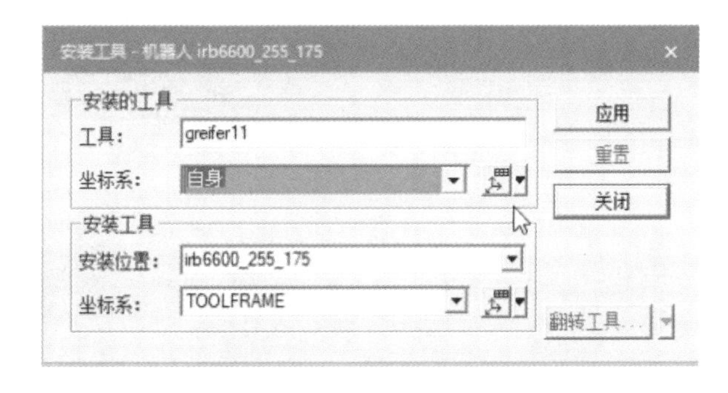

图 2－138　“安装工具”对话框

利用同样的方法，在焊接机器人所在的资源树中选择焊接机器人“irb6600_255_175”，执行“安装工具”命令，在弹出的“安装工具”对话框中，“工具”选择焊枪工具“a31_59d_319295”，“坐标系”则选择“ANB”，由于安装方向需要做一定的调整，因此执行“翻转 X 轴”命令两次，之后单击“应用”按钮，完成焊枪工具的安装，如图 2－140 所示。焊枪工具安装完成之后的状态如图 2－141 所示。

图 2－139　抓手工具安装完成之后的状态

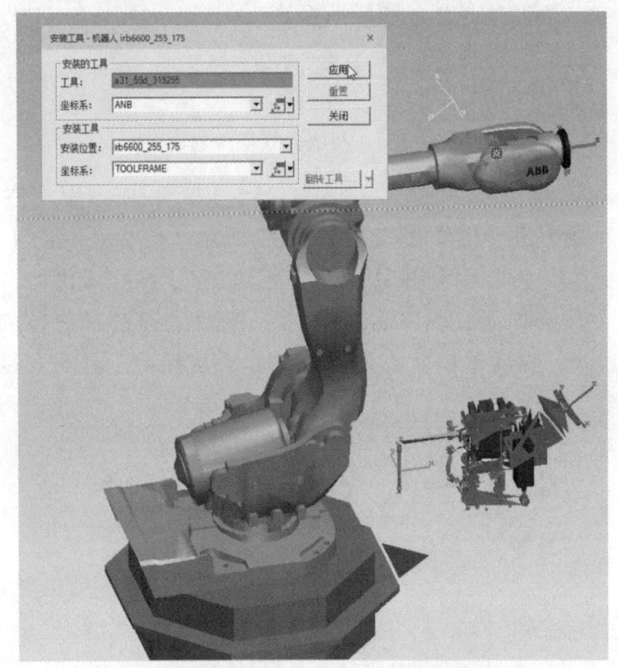

图 2－140　焊枪工具安装过程

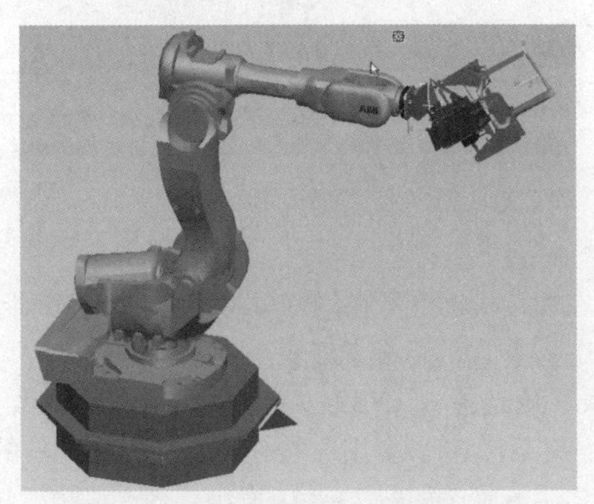

图 2－141　焊枪工具安装完成之后的状态

选择资源文件夹中的“夹具 2”的数据，选择“fix11”节点，如图 2－142 所示，执行视图窗口中的“重定位”命令，打开“重定位”对话框，如图 2－143 所示，将夹具偏移到“table11”的工具点上，如图 2－144 所示。单击“应用”按钮，将夹具与“table11”对齐，完成重定位之后的装配模型如图 2－145 所示。

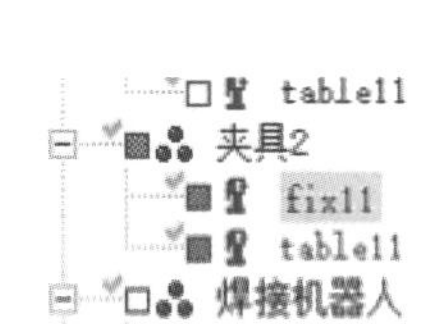

图2－142 选择“fix11”节点

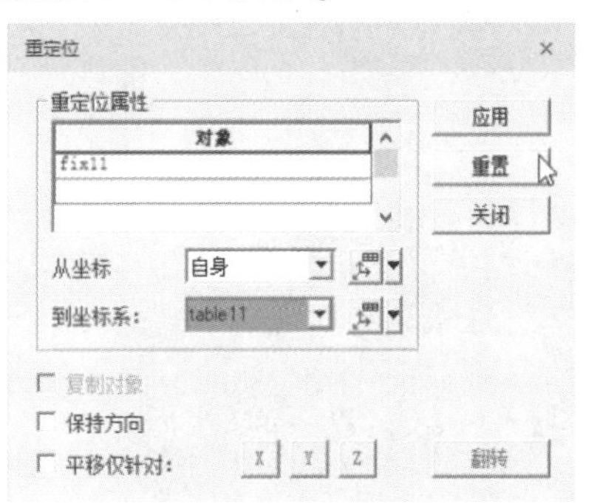

图 2－143 “重定位”对话框

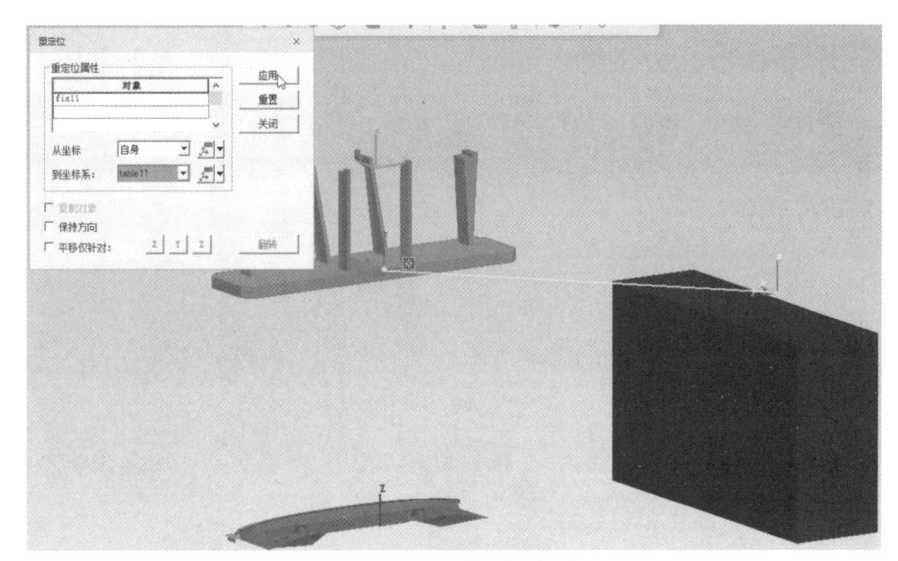

图 2－144 重定位操作过程

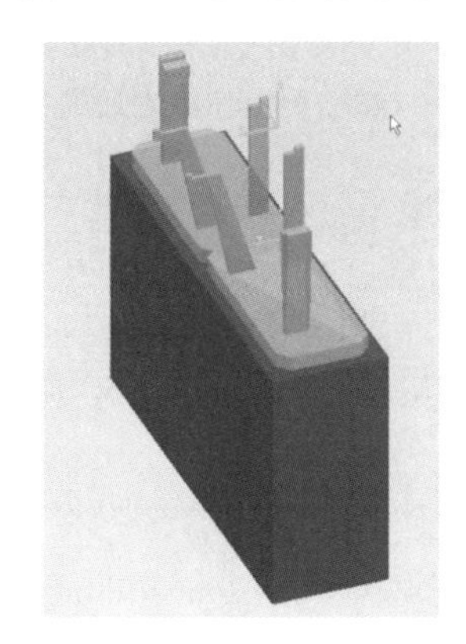

图 2－145 完成重定位之后的装配模型

利用同样的方法，将“clamps11”与“夹具1”资源中的“teble11”对齐，如图2－146所示。对齐之后的整体结构如图2－147所示。

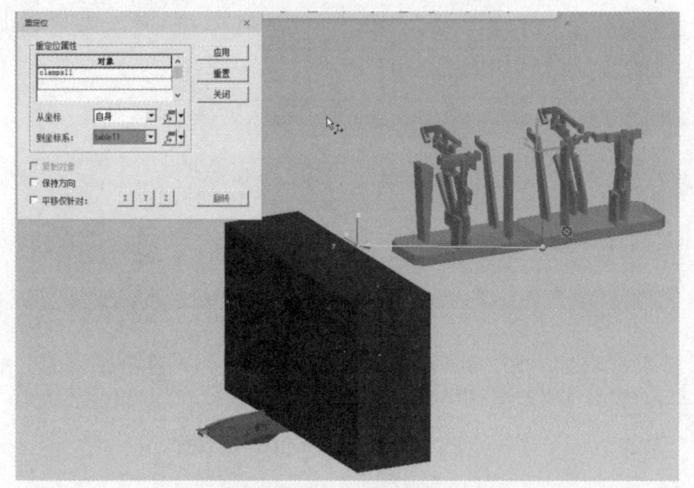

图2－146 重定位夹具

图2－147 对齐之后的整体结构

单击“放置操作器”按钮，对资源中的各资源文件夹进行位置调整，调整完成之后的结构如图2－148所示，在调整过程中，通常将有装配关系的模型先进行对应的关联或者连接，然后进行整体移动。

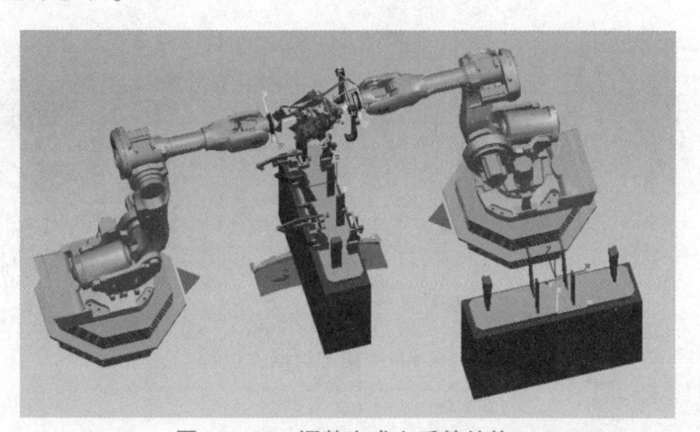

图2－148 调整完成之后的结构

14. 创建 Process Simulate 仿真

选择“导航树”浏览器中的项目名称“XM1”，如图2－149所示，单击鼠标右键，在打开的菜单中执行“新建”命令，在弹出的“新建”对话框中选择节点类型“StudyFolder”，“数量”设为“1”，单击“确定”按钮，如图2－150所示。创建的仿真节点如图2－151所示。

在新建的“StudyFolder”节点上单击鼠标右键，在打开的菜单中执行“新建”命令，在弹出的“新建”对话框中选择节点类型“RobcadStudy”，“数量”设为“1”，单击“确定”按钮，如图2－152所示。

图 2 - 149 “导航树”浏览器中的项目名称“XM1”

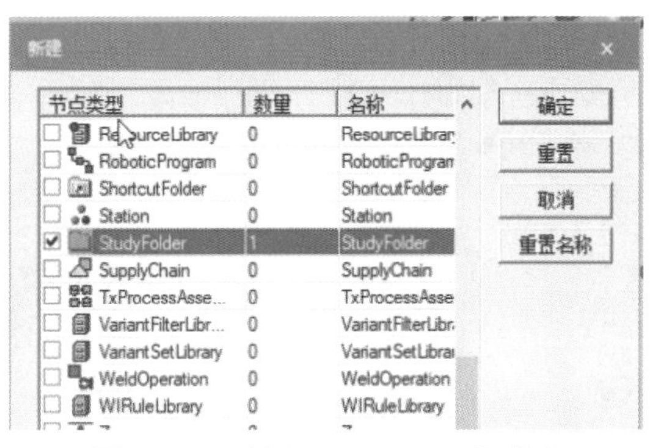

图 2 - 150 新建“StudyFolder”节点

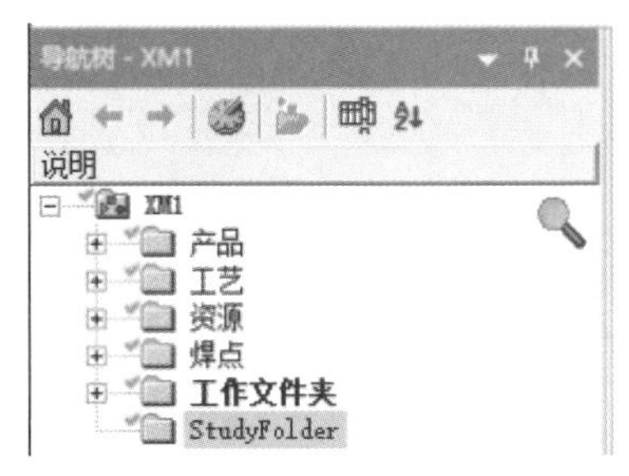

图 2 - 151 创建的仿真节点

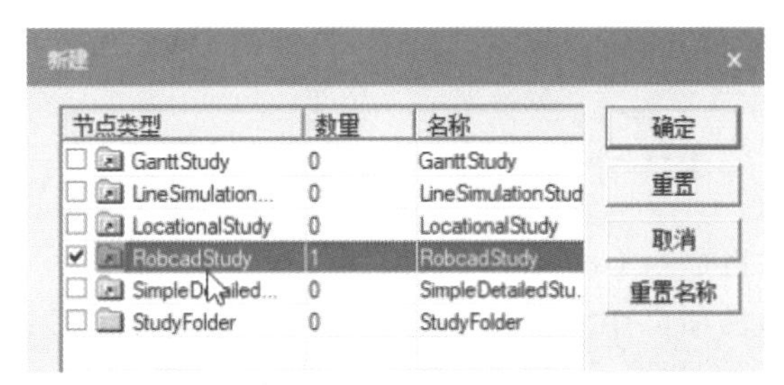

图 2 - 152 新建“RobcadStudy”节点

在导航树中，选择“工艺”→“PrLine”节点，单击鼠标右键，在打开的菜单中执行“添加根节点”命令，打开操作树，在打开的操作树中选择“OP12”节点，如图 2 - 153 所示，将其拖动到“RobcadStudy”节点下。导入后的“OP12”节点如图 2 - 154 所示。

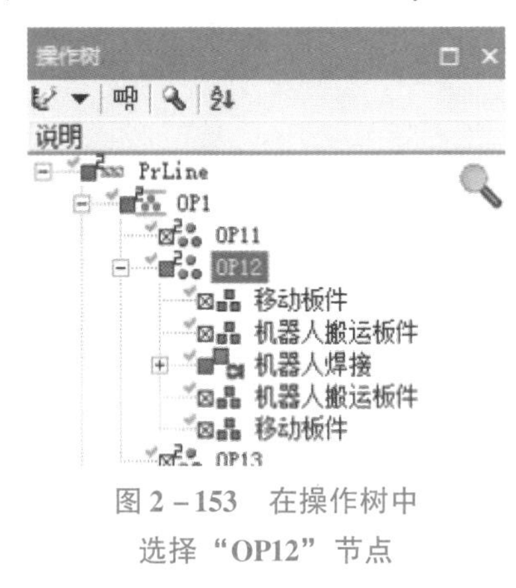

图 2 - 153 在操作树中选择“OP12”节点

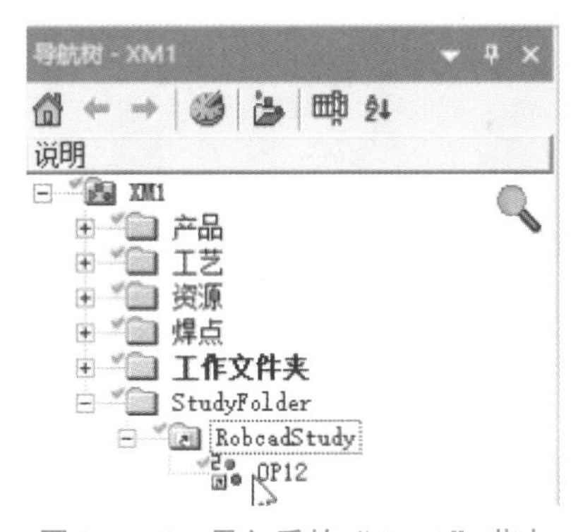

图 2 - 154 导入后的“OP12”节点

选择“RobcadStudy”节点，单击鼠标右键，在打开的菜单中执行“在标准模式下用 Process Simulate 打开”命令。打开之后，就可以在 PS on eMS 中显示对应的数据，如图 2 - 155 所示。

2.2.7 Process Designer 项目保存

当完成对应的 Process Designer 项目的建立之后，就可以保存对应的项目数据，保存之后的项目数据可以在其他计算机中使用，或者在本计算机中更换文件夹使用。

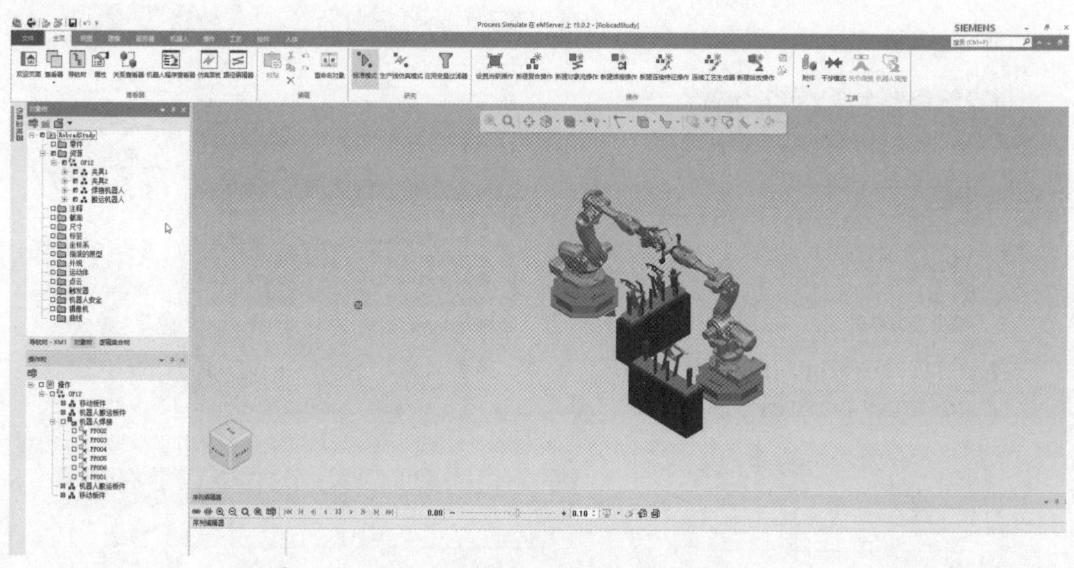

图 2-155　在 PS on eMS 中打开的数据

Process Designer 项目保存过程如下。在 Process Designer 用户界面的导航树中选择本次仿真的项目“XM1”，之后执行主菜单“准备”的“导出”选项卡中的“导出项目”命令，如图 2-156 所示，在弹出的“导出”对话框中，选择在对应的文件夹“F:\XM1”下保存对应的项目，单击“保存”按钮即可，如图 2-157 所示。

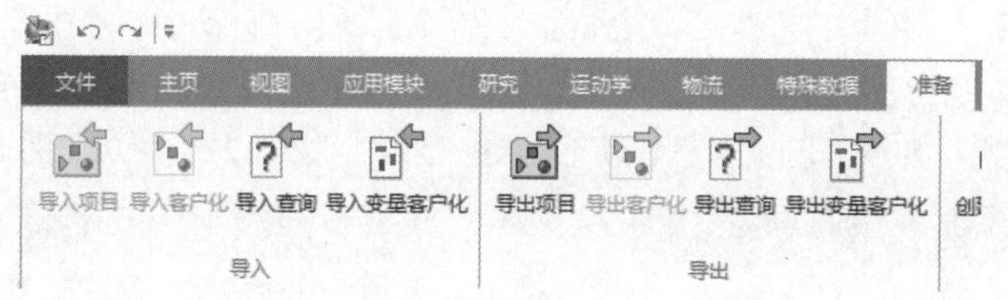

图 2-156　执行“导出项目”命令

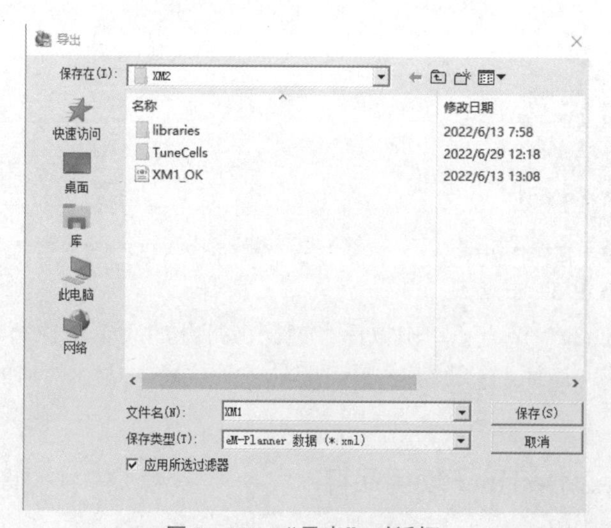

图 2-157　“导出”对话框

2.3 任务评价

项目2任务评价见表2-1。

表2-1 项目2任务评价

评价项目	分值	得分	
		自评分	师评分
熟悉 Process Designer 流程规划软件的基础操作	5		
掌握 Process Designer 中对数据文件的处理方法	5		
掌握 Process Designer 中对数据库数据的处理方法	5		
掌握在 Process Designer 环境下启动、创建、打开与保存项目的方法	5		
下列任务，每完成一项计10分，本项合计分值最高为70分。 启动 Process Designer 软件，熟悉软件用户界面； 调整屏幕布局； 管理视图窗口； 进行三维视窗操作； 进行项目文件准备； 创建项目，导入数据并整理； 保存项目	70		
学习认真，按时出勤	5		
具有团队合作意识和协同工作能力	5		
总计得分			

项目3 装配仿真设计操作

【知识目标】

- 掌握设置导入 STP 模型的方法。
- 掌握在 PS on eMS Standalone 中创建项目的基本流程。
- 掌握在 PS on eMS Standalone 中导入模型的基本操作方法。
- 掌握对象流的概念，并熟悉创建和设置方法。
- 熟悉利用复合操作和序列编辑器调整路径顺序的方法。
- 掌握干涉检查方法以及干涉设置方法。

【能力目标】

- 会对 Tecnomatix 的导入模型进行基本设置。
- 会在 PS on eMS Standalone 中创建项目。
- 会将 STP 模型导入 PS on eMS Standalone 进行项目创建。
- 会建立对应对象流操作，掌握对象流操作过程中的设置方法。
- 能够熟练应用放置操作器和选取意图的相关操作。
- 会利用路径编辑器对路径进行创建和编辑。
- 能够熟练应用复合操作以及序列编辑器调整路径的操作顺序。
- 能够熟悉应用爆炸路径创建装配路径过程，并掌握反向操作命令的使用方法。
- 会进行干涉检查设置并对零件关系进行干涉检查。

【职业素养目标】

- 培养学生的爱岗敬业精神和职业道德意识。
- 培养学生综合运用知识分析、处理问题的能力。
- 培养学生从客户需求出发分析和解决实际问题的能力。

3.1 项目描述

3.1.1 项目内容

在本项目中要求完成液压缸装配仿真，液压缸结构如图 3 -1 所示。

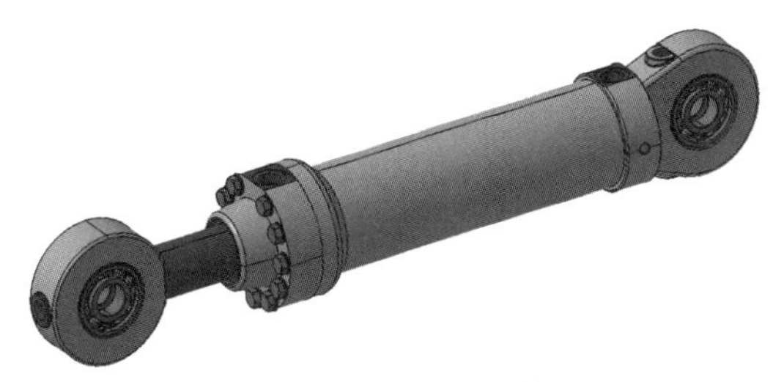

图 3 -1 液压缸结构

3.1.2 项目实施步骤概述

项目实施的主要步骤如下。

(1) 数据转换。利用 Tecnomatix Doctor 工具将外部模型数据转换为 JT 文件。

(2) 建立项目。利用 PS on eMS Standalone 创建项目。

(3) 对 STP 文件进行转换并导入项目。

(4) 创建对象流仿真。通过移动各零件的位置，实现零件的装配仿真。

(5) 创建装配路径。由于爆炸的过程和装配的过程是相反的两个过程，所以可以通过对爆炸路径的更改顺序实现装配过程。

(6) 进行零件干涉仿真。

下面将上述每一个步骤安排为一个任务进行项目实施。

3.2 项目实施

3.2.1 数据转换设置

本项目资源采用存放于“F:\XM3\STP”的资源，其数据目录如图 3 -2 所示。

在 Tecnomatix 的默认设置中，STP 文件是无法进行转换导入的，需要进行设置，设置时，需要在“开始”菜单中找到“Tecnomatix Doctor”选项，在打开的 Tecnomatix Doctor 15.0.2 的对话框中，在“Tools”下拉菜单中选择“CATIA and STEP Converter”选项，在弹出的对话框中单击“Basic Converter”单选按钮，之后单击“OK”按钮，才可以进行对应选项的基本转换，并且如果需要转换为 CATIA 文件，则应另外安装 CATIA 转换插件才可以实现转换，如图 3 -3 所示。

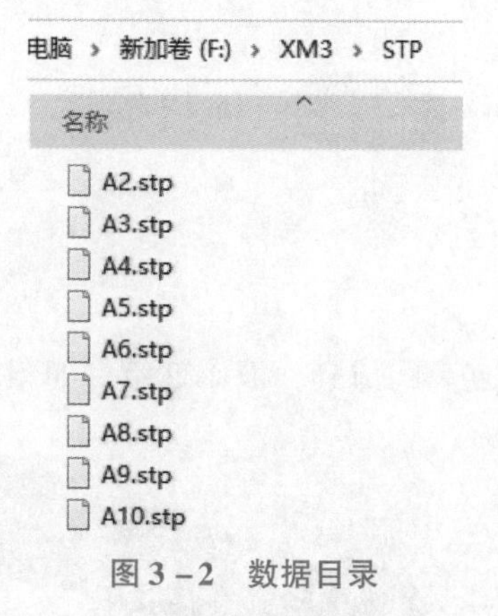

图 3－2　数据目录

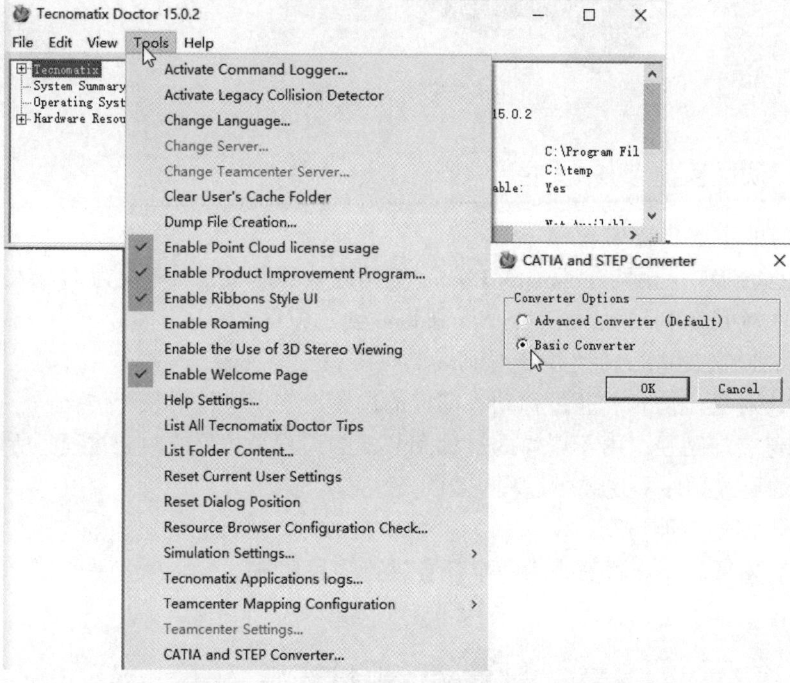

图 3－3　Tecnomatix Doctor 中的设置

3.2.2　建立 PS on eMS Standalone 项目

对应的 STP 数据导入基础设置完成之后，在桌面单击 PS on eMS Standalone 快捷方式图标，如图 3－4 所示。

图 3－4　PS on eMS Standalone 快捷方式图标

设置 Process Simulate 软件并将 STP 数据导入 Process Simulate 中仿真

打开 PS on eMS Standalone 之后，在弹出的欢迎界面中，将文件所在的地址“F:\XM3”粘贴到系统根目录中，如图 3－5 所示。然后，按 Enter 键，完成地址设置。

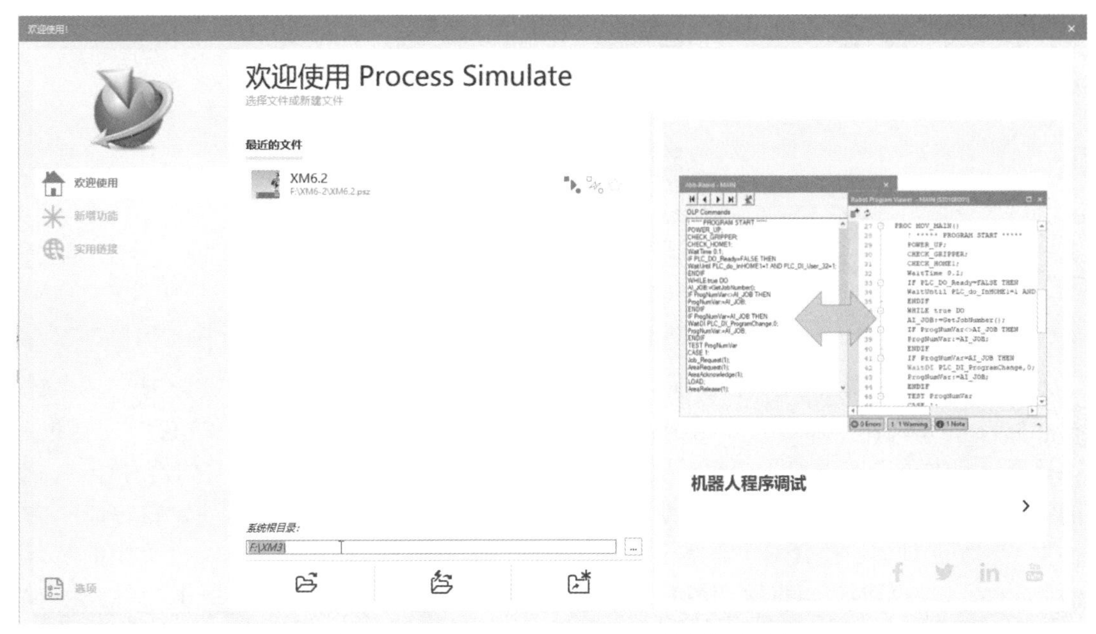

图 3－5　PS on eMS Standalone 欢迎界面设置

进入 PS on eMS Standalone 界面之后，在左上角位置执行“文件”→“断开研究”→“新建研究”命令，如图 3－6 所示，创建 PS on eMS Standalone 的项目。在弹出的“新建研究”对话框中选择默认选项，单击“创建”按钮即可在 PS on eMS Standalone 中创建项目，如图 3－7 所示。

图 3－6　“新建研究”命令

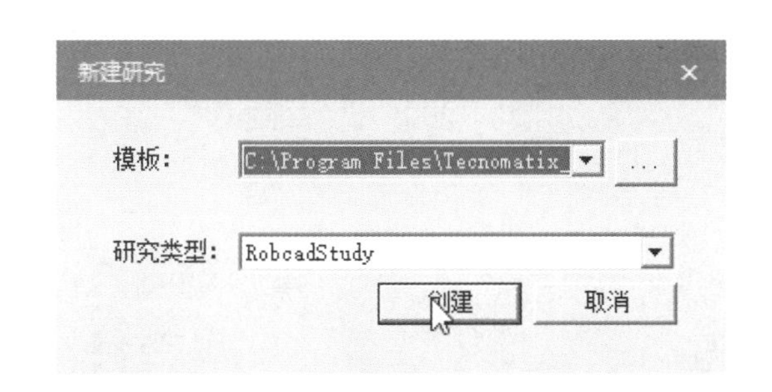

图 3－7　“新建研究”对话框

创建新研究之后，在对象树中会出现新建的项目“新建 RobcadStudy”，之后对项目名称进行更改，更改时选中项目名称“新建 RobcadStudy”，按 F2 键（重命名），输入新名称“XM3”即可，如图 3－8 所示。

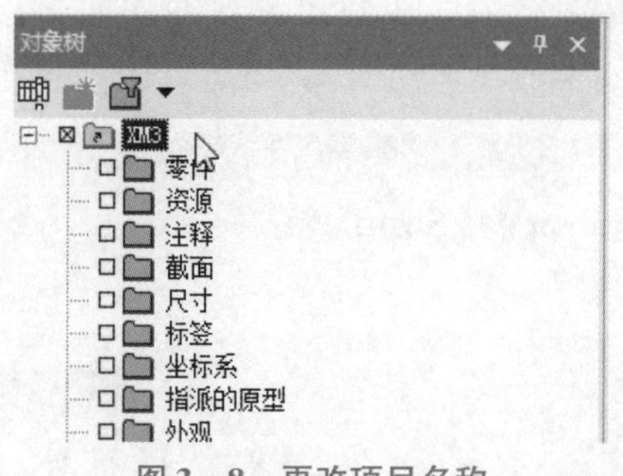

图 3－8　更改项目名称

3.2.3　项目资源 STP 文件的转换和导入

选择对象树中的项目名称“XM3”，在左上角执行“文件”→“导入/导出”→“转换并插入 CAD 文件”命令，如图 3－9 所示，会弹出“转换并插入 CAD 文件”对话框。在该对话框中单击“添加”按钮对项目资源进行插入，如图 3－10 所示，这时会弹出对应的“打开”对话框，如图 3－11 所示。在打开的文件夹选项中，找到“F:\XM3\STP”文件夹，这个文件夹中包含本次需要导入的各零件。选中“F:\XM3\STP”文件夹中的所有 STP 文件，选取的时候可以按“Ctrl＋A”组合键进行全选操作。然后，单击“打开”对话框中的“打开”按钮，打开“文件导入设置”对话框。

图 3－9　“转换并插入 CAD 文件”命令

在“文件导入设置”对话框中，“CAD 文件”区域是所选取的 STP 文件的目录，在“目录文件夹”区域设置的地址是转换完成之后的文件保存位置，保存之后的文件将以 .cojt 的格式进行保存，在“类类型”区域，“基本类”是定义文件的文件类型，文件类型与在 Process Designer 中导入各项目零件和项目资源的类型一致，由零件类型 part、机器人

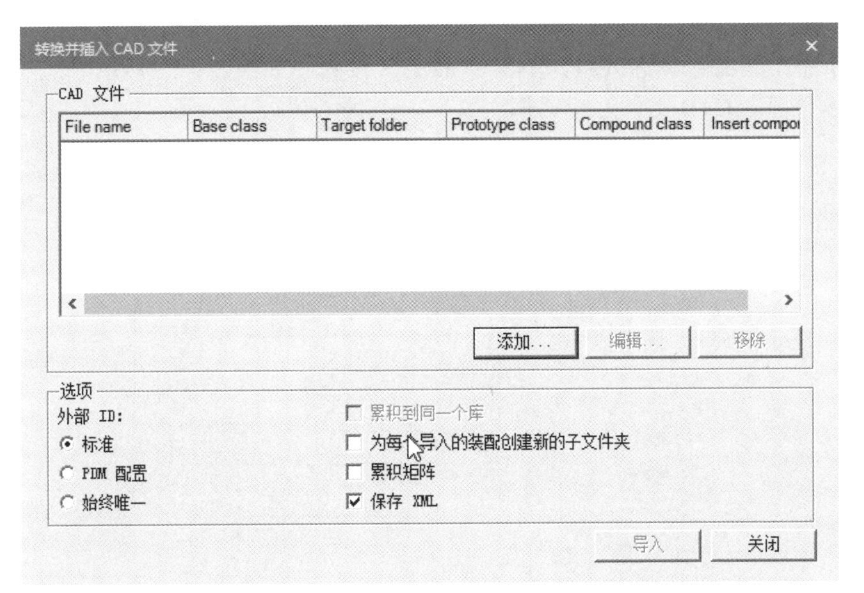

图 3-10　“转换并插入 CAD 文件”对话框

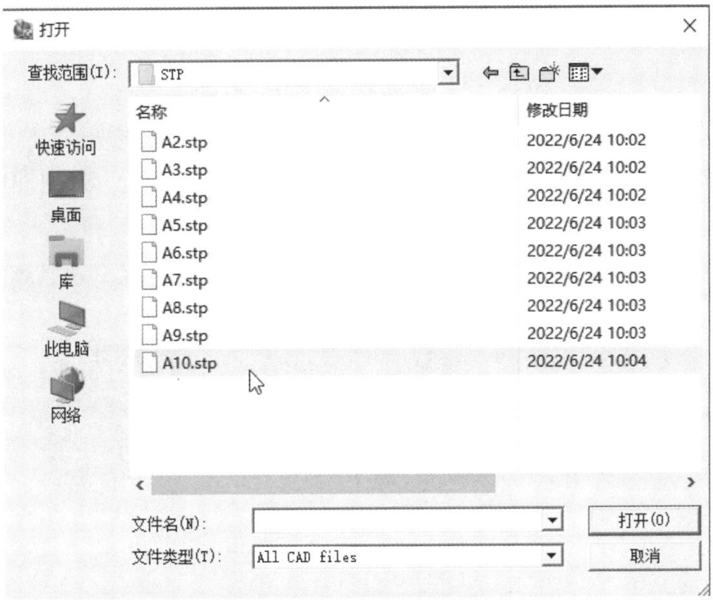

图 3-11　“打开”对话框

类型 robot、装置类型 device 等组成。在“复合类”和“原型类”下拉列表中，通常选择默认即可。在本项目中，由于主要涉及液压缸的产品零件，所在“基本类”下拉列表中选择“零件”选项即可。

在“文件导入设置”对话框的“选项”区域，需要勾选“插入组件”复选框，以使转换完成的零件直接进入 PS on eMS Standalone，而如果没有勾选“插入组件”复选框，将需要后期单独导入。在“选项”区域，勾选“创建整体式 JT 文件”复选框后可以将导入的 STP 文件创建单独 . cojt 文件，导入之后，STP 文件以单个文件形式保存在零件栏中，如果不保存为单个 JT 文件，可以不勾选“创建整体式 JT 文件”复选框。在本次仿真中，需要对 STP 单个零件进行运动，因此在此处需要勾选“创建整体式 JT 文件”复选框，并单击“用于整个装配”单选按钮，单击“确定”按钮，如图 3－12 所示，之后会回到对应的“转换并插入 CAD 文件”对话框。

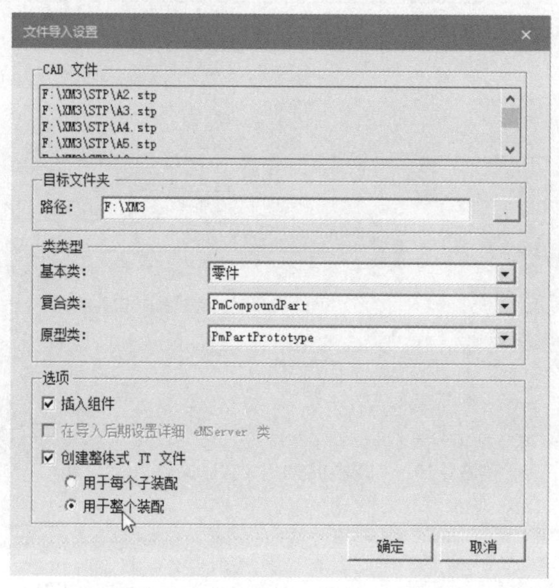

图 3－12 “文件导入设置”对话框

在“转换并插入 CAD 文件”对话框中，可以重新核对需要转换的 CAD 文件，并对对应选项的文件属性和地址进行编辑或者移除，确定后单击“导入”按钮即可，如图 3－13 所示，开始进入转换过程。

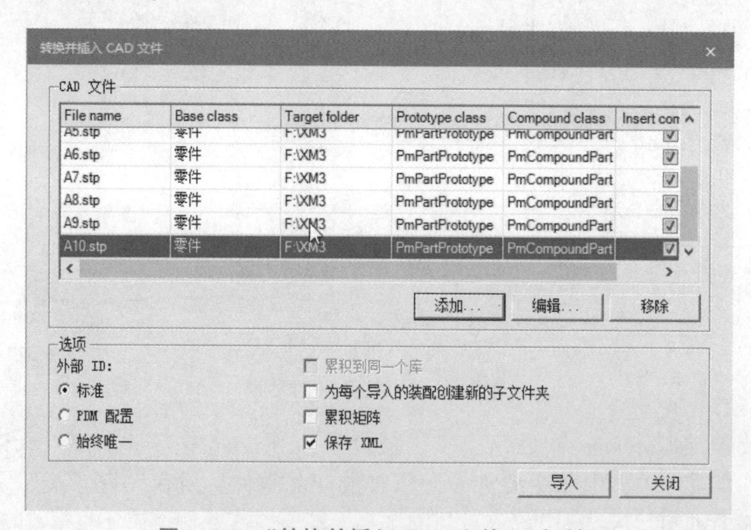

图 3－13 “转换并插入 CAD 文件”对话框

转换开始之后，会弹出“CAD 文件导入进度”对话框（图 3－14），在转换完成之后，可以查看对应文件夹中的转换情况。图 3－15 所示是在转换过程中的文件夹变化情况。从图 3－15 可以看出，对应 STP 文件在 . cojt 文件夹中被创建。

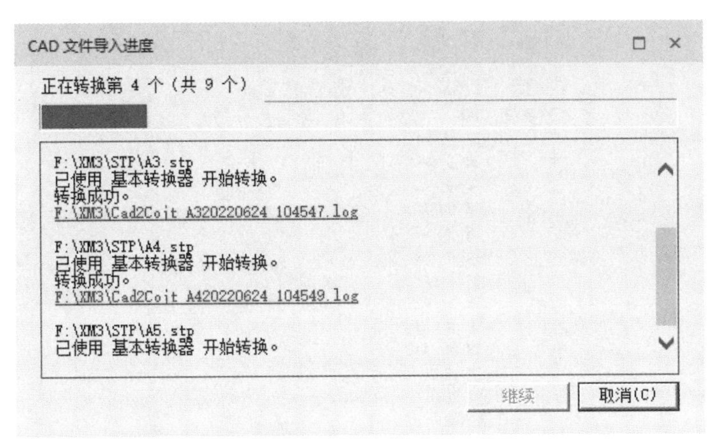

图 3－14 “CAD 文件导入进度”对话框

此电脑 › 新加卷 (F:) › XM3 ›

名称	修改日期
_jt_folder_temp_	2022/6/24 10:45
A2.cojt	2022/6/24 10:45
A3.cojt	2022/6/24 10:45
A4.cojt	2022/6/24 10:45
STP	2022/6/24 10:18
A2	2022/6/24 10:45
A3	2022/6/24 10:45
A4	2022/6/24 10:45
Cad2Cojt_A220220624_104545	2022/6/24 10:45
Cad2Cojt_A320220624_104547	2022/6/24 10:45
Cad2Cojt_A420220624_104549	2022/6/24 10:45
Cad2Cojt_A520220624_104551	2022/6/24 10:45
XM3	2022/6/24 10:44

图 3－15 在转换过程中的文件夹变化情况

在转换完成之后，在进度条中会出现相应的“转换成功完成”提示，单击“关闭”按钮即可，如图 3－16 所示。在对应项目的对象树中也会出现相应的变化，其中在“零件”文件夹下会出现独立的名称，零件以单个文件形式存在，如图 3－17 所示。

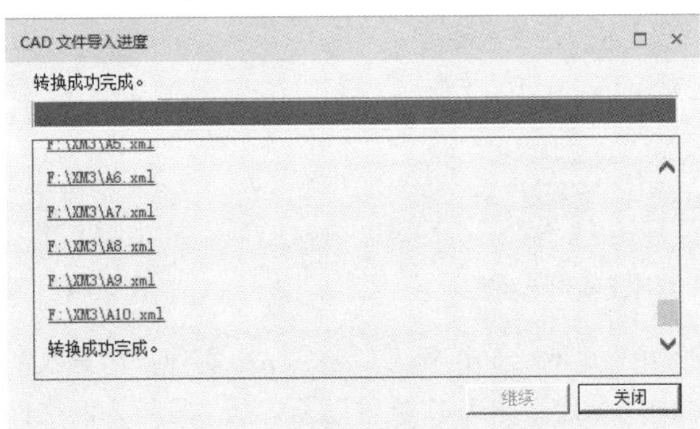

图 3－16 “转换成功完成”提示

在转换完成后，在“F:\XM3”中会出现很多转换过程中的相关文件，如图 3－18 所示，这些文件在转换完成之后即可以删除。删除完成之后的状态如图 3－19 所示。

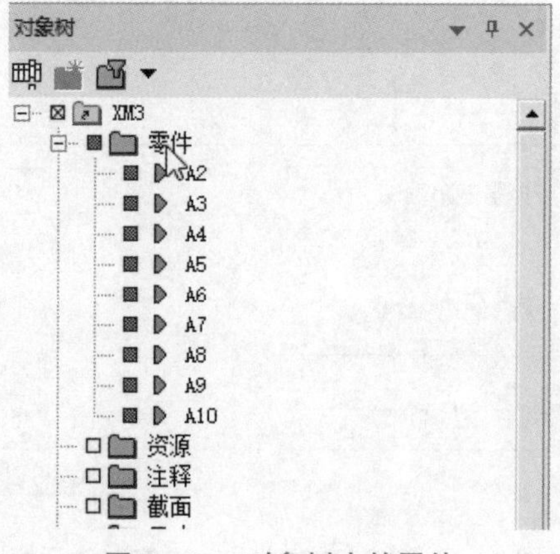

图 3 – 17　对象树中的零件

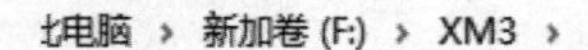

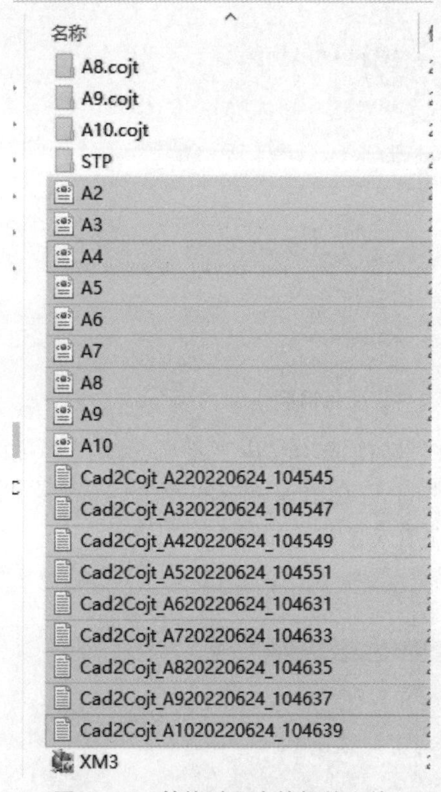

图 3 – 18　转换过程中的相关文件

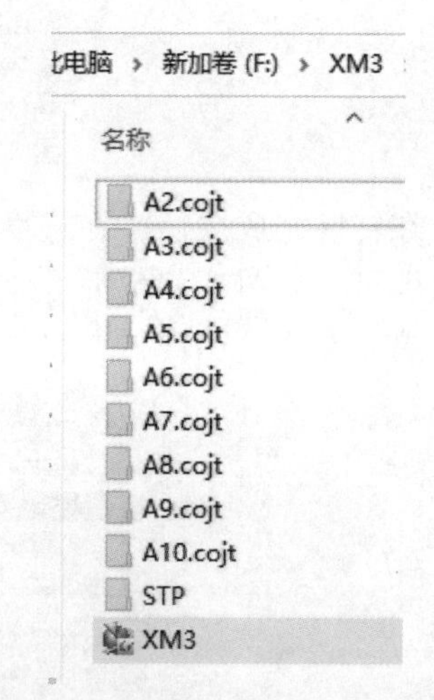

图 3 – 19　删除完成之后的状态

为演示创建单独的 JT 文件，重新导入“A8. stp”文件，在导入的时候不勾选“文件导入设置”对话框中的“创建整体式 JT 文件”复选框，且导入的文件在“F:\XM3\part”中进行保存，单击“确定”按钮，如图 3 – 20 所示，进行转换。在转换完成之后，在对象树的零件结构中可以看到对应零件的选项情况。其中新导入的“A8”下会出现零件中的各个小组件，如图 3 – 21 所示，并且在项目文件夹“F:\XM3\part”中，对应的文件被单独导入进行保存，如图 3 – 22 所示。本次导入只是作为演示示例，因此在导入完成之后，将对应的“A8”单独 JT 文件进行删除。

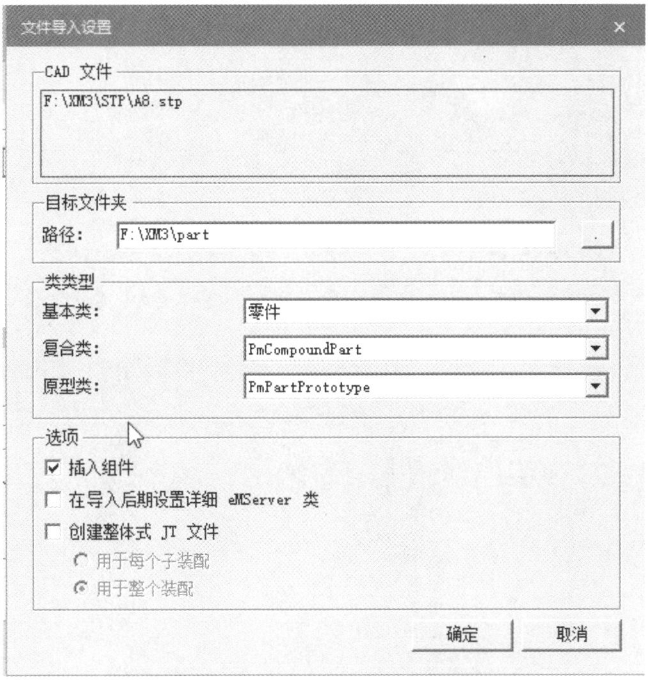

文件导入设置
CAD 文件
F:\XM3\STP\A8.stp
目标文件夹
路径:
F:\XM3\part
类类型
基本类:
零件
复合类:
PmCompoundPart
原型类:
PmPartPrototype
选项
插入组件
在导入后期设置详细 eMServer 类
创建整体式 JT 文件
用于每个子装配
用于整个装配
确定
取消

图 3-20 “文件导入设置”对话框

对象树
A4
A5
A6
A7
A8
A9
A10
A8
Copy (1) of Ball Bearing
Inner Ring
Outer Ring
Ball
Case
Case
Szegecs
Szegecs
Szegecs
Szegecs
Szegecs
Szegecs
Szegecs
Szegecs

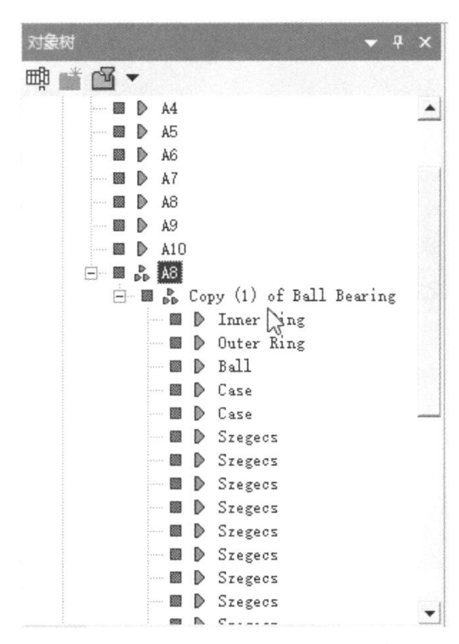

图 3-21 创建分层式 JT 文件

删除完成之后的零件目录如图 3-23 所示。显示对应的零件模型，其三维结构如图 3-24 所示。

脑 › 新加卷 (F:) › XM3 › part ›

名称	修改日期	类型	大小
Ball.cojt	2022/6/24 10:48	文件夹	
Case.cojt	2022/6/24 10:48	文件夹	
Inner Ring.cojt	2022/6/24 10:48	文件夹	
Outer Ring.cojt	2022/6/24 10:48	文件夹	
Szegecs.cojt	2022/6/24 10:48	文件夹	
A8	2022/6/24 10:48	XML 文档	32 KB
Cad2Cojt_A820220624_104820	2022/6/24 10:48	文本文档	2 KB

图 3－22　分层式 JT 文件所生成的文件夹中的数据

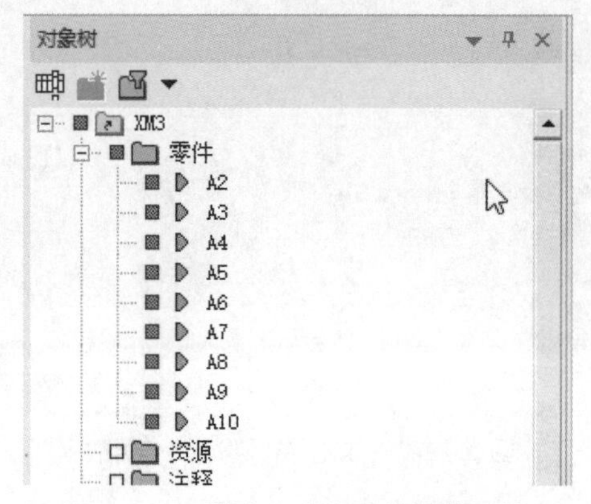

图 3－23　删除完成之后的零件目录

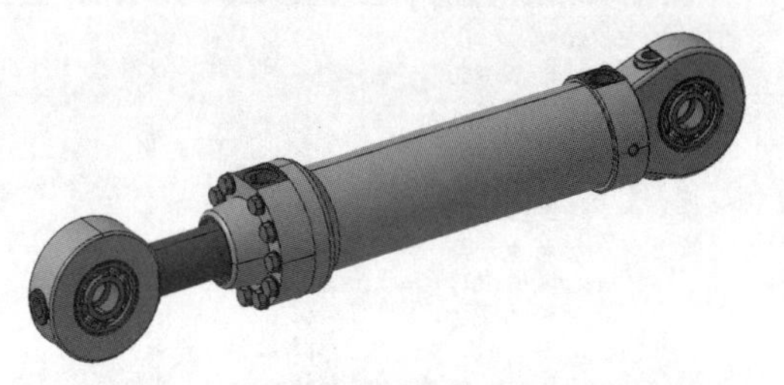

图 3－24　零件模型的三维结构

装配仿真过程（1）

3.2.4　创建对象流仿真

在本次仿真设计中，主要通过移动各零件的位置来实现零件的装配仿真，在装配的过程中，还需要检查各零件组件之间的干涉情况，因此在仿真时需要先对零件进行移动。在原始状态下，对应零件固定在其原始位置，直接进行装配仿真难度较大，因此需要反向设计，即先设计爆炸路径，之后设计液压缸的装配路径，由于爆炸路径和装配路径是相反的两个运动方向，所以通过这种方法，可以较容易地实现其动作过程。

首先选择“操作树”浏览器中的“操作”工序，执行“操作”→“创建操作”→“新建操作”→“新建复合操作”命令，如图 3－25 所示，即在操作树中创建本项目的复合操作树。创建完成之后，将其更名为“爆炸”操作，之后在创建的“爆炸”操作下进行零件运动操作，执行“操作”→“创建操作”→“新建操作”→“新建对象流操作”命令，如图 3－26 所示。

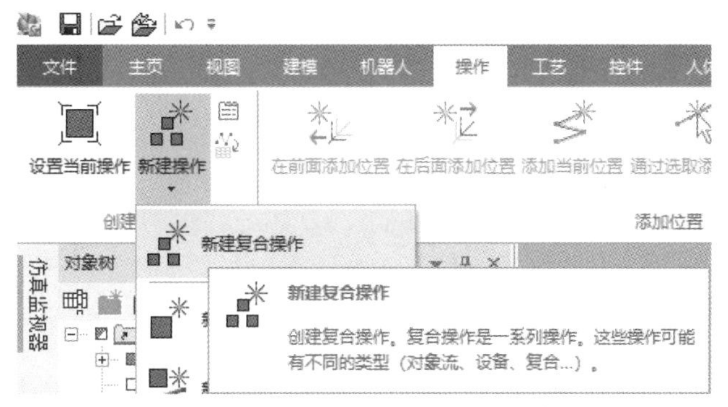

图 3－25 “新建复合操作”命令

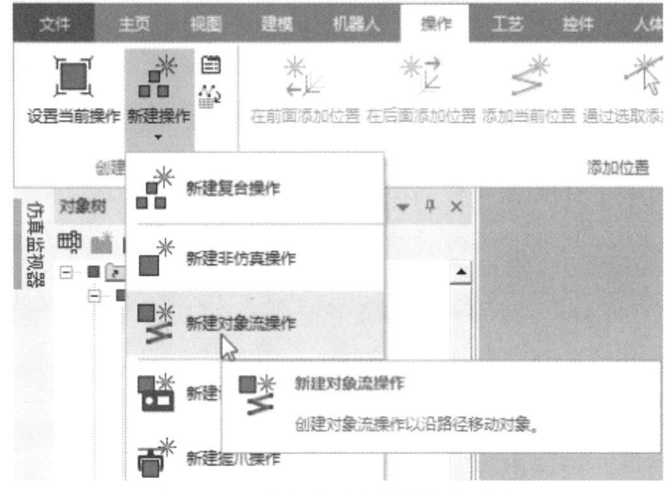

图 3－26 “新建对象流操作”命令

3.2.5 演示对象流操作创建爆炸过程

在弹出的“新建对象流操作”对话框中，“名称”默认为“Op”，“对象”选择液压缸活塞杆头部铰链点固定装置零件“A4”进行演示操作。其中，在“创建对象流路径”区域，在选取对应点之前，需要在视图窗口中，执行点的“选取意图”→“自原点选取意图”命令 （图 3－27），之后，“起点”选择路径“A4”，“终点”仍然选择“A4”，并在“抓握坐标系”下拉列表中选择“自身”选项，“持续时间”默认选择“5”，单击“确定”按钮，如图 3－28 所示。

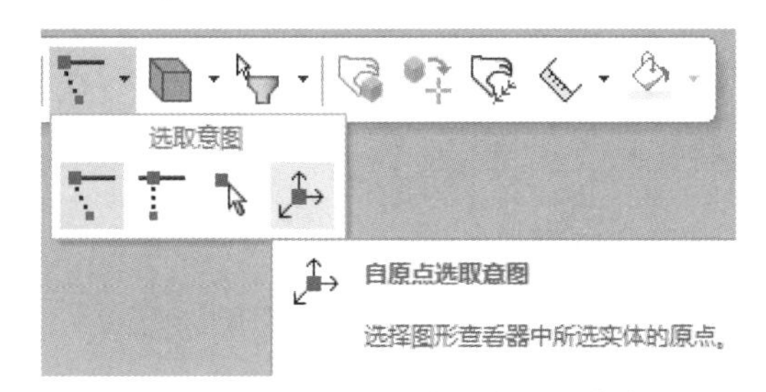

图 3－27 “自原点选取意图”命令

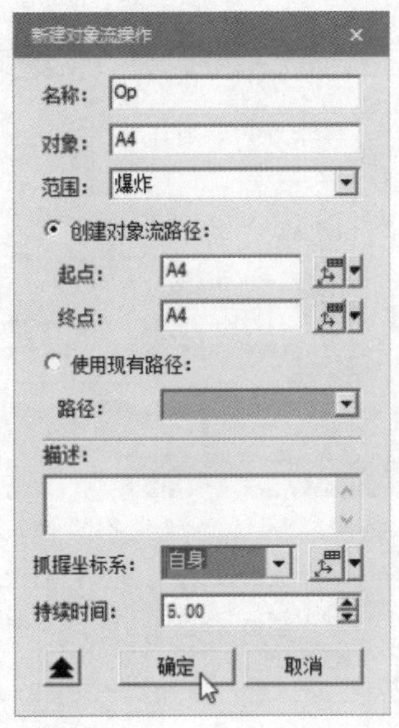

图 3-28 “新建对象流操作”对话框

创建完成之后，在对象树中会出现对应的对象流路径 Op 操作零件，并且在其中还包含两个节点“loc”和“loc1”，如图 3-29 所示，其中两个节点的选取位置相同，都为零件的原点位置，如图 3-30 所示。

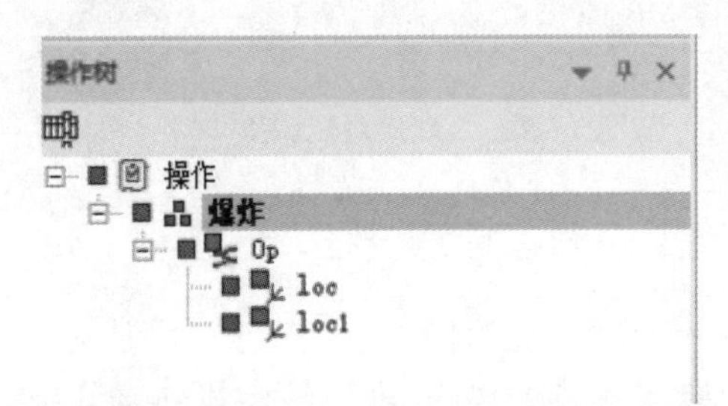

图 3-29 操作树结构

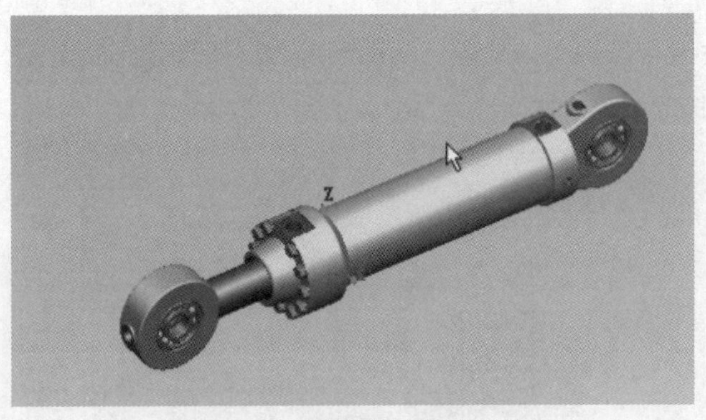

图 3-30 三维模型中的坐标轴

由于两个节点的位置相同，所以当把路径通过路径编辑器中的第一个命令即“向编辑器添加操作”添加到路径编辑器时（图3－31），在路径编辑器中单击“正向播放仿真”按钮可以看出路径无变化，而从所在视图的时间轴可以看出轨迹会运行5s时间。

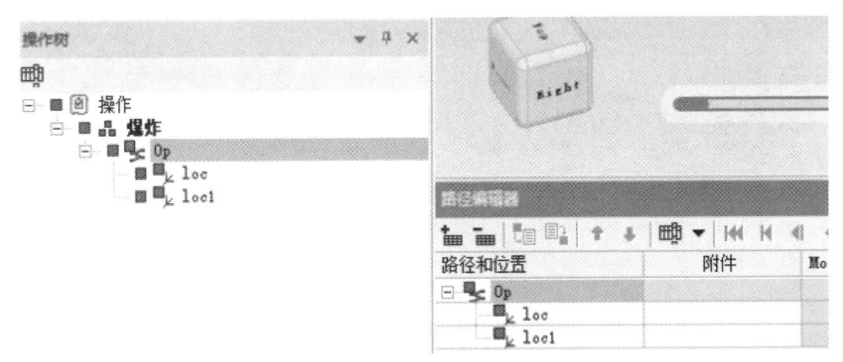

图3－31　操作树添加到路径编辑器

由于在仿真中，轨迹主要依靠其中的轨迹点实现运动，所以如果单独拖动其中的“loc1”，将其位置进行改变，当再次进行播放仿真的时候，会发现其轨迹出现相应的变化。因此，选择路径编辑器中的“loc1”坐标点，执行视图窗口中的“放置操控器”命令，如图3－32所示，对“loc1”进行移动，选择在Y向进行一定位置的移动，之后进行路径播放。路径调整结果如图3－33所示。可以看出，零件在轨迹点的变化下出现变化。因此，可以通过这个方法，对零件中的其他零件进行对应的模拟，从而实现零件的爆炸过程。

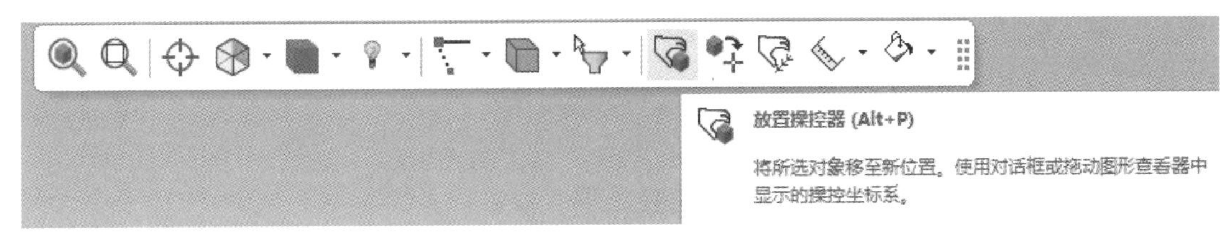

图3－32　“放置操控器”命令

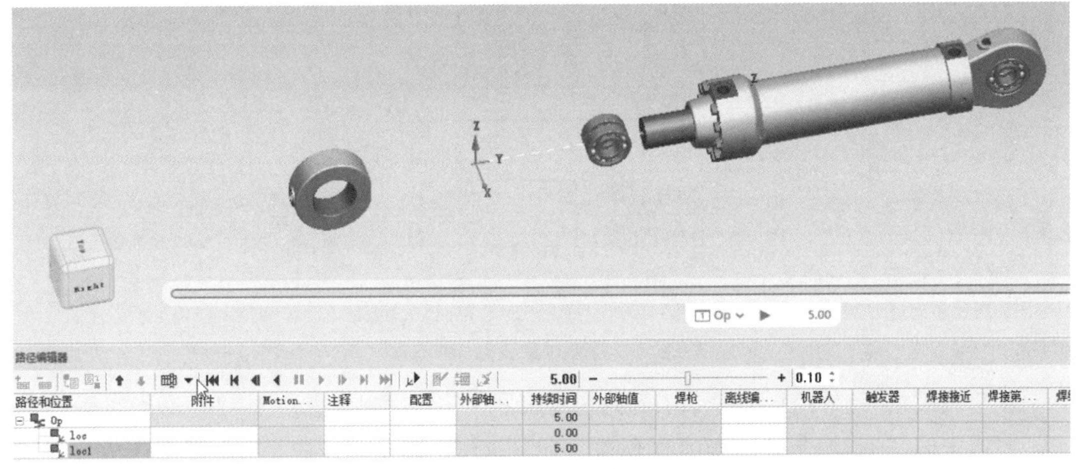

图3－33　路径调整结果

在播放完成之后，单击路径编辑器中的“将仿真跳转至起点”按钮⏮，让零件模型恢复原样即可（图3－34），之后删除创建的演示路径Op。

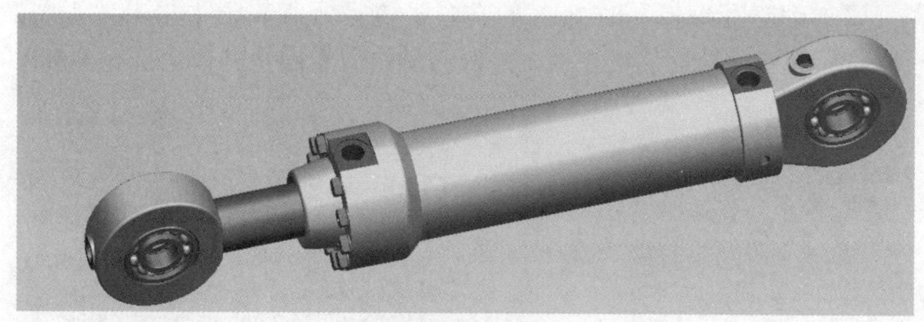

图 3-34　恢复零件模型

3.2.6　创建爆炸路径

利用之前的方法，对液压缸结构中的轴承结构进行模拟。

选择“操作”→“创建操作”→“新建操作”→“新建对象流操作”命令，在弹出的“新建对象流操作”对话框中，“名称”选择“Op”，“对象”选择零件“A6”，路径的起点和终点都选择“A6”零件的原点，在选择的时候，需要在视图窗口中执行“选取意图”→“自原点选取意图”命令，再在“抓握坐标系”下拉列表中选择“自身”选项就可以选取其原点，“持续时间”选择“3”，单击“确定”按钮，如图 3-35 所示。

装配仿真过程(2)：顺序调整

图 3-35　“新建对象流操作”对话框

创建完成之后，将 Op 路径添加到路径编辑器中进行编辑，如图 3-36 所示。

将其中的“loc1”利用“放置操控器”命令进行坐标系的移动。由于在本次仿真中选择的是轴承零件，所以在运动的时候，轴承需要向不干涉的方向运动，选择运动方向为 X 方向。在“放置操控器”对话框中，“步长”选择“100 mm”，进行 X 方向的拖动。创建好的坐标系如图 3-37 所示。

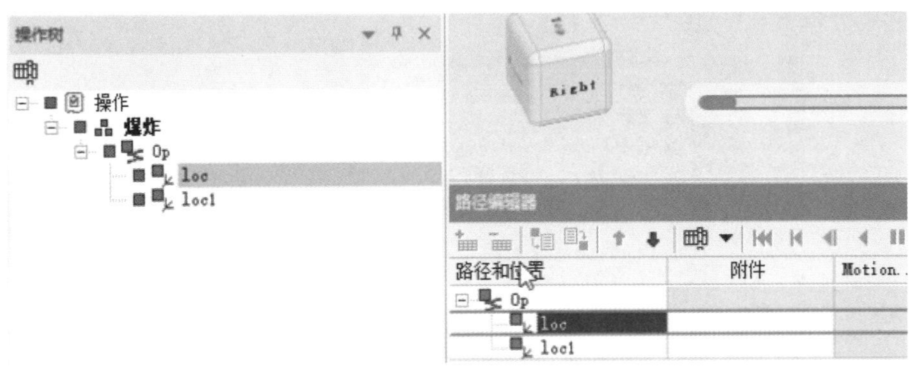

图 3-36　将 Op 路径添加到路径编辑器中

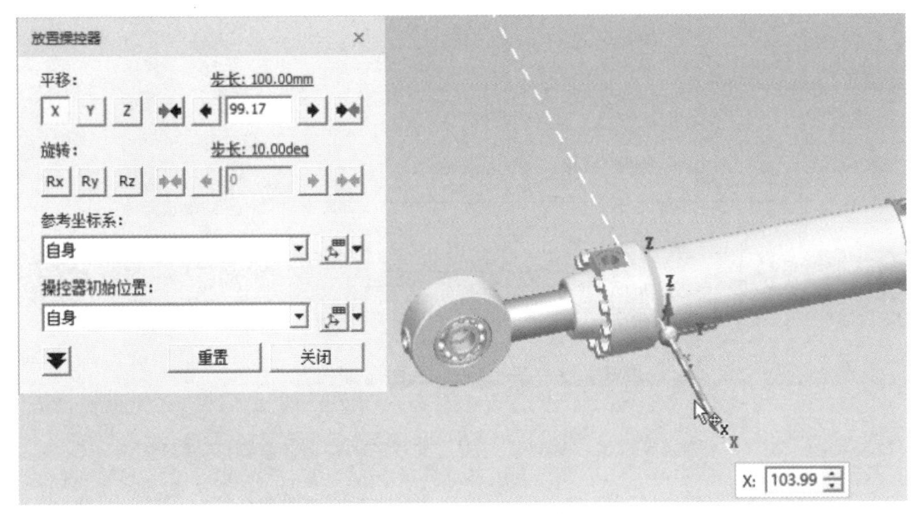

图 3-37　创建好的坐标系

单击路径编辑器中的“正向播放仿真”按钮 ▸，对路径进行模拟，模拟完成之后，零件停留在“loc1”所在位置，如图 3-38 所示。

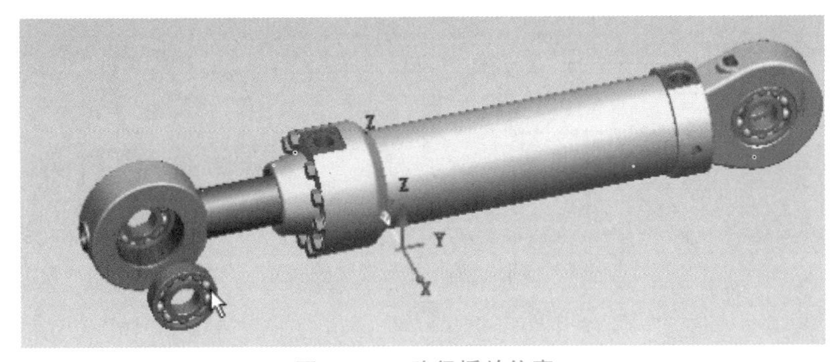

图 3-38　路径播放仿真

在路径编辑器中，选择路径编辑器中的点，单击鼠标右键之后在弹出的菜单中执行命令，也可以对路径进行规划。其中执行“后面添加位置”命令，如图 3-39 所示，就可以在后面添加路径点实现路径创建过程；执行“前面添加位置”命令，就可以在该点的前面创建一个路径点，因此选择在“loc”之后创建一个点，让零件在 X 方向上运动 400 mm。

创建完成之后的状态如图 3－40 所示。

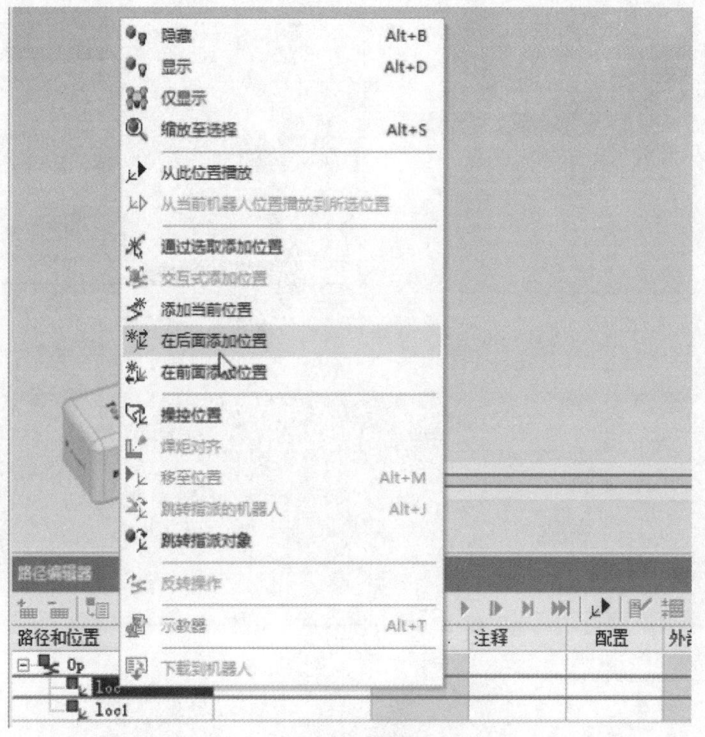

图 3－39　在“loc”后面添加位置

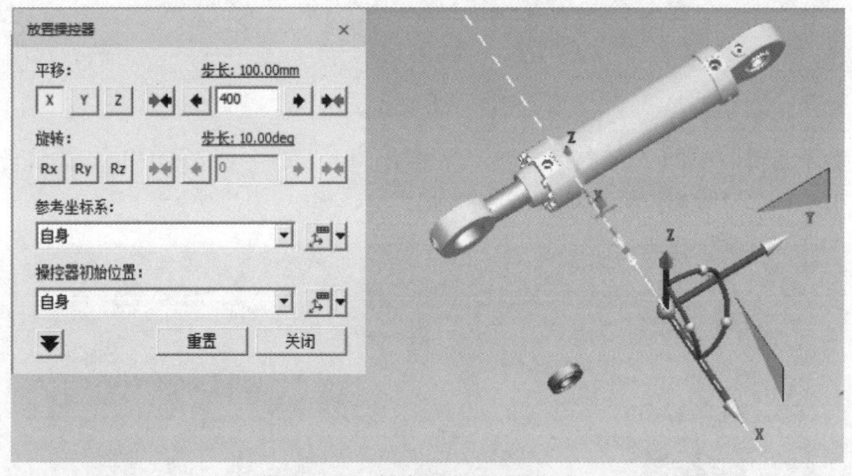

图 3－40　创建完成之后的状态

由于在路径中，“loc1”的位置变得多余，所以可以通过删除其中的“loc1”坐标点对路径进行更改，对应的坐标点在操作树中进行删除即可。选择对应的“loc1”，单击鼠标右键，在弹出的菜单中执行“删除”命令即可，如图 3－41 所示，也可直接选择对应的坐标点之后按键盘上的 Delete 建完成对应的零件删除。

图 3－41　删除路径点操作

删除路径点之后，在路径编辑器中，单击“正向播放仿真”按钮，正向播放仿真路径如图 3－42 所示，即轴承零件完成对应爆炸输出动作。

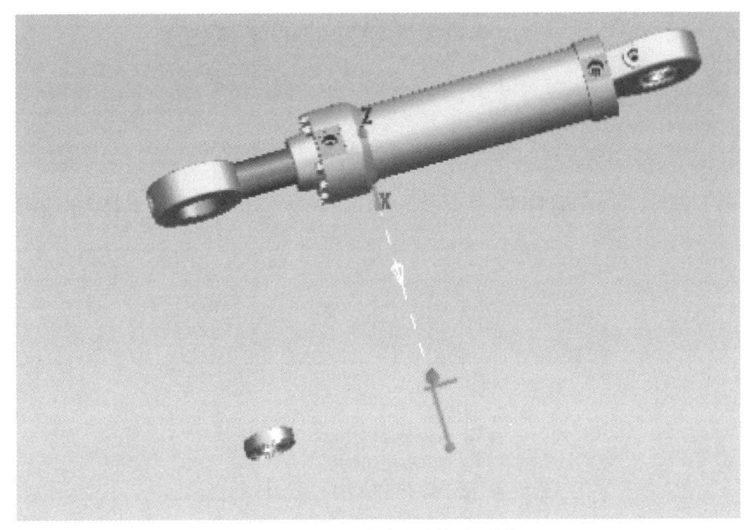
图 3－42　正向播放仿真路径

在路径运动过程中，其运动时间可以通过路径属性进行设置，选择对象树中的路径 Op，单击鼠标右键，在弹出的菜单中执行“属性”命令，在弹出的“属性”对话框中，选择“时间”选项卡，在“经验证的时间”框中，将时间从 3 s 更改为 5 s，单击“确定”按钮，即可将运动的时间调整为 5 s，如图 3－43 所示。

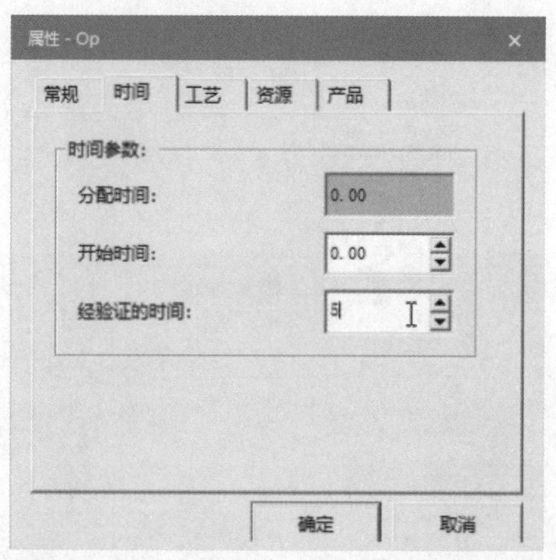

图 3－43　在“属性”对话框中设置运动时间

运动时间调整完成之后，对对应的轨迹名称进行更改，选择路径 Op，按键盘上的 F2 键对其更名，更改为“端部轴承移动 1”，更改完成之后的状态如图 3－44 所示。

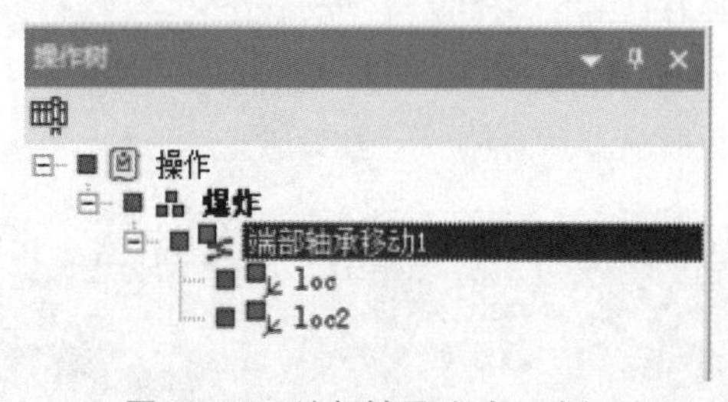

图 3－44　端部轴承移动 1 路径

利用同样的方法，对结构中的其他轴承的路径进行创建，创建完成之后的状态如图 3－45 所示。

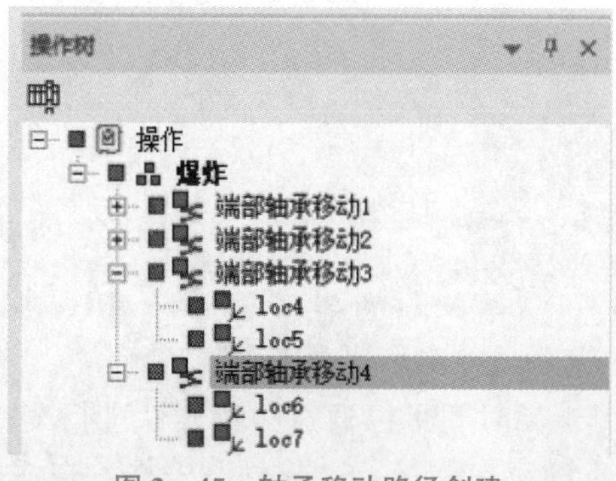

图 3－45　轴承移动路径创建

将爆炸操作通过路径编辑器中的“向编辑器添加操作”按钮添加到路径编辑器中进行播放，播放效果如图 3－46 所示。4 个轴承同时向外侧移动，如图 3－47 所示。

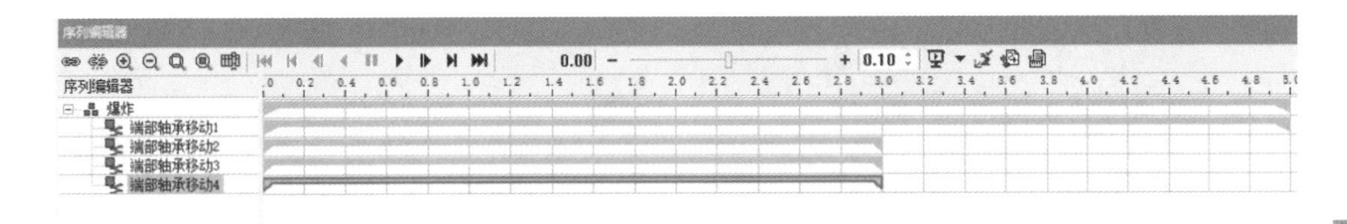

图 3－46　并联状态下的爆炸子路径

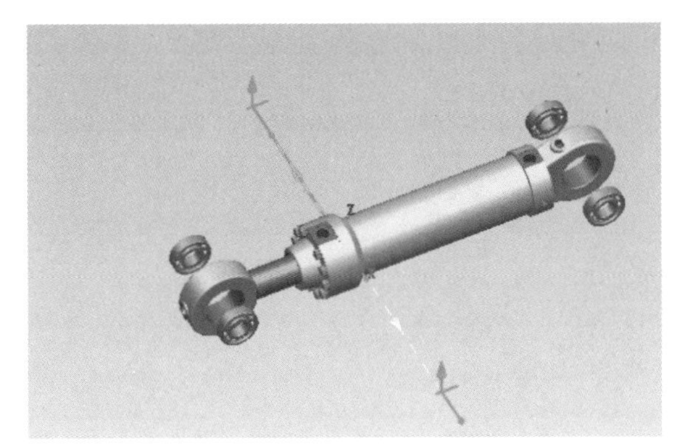

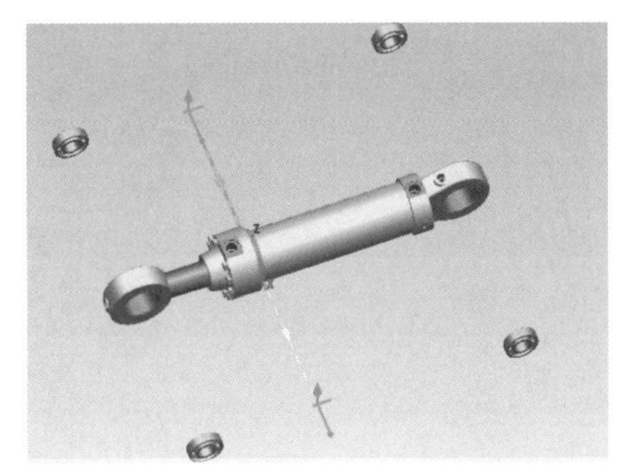

图 3－47　路径动作

在爆炸过程中，通常需要对路径的顺序进行调整，例如调整路径的先后顺序，或者将其中的两组路径合并，使其一起运动等。

如果需要让其中的零件以单独顺序运动，可以在操作树中选择“爆炸”操作，单击鼠标右键，在弹出的菜单中执行“设置当前操作”命令，将路径导入序列编辑器中进行调整。然后，选择序列编辑器中爆炸路径的所有子路径，单击序列编辑器中的“链接”按钮，对爆炸子树进行链接，在序列编辑器的时间轴上也会出现相应的调整。所有路径变成串联树，如图 3－48 所示，之后通过正向播放操作命令，可以观察顺序爆炸过程，如图 3－49 所示。

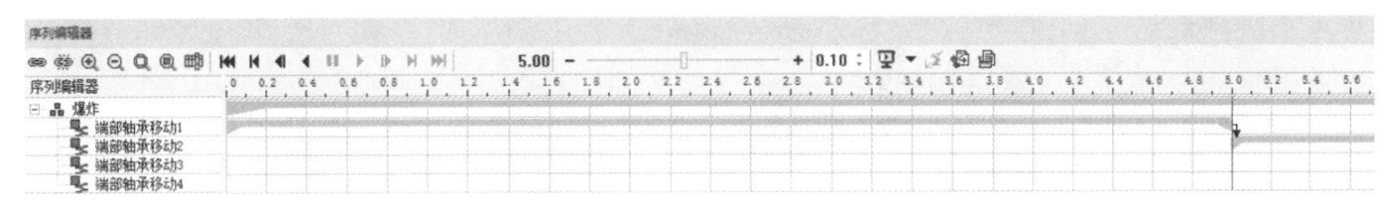

图 3－48　串联状态下的路径

在本次仿真中，需要使前两组轴承同时爆炸，之后后两组轴承同时爆炸，因此在对其操作顺序进行控制的时候需要通过复合操作进行配合，新建复合操作如图 3－50 所示。在“操作树”浏览器中，在“爆炸”操作建立两组复合操作，并将其命名为“1 组动作”和“2 组动作”。将操作树中的操作“端部轴承移动 1”“端部轴承移动 2”通过鼠标左键拖动到“1 组动作”中，再将“端部轴承移动 3”和“端部轴承移动 4”拖动到“2 组动作”中。操作完成之后的操作树如图 3－51 所示。

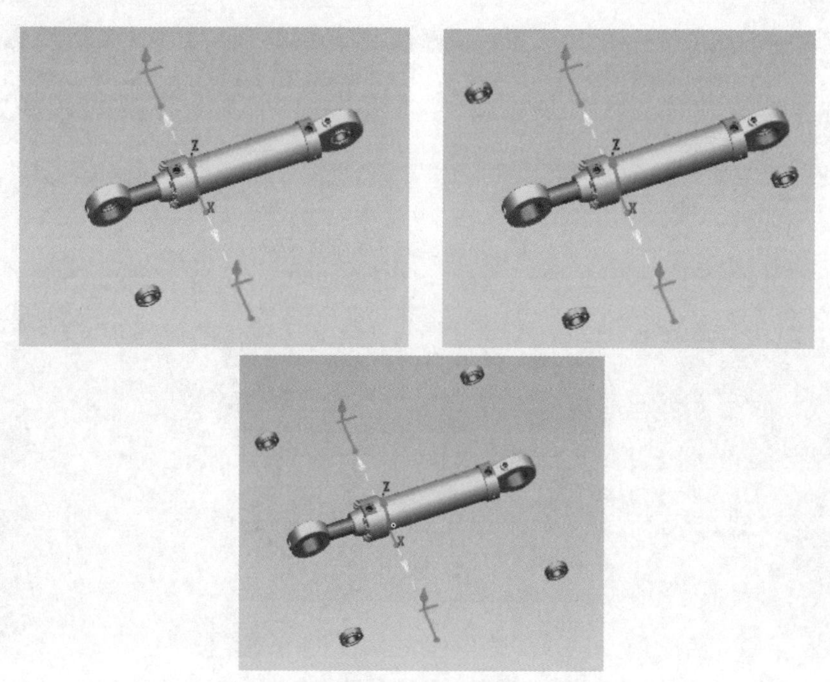

图 3-49　串联状态下的路径运动效果

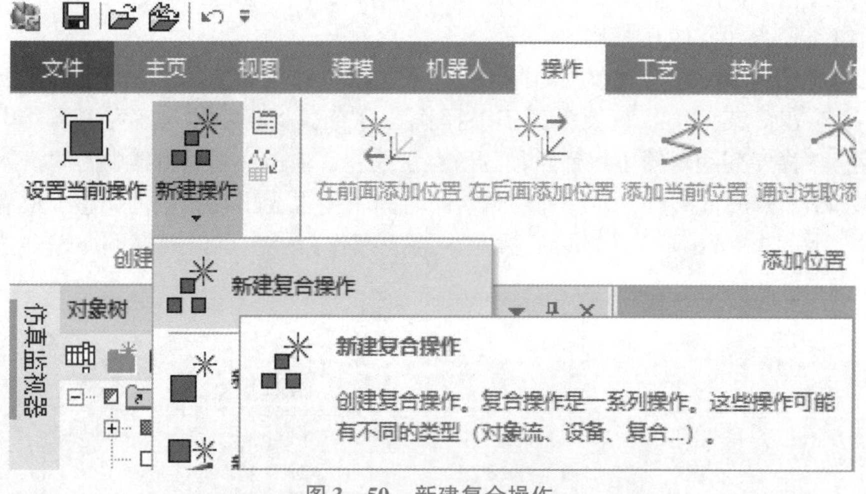

图 3-50　新建复合操作

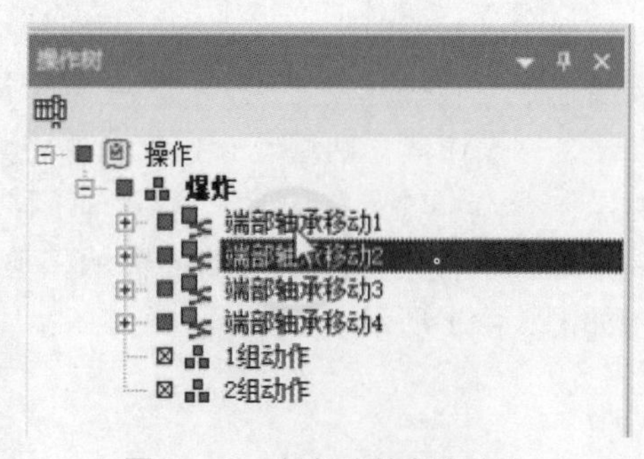

图 3-51　新创建的复合操作

重新将爆炸导入序列编辑器，如图 3－52 所示，并选择其中的“1 组动作”和“2 组动作”，单击“链接”按钮，将两组动作串联，如图 3－53 所示。

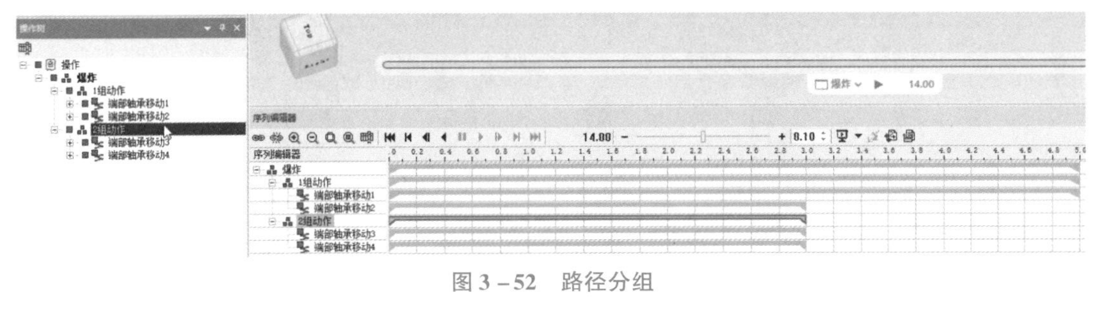

图 3－52　路径分组

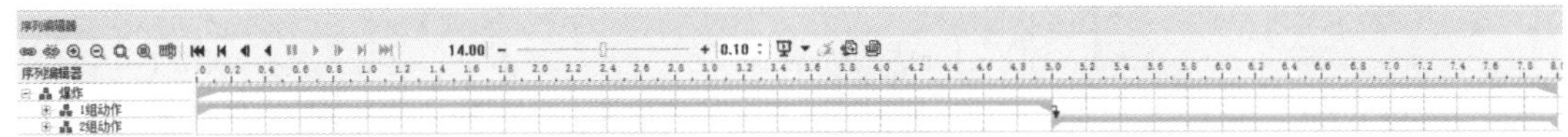

图 3－53　分组路径串联

由于在前期设置中，将“端部轴承移动 1”的操作时间更改为 5 s，而其他路径设置的时间为 3 s，所以为保证其时间相同，选择“端部轴承移动 1”，单击鼠标右键，在弹出的菜单中执行“属性”命令，在弹出的对话框中选择“时间”选项卡，在其中将“经验证的时间”更改为 3 s，单击“确定”按钮，如图 3－54 所示。

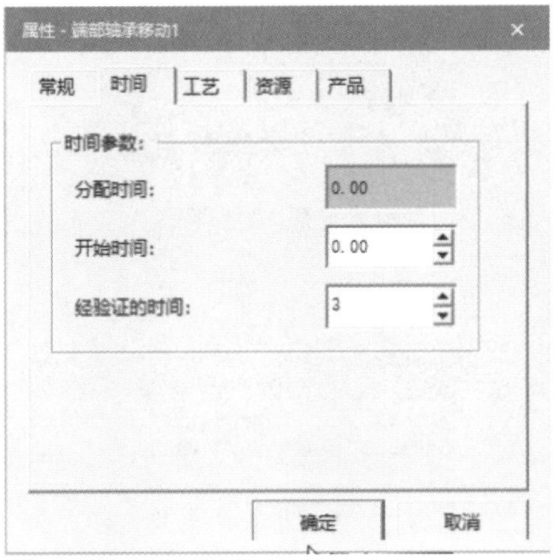

属性 - 端部轴承移动1

常规　时间　工艺　资源　产品

时间参数：

分配时间：0. 00

开始时间：0. 00

经验证的时间：3

确定　取消

图 3－54　在“属性”对话框中调整时间

时间设置完成之后的序列编辑器如图 3－55 所示，在序列编辑器中单击“正向播放仿真”按钮，操作完成之后的动作顺序如图 3－56 所示。可以看出，当路径的顺序进行调整之后，前两组轴承先同时动作，动作完成之后，后两组轴承再次进行动作，即完成本次轴承路径的编辑。

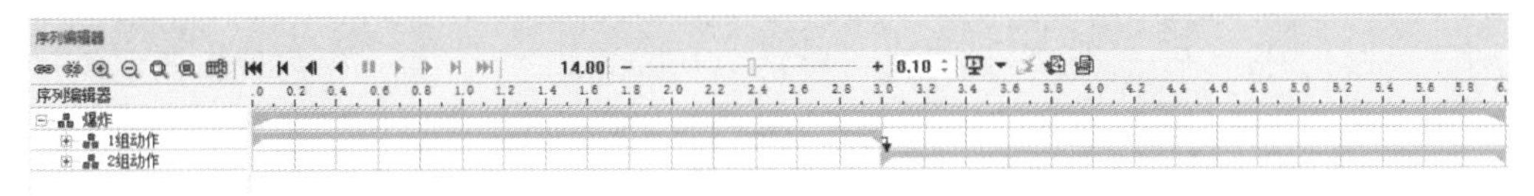

图 3－55　时间设置完成之后的序列编辑器

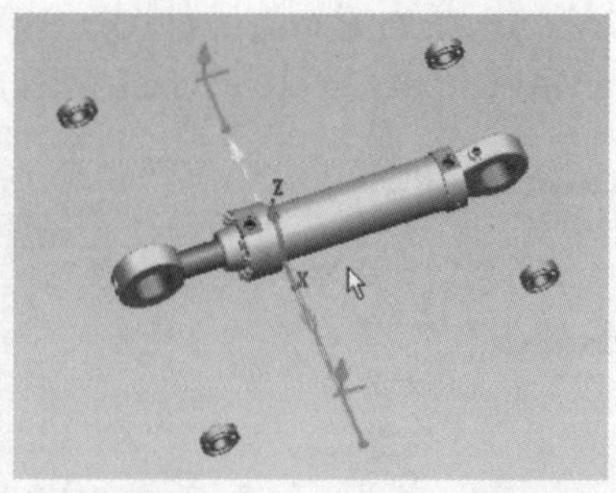

图 3-56 操作完成之后的动作顺序

由于在整个路径中还包含其他路径的编辑的过程，所以利用同样的方法，在“爆炸”路径中添加其他零件的路径。

执行“命令”→“创建操作”→“新建操作”→“新建对象流操作”命令，创建“A4”零件的移动路径，如图 3-57 所示。创建完成之后，在操作树中将路径名称更改为“液压缸连接头移动”，之后对其路径点进行设置。删除第二个路径点，将路径添加到路径编辑器中进行编辑，选择第一个路径点后单击鼠标右键，在弹出的菜单中执行“后面添加位置”命令，利用放置操控器对坐标进行偏移。

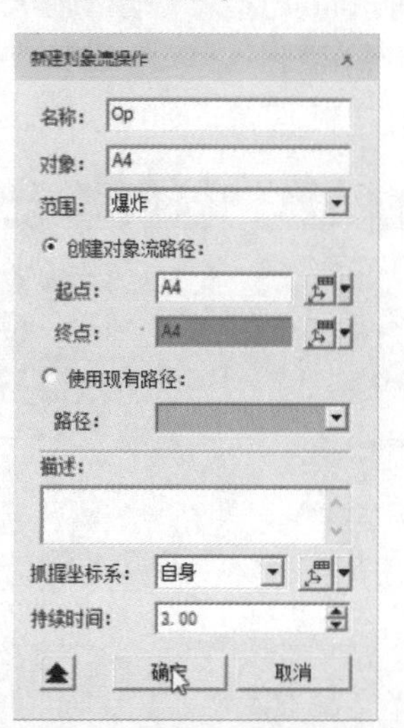

装配仿真过程（3）

图 3-57 “新建对象流操作”对话框

通过创建 2 个位置坐标转换，其路径结构如图 3-58 所示。进行播放之后，路径先向前移动，然后向右侧偏移，完成路径仿真过程，如图 3-59 所示。

通过同样的方法，创建液压缸结构中其他零件的路径，创建完成之后，根据轨迹中各零件的名称对路径进行命名，然后选中操作树中的“爆炸”路径，单击鼠标右键，在弹出的菜单中执行“设置当前操作”命令，将路径导入序列编辑器，并选择序列编辑器中“爆炸”路径中的所有子路径，单击序列编辑器命令栏中的“断开链接”按钮，之后单击“链接”按钮，将整个“爆炸”路径进行串联。串联完成之后，单击序列编辑器中的“正向播放仿真”按钮，观察路径的播放顺序，如图 3-60 所示。“爆炸”路径中各路径的名称如图 3-61 所示。

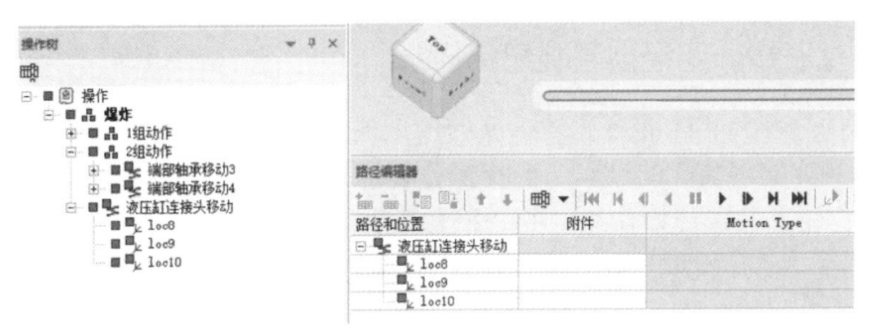

图 3－58　路径结构

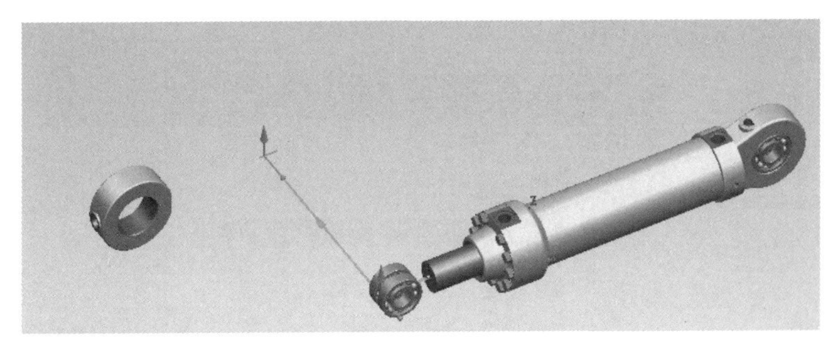

图 3－59　完成路径仿真过程

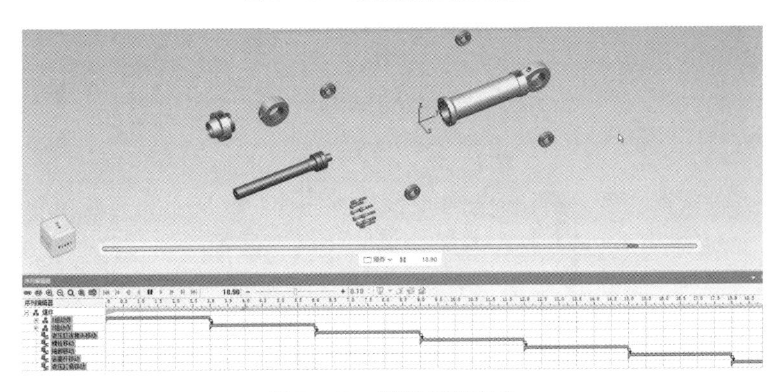

图 3－60　路径创建完成

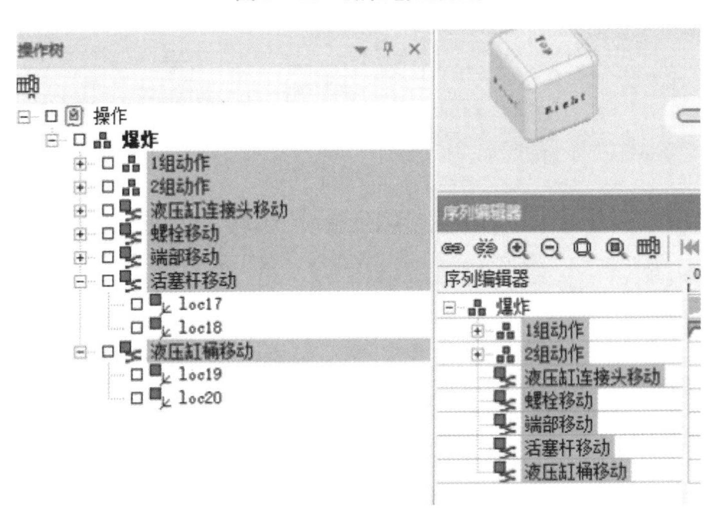

图 3－61　“爆炸”路径中各路径的名称

3.2.7 基于爆炸路径创建装配路径

由于爆炸的过程和装配的过程是相反的两个过程，所以可以通过更改爆炸路径的顺序实现装配的过程。选择操作树中的“爆炸”路径，按“Ctrl + C”组合键，并选择操作树中的“操作”路径，按“Ctrl + V”组合键，将“操作”路径在操作树中复制出一个，将复制的“操作”路径用 F2 键进行重命名，将其命名为“装配”，如图 3 – 62 所示。选择操作树中的“装配”路径，单击鼠标右键，在打开的菜单中执行“设置当前操作”命令，将其导入序列编辑器中进行顺序调整。

装配仿真过程（4）

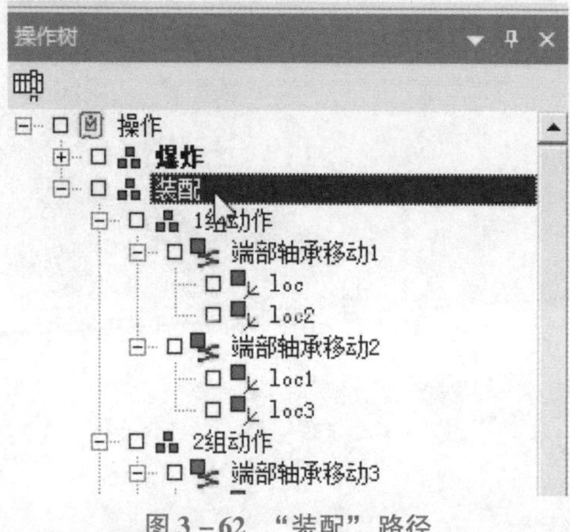

图 3 – 62 “装配”路径

在导入序列编辑器之后，路径的操作时间轴如图 3 – 63 所示，其按照顺序路径进行操作。因此，需要对其顺序进行调整，选择其中的“活塞缸桶移动”路径，按住鼠标左键，将其拖动到第一组中，移动之后时间轴顺序无变化，但是其在序列编辑器中发生相应的变化。

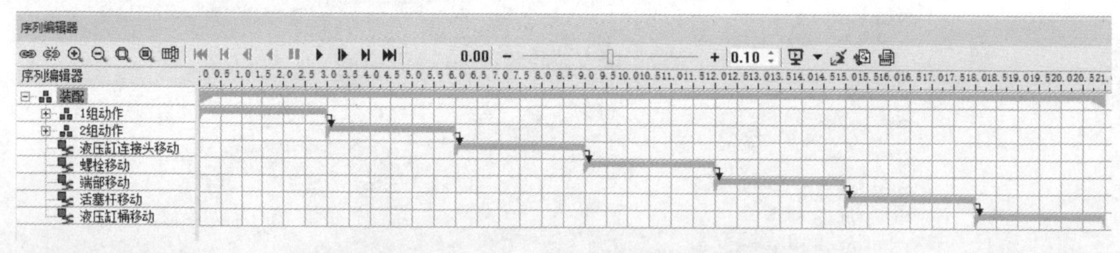

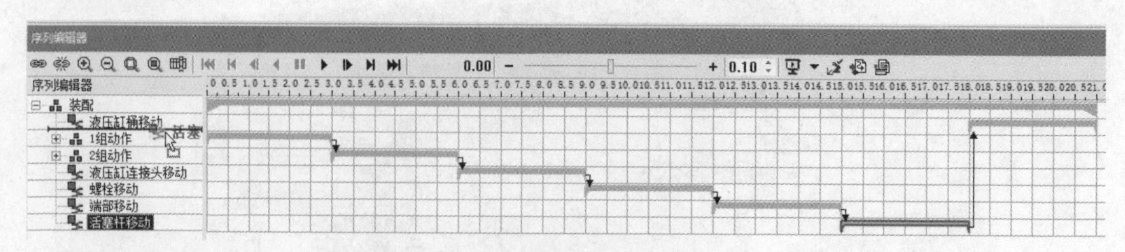

图 3 – 63 路径的操作时间轴

利用这一方法进行顺序重置，将路径顺序倒转之后，选择装配树中的所有子路径，单击“断开链接”按钮，之后单击“链接”按钮，将操作顺序重新排列，操作顺序排列完成之后的状态如图 3－64 所示。

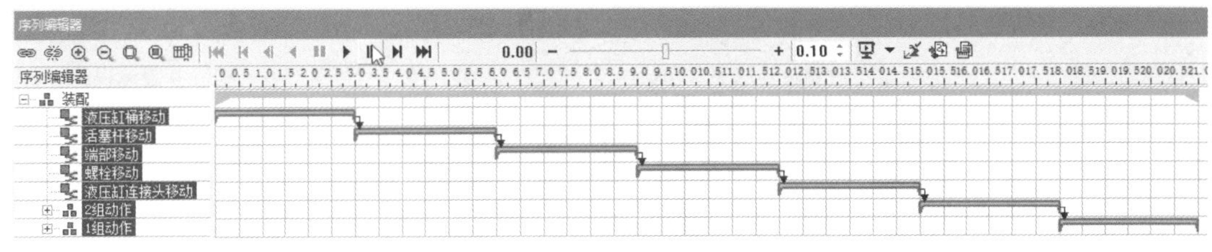

图 3－64　操作顺序排列完成之后的状态

在整个顺序调换的过程中，只是对链接进行了换向，并没有对其中的路径点进行顺序调换，因此还需要将装配树结构路径中的所有点进行顺序调整，将顺序反向。执行“操作”→“编辑路径”→“反转操作”命令，将结构中的路径点顺序反向，如图 3－65 所示。

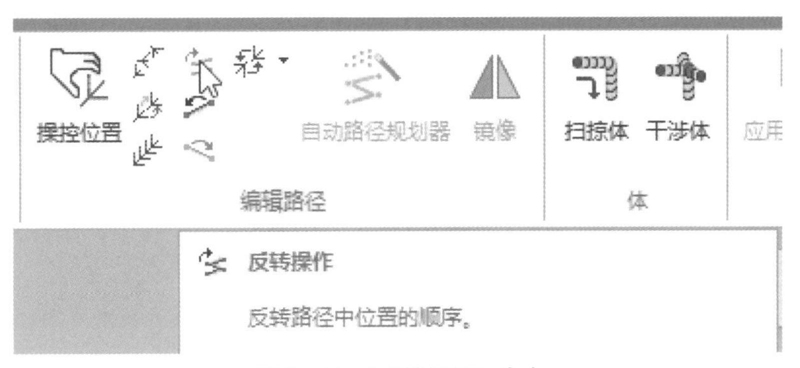

图 3－65　“反转操作”命令

路径点顺序反向之后，在“液压缸桶移动”路径中，其两个坐标点的顺序从“loc19”到“loc20”变化为“loc20”到“loc19”。从图 3－66 所示的活动顺序中可以看出实现了装配的过程，如图 3－67 所示。

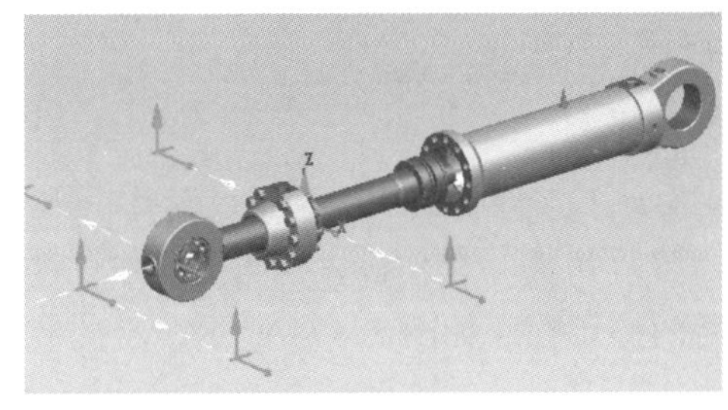

图 3－66　路径点顺序反向

图 3－67　路径模拟

对所有装配路径中的路径点进行顺序反向，修改后的操作树如图3－68所示。

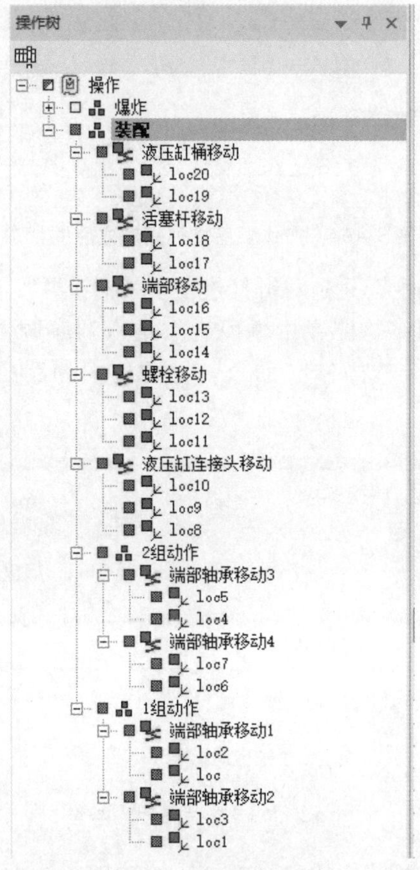

图3－68　修改后的操作树

将顺序反向之后的路径添加到序列编辑器中播放，可以知道实现了装配的过程，路径仿真如图3－69～图3－72所示。

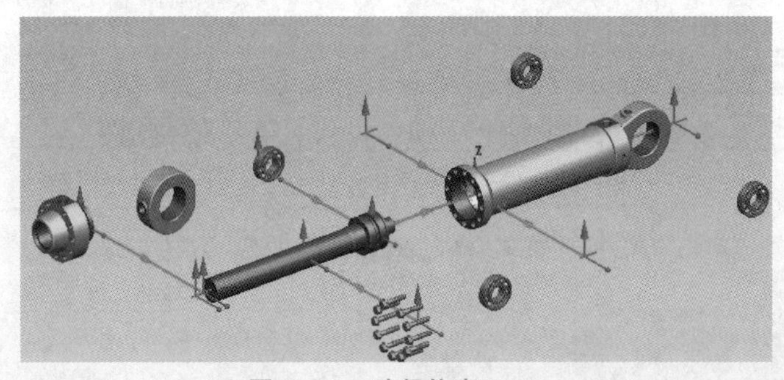

图3－69　路径仿真（1）

然后，在操作树中建立复合操作，将其命名为“零件仿真”，并将“爆炸”和“装配”顺序拖动到其中，如图3－73所示，再将“零件仿真”操作设置为当前操作，进行顺序调整，将其顺序从并联更改为串联。调整之后的操作顺序如图3－74所示。至此装配的路径设置完成。

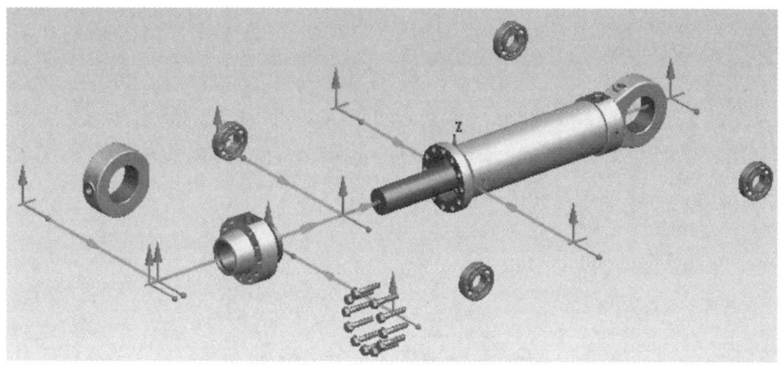

图 3－70　路径仿真（2）

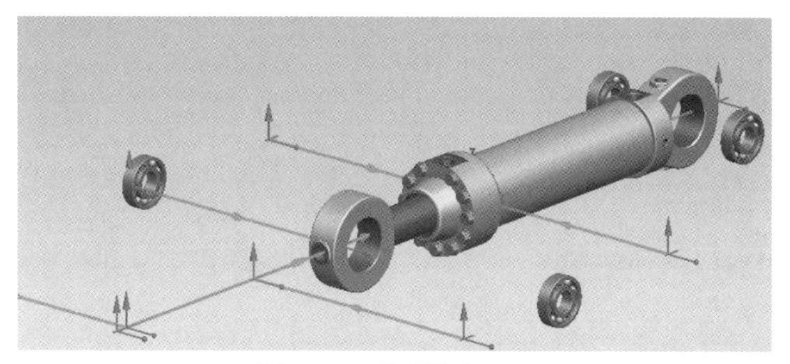

图 3－71　路径仿真（3）

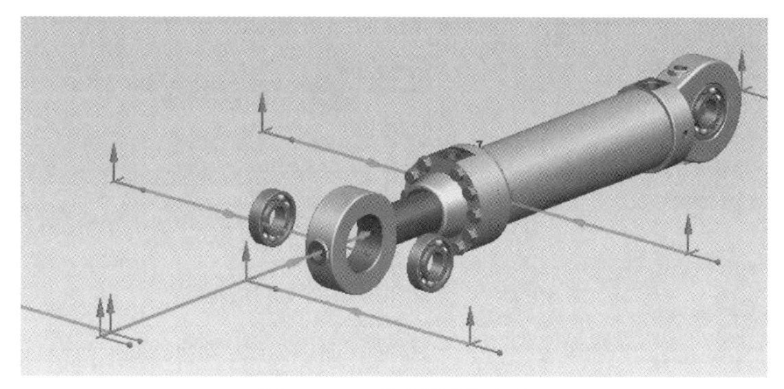

图 3－72　路径仿真（4）

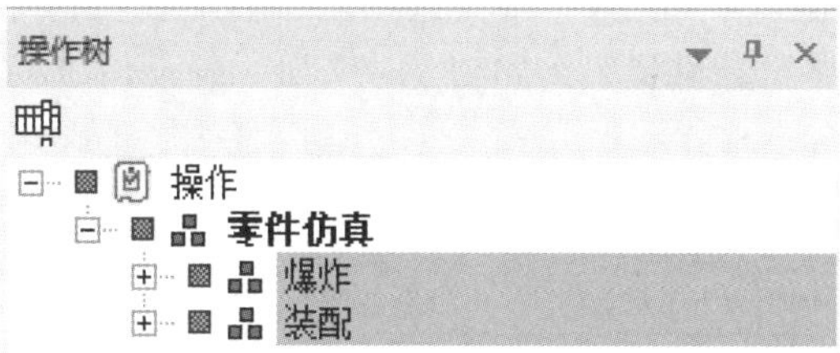

操作树
操作
零件仿真
爆炸
装配

图 3－73　在操作树中建立复合操作

序列编辑器
0.00
0.10
零件仿真
爆炸
装配

图 3－74　调整之后的操作顺序

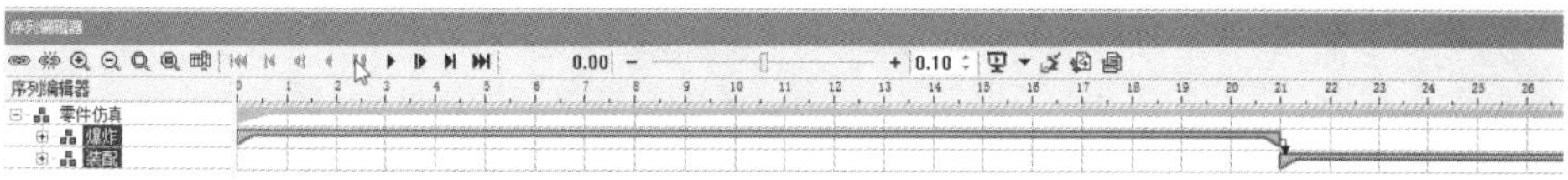

3.2.8 零件干涉仿真

零件干涉仿真和设置

在干涉查看器中，可以对零件进行干涉检查。单击干涉查看器中的“新建干涉集”按钮，如图3－75所示，在弹出的“干涉集编辑器”对话框中对相应检查干涉的零件进行选择。

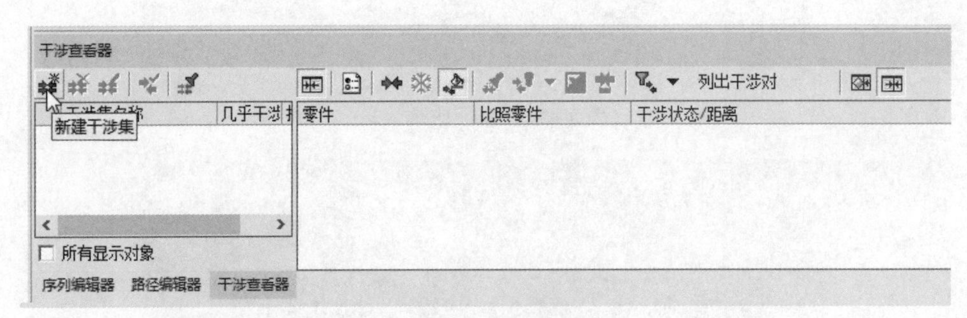

图3－74 干涉查看器

在本示例中选择其中的“A6”和“A4”零件作为示例零件，单击“确定”按钮，如图3－76所示。

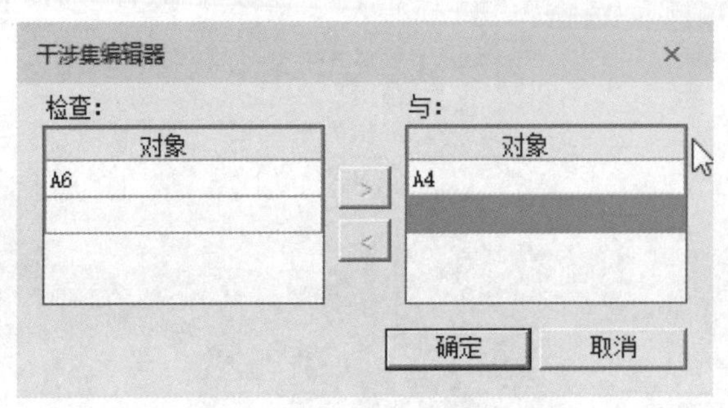

图3－76 “干涉集编辑器”对话框

选择完成之后，会在“干涉集名称”栏中出现对应的干涉集“new_collision_set”，即完成对应干涉集的建立，然后单击干涉集命令选项栏中的“干涉模式开/关”按钮 ，即可以打开对应的干涉集选项。打开干涉集选项之后会发现在零件装配完成之后出现干涉情况，并在三维模型中显示红色状态，如图3－77所示。从图3－78中可以看出，轴承零件与气缸零件头部分出现干涉。

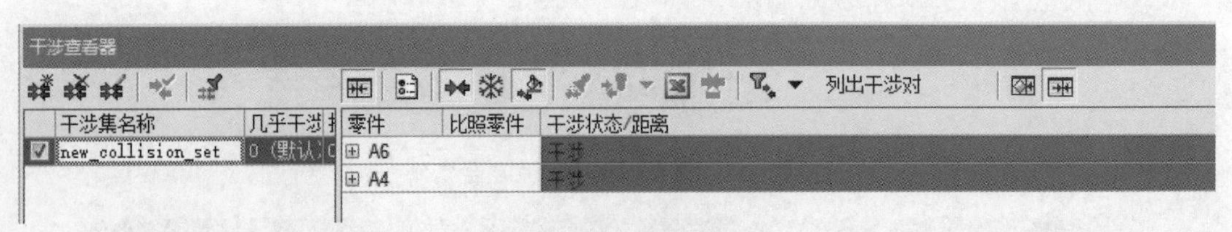

图3－77 干涉零件

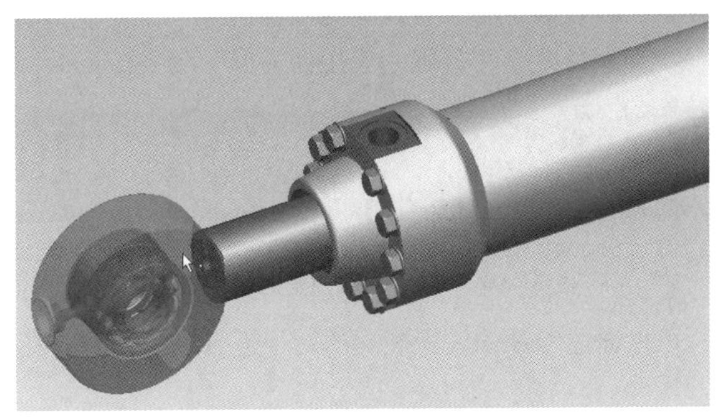

图 3－78　三维模型干涉

在干涉检查中，可以设置对应的干涉穿透值，干涉穿透值是指两个零件的直接干涉干系，可以在视图空白处单击鼠标右键，在弹出的菜单中执行“选项”命令，也可以直接在视图中按 F6 键进入“选项”对话框，在“选项”对话框中选择“干涉”选项卡，在其中有“干涉检查选项”区域，可以设置对应的干涉穿透值条件。“几乎干涉默认值”为 0.00 mm，“许用穿透值”为 0.00 mm。在本模型中，由于模型设计问题，零件连接头部分和轴承采用的是过盈配合设计，因此存在一定的穿透。在检查过程中随即出现干涉现实。更改“许用穿透值”为 0.5 mm，单击“确定”按钮之后，在干涉查看器中就不会出现干涉情况。在通常情况下，“许用穿透值”通常设置为 0.00 mm 即可，如图 3－79 所示。具体的干涉检查还可以通过干涉集查看器中的许用穿透值进行针对性的设置。

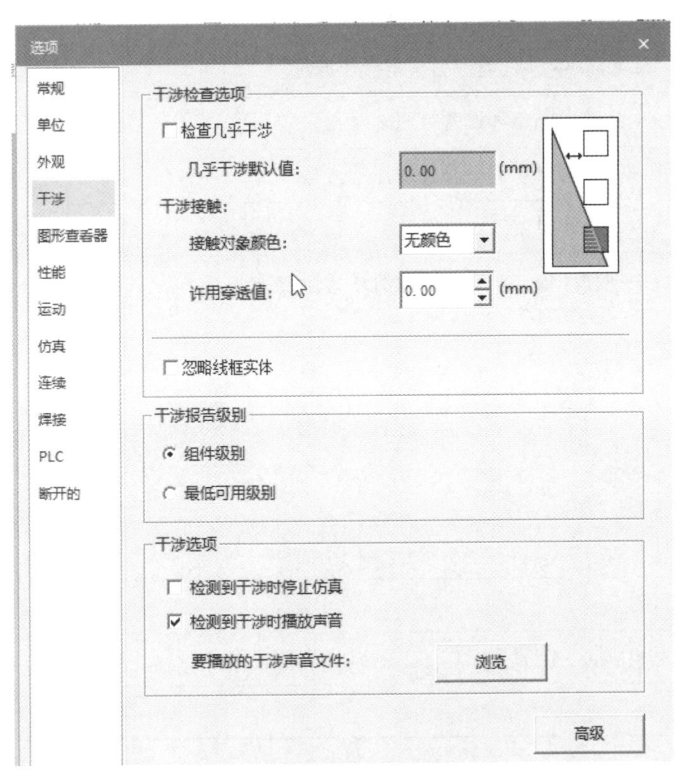

图 3－79　“选项”对话框

也可以通过更改干涉查看器中的“接触－许用穿透值”来对模型间的穿透值设置干涉检查效果。如图3－80所示，更改“接触－许用穿透值”为0.2 mm，即无干涉。

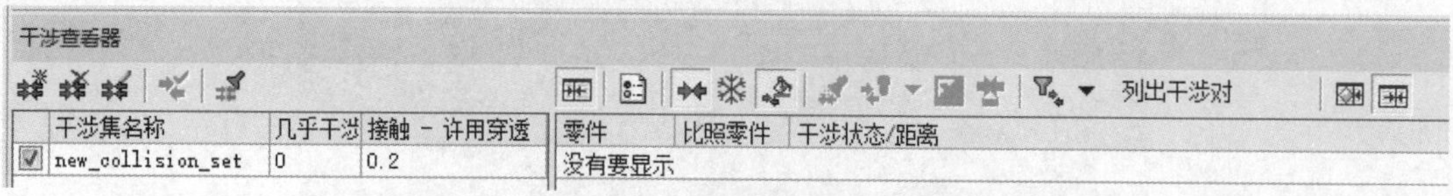

图3－80 “接触－许用穿透值”设置

设置完成之后，可以通过对爆炸或者装配的路径进行模拟，查看在装配的过程中在何处会出现装配干涉的情况。

3.3 任务评价

项目3任务评价见表3－1。

表3－1 项目3任务评价

评价项目	分值	得分	
		自评分	师评分
掌握设置和导入STP模型的方法	5		
掌握在PS on eMS Standalone中创建项目的基本流程	5		
掌握在PS on eMS Standalone导入模型的基本操作方法	5		
掌握对象流的概念，并熟悉创建和设置方法	10		
熟悉利用复合操作和序列编辑器调整路径顺序的方法	10		
掌握干涉检查方法以及干涉设置方法	10		
下列任务，每完成一项计5分，本项合计分值最高为35分。 设置数据转换； 建立PS on eMS Standalone项目； 转换和导入项目资源STP文件； 创建对象流仿真； 创建爆炸路径； 基于爆炸路径创建装配路径； 进行零件干涉仿真	35		
学习认真，按时出勤	10		
具有团队合作意识和协同工作能力	10		
总计得分			

项目4 关键设备设计操作

【知识目标】

- 掌握 Process Simulate 项目研究的创建方法，熟悉模型文件转换与组件导入、三维模型在仿真环境中的布局等的操作步骤。
- 掌握 Process Simulate 的基本操作，熟悉软件界面、菜单、工具条、功能选项、“对象树”浏览器及图形编辑器等的操作方法。
- 了解 Process Simulate 系统根目录文件与数据库基本对象之间的关系，掌握 Tecnomatix 中资源对象的概念。
- 掌握资源对象运动学的创建与设置方法，学会资源设备姿态的设置方法。
- 掌握工具中心点（TCP）坐标系与基准坐标系（Base Frame）的创建与使用方法。
- 掌握设备机构等资源的创建方法。

【能力目标】

- 会创建零件、资源等 eMS 对象数据，能够新建坐标系，在视图中改变对象的位置坐标。
- 能根据设备功能，正确地创建设备的运动学模型，会设置机构连杆、运动轴和设备姿态。
- 能创建常见的工业机器人附属设备——焊枪、夹具、外部轴、旋转台、抓手等，会设置设备机构的运动学参数，能创建与使用 TCP 坐标系与基准坐标系。
- 会进行 X 形焊枪曲柄机构的运动学设计。
- 会创建复合设备。

【职业素养目标】

- 培养学生的爱岗敬业精神和职业道德意识。
- 培养学生综合运用知识分析、处理问题的能力。
- 培养学生从客户需求出发分析和解决实际问题的能力。

4.1 项目描述

4.1.1 项目内容

在本项目中将完成典型设备的定义操作，包括焊枪、夹具、外部轴、旋转工作台、抓手等常见工具。

4.1.2 项目实施步骤概述

项目实施的主要步骤如下。

（1）X 形焊枪的定义。完成 X 形焊枪机构的运动学设计，建立 X 形焊枪的工具坐标。

（2）C 形焊枪的结构定义。完成 C 形焊枪机构的运动学设计，建立 C 形焊枪的工具坐标。

（3）双导杆夹具的结构定义。设计一个双导杆夹具机构，并创建双导杆夹具结构的张开（OPEN）、闭合（CLOSE）以及原点（HOME）3 个工作姿态。

（4）夹具的整体结构定义。完成一个多单元的组合夹具的整体结构定义。为夹具体创建动作，并建立打开动作和关闭动作。

（5）外部轴结构的定义。设计外部轴结构的机构，并创建两个极限位置的动作，另外创建活动部分底座中心点位置的基准坐标点。

（6）旋转台的定义。完成旋转台的运动学设计，为旋转台创建关节动作。

（7）弧焊焊枪的定义。定义一把弧焊焊枪，建立弧焊焊枪的基准坐标系和 TCP 坐标系，并对弧焊焊枪进行工具定义。

（8）抓手的定义。完成抓手的运动学设计，建立运动关节，使抓手的压臂可以进行开合动作，并创建抓手的张开、关闭、原点 3 个工作姿态。建立抓手的坐标系。

下面将上述每一个步骤安排为一个任务进行项目实施。

4.2 项目实施

4.2.1 Process Simulate 软件基本操作

Process Simulate
基本操作（1）

1. Process Simulate 软件的工作界面

Process Simulate 软件的工作界面如图 4－1 所示，它与其他 Windows 应用程序的窗口非常相似，在菜单栏中也有“文件”“编辑”“查看”和“帮助”等菜单项。其主要组成部分是导航树，导航树包括对象树和操作树。对象树包含所有对象数据（资源、零件、外观等），它们构成了对象树项目研究中的层次结构；操作树包含研究对象的操作结构和具体操作。

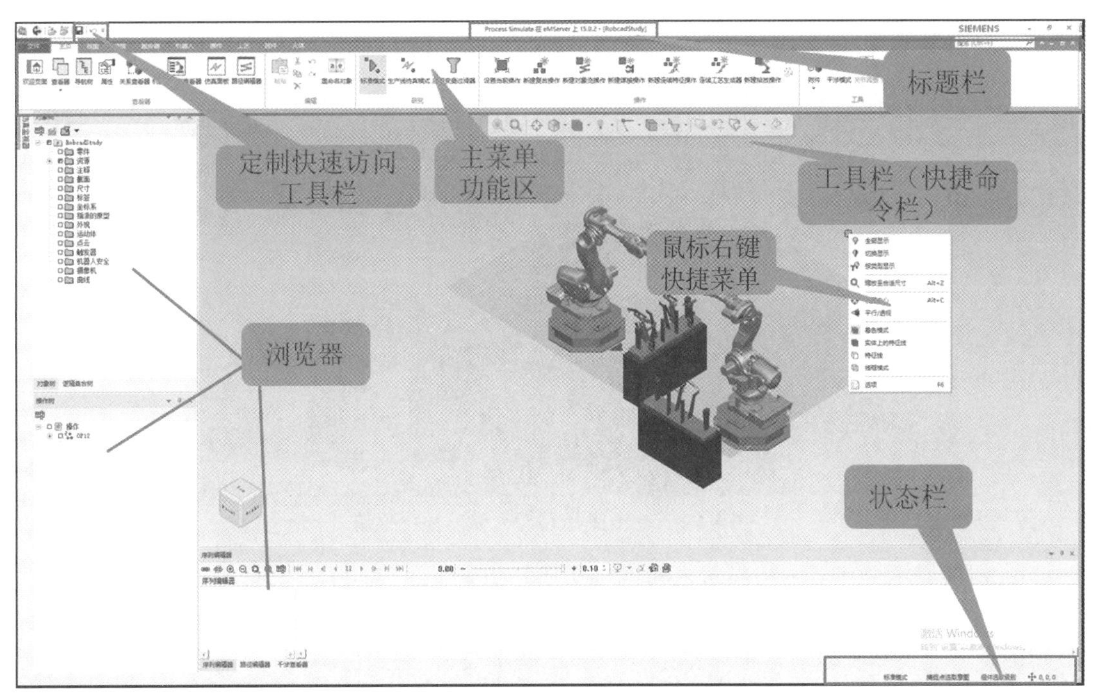

图4－1　Process Simulate 软件的工作界面

在图4－1所示 Process Simulate 工作界面的下方有序列编辑器、路径编辑器和干涉查看器等浏览器。其中，可以把操作拖放（添加）到下方的序列编辑器或路径编辑器中进行仿真或编辑操作；通过干涉查看器可以建立干涉集以进行对象之间的碰撞干涉分析。在图4－1中，可通过以下3种方式执行 Process Simulate 命令。

（1）主菜单及其功能区选项卡：菜单栏位于 Process Simulate 工作界面的顶部。它显示加载的研究名称和与所选窗口布局相关的主菜单。主菜单主要用于显示各个不同的功能区，各个功能区内又有不同的选项卡，每个选项卡下包含了若干命令组。

（2）工具栏（快捷命令栏）：包括图形浏览器窗口中的工具条和界面最上端的定制快速访问工具栏。

（3）鼠标右键快捷菜单：用鼠标右键单击 Process Simulate 工作界面中的某个位置，可以显示不同的快捷菜单，用于选择不同的操作命令。

2. 图形视图显示控制

对于视图显示控制，有如下几种常用方法。

（1）使用鼠标的左、中、右键可以进行图形视图的平移、缩放与旋转操作。其中，中键＋右键并拖动为图形的平移操作，滚动鼠标滚轮为缩放操作，按下鼠标滚轮并拖动为旋转操作。

（2）在图形查看器中单击鼠标右键，系统将弹出快捷菜单，如图4－2所示，用于对图形视图的显示操控。

快捷菜单中各个命令的功能如下。

①第一组命令。

a. 全部显示：显示视图内的所有模型。

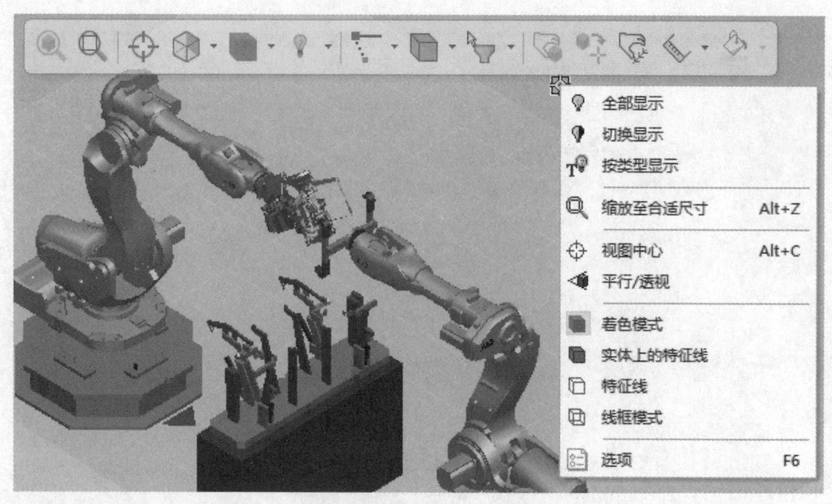

图 4－2 单击鼠标右键，弹出快捷菜单

b. 切换显示：在显示与隐藏之间进行切换。

c. 按类型显示：执行该命令即可弹出图 4－3 所示的“按类型显示”对话框。选择要显示的类型，然后在该对话框中单击“仅显示所选类型”按钮即可。

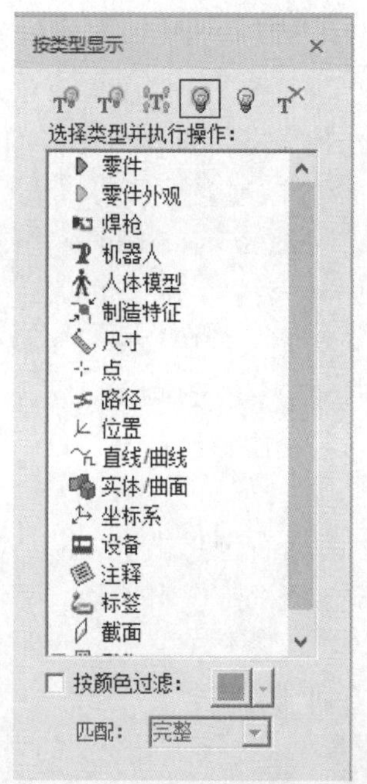

Process Simulate 基本操作（2）

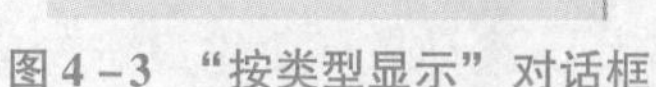

图 4－3 “按类型显示”对话框

②第二组命令。

a. 缩放至合适尺寸：用于显示所有图形视图中对象的三维模型。

b. 视图中心：以当前点作为图形视图的中心进行显示。

c. 平行/透视：以平行/透视模式显示所有图形视图中对象的三维模型。

③第三组命令。第三组命令用于显示模式的选择，分别如下：a. 着色显示；b. 实体上的特征线；c. 特征线；d. 线框模式。各显示模式的显示效果如图 4－4 ~ 图 4－7 所示。

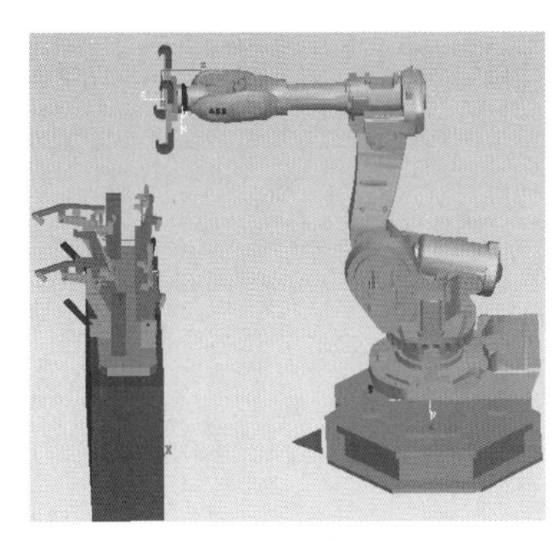
图4-4　着色显示

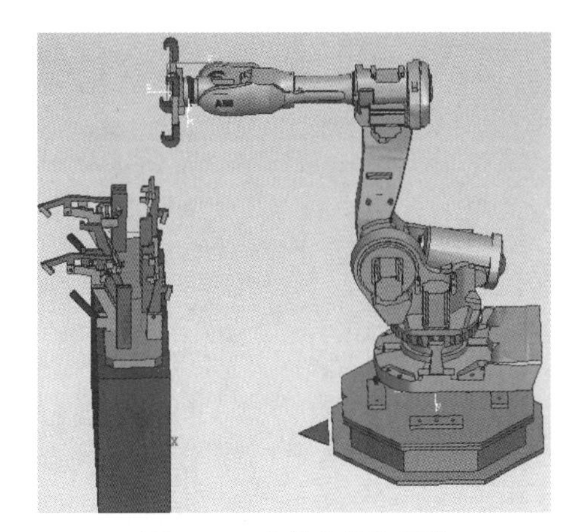
图4-5　实体上的特征线

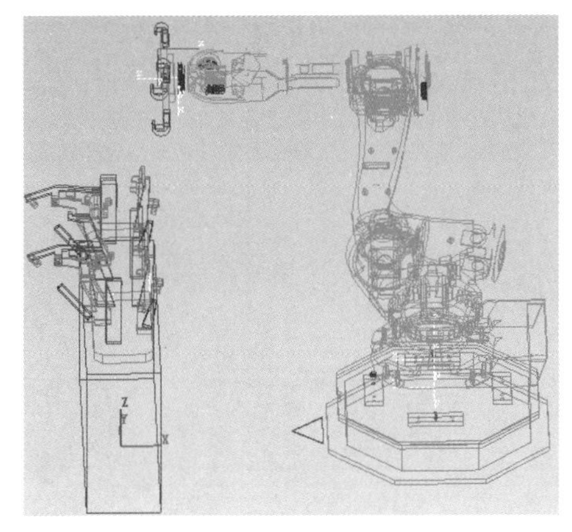
图4-6　特征线

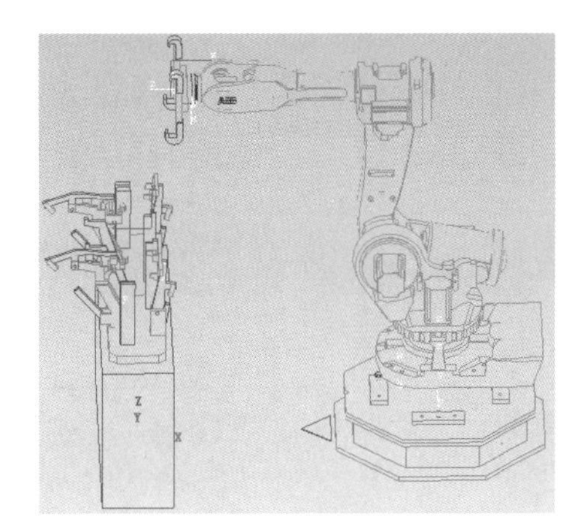
图4-7　线框模式

④第四组命令。执行“选项”命令，即可弹出图4-8所示的“选项”对话框。在“选项”对话框中选择“图形查看器”选项卡，在该选项卡中可以对“鼠标查看控制”“窗口显示”“特征线”等进行设置。“选项”对话框中“外观”选项卡的内容如图4-9所示，在该选项卡中可以对图形查看器的背景进行设置。

3. 使用图形视图的工具条

(1) 图形的视点操作。使用“视点”命令可以从图形查看器的不同视角观察项目的三维模型。在图形视图的工具栏中，“视点”命令如图4-10所示。

如图4-10所示，常用的“视点”命令及其快捷键如下：仰视图，快捷键为“Alt + Up”；俯视图，快捷键为“Alt + Down”；左视图，快捷键为“Alt + Left”；右视图，快捷键为“Alt + Right”；前视图，快捷键为“Alt + Page Down”；后视图，快捷键为“Alt + Page Up”。

(2) 图形的选取级别操作。图形视图的工具条中的“选取级别”命令如图4-11所示。使用“选取级别”命令便于从不同层级选择模型或者模型的一部分组件。

常用的“选取级别”命令如下。

①组件选取级别：当选择了整个对象的任何部分时，整个对象就被选中。

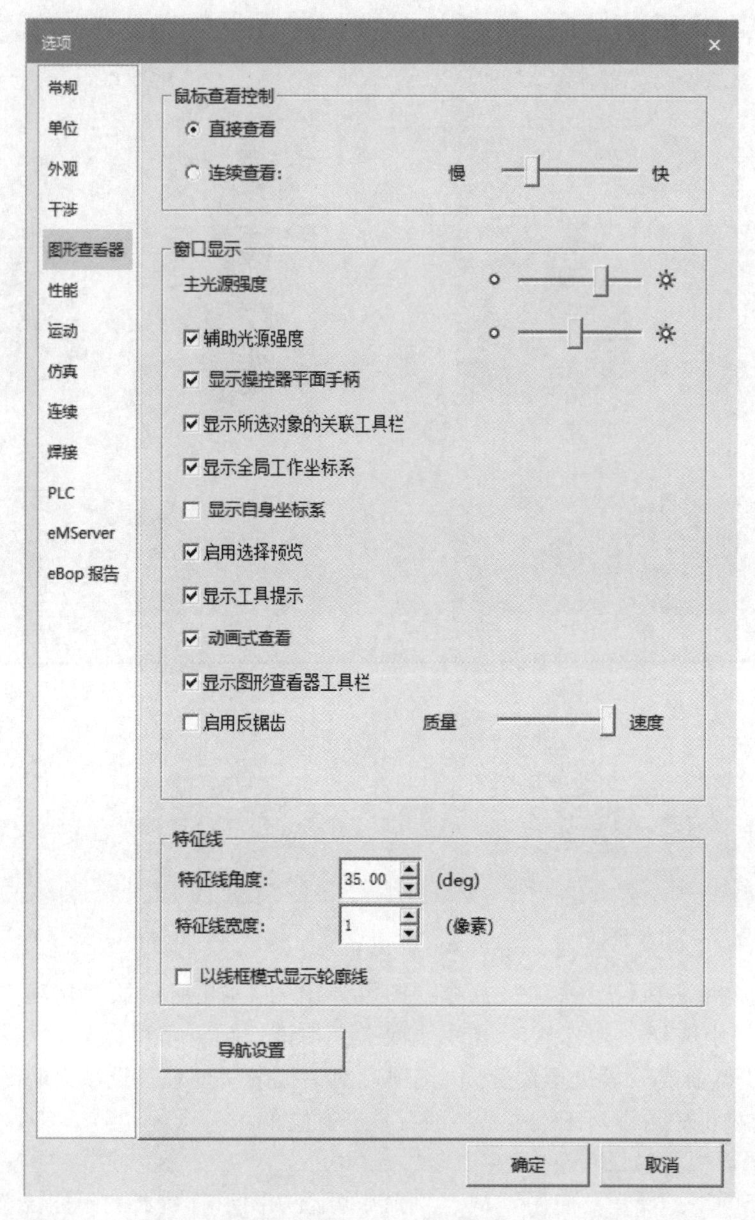

图 4-8 “选项”对话框的“图形查看器”选项卡

②实体选取级别：仅选择实体，即整个对象的一部分。

③面选取级别：仅选择对象的选定面。

④边选取级别：仅选择对象的选定边。

(3) 选取意图操作。图形视图的工具条中的“选取意图”命令如下。

①特殊点捕捉 Snap：选取与图形查看器中所选点最接近的定点、边中点或面中点。

②最近边 On Edge：选取与图形查看器中所选点最接近的边上的点。

③选取对象的原点 Self Origin：选取图形查看器中所选取实体的原点。

④鼠标选择位置 Where Picked：选取图形查看器中所选取的点。

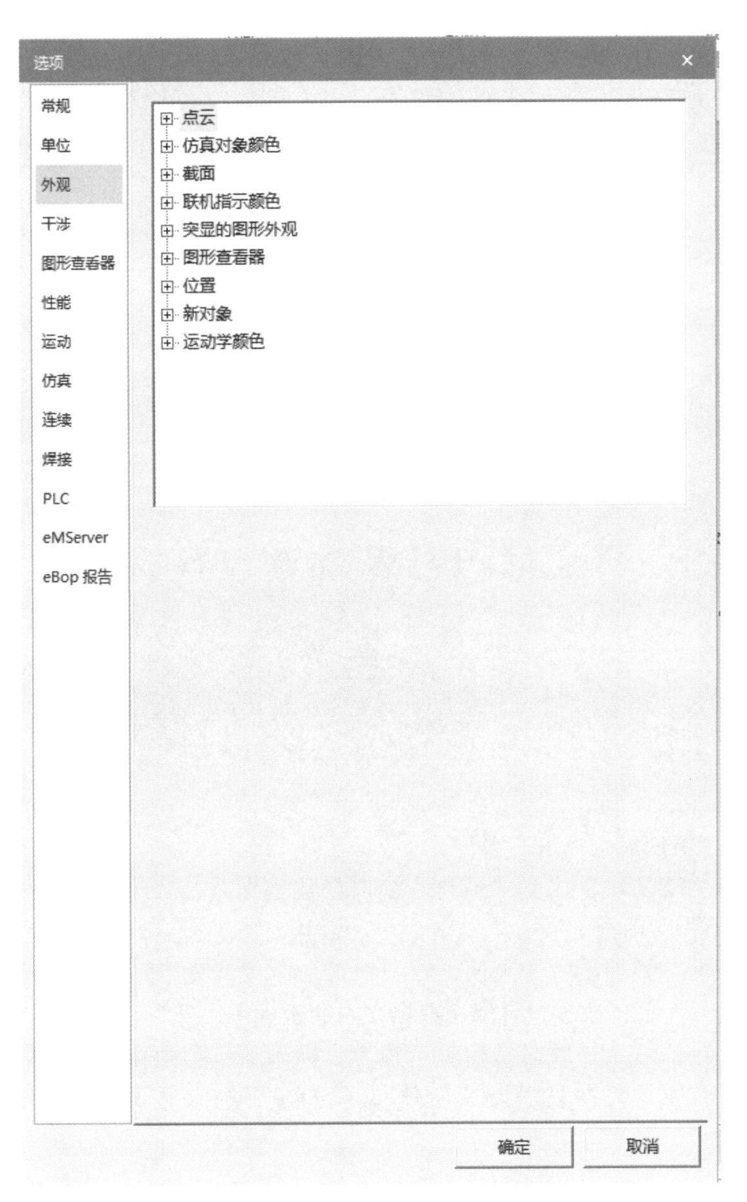

图 4－9 “选项”对话框的“外观”选项卡

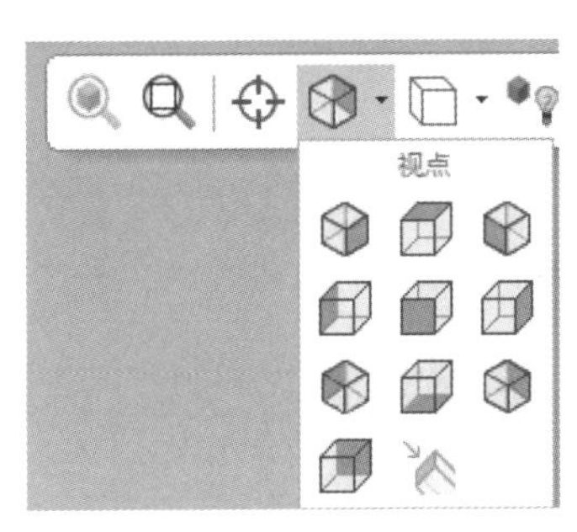

图 4－10 “视点”命令

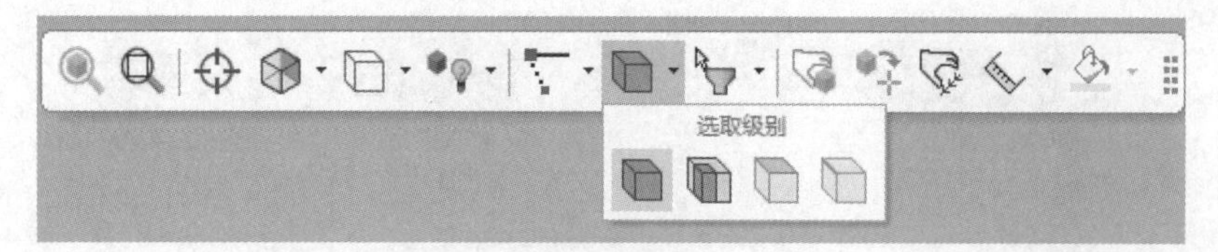

图 4 – 11 “选取级别”命令

4. 创建坐标系

“创建坐标系”命令如图 4 – 12 所示，分别介绍如下。

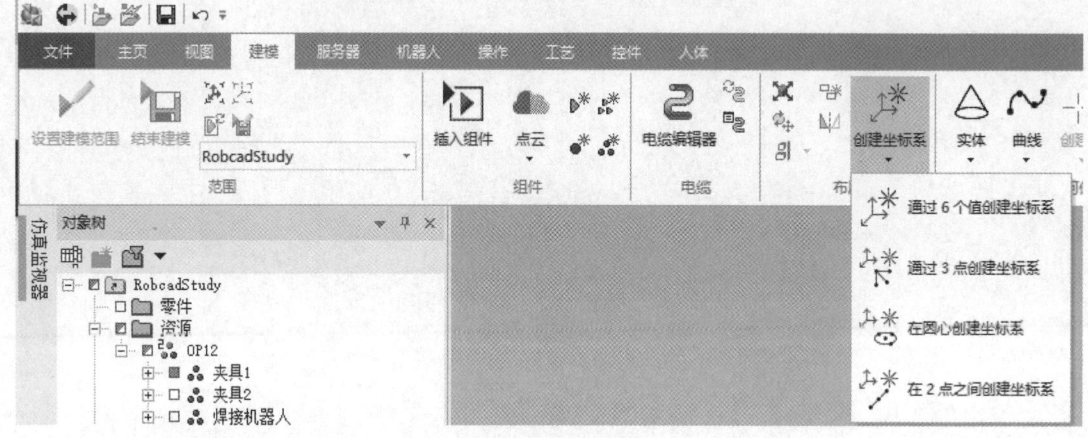

图 4 – 12 “创建坐标系”命令

1）通过 6 个值创建坐标系

（1）如图 4 – 12 所示，执行“通过 6 个值创建坐标系”命令，弹出图 4 – 13 所示的“6 值创建坐标系”对话框。

（2）在对话框中需要输入 6 个值，分别为 X、Y、Z 坐标值及围绕 X 轴、Y 轴、Z 轴的旋转角度，这 6 个值构成了包含姿态数据在内的坐标系。

在图 4 – 13 中，输入的数据是相对于参考坐标系的偏移数据，这里的参考坐标系是“通用”坐标系，图示数据只围绕 X 轴旋转了 – 45°，与参考坐标系的比较如图 4 – 14 所示。

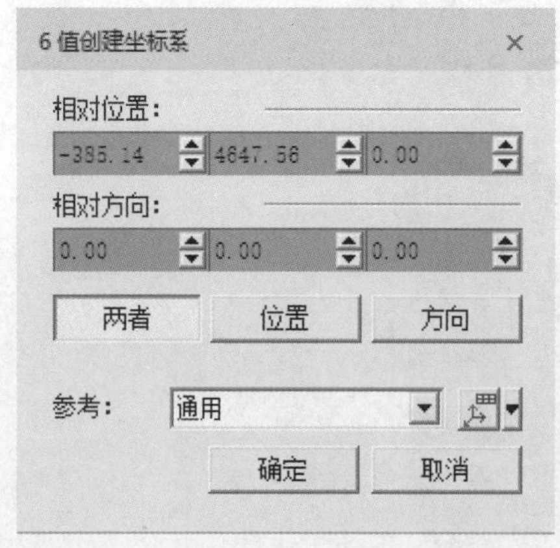

图 4 – 13 “6 值创建坐标系”对话框

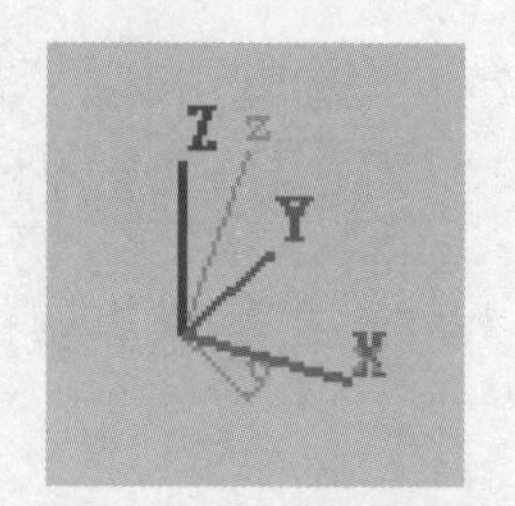

图 4 – 14 与参考坐标系的比较

（3）参考坐标系是可以设置的，其设置方法如下。单击图4－13所示对话框中的“创建参考坐标系”按钮，即弹出图4－15所示的对话框。可以通过手动输入或者单击某个坐标来设置参考坐标系的数据。另外，在图4－13所示对话框中，“创建参考坐标系”按钮的右边有一个倒三角按钮，单击该按钮可以看到更多的参考坐标系创建方法，如图4－16所示。

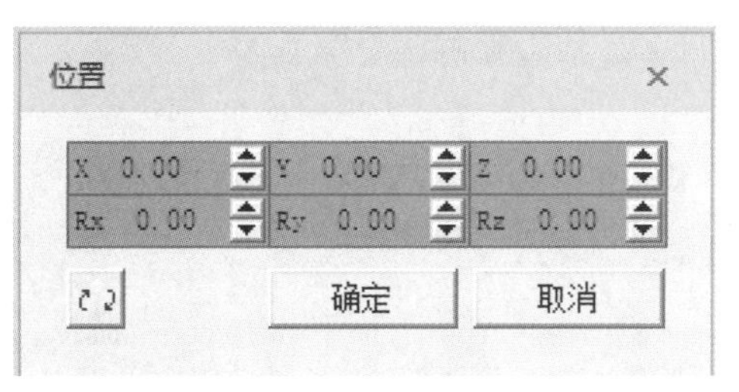

图4－15　创建参考坐标系（1）

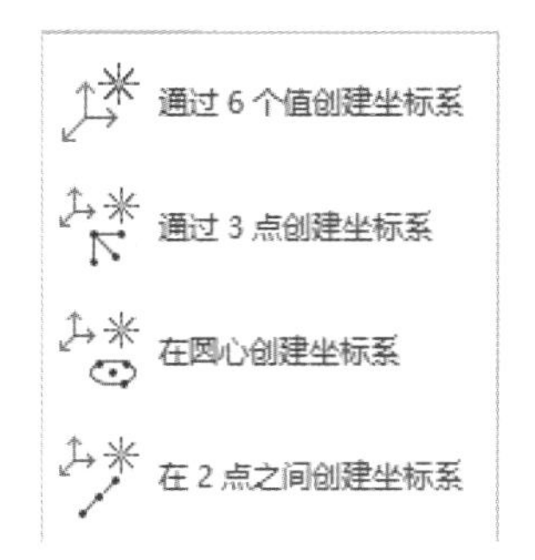

图4－16　创建参考坐标系（2）

2）通过3点创建坐标系

（1）如图4－12所示，执行“通过3点创建坐标系”命令，弹出图4－17所示的“通过3点创建坐标系”对话框。

（2）在该对话框中，第一个点确定坐标系原点的位置，第二个点确定坐标系X轴的方向，第三个点确定坐标系Y轴的方向。在图4－17所示的例子中，分别选择原点、X轴方向点与Y轴方向点，即可产生图示的坐标系。

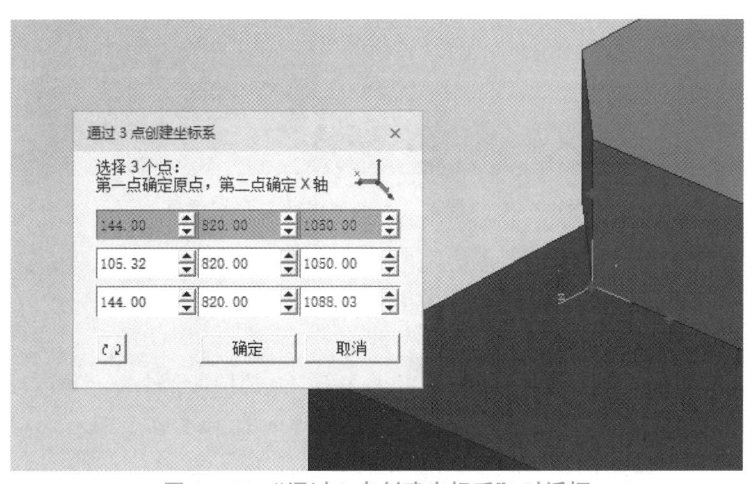

图4－17　“通过3点创建坐标系”对话框

3）在圆心创建坐标系

（1）如图 4－12 所示，执行“在圆心创建坐标系”命令，弹出图 4－18 所示的“在圆心创建坐标系”对话框。

（2）如图 4－18 所示，在该对话框中通过选择圆周上的 3 个点来创建一个原点在圆心上的坐标系。选择一部件的圆周边线，第一个点确定坐标系的 X 轴方向，第二、第三个点与第一个点配合即可确定原点在圆心上的坐标系。

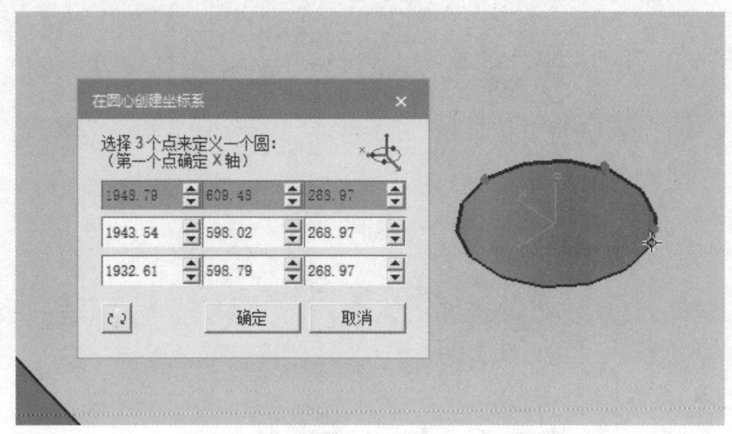

图 4－18 “在圆心创建坐标系”对话框

4）在 2 点之间创建坐标系

（1）如图 4－12 所示，执行“在 2 点之间创建坐标系”命令，弹出图 4－19 所示的“通过 2 点创建坐标系”对话框。

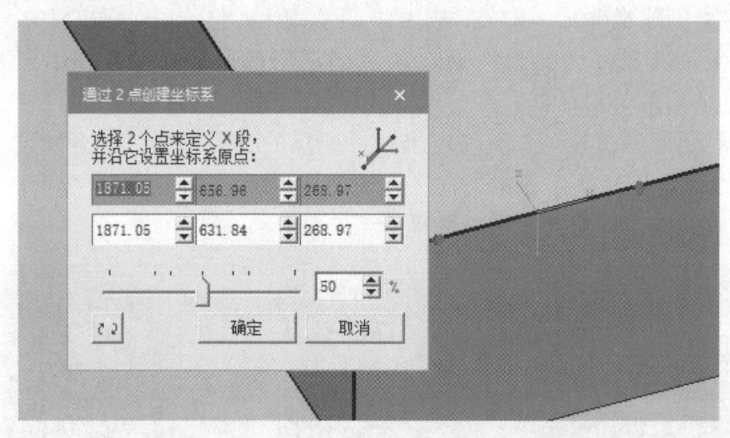

图 4－19 “通过 2 点创建坐标系”对话框

（2）选择 2 个坐标点来确定两点之间的中间位置点。如图 4－19 所示，选择一个实体对象边线的两个端点，即可在两个端点之间的中间位置产生一个点坐标系。

5. 放置操控器与重定位操作

（1）“放置操控器”按钮在图形视图的工具条上，其快捷键为“Alt + P”。选中图形视图中的某个几何体对象模型，单击“放置操控器”按钮就会弹出图 4－20 所示的“放置操控器”对话框，其设置如下。

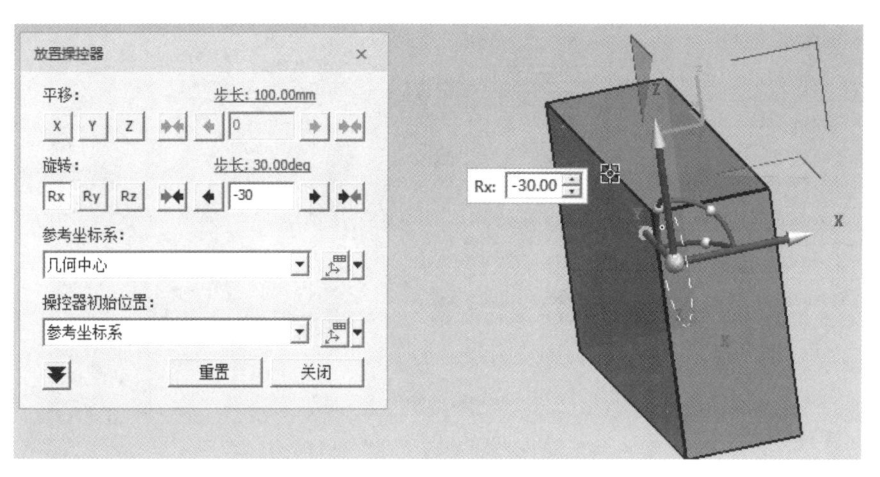

图 4 – 20 “放置操控器”对话框

①步长的设置。在图 4 – 20 中，“放置操控器”对话框中的“步长”是指每次单击“移动一步”按钮时的数值变化。可通过设定数值来准确地实现模型的平移、旋转等改变位置的操作。

②参考坐标系的设置。在图 4 – 20 中，“参考坐标系”是指对象移动、旋转时的参考坐标，有“自身”“几何中心”与“工作坐标系”等几个选项。

a. “参考坐标系”若选择“工作坐标系”，那么当对象旋转时，“工作坐标系”原点就是旋转的中心点。

b. “参考坐标系”若选择“自身”（图 4 – 21），那么“自身”坐标系原点就作为对象旋转时的中心点。

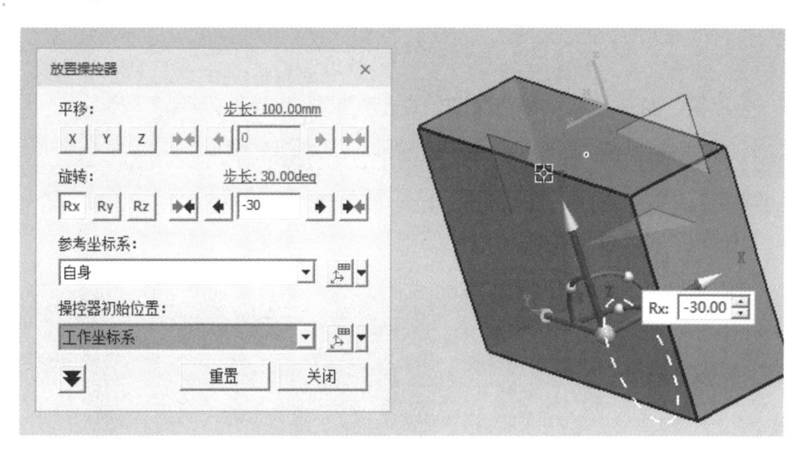

图 4 – 21 “参考坐标系”选择“自身”

③操控器初始位置的设置。在“放置操控器”对话框中，“操控器初始位置”是指被操控对象移动、旋转时的操控点坐标，可通过该点坐标系来操控对象围绕“参考坐标系”发生旋转、移动等。

a. 如图 4 – 22 所示，当“操控器初始位置”选择“自身”时，其操控点就在对象自身处。

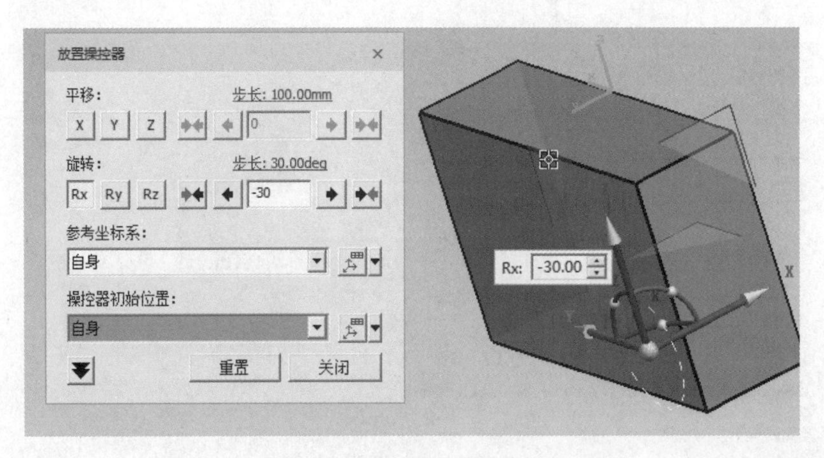

图 4-22 “操控器初始位置”选择“自身”

b. 如图 4-23 所示，当“操控器初始位置”选择“工作坐标系”时，其操控点就在“工作坐标系”原点坐标处。

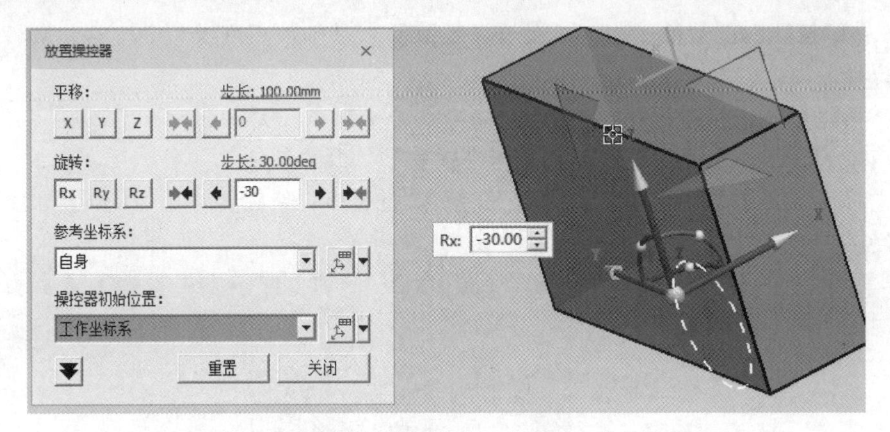

图 4-23 “操控器初始位置”选择“工作坐标系”

（2）“重定位”按钮在图形视图的工具条上，快捷键为“Alt + R”。

①选中一对象，单击“重定位”按钮，即可弹出“重定位”对话框，如图 4-24 所示。

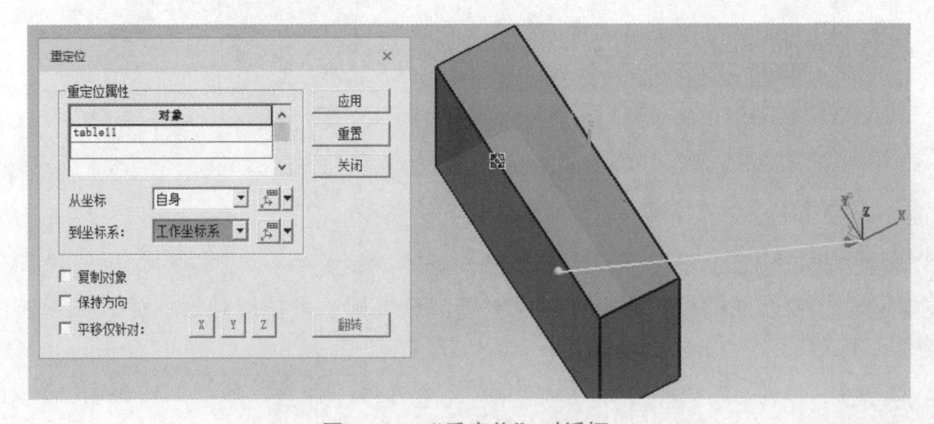

图 4-24 “重定位”对话框

②重定位坐标的设置。在“重定位”对话框中，“从坐标”是指对象被移动时的起始坐标，“到坐标系”是指对象被移动时的目标坐标系。在“重定位”对话框的下方有复选框，分别为“复制对象”“保持方向”和“平移仅针对”等。各复选框介绍如下。

a. “复制对象”是指把对象复制一份放到目标位置。

b. “保持方向”是指在移动的过程中，被移动对象的姿态方位保持不变，若勾选“保持方向”复选项，那么其移动效果如图 4－25 所示。

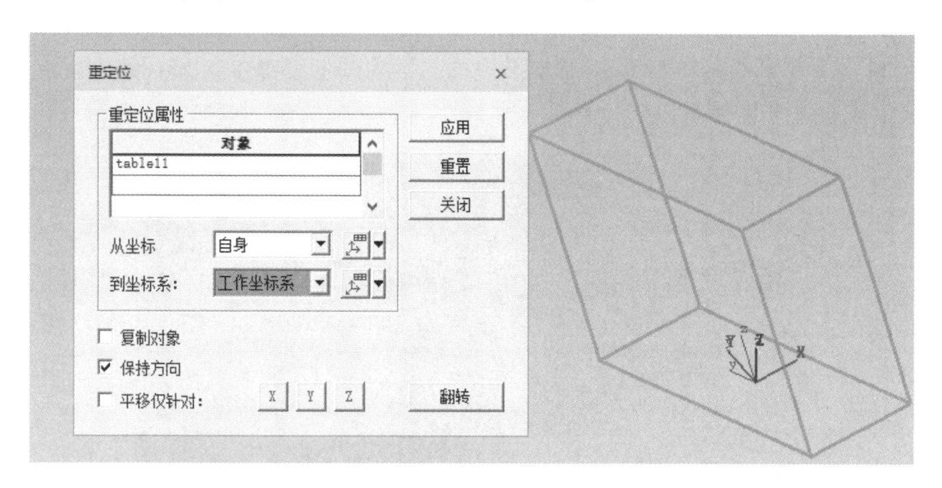

图 4－25　勾选“保持方向”复选框的效果

c. “平移仅针对”是指不移动对象，仅把对象的“从坐标”姿态方位调整到与“到坐标系”坐标方位一致。对于图 4－25 中的同一对象，图 4－26 所示为勾选“平移仅针对”复选框的效果，可以看到重定位对象方块仅改变了坐标方向和姿态，其方向与工作坐标系的坐标方向保持一致。

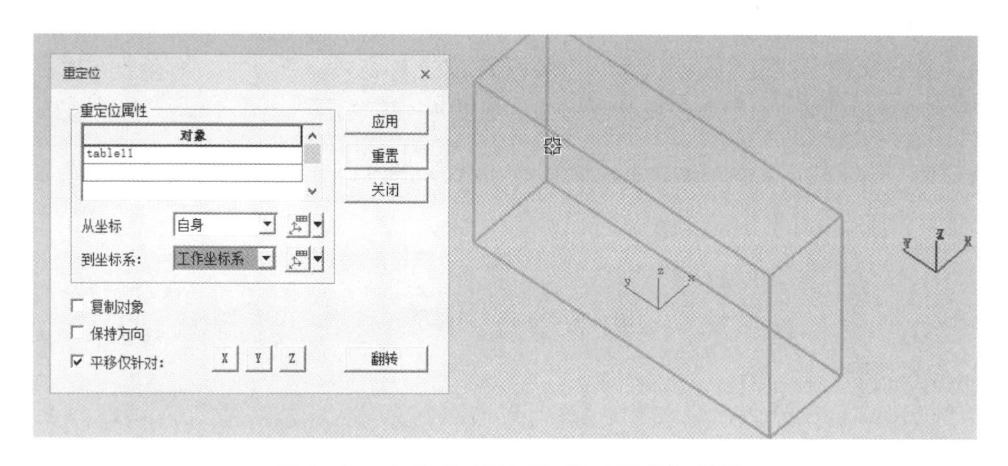

图 4－26　勾选“平移仅针对”复选框的效果

综上所述，通过“重定位”命令可实现的操作如下：①原坐标系到目标坐标系的转换定位；②沿着目标坐标系的某一方向定位；③保持对象原有方位，定位到目标坐标系中；④对象定位到目标坐标系中并改变为目标坐标系的方位；⑤复制对象到目标位置。

4.2.2 X 形焊枪的定义

本节任务要求完成一把 X 形焊枪的定义并完成其运动学设计过程，需要完成的主要工作如下。

（1）完成 X 形焊枪机构的运动学设计，建立连杆和运动关节，使动臂与不动臂之间具有张开（OPEN）、闭合（CLOSE）、半张开（SEMI – OPEN）和原点（HOME）4 种工作姿态。

（2）建立 X 形焊枪的坐标系，在 X 形焊枪的不动臂上设置 TCP 坐标系，在 X 形焊枪安装基座上设置基准坐标系，如图 4 – 27 所示。

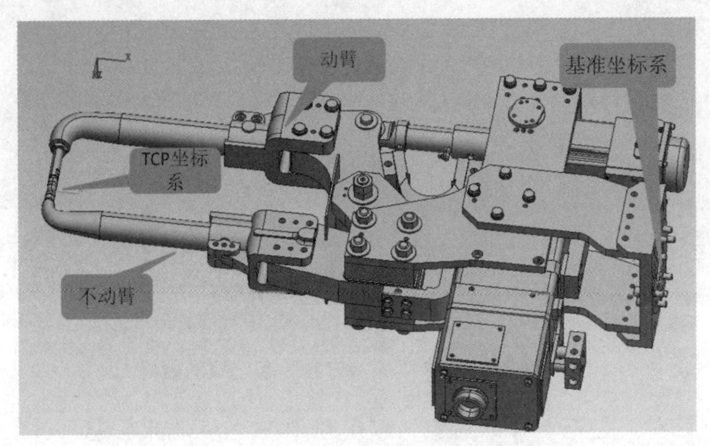

图 4 – 27　X 形焊枪模型结构

1. 准备工作

将转换好的 JT 文件放到“F:\XM4\SRTX – 2C1782 – L.cojt”路径，其中“SRTX – 2C1782 – L.cojt”是用于存放 JT 文件的文件夹。由于 Tecnomatix 的所有文件格式为“××.cojt”，而在文件夹中需要包含对应数据的 JT 文件格式，所以将数据存放在项目数据结构下，项目地址为 F:\XM4，项目数据结构如图 4 – 28 所示。

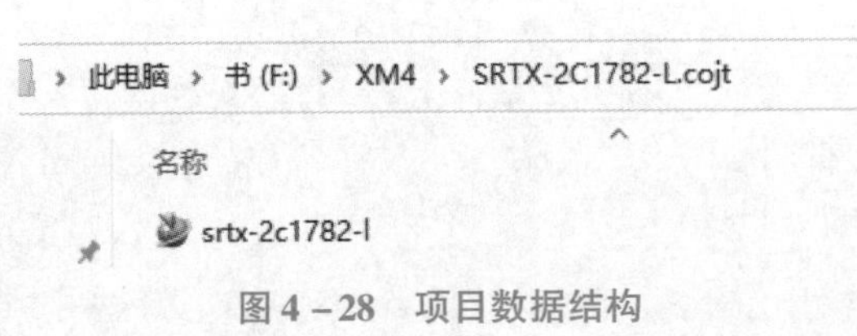

图 4 – 28　项目数据结构

2. 新建研究

打开 Tecnomatix 进入启动界面，打开 Process Simulate 软件之后进入欢迎界面，如图 4 – 29 所示。在 Process Simulate 软件欢迎界面中，在“系统根目录”下粘贴文件地址“F:\XM4”，按键盘上的 Enter 键，保存项目路径，完成文件地址的设定，之后关闭欢迎界面，进入工作界面。

在工作界面中执行“文件”→“断开研究”→“新建研究”命令，如图 4 – 30 所示，弹出“新建研究”对话框，默认单击“创建”按钮进行新项目的创建，如图 4 – 31 所示，并在弹出的新建研究确认对话框中单击“确定”按钮，如图 4 – 32 所示。

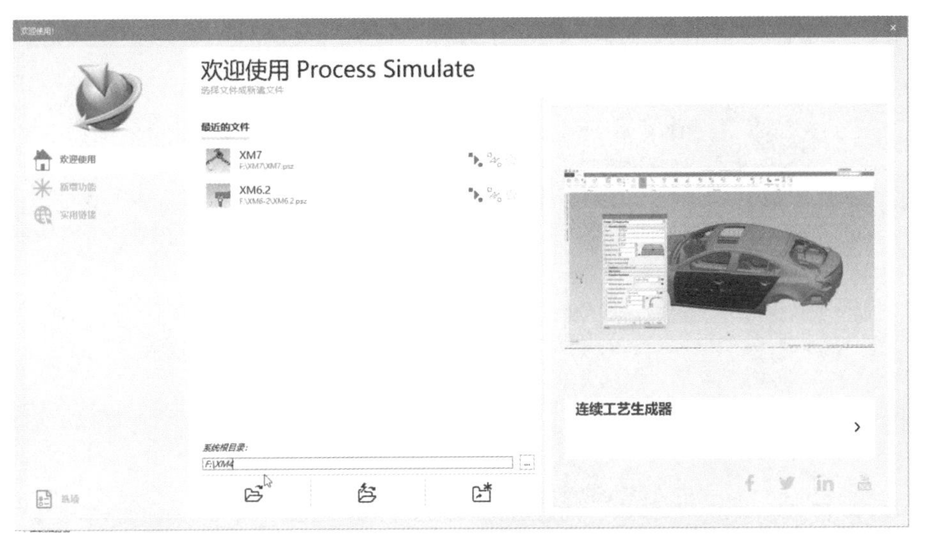

图 4－29 Process Simulate 软件欢迎界面

图 4－30 “新建研究”命令

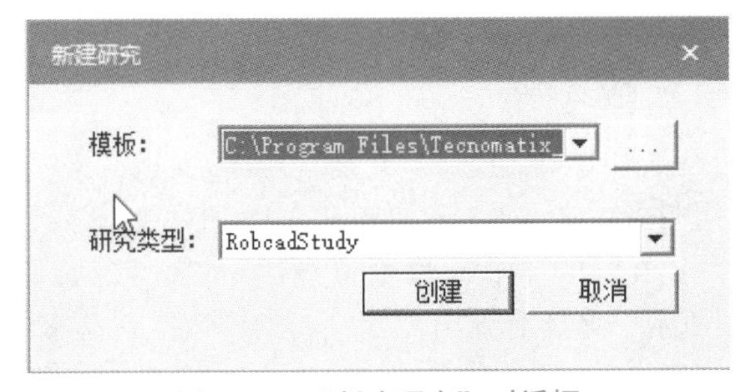

图 4－31 “新建研究”对话框

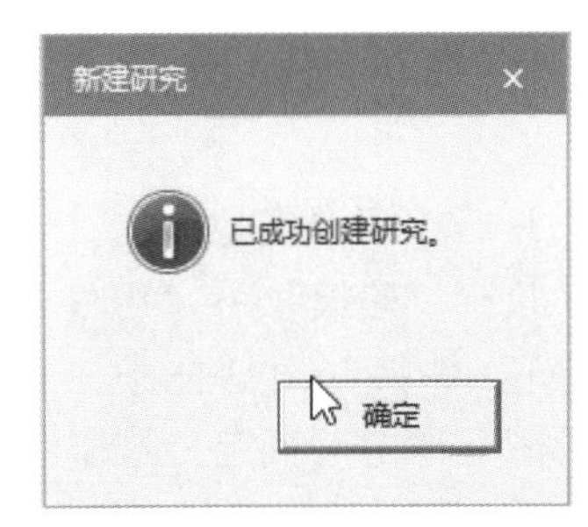

图 4－32 新建研究确认对话框

创建完对应的项目之后，在软件的对象树中会生成项目“新建 RobcadStudy”，将对应的项目进行保存，单击软件左上角的“保存研究”按钮，在弹出的“另存为”对话框中将文件保存到“F:\XM4”，并将对应的文件保存名称设置为“xm4. psz”，如图 4－33 所示。

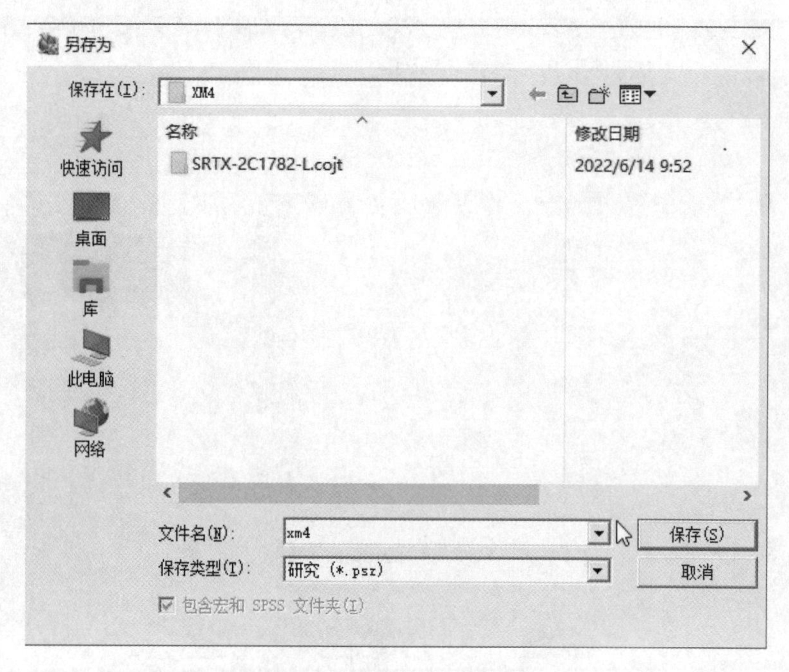

图 4－33　保存项目

项目保存完成之后，将对象树中对应的项目“新建 RobcadStudy”更改为“xm4”，直接按键盘上的 F2 键进行改名即可，如图 4－34 所示。

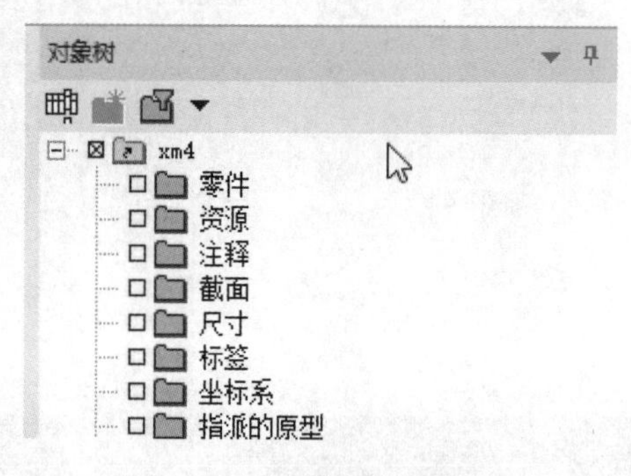

图 4－34　新建项目改名

3. 定义工具类型

执行“建模”→“组件”→“定义组件类型”命令，如图 4－35 所示，在打开的“浏览文件夹”对话框中，选择保存在“F:\XM4”中的焊枪资源“SRTX－2C1782－L.cojt”，单击“确定”按钮，如图 4－36 所示，之后会弹出“定义组件类型”对话框。

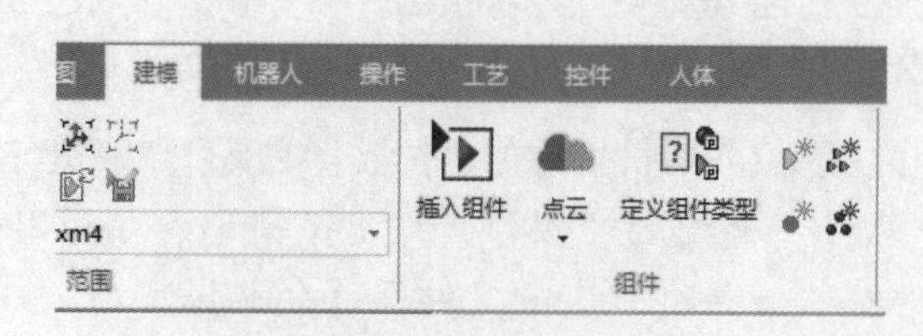

图 4－35　“定义组件类型”命令

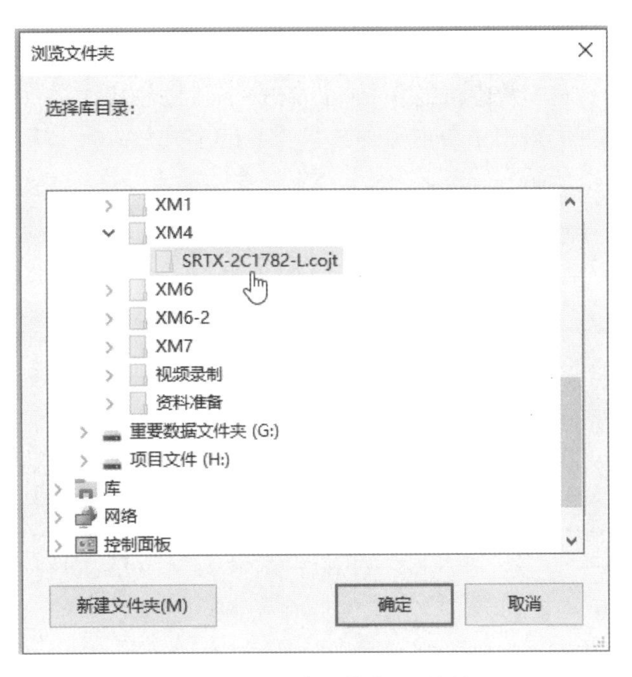

图 4－36 “浏览文件夹”对话框

在新打开的“定义组件类型”对话框中，将“SRTX－2C1782－L. cojt”的类型定义为“Gun”，如图 4－37 所示。定义完成之后，单击“确定”按钮，之后在弹出的定义组件类型确定对话框中单击“确定”按钮（图 4－38），即完成焊枪组件的类型定义。

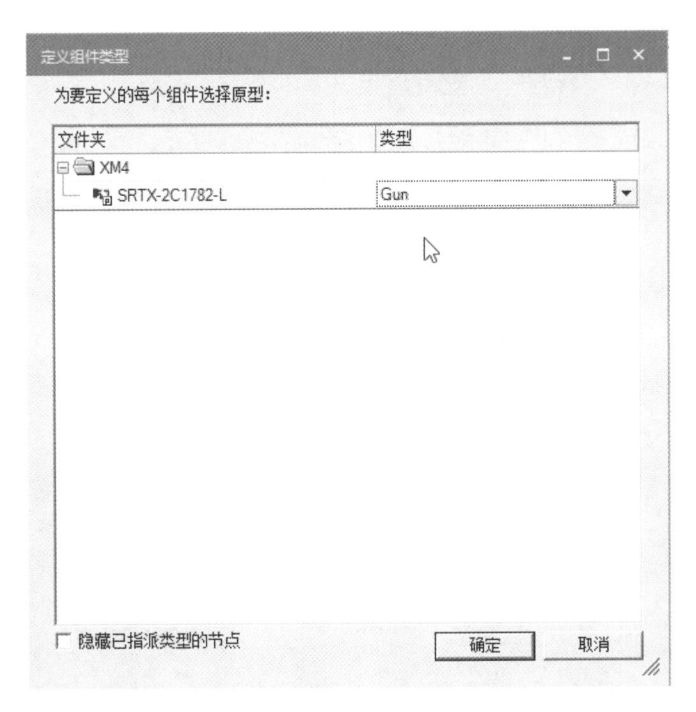

图 4－37 定义组件类型为“Gun”

执行“建模”→“组件”→“插入组件”命令（图4-39），在打开的“插入组件”对话框中，选择已经被定义的焊枪文件“SRTX-2C1782-L.cojt”，之后单击“打开”按钮，如图4-40所示。将焊枪组件插入PS on eMS Standalone软件，插入之后在三维视图中会出现焊枪文件，在视图窗口中单击“缩放至合适尺寸”按钮，就可以将三维视图中的零件放大，如图4-41所示。

图4-38 定义组件类型确认

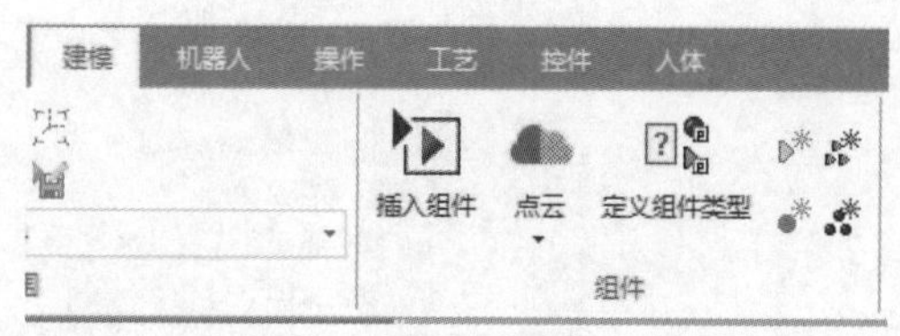

图4-39 “插入组件”命令

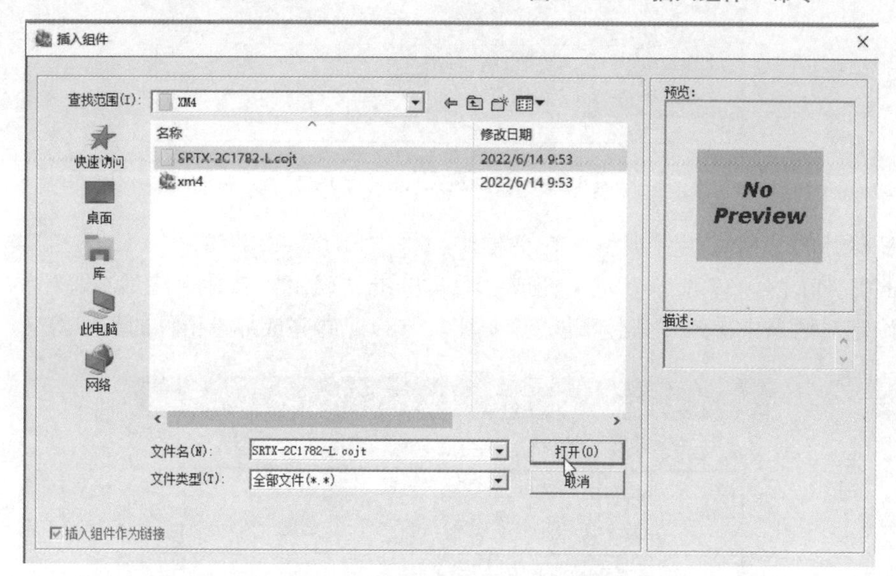

图4-40 “插入组件”对话框

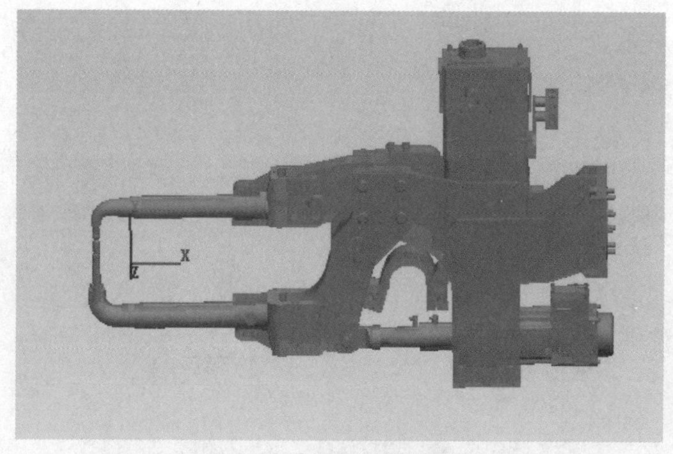

图4-41 导入的焊枪模型

4. 运动学设计

X 形焊枪的定义

选择“对象树”浏览器“资源”下的焊枪资源“SRTX－2C1782－L. cojt”，之后执行“建模”→“范围”→“设置建模范围”命令，如图 4－42 所示，让焊枪资源“SRTX－2C1782－L. cojt”处于可编辑状态，并在打开的“设置建模范围”对话框中单击“确定”按钮，如图 4－43 所示。

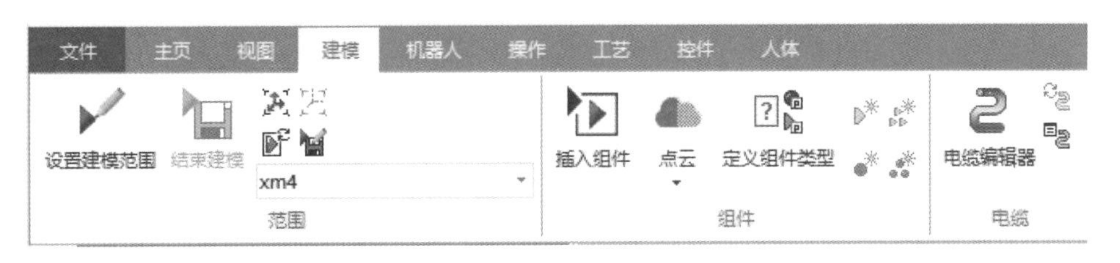

图 4－42 “设置建模范围”命令

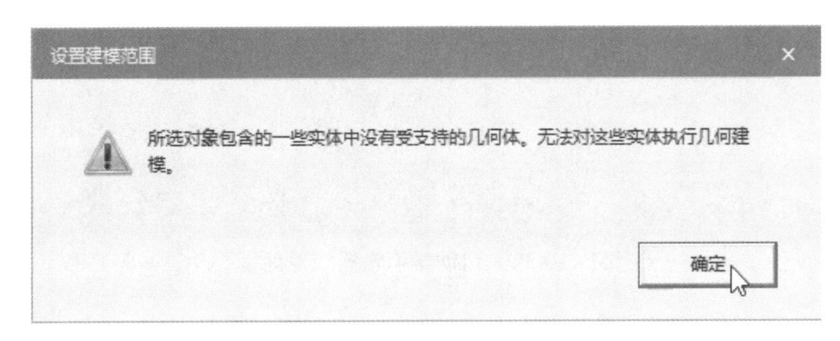

图 4－43 “设置建模范围”对话框

在执行“设置建模范围”命令之后，在对象树“资源”下的“SRTX－2C1782－LX1”组件的图标下会带有“红色的 M”，如图 4－44 所示，即表示焊枪资源已经进入编辑状态，选中可编辑的焊枪资源“SRTX－2C1782－LX1”，在命令栏中执行“建模”→“运动学设计”→“运动学编辑器”命令，打开“运动学编辑器”对话框。

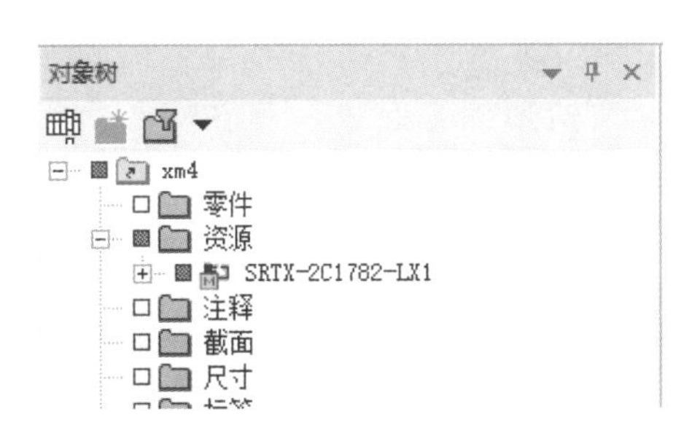

图 4－44 处于编辑状态的焊枪资源“SRTX－2C1782－LX1”

由于焊枪是一个多关节的结构，所以在“运动学编辑器”对话框中需要单击“创建曲柄”按钮对结构进行定义，如图 4－45 所示。

单击“创建曲柄”按钮，会弹出“创建曲柄”对话框，根据焊枪资源“SRTX－2C1782－LX1”的结构动作特点，选择采用“RPRR”曲柄类型，进行曲柄结构的创建，单击“下一步”按钮，如图 4－46 所示。

图 4-45 “运动学编辑器”对话框

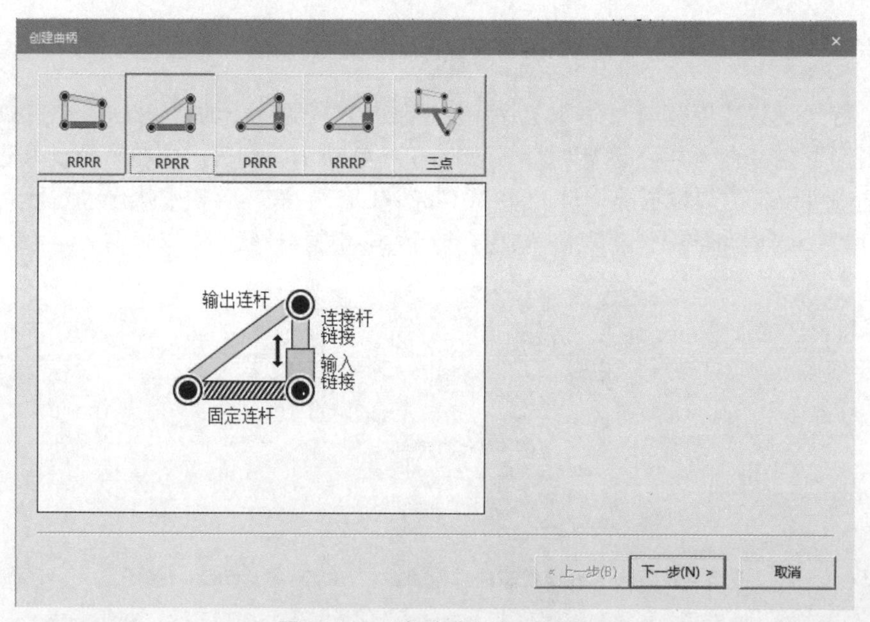

图 4-46 “创建曲柄”对话框

由于在创建过程中，曲柄结构需要采用支撑面以及关键铰链点投影出对应的结构模型铰链关节，而直接在三维模型中选中其关节点的难度较大，所以在创建曲柄结构之前，需要对曲柄结构的关键铰链点进行坐标系的创建，以方便在后期仿真中选取其结构关键点，因此直接关闭视图窗口，再进行坐标系的创建，如图 4-47 所示。

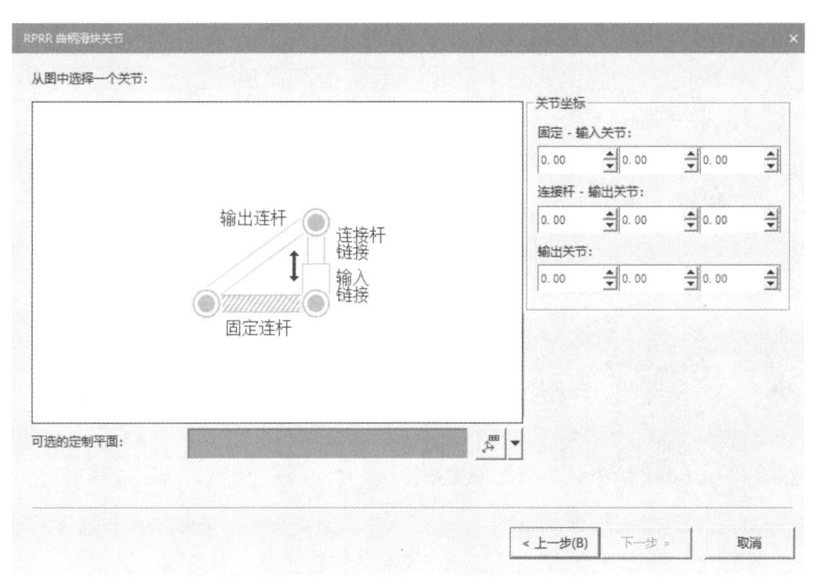

图 4－47　RPRR 曲柄滑块关节定义

执行“建模”→“布局”→“创建坐标系”→“在圆心创建坐标系”命令对旋转点位置进行坐标系的创建，如图 4－48 所示，弹出“在圆心创建坐标系”对话框，如图 4－49 所示。

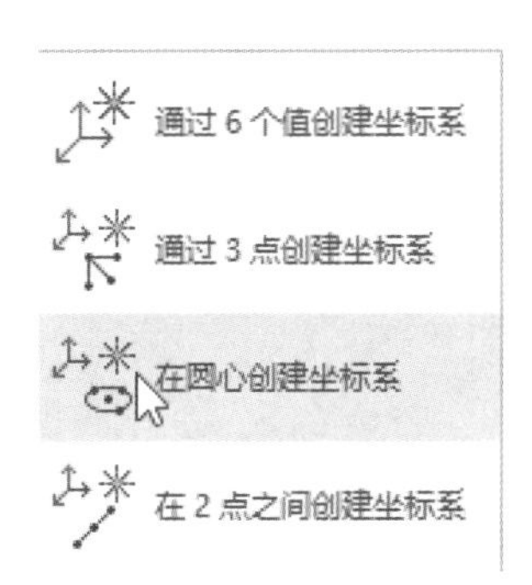

图 4－48　“在圆心创建坐标系”命令

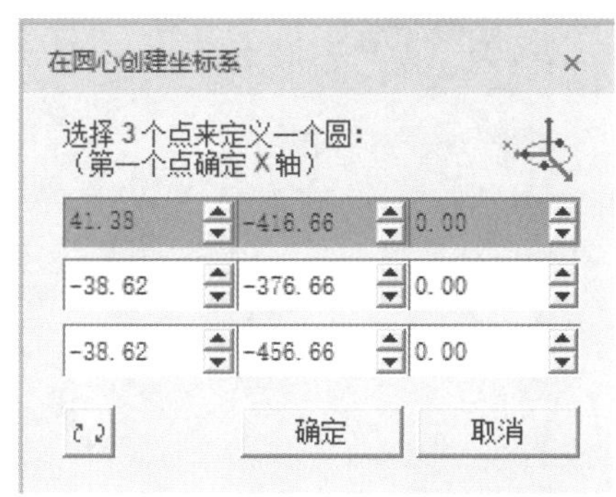

图 4－49　“在圆心创建坐标系”对话框

在创建坐标系时，首先在视图窗口快捷命令栏中执行“选取意图”→“边上点选取意图”命令，如图 4－50 所示，这样就可以针对边上点进行选取。

执行“视图样式”→“实体上的特征线”命令，对零件的视图进行边线细化，如图 4－51 所示，执行完成之后，三维模型都会带上一条黑色边线，可方便在创建坐标系时选取边线点。

图 4－50　“边上点选取意图”命令

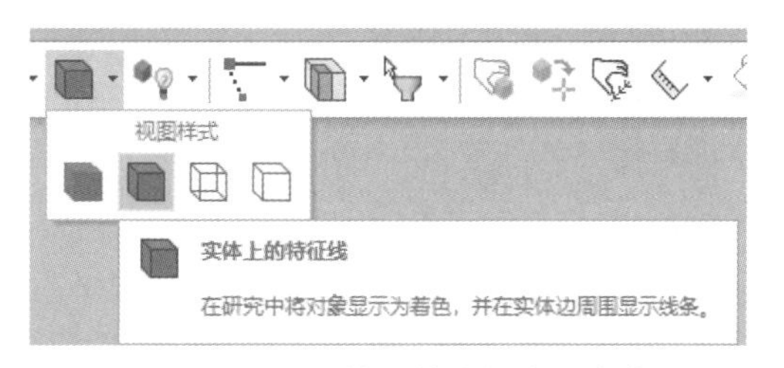

图 4－51　“实体上的特征线”命令

然后，选择 X 形焊枪中的旋转铰链位置的轴，创建其表面的坐标系，选取面上一个圆上的边线，选取其中的 3 个点，如图 4－52 所示，选取完成之后，会在圆心出现一个坐标系，创建完成后单击“确定”按钮即可，如图 4－53 所示。

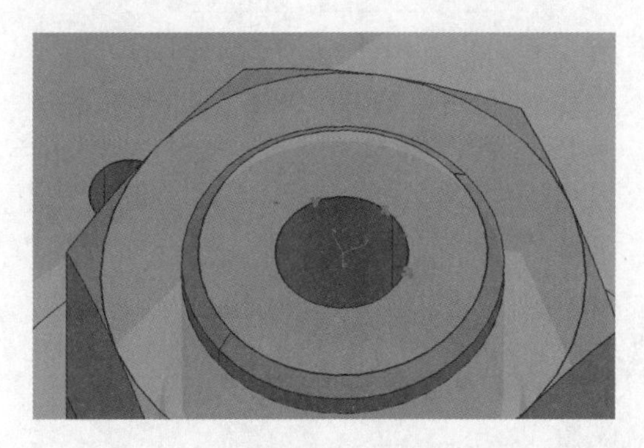

图 4－52　在关节位置创建坐标系

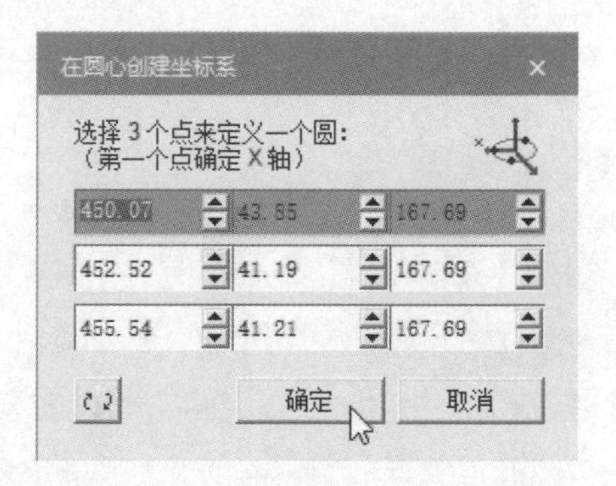

图 4－53　“在圆心创建坐标系”对话框

按照相同的方法，在 X 形焊枪的各位置进行坐标系的创建。其中 fr1、fr2、fr3 是建立在 X 形焊枪侧面上的点，而 fr4、fr5 则建立在伺服缸的杆中心位置，如图 4－54 所示。

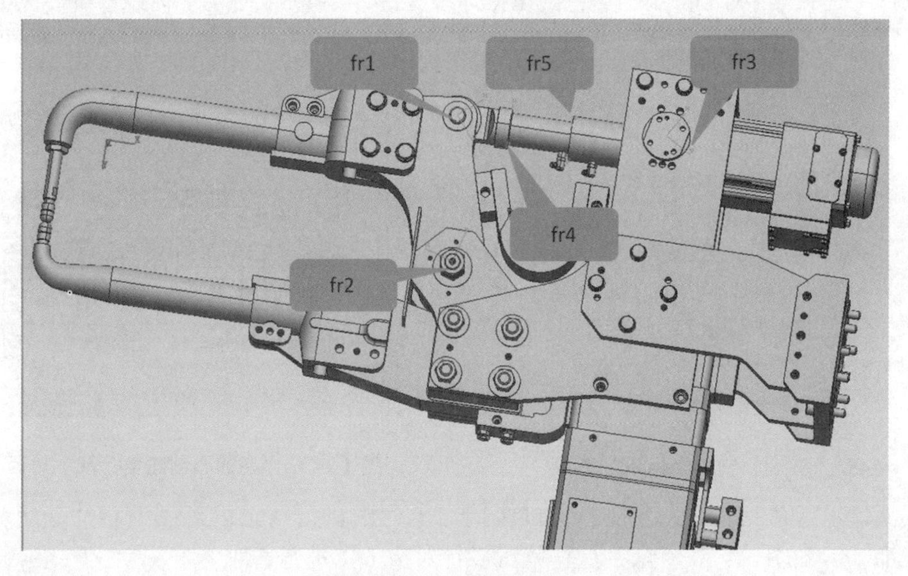

图 4－54　坐标系的创建点

创建完对应的坐标点之后，就可以再次执行“运动学编辑器”命令，在打开的“运动学编辑器”对话框中单击“创建曲柄”按钮，在打开的“创建曲柄”对话框中的“RPRR”页面中单击“下一步”按钮，出现图 4－55 所示的“RPRR 曲柄滑块关节”对话框。依照图示设置坐标系：关节“固定连杆－输入链接”的坐标系为“fr3”，关节“连接杆链接－输出连杆”的坐标系为“fr1”，关节“输出连杆－固定连杆”的坐标系为“fr2”。由于 fr1、fr2、fr3 不在同一平面上，所以需要在“可选的定制平面”下拉列表中选择任意焊枪的侧面中的一个平面对坐标系进行投影，可以直接选择 fr1 所在的面，如图 4－55 所示，然后单击“下一步”按钮，打开“移动关节偏置”对话框。

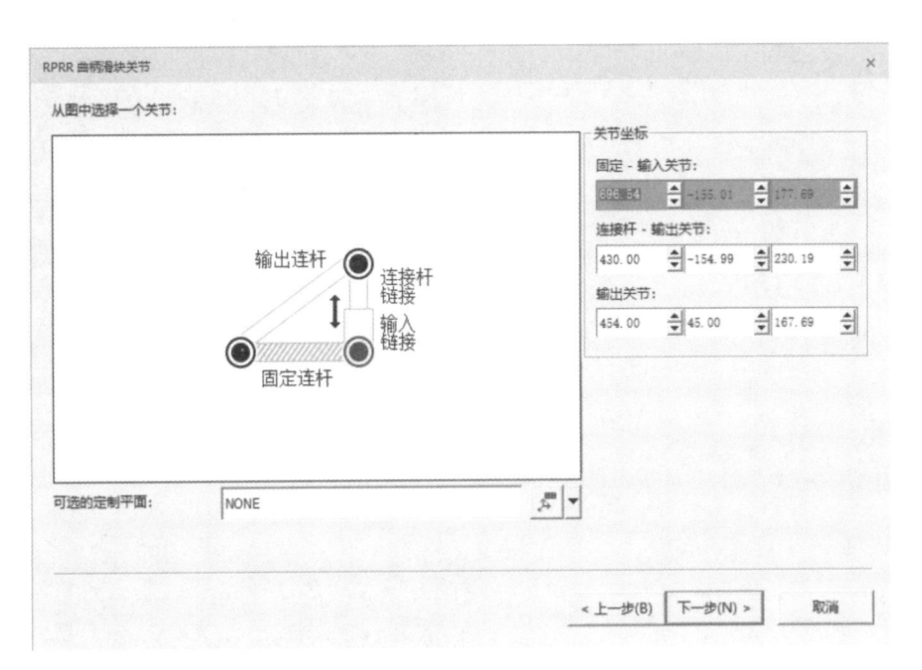

图 4－55 “RPRR 曲柄滑块关节”对话框

在“移动关节偏置”对话框中，单击“带偏置”单选按钮，“从”选择“fr5”坐标，“到”选择“fr4”坐标，然后单击“下一步”按钮，进入曲柄滑块连杆的设置界面，如图 4－56 所示。

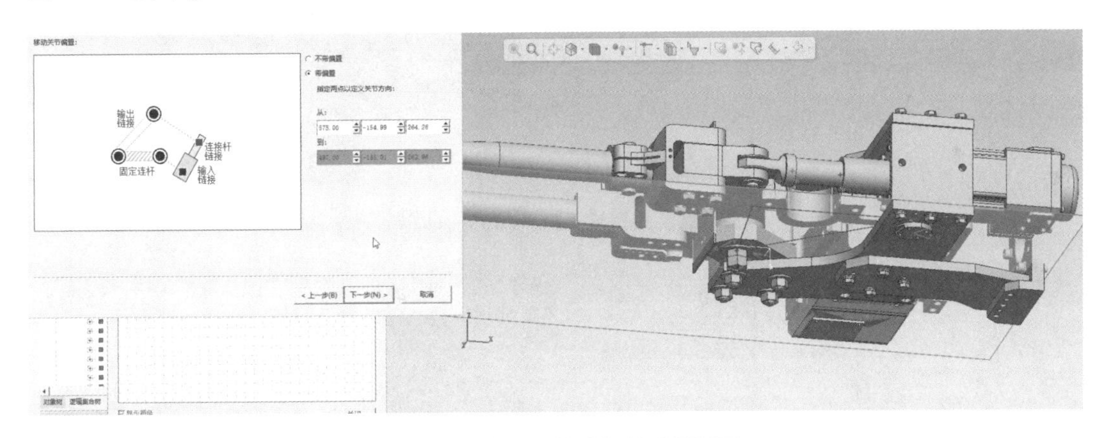

图 4－56 曲柄滑块连杆的设置界面

在设置曲柄滑块连杆时，主要选择对应连杆结构的零件块，因此选择左侧图框中的固定连杆，当其变绿之后，将对应的固定组件中的部分结构利用鼠标框选到固定连杆结构中，选取完成之后，不可以单击“完成”按钮，需要单击左侧视图框中的其他连杆结构，对其他连杆结构先进行选取定义之后才可以单击“完成”按钮，如图 4－57 所示。

利用同样的方法，单击左侧的输入链接，选择其中伺服缸结构中的活动部分，再利用同样的方法，选择连接杆链接以及输出连杆结构，对结构进行相应的选取。当完成整体的单元设置之后，单击“完成”按钮，如图 4－58～图 4－60 所示。

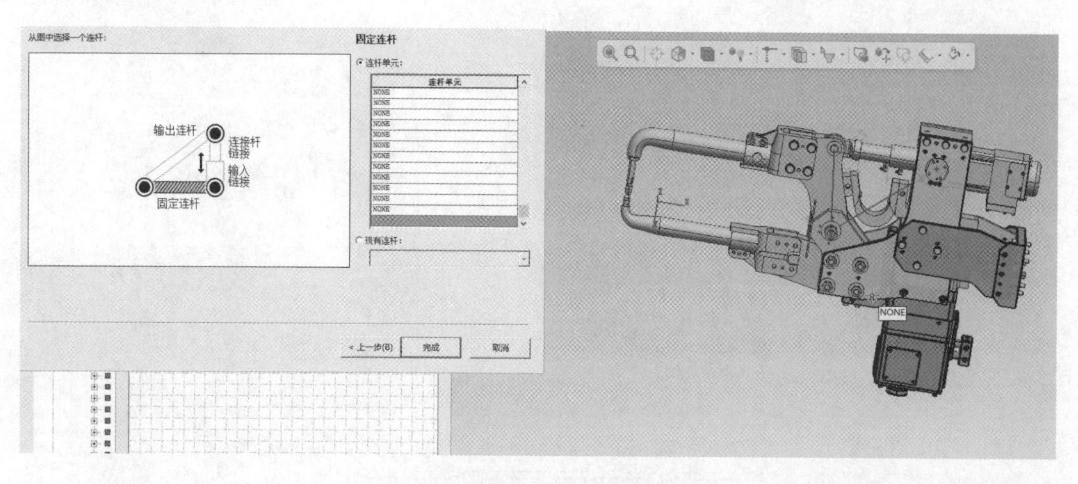

图 4－57　固定连杆零件的选择

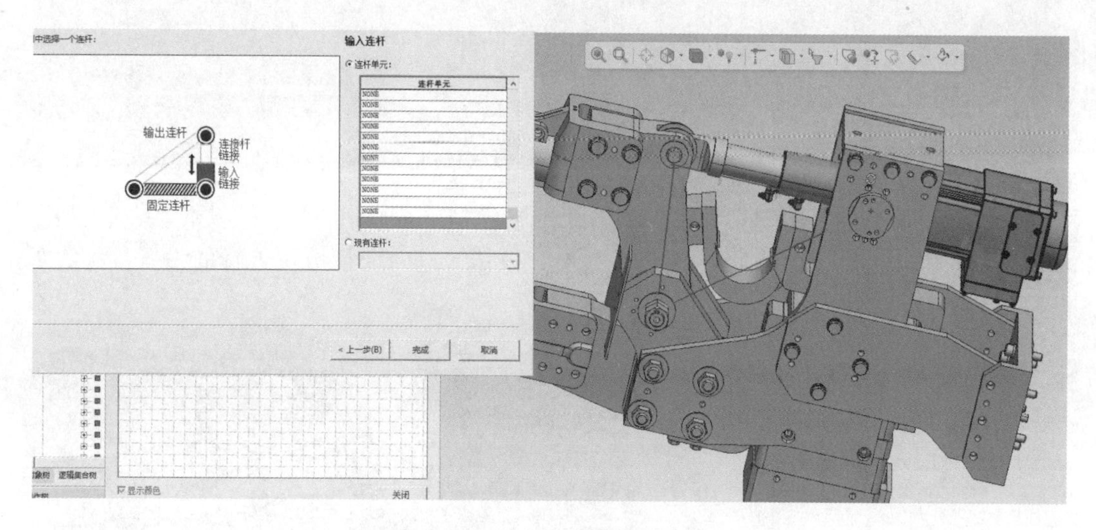

图 4－58　输入连杆零件的选择

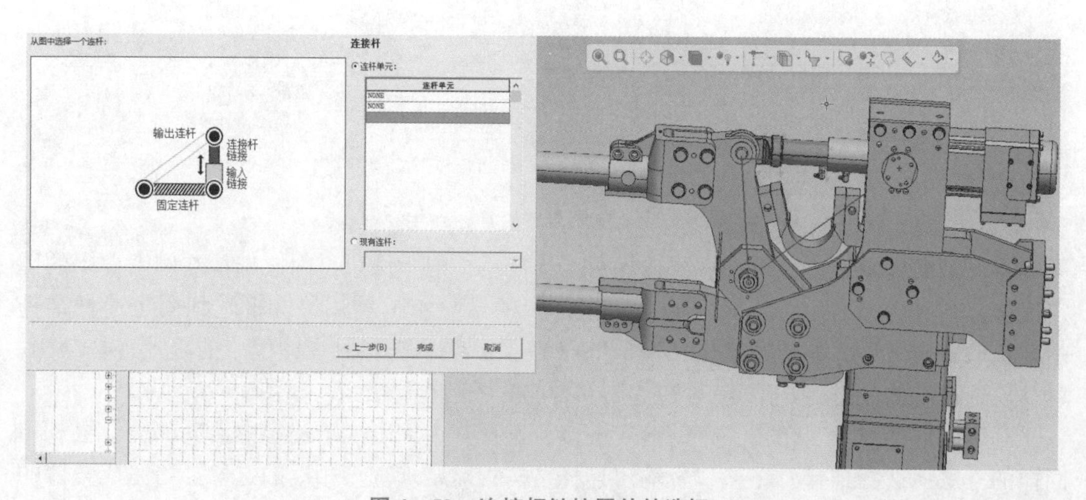

图 4－59　连接杆链接零件的选择

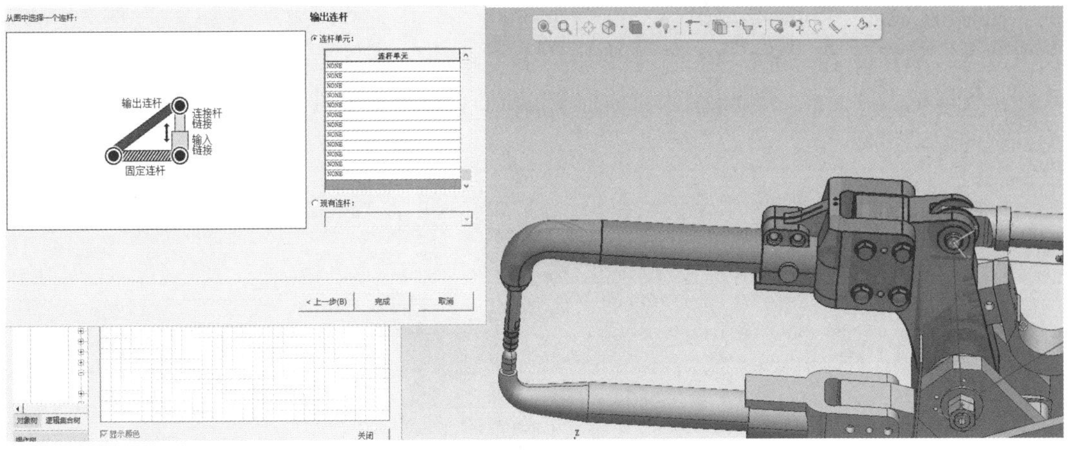

图 4-60　输出连杆零件的选择

单击“完成”按钮之后，会回到“运动学编辑器”对话框，如图 4-61 所示。其中焊枪的三维模型会根据结构的特点进行相应的颜色变化，如图 4-62 所示。

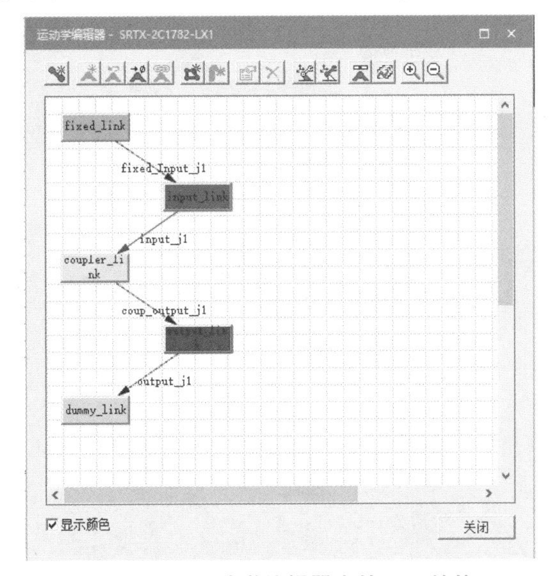

图 4-61　运动学编辑器中的 link 结构

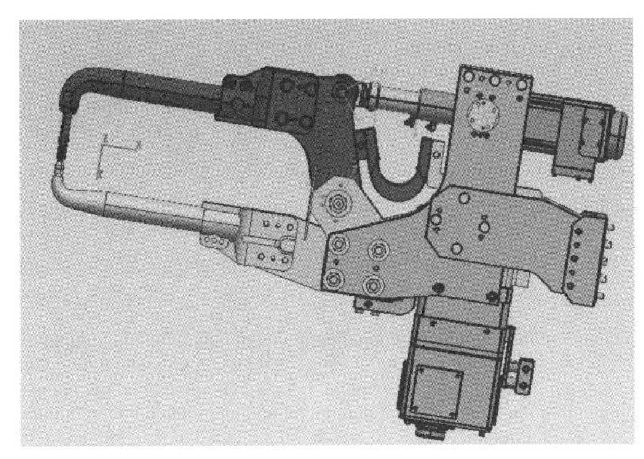

图 4-62　三维模型中的颜色对应 link

此时可以通过“运动学编辑器”对话框中的“打开关节调整”按钮 （图 4－63）使关节进行随意运动（图4－64）。观察结构中“运动部分”是否有漏选的零件，如果出现漏选可以双击“运动学编辑器”对话框中的 link，对结构零件进行补充，图 4－65 所示为漏选的运动零件。

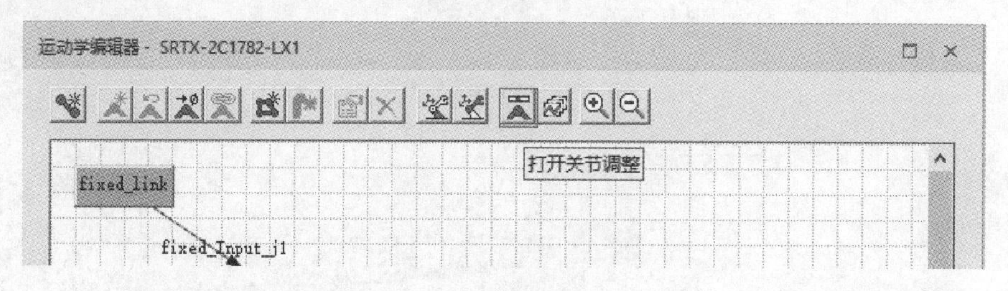

图 4－63 “打开关节调整”按钮

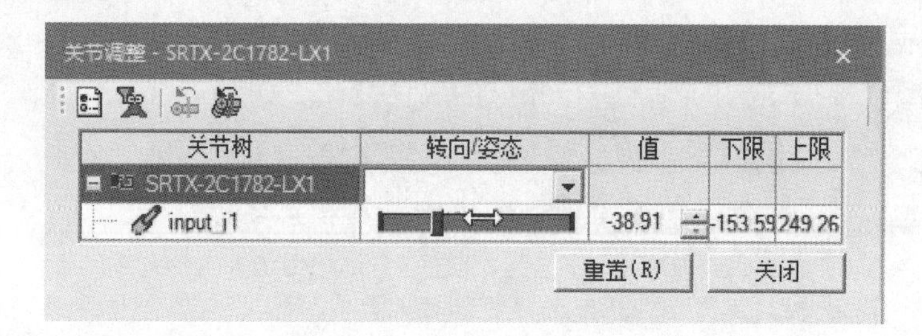

图 4－64 “关节调整”对话框

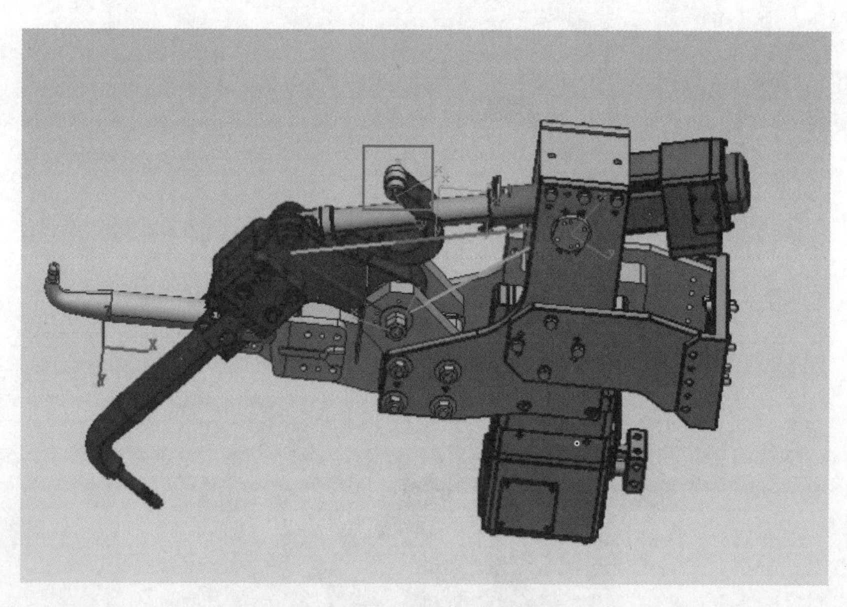

图 4－65 漏选的运动零件

然后，双击其中的 link，对漏选的运动零件进行补充。在选取的时候可以通过对对象树中“SRTX－2C1782－LX1”的块进行隐藏，以方便选取，选取完成之后，单击“确定”按钮即可，如图 4－66 所示。

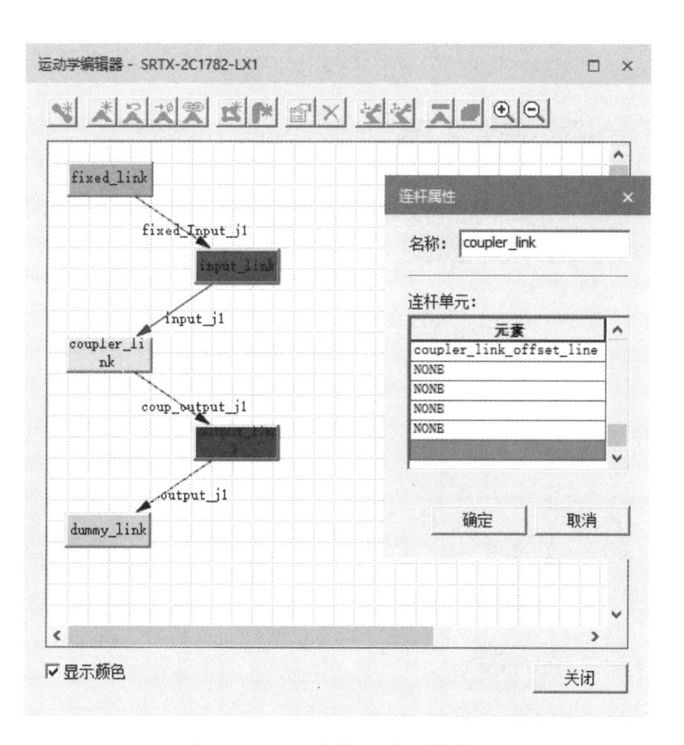

图 4 – 66　漏选的运动零件补充

创建完成各组件 link 的选取之后，就可以使用“运动学编辑器”对话框中的“姿态编辑器”按钮对焊枪的姿态进行编辑。单击按钮之后会在视图中弹出“姿态编辑器”对话框。通常为了让焊枪可以有较好的工作姿态，会设置 3 个工作姿态，分别是张开（OPEN）、半开（SEMI_OPEN）和关闭（CLOSE）。在“姿态编辑器”对话框中单击“新建”按钮，如图 4 – 67 所示。

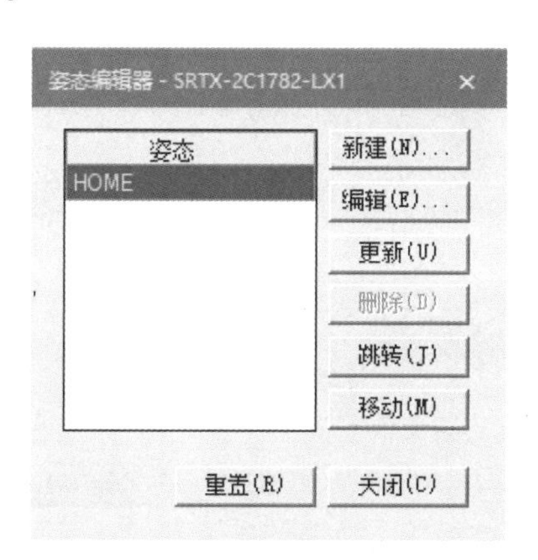

图 4 – 67　“姿态编辑器”对话框

由于伺服焊枪主要由其中的伺服电缸来实现直线运动而带动整个结构旋转，所以在进行设置的时候，主要驱动其中的伺服电缸来实现转动的过程。在“姿态名称”框中，设置“CLOSE”为焊枪的关闭姿态，而且其中的 CLOSE 字符需要为大写的英文字符，不可采用小写的英文字符。“值”默认为“0.00”。单击“确定”按钮，完成关闭姿态的创建，如图 4 – 68 所示。

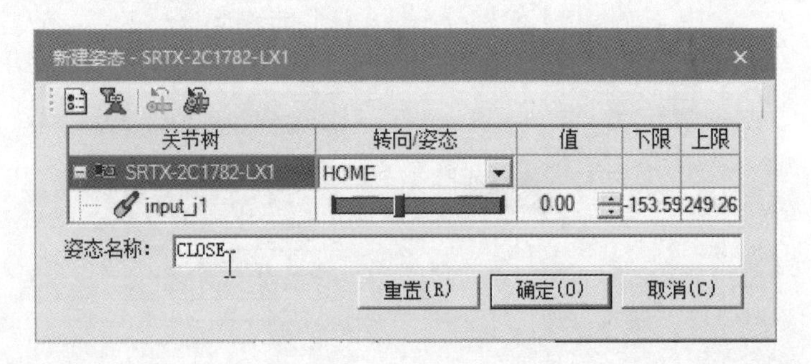

图 4 – 68　创建关闭姿态

按照同样的方法，创建张开姿态，设置“姿态名称”为全英文大写的“OPEN”，修改“值”为“ – 75.00”，如图 4 – 69 所示，其中 – 75 的角度值是根据焊枪的设计尺寸决定的，即焊枪设计的最大打开角度为 75°。

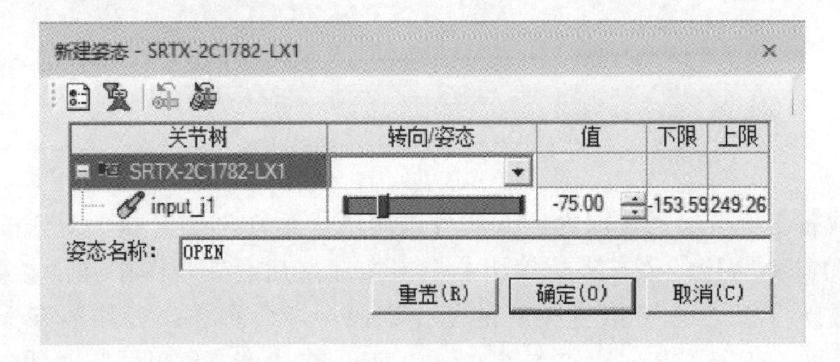

图 4 – 69　创建张开姿态

按照同样的方法，创建半张开姿态，注意其名称和下划线必须为英文条件下的字符，修改“值”为“ – 20”，完成对应的创建，如图 4 – 70 所示。

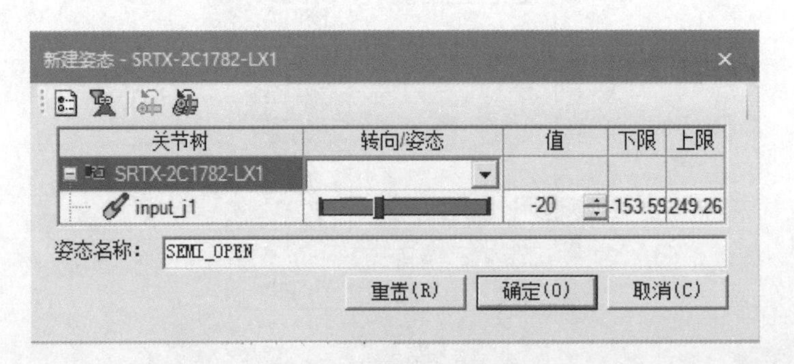

图 4 – 70　创建半张开姿态

创建完成的姿态结构如图 4 – 71 ~ 图 4 – 73 所示，可以通过双击其中的姿态来变化焊枪的姿态。

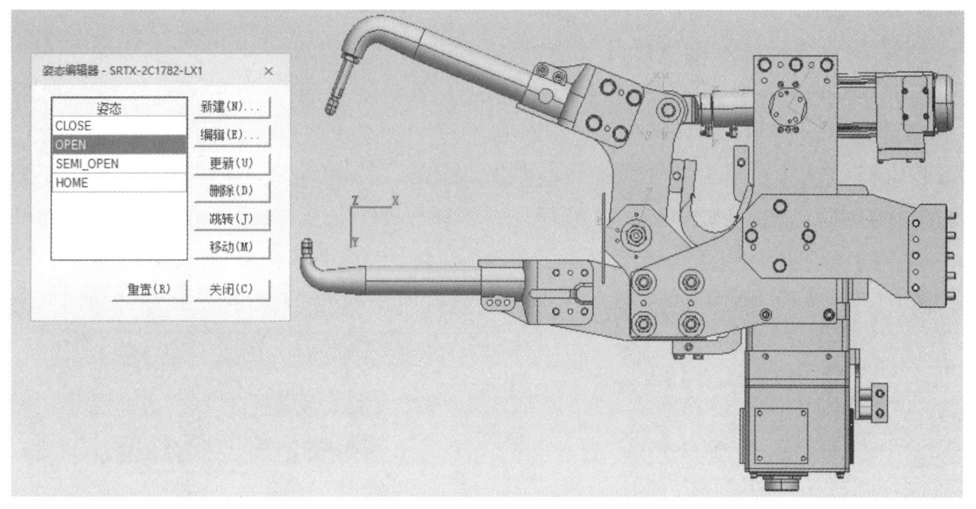

图 4－71　张开姿态结构

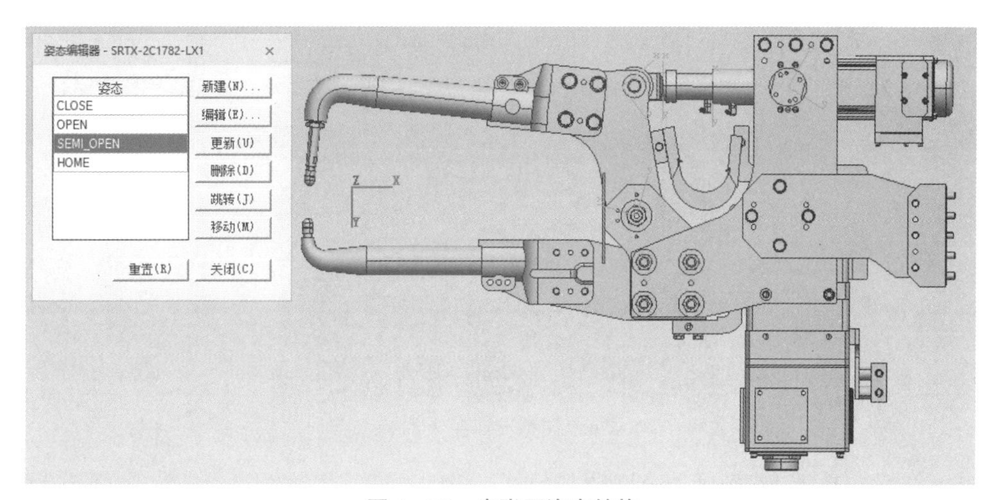

图 4－72　半张开姿态结构

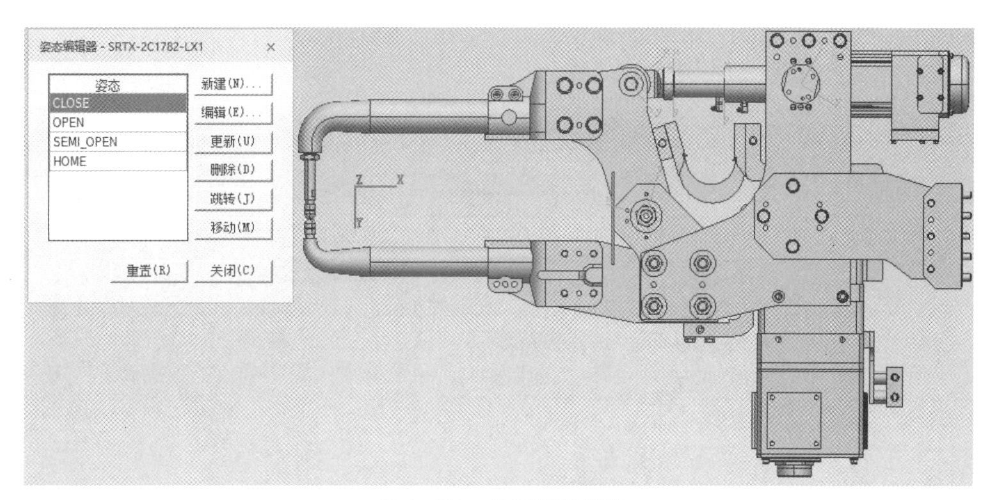

图 4－73　关闭姿态结构

创建姿态完成之后，关闭“姿态编辑器”对话框。

5. 创建 X 形焊枪的基准点以及 TCP 点

姿态创建完成之后，就需要对 X 形焊枪的基准点以及 TCP 点进行设置，其中 TCP 点是 X 形焊枪仿真运行过程中的工具点，而基准点主要为与工业机器人连接的关键点。因此，需要执行“建模”→“布局”→“创建坐标系”→“在圆心创建坐标系”命令来对结构的坐标系进行创建，如图 4－74 所示。

在打开的“在圆心创建坐标系”对话框（图 4－75）中，选择 X 形焊枪底部的连接盘位置的圆心面，选择边线上的 3 个坐标点，创建对应结构的 fr6 坐标，如图 4－76 所示。

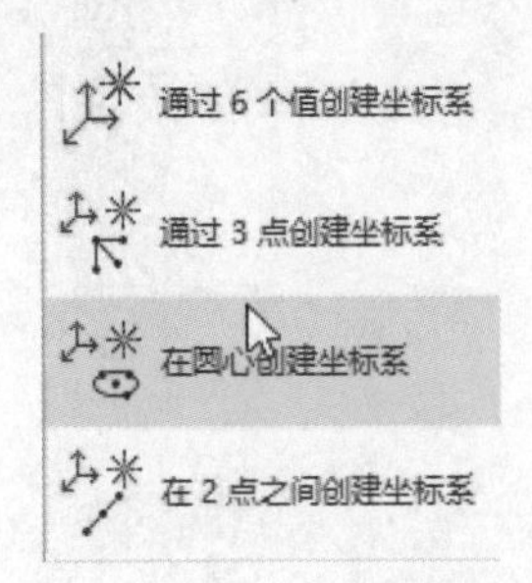

图 4－74 “在圆心创建坐标系”命令

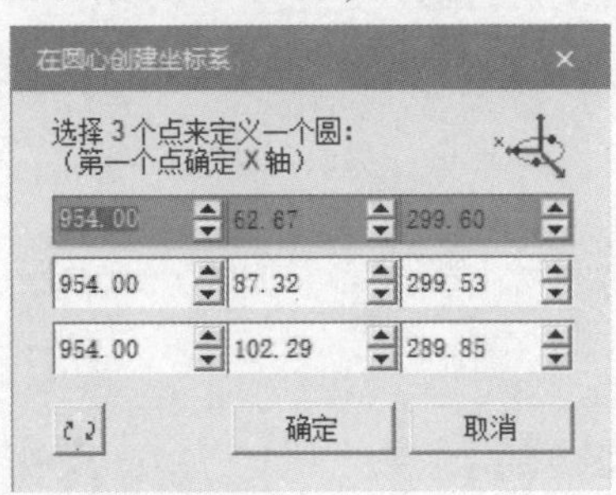

图 4－75 “在圆心创建坐标系”对话框

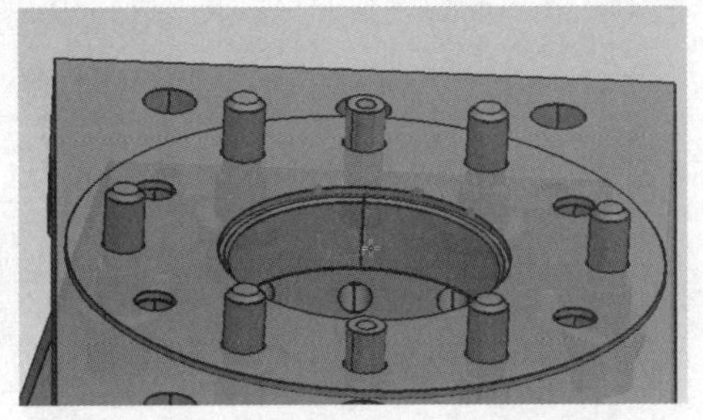

图 4－76 在基准法兰上的选取点

由于创建完成的 fr6 坐标系方向通常与其边线的方向一致，而初步创建的 fr6 坐标系不符合基准方向创建的要求，因此需要采用“重定位”按钮，对坐标系的方向进行调整。“从坐标”选择“自身”，“到坐标系”选择“工作坐标系”，并勾选“平移仅针对”复选框，单击“应用”按钮，如图 4－77 所示。

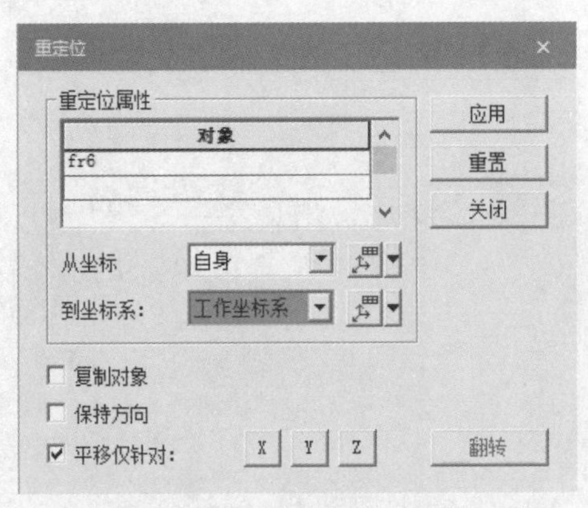

图 4－77 “重定位”对话框

fr6 坐标系的变化效果如图 4 – 78 所示。

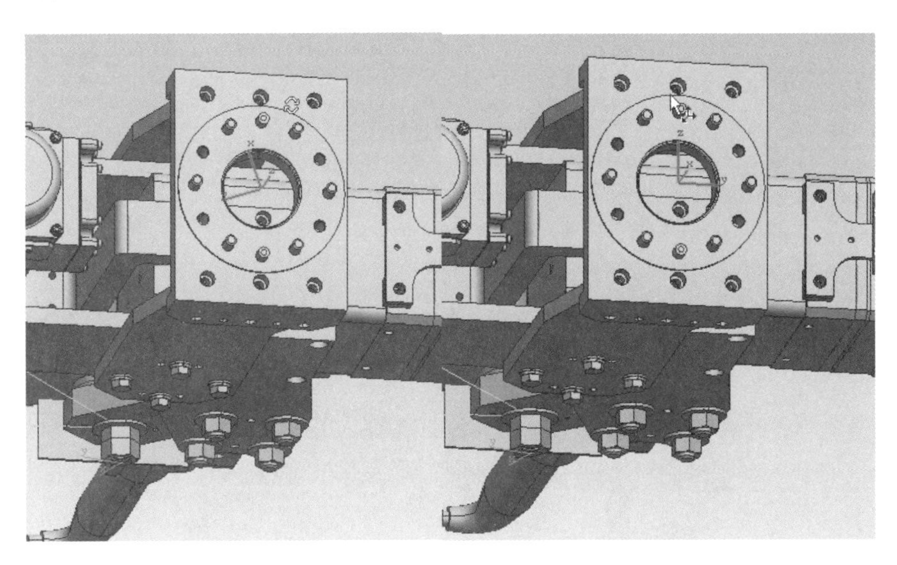

图 4 – 78　fr6 坐标系的变化效果

然后，单击视图快捷命令栏中的“放置操控器”按钮，对坐标系的方向进行调整，选择 fr6，单击“放置操控器”按钮，在弹出的“放置操控器”对话框中，将旋转步长调整为 90°，将 fr6 的 Z 轴朝向 X 形焊枪的方向（图 4 – 79）。调整完成之后的坐标系方向如图 4 – 80 所示。

图 4 – 79　“放置操控器”对话框

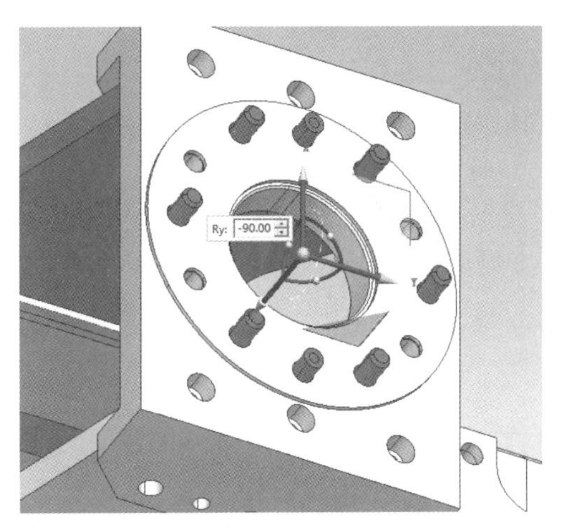

图 4 – 80　调整完成之后的坐标系方向

利用同样的方法，在 X 形焊枪的电极帽上设置对应的坐标系 fr7，还是执行“在圆心创建坐标系”命令进行创建，如图 4 – 81、图 4 – 82 所示。

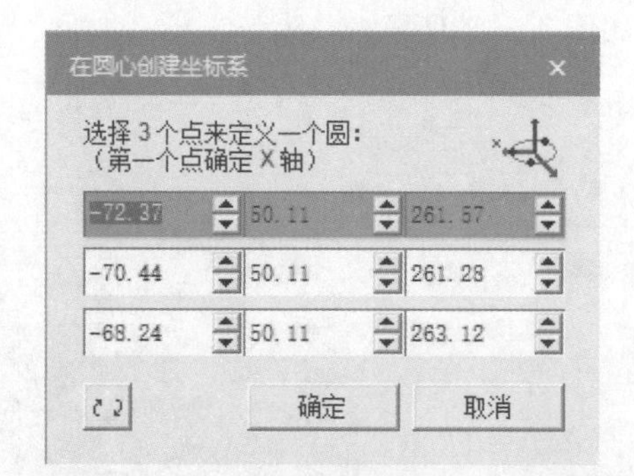

图 4－81 “在圆心创建坐标系”对话框

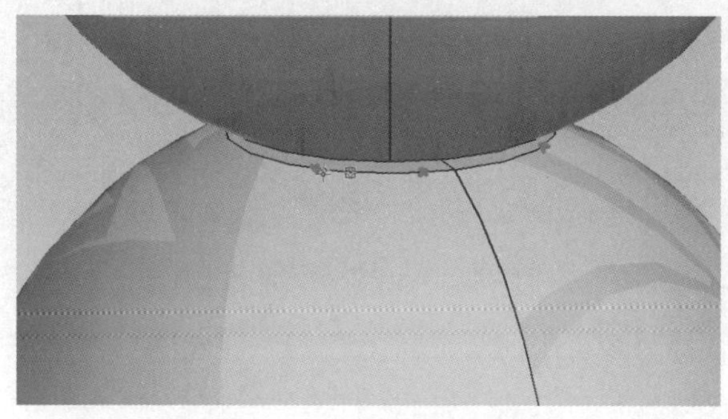

图 4－82 在电极帽上选取点

创建完成的 fr7 坐标系效果如图 4－83 所示。利用“重定位”和“放置操控器”按钮，对 fr7 坐标系进行方向调整。调整完成之后的 fr7 坐标系方向如图 4－84 所示，其中 TCP 的 Z 轴朝活动臂方向。

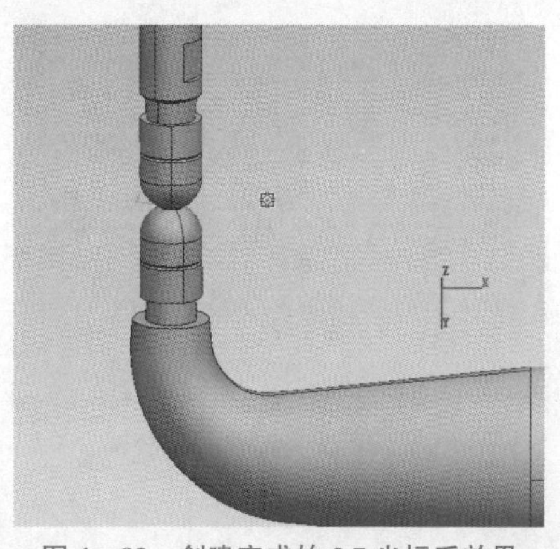

图 4－83 创建完成的 fr7 坐标系效果

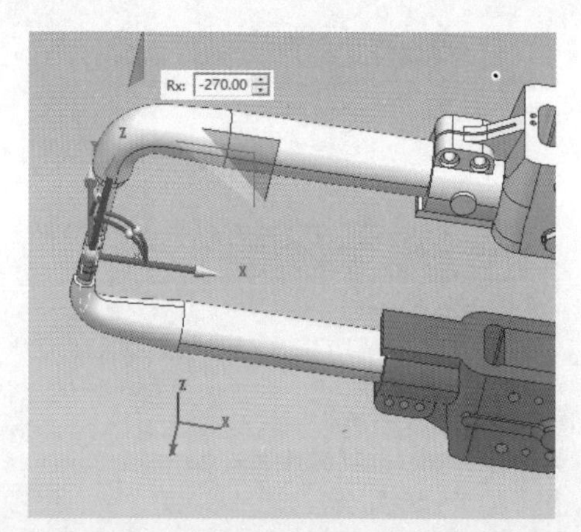

图 4－84 调整完成之后的 fr7 坐标系方向

选择 fr6 和 fr7 坐标系进行名称的更改，按键盘上的 F2 键，将 fr6 的名称更改为“BASE”，将 fr7 的名称更改为“TCP”，然后执行“建模”→“实体级别”→“设置要保留的对象”命令，如图 4－85 所示，对“BASE”与“TCP”节点进行设置。设置完成之后，在对象树“资源”→“SRTX－2C1782－LX1”结构下，可以看到“BASE”与“TCP”节点都带有一个钥匙图形，这表示设置成功，如图 4－86 所示。

图 4-85 “设置要保留的对象”命令

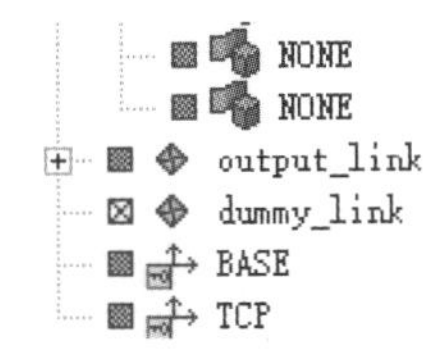

图 4-86 对象树中的“BASE”与“TCP”节点

执行“建模”→“运动学设备”→“工具定义”命令，如图 4-87 所示，对焊枪工具进行设备定义。

图 4-87 “工具定义”命令

在弹出的“工具定义”对话框中，“工具类”选择“伺服焊枪”，在“指派坐标系”区域，“TCP 坐标”选择“TCP”，“基准坐标”选择“BASE”。在“不要检查与以下对象的干涉”区域，选择 X 形焊枪电极头位置的电极帽为不进行检查的对象，利用鼠标在三维视图中进行选取即可。设置完成之后，单击“确定”按钮，完成工具的定义过程，如图 4-88、图 4-89 所示。

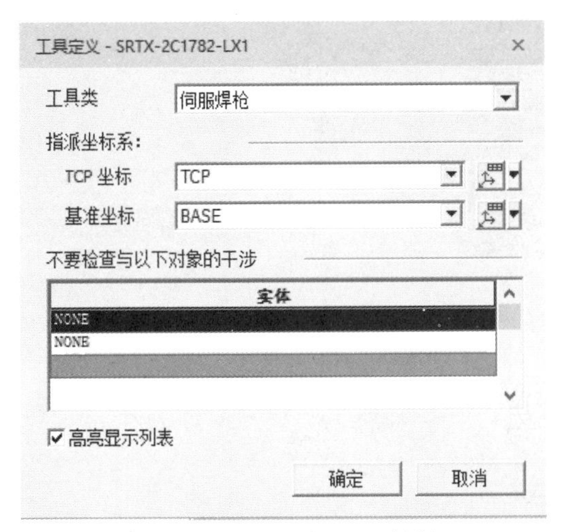

图 4-88 “工具定义”对话框

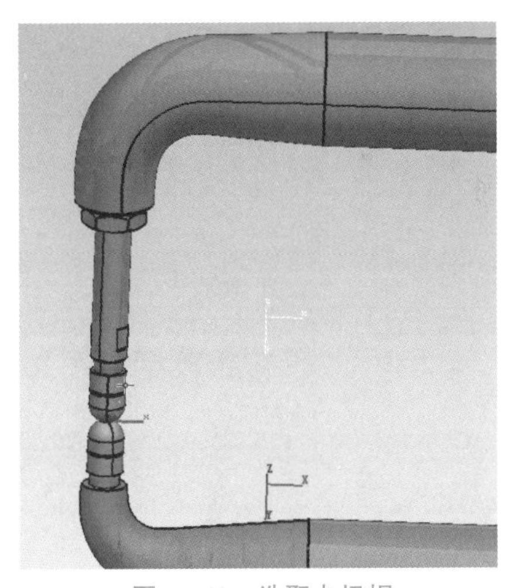

图 4-89 选取电极帽

选择 X 形焊枪建立过程中创建的线，单击鼠标右键，在弹出的菜单中执行“隐藏”命令，如图 4-90 所示。

在“对象树”浏览器中，选择资源树下的焊枪资源“SRTX-2C1782-LX1”，执行“建模”→“范围”→“结束建模”命令，将 X 形焊枪退出编辑状态，建模完成之后对象树的整体结构和三维模型如图 4-91、图 4-92 所示。

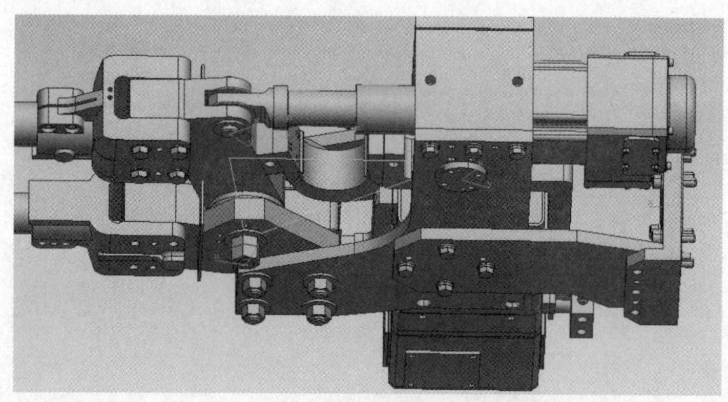

图 4－90 隐藏设置过程中的线

```
⊟ SRTX-2C1782-LX1
    BASE
    TCP
  ⊞ 4-087400
    fixed_link
    input_link
    coupler_link
  ⊞ output_link
    dummy_link
```

图 4－91 建模完成之后对象树的整体结构

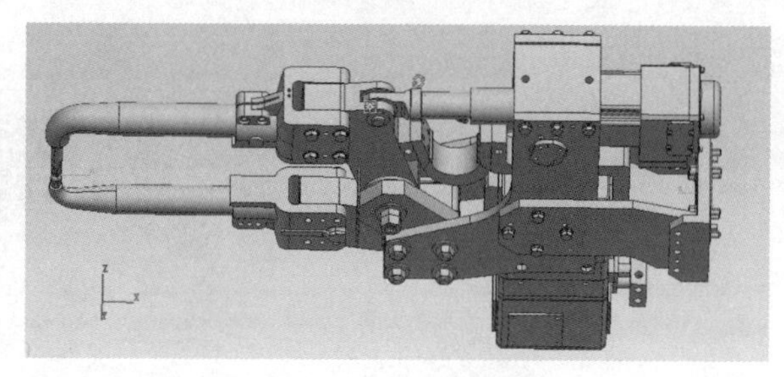

图 4－92 三维模型

4.2.3 C 形焊枪的结构定义

C 形焊枪的结构定义

4.2.4 双导杆夹具的结构定义

双导杆夹具的设置

本节任务要求完成一个双导杆夹具的结构定义，并创建双导杆夹具的张开（OPEN）、关闭（CLOSE）和原点（HOME）姿态。

1. 准备工作

在“F:\XM4”文件夹内，放入包含双导杆夹具单元的“j1. cojt”项目模型，双导杆夹具单元“j1. cojt”内包含“J1. jt”三维模型，如图4－93所示。

图4－93　双导杆夹具路径结构

2. 定义工具类型

沿用Tencomatix中的项目“XM4”，在打开项目“XM4”之后，执行“建模”→“组件”→“定义组件类型”命令，在打开的“浏览文件夹”对话框中，选择保存在“F:\XM4”中的双导杆夹具资源“j1. cojt”，单击“确定”按钮，如图4－94所示，之后会弹出“定义组件类型”对话框。

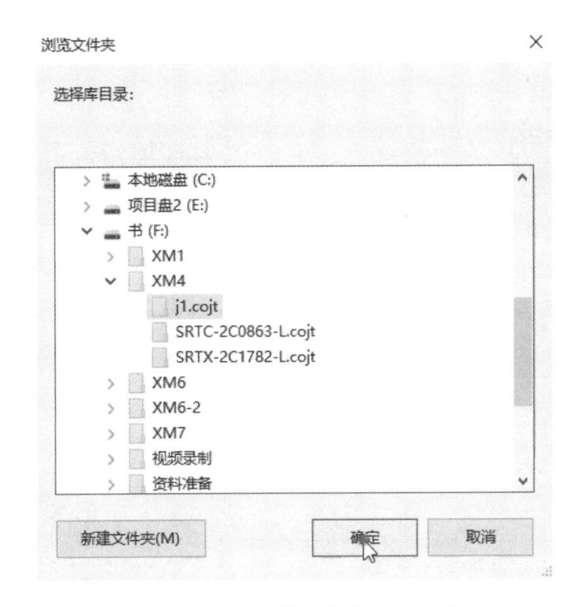

图4－94　“浏览文件夹”对话框

在打开的“定义组件类型”对话框中，将“j1. cojt”的类型定义为“Fixture”，定义完成之后，单击“确定”按钮，如图4－95所示，之后在弹出的定义组件类型对话框中单击“确定”按钮，即完成双导杆夹具组件的类型定义。

执行“建模”→“组件”→“插入组件”命令，选择“F:\XM4\j1. cojt”，单击“打开”按钮，将双导杆夹具单元导入Tencomatix。

再次执行“建模”→“组件”→“插入组件”命令，在打开的“插入组件”对话框中，选择已经被定义的夹具文件“j1. cojt”，之后单击“打开”按钮，如图4－96所示。将夹具组件插入PS on eMS Standalone软件，插入之后在三维视图中会出现夹具模型，如图4－97所示。单击视图窗口中的“缩放至合适尺寸”按钮，就可以将视图中的夹具模型放大。

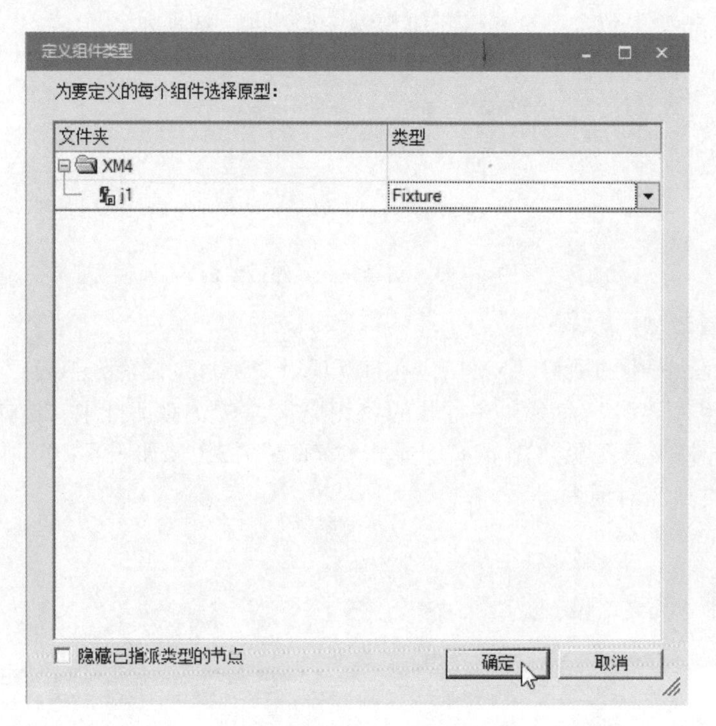

图 4-95　定义双导杆夹具类型为“Fixture”

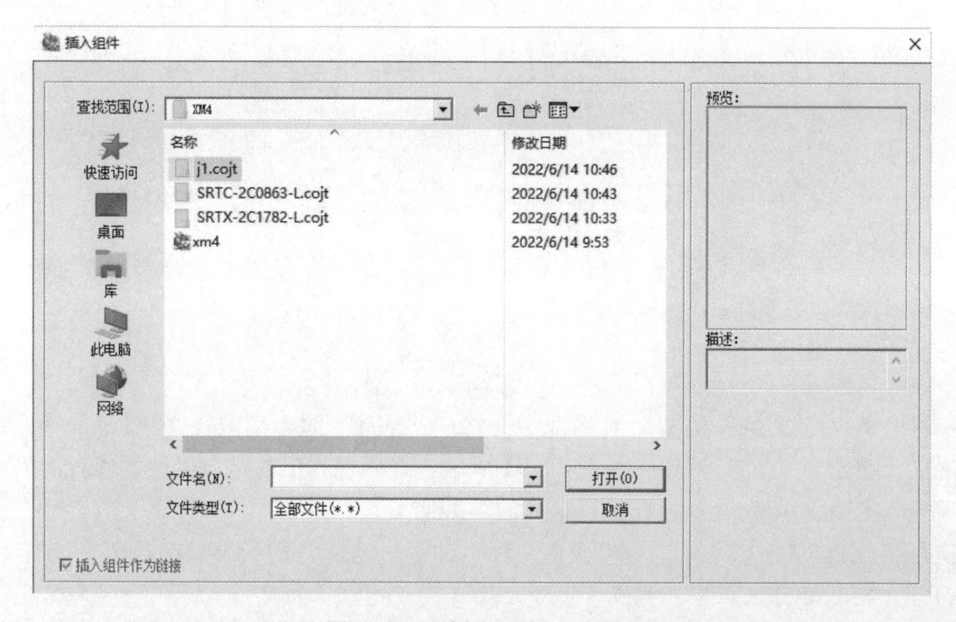

图 4-96　“插入组件”对话框

导入的夹具模型名称与其文件夹中的文件名称是不一致的，导入之后的夹具模型名称为“SP-R-J4-C61X-A00105341”，其主要由导入过程中三维模型的名称决定，如果想让夹具模型名称与其文件夹中的文件名称一致，可以对对象树中的模型名称进行更改，利用 F2 键直接修改即可。在本次仿真中，夹具模型名称暂不做修改，如图 4-98 所示。

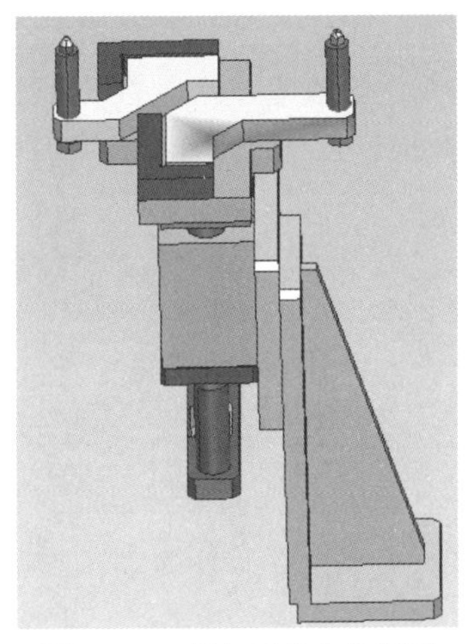

图 4－97　插入后的夹具模型

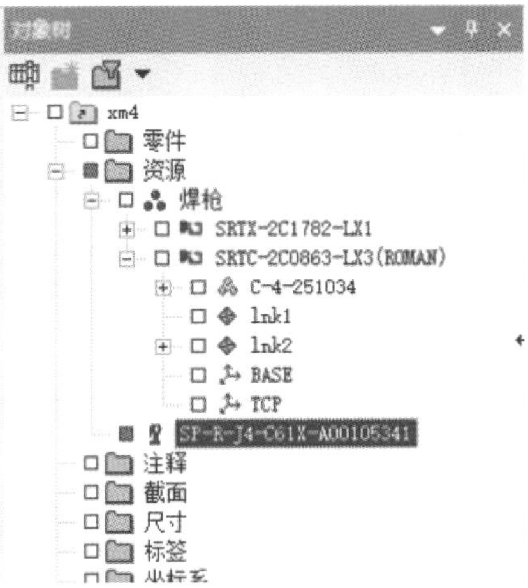

对象树
xm4
零件
资源
焊枪
SRTX-2C1782-LX1
SRTC-2C0863-LX3(ROMAN)
C-4-251034
lnk1
lnk2
BASE
TCP
SP-R-J4-C61X-A00105341
注释
截面
尺寸
标签

图 4－98　对象树结构

3. 运动学设计

选择“对象树”浏览器“资源”下的双导杆夹具资源“SP－R－J4－C61X－A00105341”，然后执行“建模”→“范围”→“设置建模范围”命令，如图 4－99 所示，让双导杆夹具处于可编辑状态，并在打开的“设置建模范围”对话框中单击“确定”按钮，如图 4－100 所示。

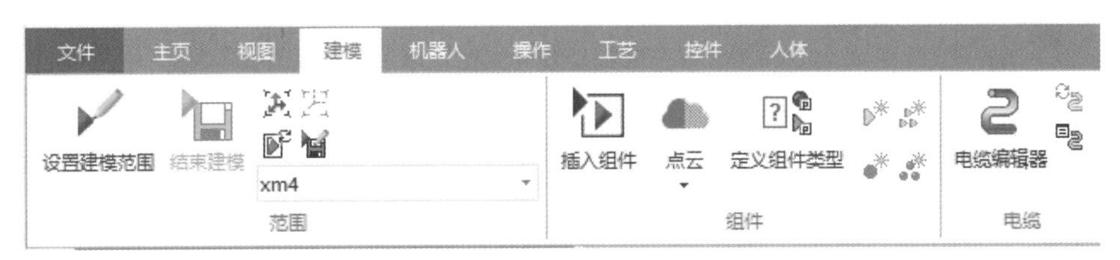

图 4－99　“设置建模范围”命令

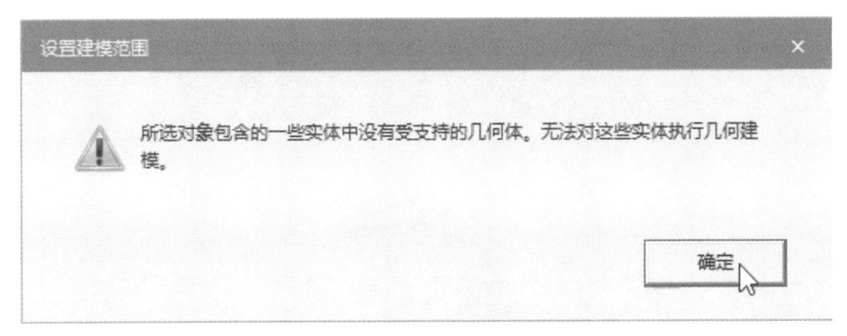

图 4－100　“设置建模范围”对话框

在执行“设置建模范围”命令之后，在对象树“资源”下的夹具组件图标下会出现红色的 M 图形，即表示双导杆夹具资源已经进入编辑状态，选中可编辑的双导杆夹具资源，在命令栏中执行“建模”→“运动学设备”→“运动学编辑器”命令，打开“运动学编辑器”对话框。

在弹出的“运动学编辑器”对话框中，利用“创建连杆”按钮创建两个 link，分别为 lnk1 和 lnk2，在创建过程中，根据结构中的固定端和活动端的特点，将 lnk1 中的连杆属性选中，选择双导杆夹具结构中固定结构中的部分零件，在 lnk2 的连杆属性中，选择双导杆夹具活动端的全部零件进行添加，单击“确定”按钮。设置完成之后的双导杆夹具 link 会直接反映到双导杆夹具的三维模型中，颜色会发生相应的改变，如图 4－101 所示。

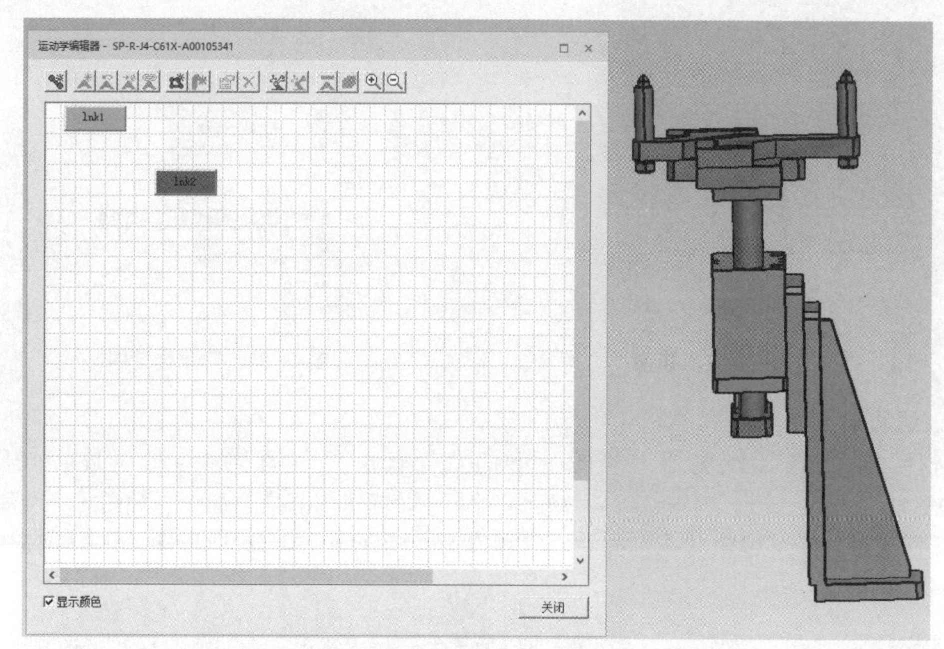

图 4－101　在“运动学编辑器”对话框中选取 link 零件

在“运动学编辑器”对话框中，单击 lnk1，拖动箭头指向 lnk2，如图 4－102 所示。需要注意：必须是固定端指向活动端的箭头，在指向完成之后，会弹出关节属性对话框，在关节属性对话框中，对结构的运动状态进行设置。

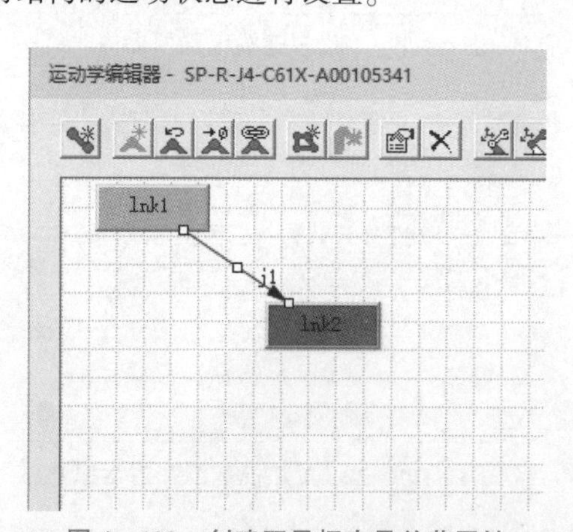

图 4－102　创建双导杆夹具关节属性

在设置前，在图形查看器中执行“选取意图”→“边上点选取意图”命令（图 4－103），这样在选取点的时候就可以针对边线点进行选取。

同时，执行“视图样式”→“实体上的特征线”命令（图 4－104），对零件的视图进行边线细化，操作完成之后，三维模型都会带上一条黑色边线，可以方便选取边线点。

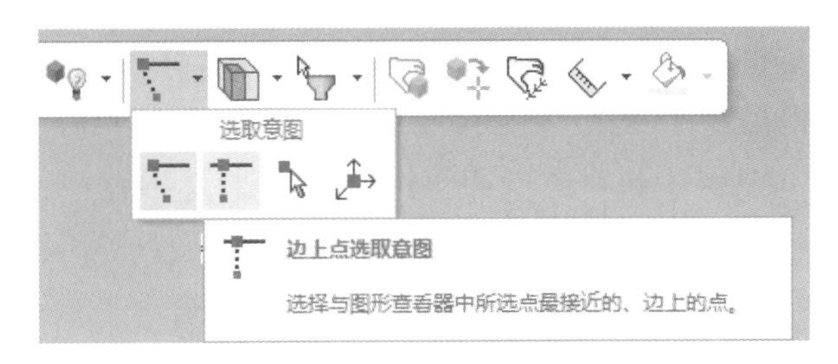

图 4-103 “边上点选取意图”命令

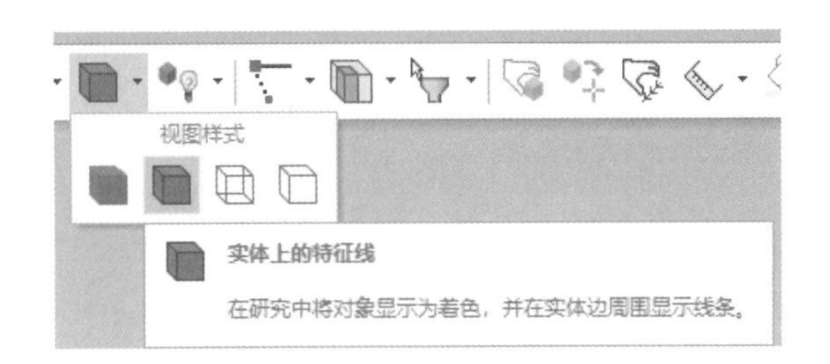

图 4-104 “实体上的特征线”命令

在双导杆夹具的三维模型上，捕捉与气缸运动方向平行的任意一个边线上的两个点来确立关节 j1 的轴运动方向。操作过程如下：在“关节属性”对话框中，单击“从：”按钮，然后单击轴方向的第一个点，把该点坐标值赋给“从”坐标；在“关节属性”对话框中，单击“到：”按钮，然后单击轴方向的第二个点，把该点坐标值赋给“到”坐标。把这 2 个点的坐标值赋给“从”与“到”的位置坐标之后，就会出现一个带有黄色箭头的黄线，作为关节 j1 轴的运动指向方向。

然后，在“关节属性”对话框中的“关节类型”下拉列表中选择“移动”选项，让活动部分在轴上进行直线运动，单击“确定”按钮，如图 4-105 所示。

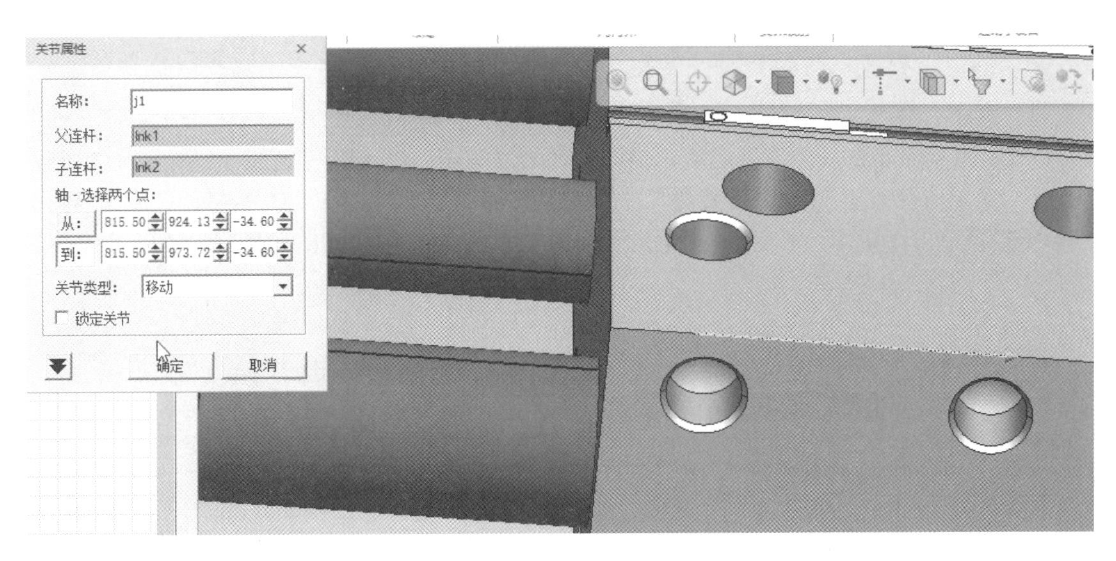

图 4-105 关节属性设置

接下来，可以利用“运动学编辑器”对话框中的“打开姿态编辑器”按钮，对双导杆夹具的姿态进行编辑，如图4－106所示。在双导杆夹具的动作过程中，其主要利用低压气体控制气缸中的活塞杆进行上下运动，结构的动作通常会设置3个姿态，分别是张开（OPEN）、关闭（CLOSE）和原点（HOME）。在“姿态编辑器”对话框中单击“新建”按钮。

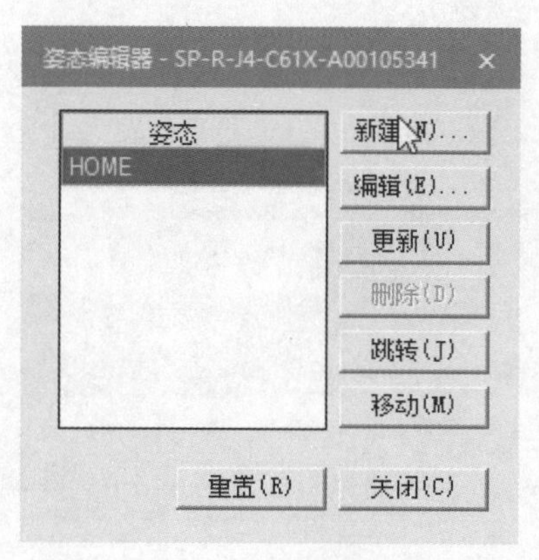

图4－106 “姿态编辑器”对话框

在弹出的“新建姿态”对话框中，在“姿态名称”框中输入英文大写字符“CLOSE”，“值”选择“0.00”，单击“确定”按钮，完成关闭姿态的创建，如图4－107所示。

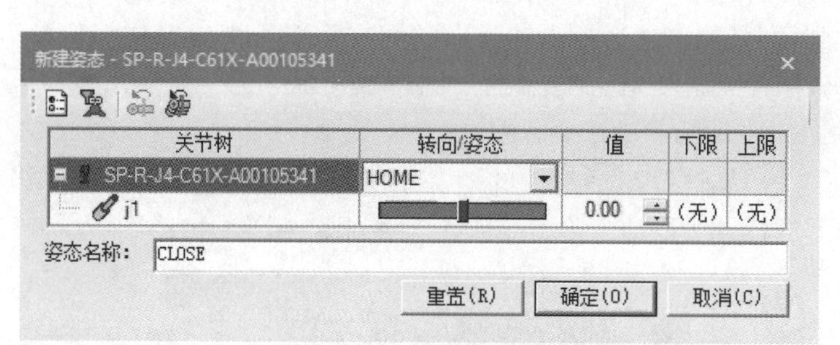

图4－107 创建关闭姿态

按照同样的方法，在“姿态编辑器”对话框中单击“新建”按钮，在弹出的“新建姿态”对话框中，在“姿态名称”框中输入英文大写字符“OPEN”，“值”选择“50.00”，单击“确定”按钮，完成张开姿态的创建，如图4－108所示。

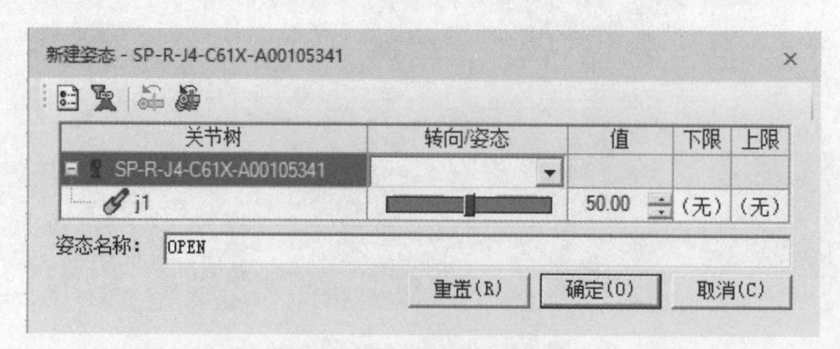

图4－108 创建张开姿态

创建完成后，“姿态编辑器”对话框中便存在3组姿态，如图4－109～图4－112所示。

双击“姿态编辑器”对话框中的姿态，就可以改变三维模型中的结构。

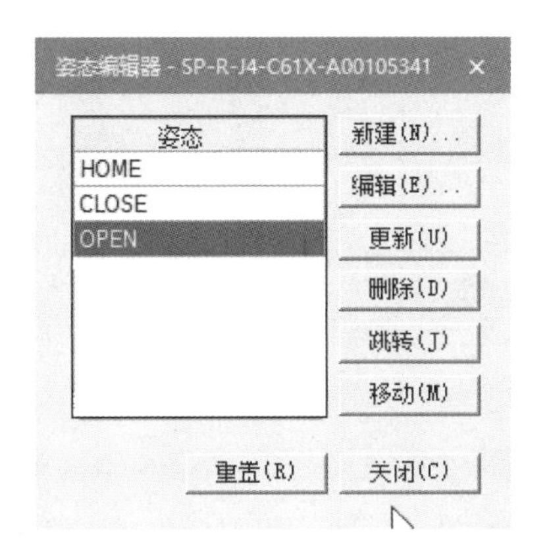

图4－109 “姿态编辑器”对话框中的3组姿态

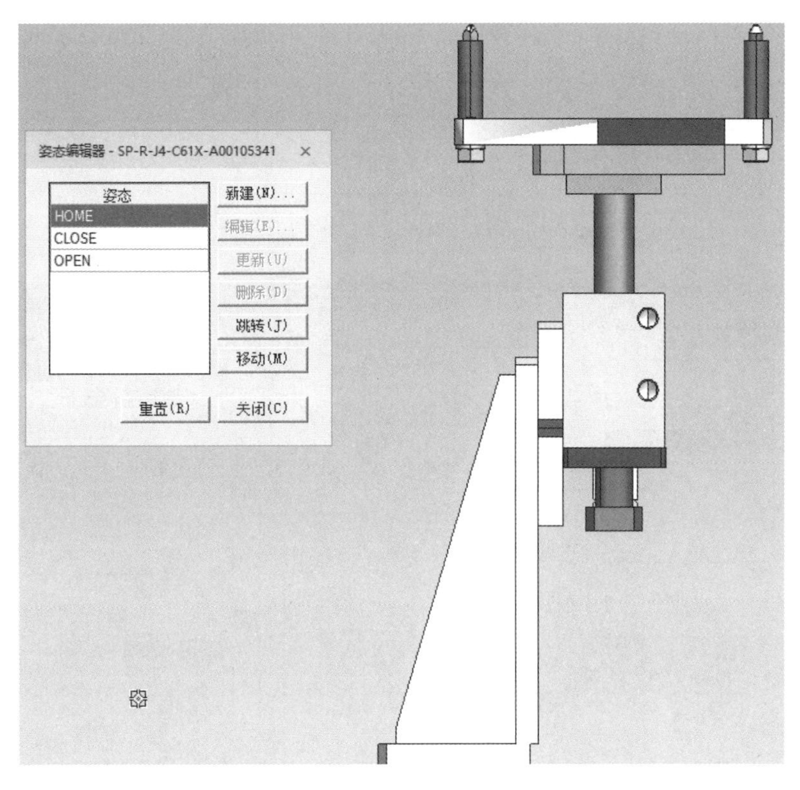

图4－110 原点（HOME）姿态

在“对象树”浏览器中，选择“资源”下的双导杆夹具资源，执行“建模”→“范围”→“结束建模”命令，使双导杆夹具资源退出编辑状态，这时对象树中的双导杆夹具结构如图4－113所示。

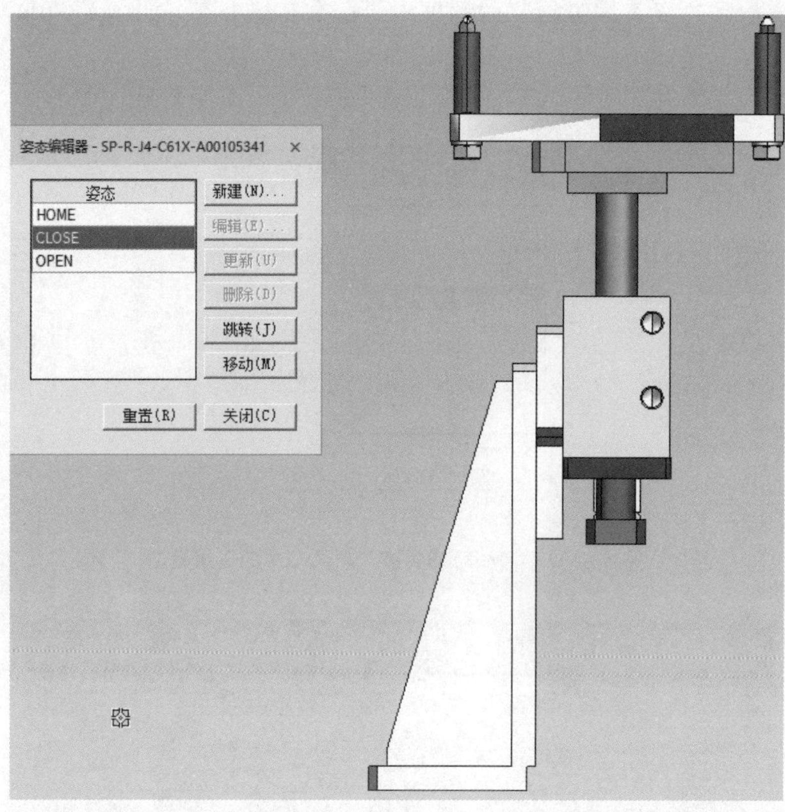

图 4-111　关闭（CLOSE）姿态

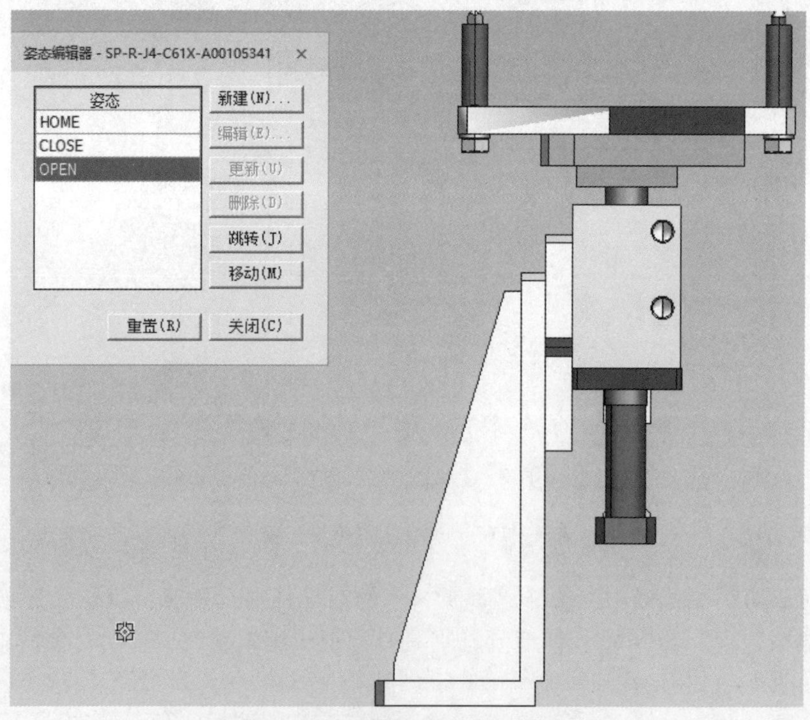

图 4-112　张开（OPEN）姿态

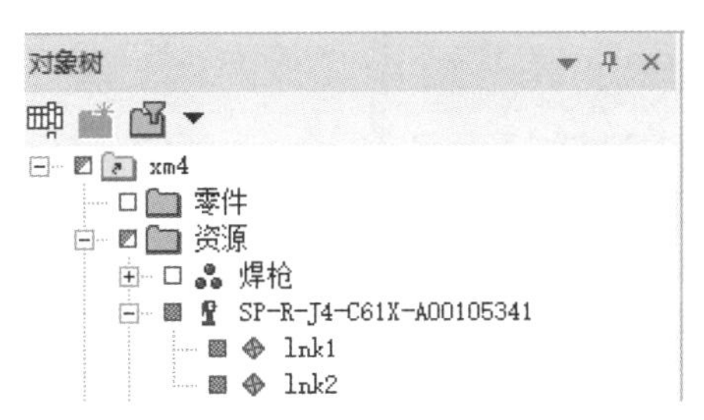

图 4-113　对象树中的双导杆夹具结构

夹具的整体结构动作

4.2.5　夹具的整体结构定义

本节任务要求完成一个多单元组合夹具的定义，其三维结构如图 4-114 所示。

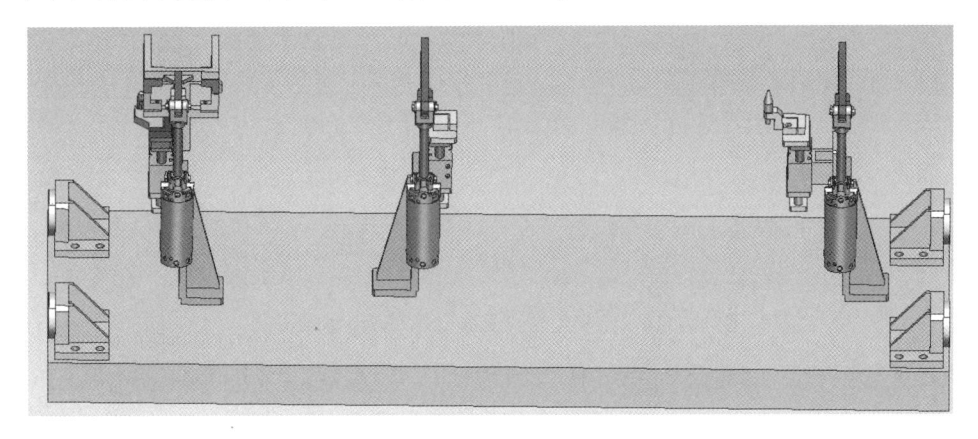

图 4-114　多单元组合夹具的三维结构

1. 准备工作

将项目的数据放入指定的“F:\XM4”文件夹内保存，项目文件为“SP. cojt”，该文件夹内包含“SP. jt”，“SP. jt”为项目的三维模型，如图 4-115 所示。

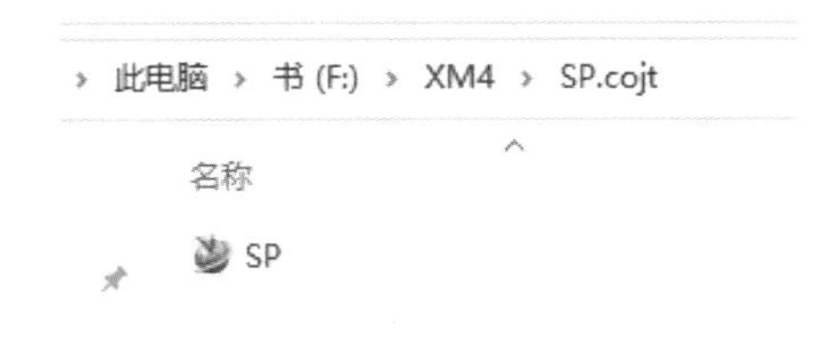

图 4-115　夹具路径结构

2. 定义工具类型

沿用项目“XM4”，在打开“XM4. psz”之后，执行“建模”→“组件”→“定义组件类型”命令，在打开的“浏览文件夹”对话框中，选择保存在“F:\XM4”文件夹中的夹具资源“SP. cojt”，单击“确定”按钮，之后会弹出“定义组件类型”对话框。

在打开的“定义组件类型”对话框中，将“Sp. cojt”的类型定义为“Fixture”夹具类型，定义完成之后，单击“确定”按钮，在弹出的“定义组件类型”对话框中单击“确定”按钮，如图 4-116 所示，即完成组合夹具组件的类型定义。

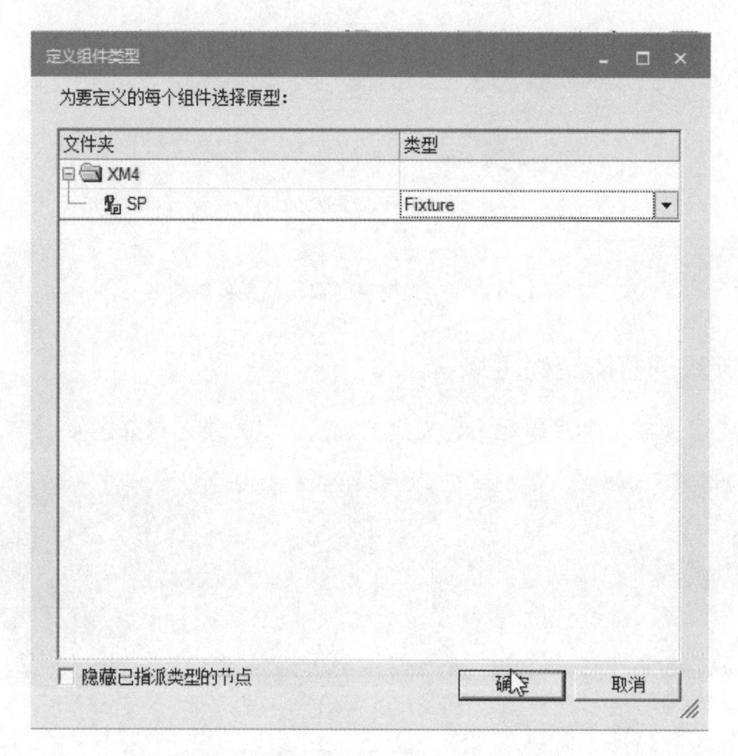

图 4－116　定义组合夹具组件类型为“Fixture”

执行“建模”→“组件”→“插入组件”命令，选择“F:\XM4\SP.cojt”，单击“打开”按钮，如图 4－117 所示，将组合夹具导入 Tecnomatix。

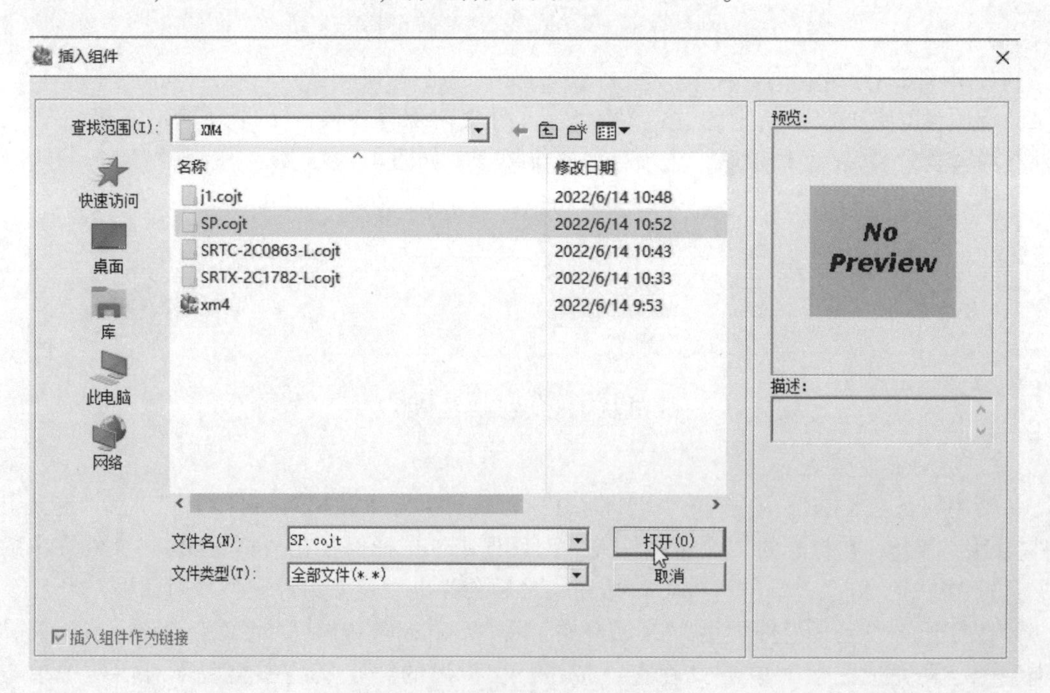

图 4－117　“插入组件”对话框

导入后的组合夹具三维模型如图 4－118 所示。其结构主要由 3 个夹具单元组成，包含 3 个旋转动作的夹紧结构和 3 个双导杆气缸的直线动作结构。需要对夹具结构进行相应的动作结构的定义，这就需要首先使结构进入可编辑状态。

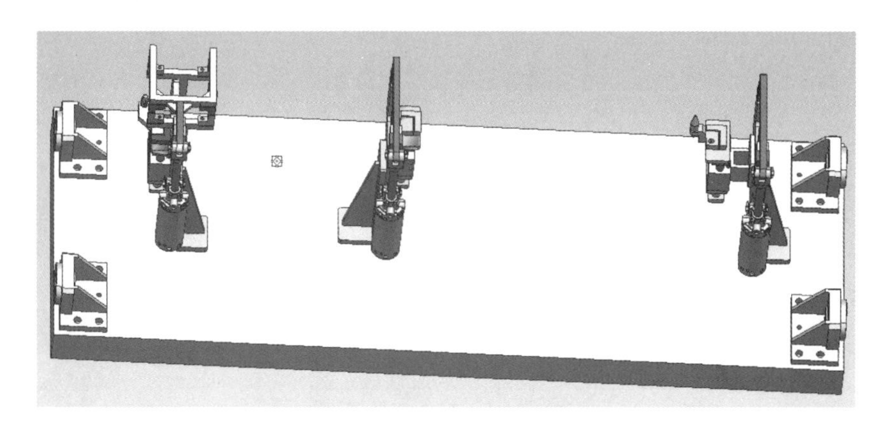

图 4－118　导入后的组合夹具三维模型

3. 运动学设计

执行“建模”→“范围”→“设置建模范围”命令，对夹具进行设置。

在执行“设置建模范围”命令之后，在对象树“资源”下的夹具组件图标下会出现红色的 M 图形，即表示夹具资源已经进入编辑状态，

执行“建模”→“运动学设备”→“运动学编辑器”命令，打开“运动学编辑器”对话框，对夹具单元进行结构定义。单击“运动学编辑器”对话框中的“创建连杆”按钮，创建 7 个 link。其中 link 结构尽可能按照三维模型中的单元结构布局分布。由于在整个结构中单元较多，link 位置对应分布之后，就可以很直观地观察每个 link 的位置，不容易出现混乱的情况，如图 4－119 所示。

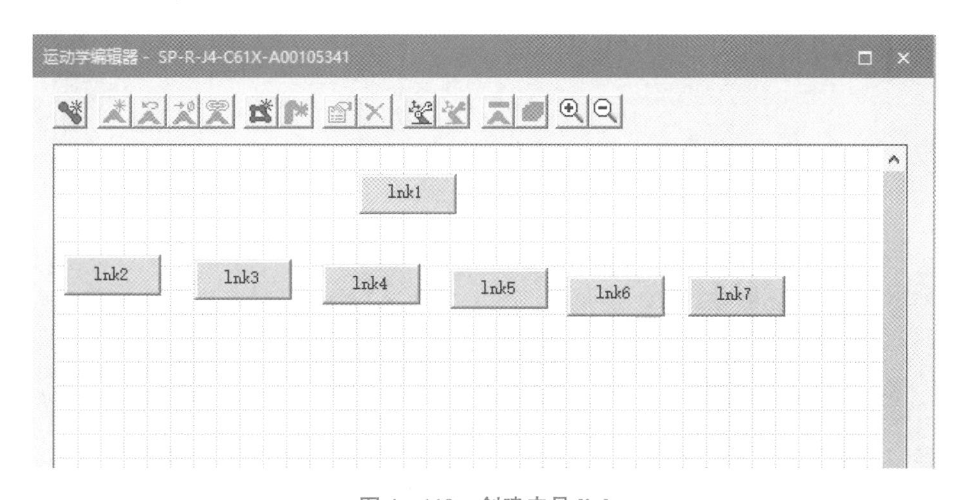

图 4－119　创建夹具 link

双击 link 结构，在弹出的“连杆属性”对话框中，将对应结构中的动作零件分别选入“连杆单元”列表框的“元素”选项，如图 4－120 所示。设置完成之后，link 结构与其中

的三维模型的颜色对应，其中 lnk1 主要选择夹具的底板，lnk2 选择夹具单元 1 中双导杆结构的活动部分，lnk3 选择夹具单元 1 夹头部分的活动部分，lnk4 选择夹具单元 2 的夹头部分，lnk5 选择夹具单元的双导杆结构部分，lnk6 选择夹具单元 3 的双导杆活动部分，lnk7 选择夹具单元 3 的夹头活动部分。详细的位置参考图 4 - 121、图 4 - 122。

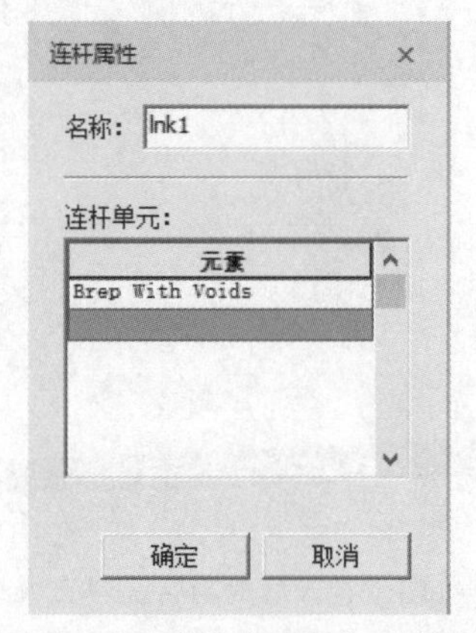

图 4 - 120 “连杆属性”对话框

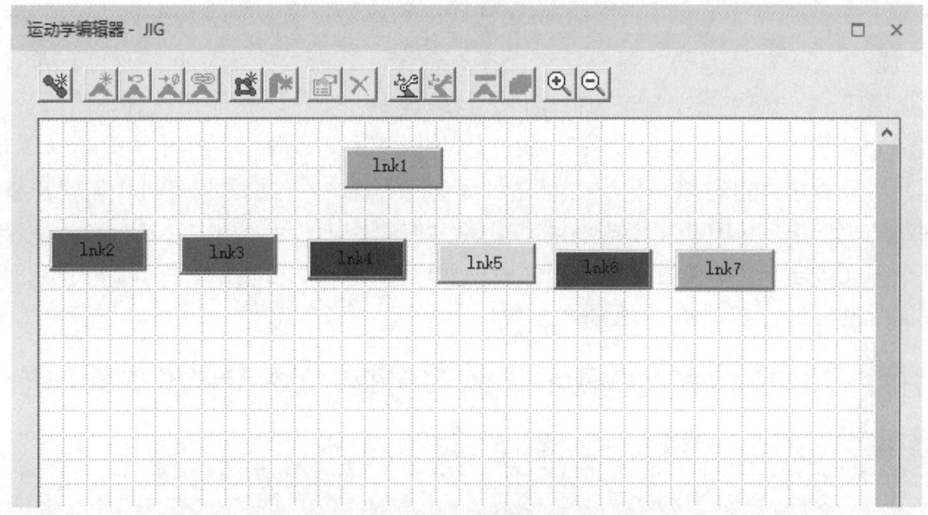

图 4 - 121 “运动学编辑器”对话框

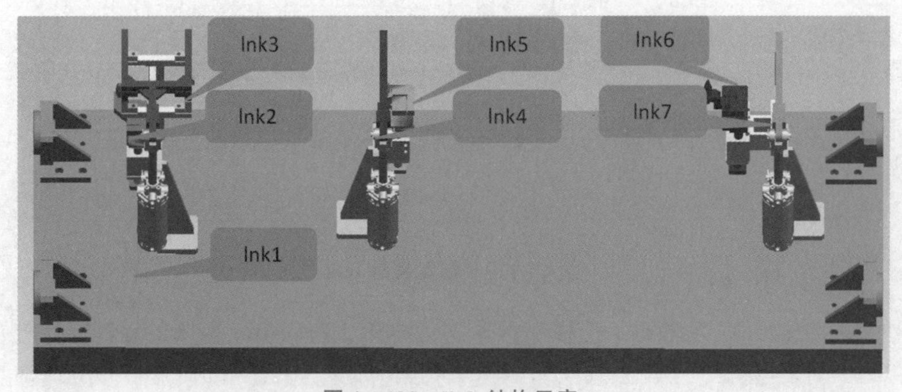

图 4 - 122 link 结构示意

设置选取意图和视图样式，在图形查看器中，执行“选取意图”→“边上点选取意图”命令，这样在选取点的时候就可以针对边线点进行选取（图4－123）。

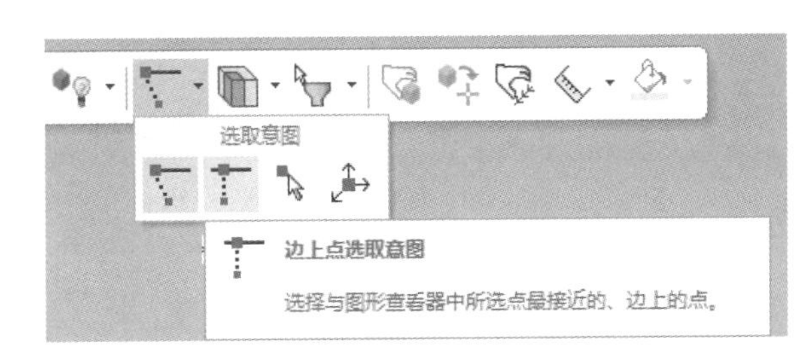

图4－123 “边上点选取意图”命令

同时，执行“视图样式”→“实体上的特征线”命令，对零件的视图进行边线细化（图4－124），操作完成之后，三维模型都会带上一条黑色边线，可以方便选取边线点。

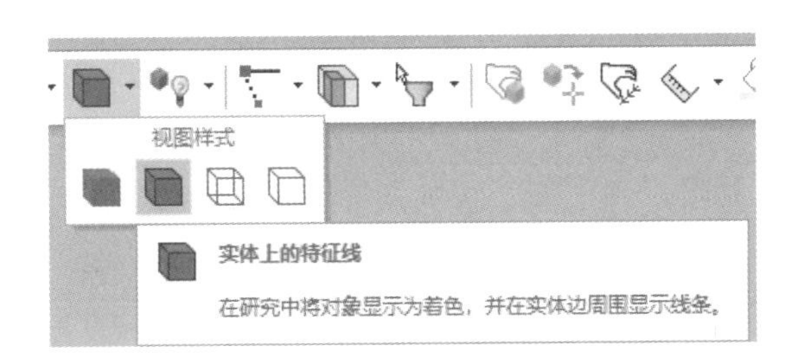

图4－124 “实体上的特征线”命令

选择双导杆结构部分，单击lnk1，拖动箭头到lnk2，如图4－125所示，在弹出的“关节属性”对话框中，设置结构的轴。选择对应结构中与气缸运动方向一致的气缸表面边线上的两个点，完成其轴的设置（创建过程可以参考双导杆夹具结构定义的过程）并在“关节类型”下拉列表中选择“移动”选项，如图4－126所示。再按照同样的方法，对lnk5以及lnk6的关节属性进行设置。

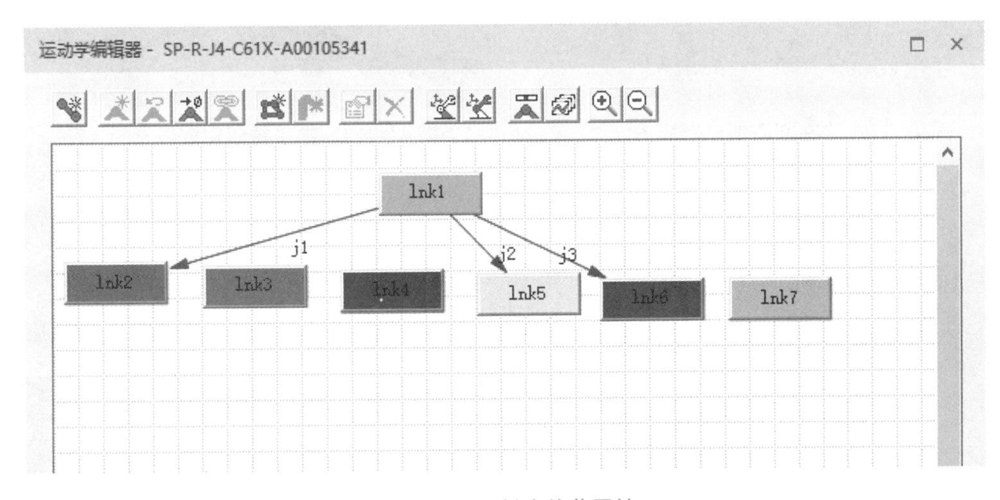

图4－125 创建关节属性

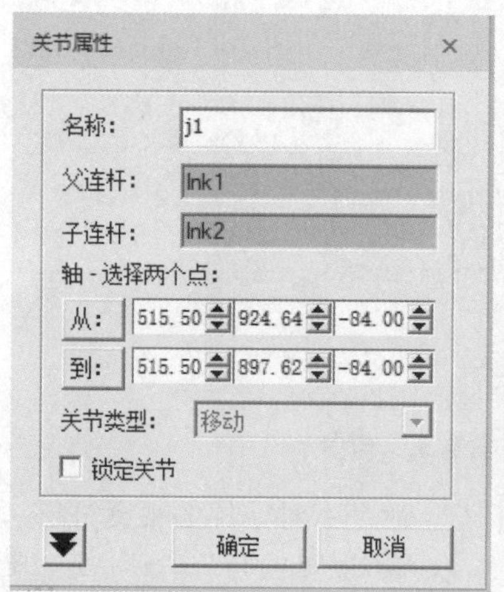

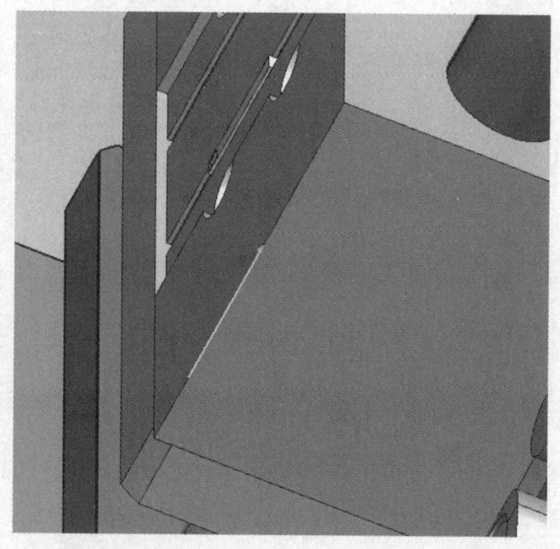

图 4-126　设置关节属性

由于 lnk3 和 lnk4 以及 lnk7 都是选择关节中旋转臂上的铰链点位置进行设置，而在结构中已经进行了简化，删除了其中的旋转轴，所以需要执行“建模”→“布局”→“创建坐标系”命令对旋转轴的旋转中心进行坐标系的创建，在旋转点的左、右两侧创建对应的坐标系。在进行结构中的关节属性设置的时候选取旋转轴上的两个点，因此执行“创建坐标系”→“在圆心创建坐标系”命令对旋转压臂中心进行坐标系的创建，如图 4-127 所示。创建 fr1 和 fr2 两个坐标系，分别创建在旋转压臂铰链点的两侧，如图 4-128 所示。

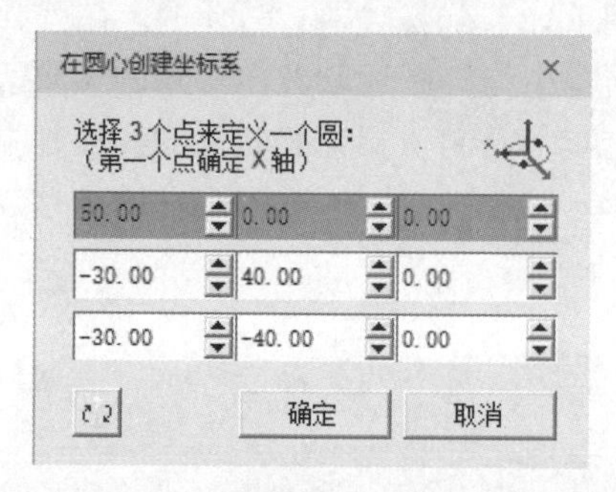

图 4-127　“在圆心创建坐标系”对话框

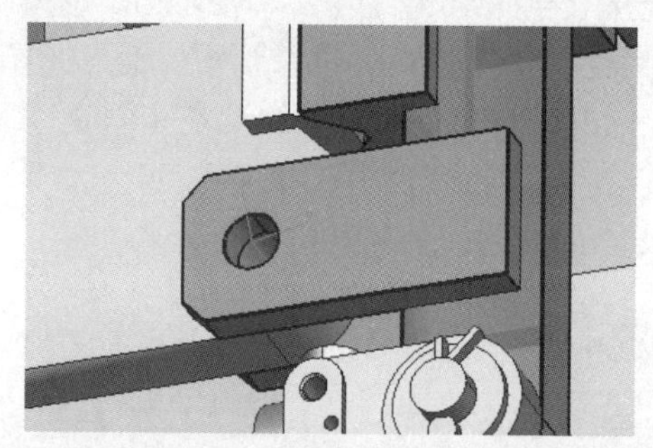

图 4-128　在旋转压臂铰链点的两侧创建坐标系

在“运动学编辑器”对话框中，单击 lnk1，拖动箭头到 lnk3，创建其中的关节属性，在弹出的“关节属性”对话框中，创建其中的旋转轴，在“轴-选择两点”区域，“从”选择 fr1 坐标系，“到”选择 fr2 坐标系，并在“关节类型”下拉列表中选择“旋转”选项，单击“确定”按钮，如图 4-129 所示，完成其关节属性设置。关节属性设置完成之后，可以看到旋转中心位置的黄色轴线，如图 4-130 所示。

按照同样的方法，创建单元 2 和单元 3 中的旋转坐标系 fr3、fr4、fr5、fr6 并创建各单元的旋转轴。创建完成之后的“运动学编辑器”对话框中的结构如图 4-131 所示。

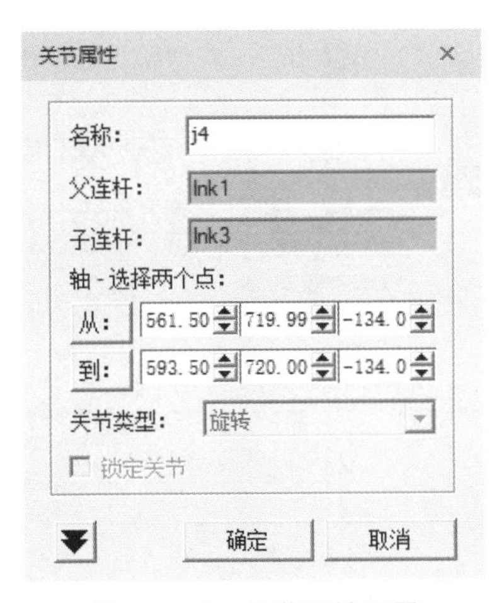

图 4－129　关节属性设置

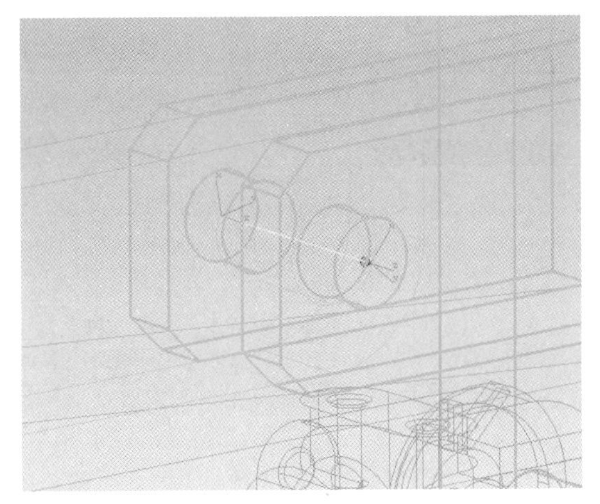

图 4－130　创建完成的轴

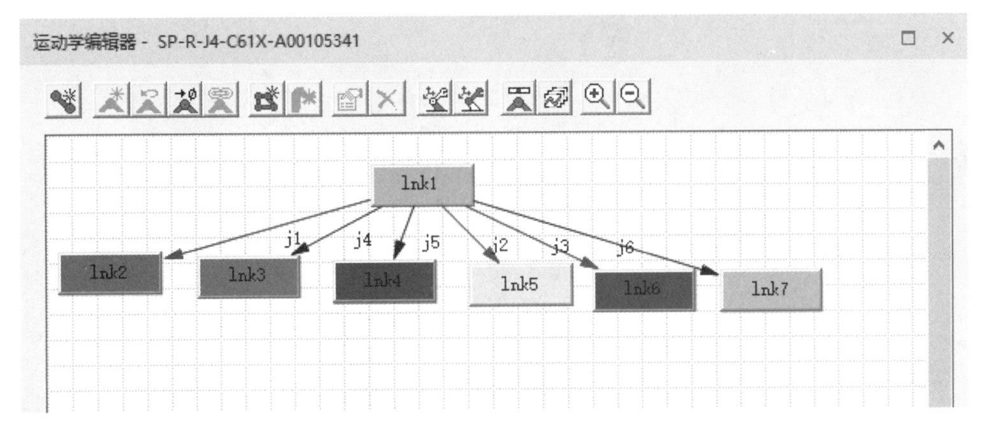

图 4－131　“运动学编辑器”对话框中的结构

在通常情况下，夹具的动作通常由张开和关闭两个姿态组成，个别夹具会根据其结构的特点进行多次张开，比如在滚边夹具中，各夹具单元的压臂呈钢琴指状顺序张开。在本次设置中，选择采用两个姿态来对夹具进行编辑，分别为夹具单元的整体关闭（CLOSE）和整体张开（OPEN）姿态。操作步骤如下：单击“运动学编辑器”对话框中的“打开姿态编辑器”按钮，在弹出的“姿态编辑器”对话框（图 4－132）中单击“新建”按钮，创建夹具结构的关闭姿态（CLOSE），在打开的“编辑姿态”对话框的“姿态名称”框中，输入英文大写字符“CLOSE”，其中各轴的值选择“0.00”，单击“确定”按钮，如图 4－133 所示，完成关闭（CLOSE）姿态的创建。关闭（CLOSE）姿态下的三维模型如图 4－134 所示。

按照同样的方法，在“姿态编辑器”对话框中单击“新建”按钮，在打开的“编辑姿态”对话框的“姿态名称”框中输入“OPEN”，其中的各轴值根据结构的张开姿态选择对应的值，分别为－25，25，25，90，90，90，单击“确定”按钮，如图 4－135 所示，完成张开（OPEN）姿态的创建，张开（OPEN）姿态下的三维模型如图 4－136 所示。

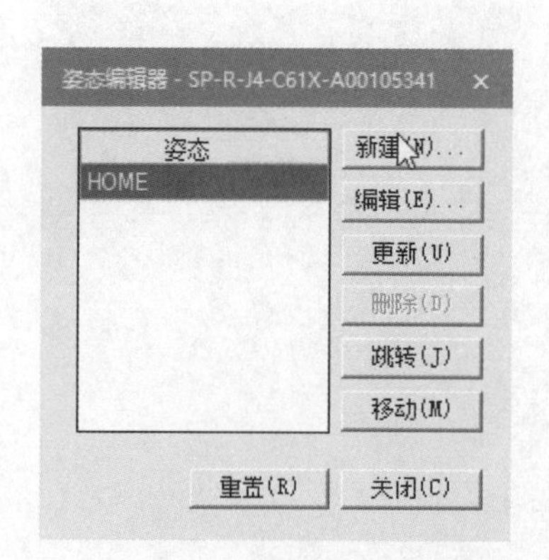

图 4－132 “姿态编辑器”对话框

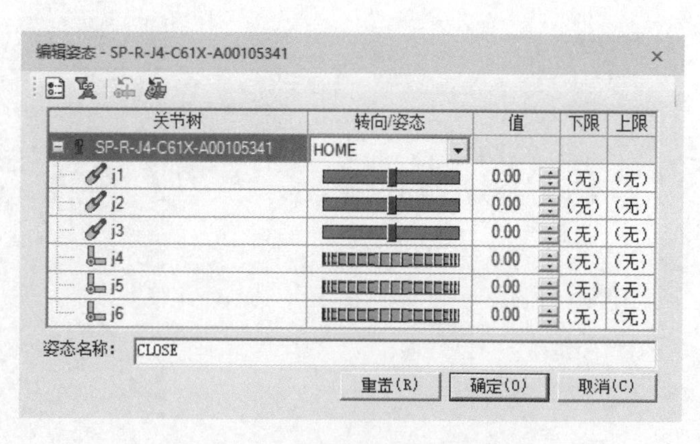

图 4－133 “编辑姿态”对话框

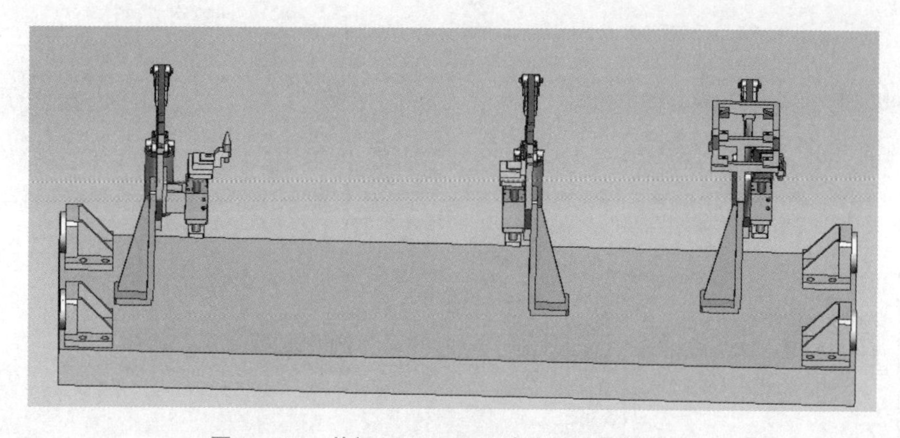

图 4－134 关闭（CLOSE）姿态下的三维模型

编辑姿态 - SP-R-J4-C61X-A00105341

关节树	转向/姿态	值	下限	上限
SP-R-J4-C61X-A00105341	OPEN			
j1		-25.00	(无)	(无)
j2		25.00	(无)	(无)
j3		25.00	(无)	(无)
j4		90.00	(无)	(无)
j5		90.00	(无)	(无)
j6		90.00	(无)	(无)

姿态名称: OPEN

重置(R)　确定(O)　取消(C)

图 4－135 “编辑姿态”对话框

创建完夹具单元的姿态之后，在“对象树”浏览器中，选择“资源”下的组合夹具资源，执行“建模”→“范围”→“结束建模”命令，使组合夹具资源退出编辑状态。对象树中的组合夹具结构如图 4－137 所示。

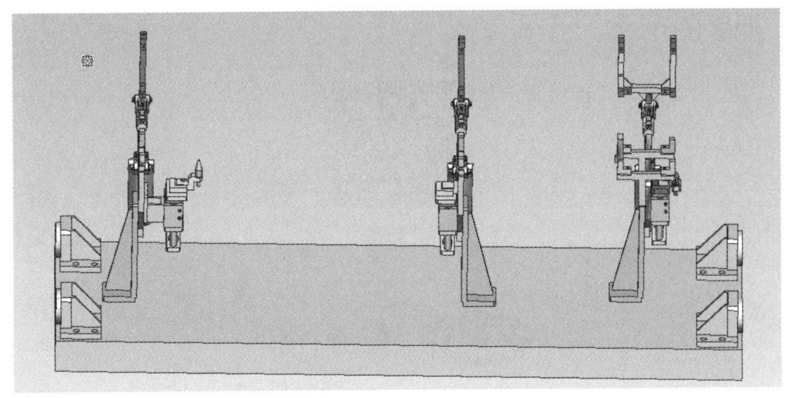

图 4-136　张开（OPEN）姿态下的三维模型

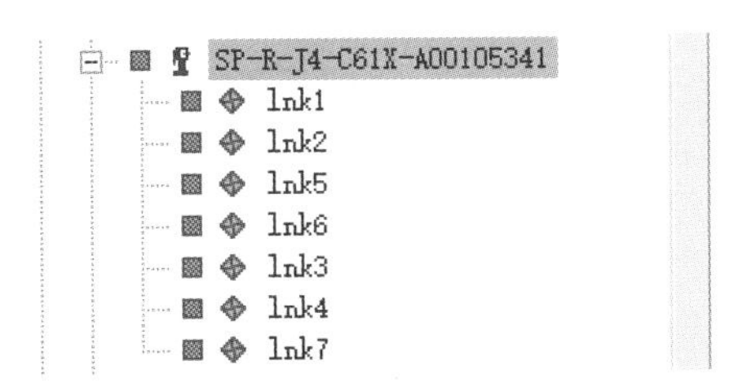

图 4-137　对象树中的组合夹具结构

4.2.6　外部轴结构的定义

外部轴结构的定义

4.2.7　旋转台结构的定义

旋转台结构的定义

4.2.8　弧焊焊枪的定义

弧焊焊枪的定义

4.2.9　抓手的定义

抓手的定义

4.3 任务评价

项目4任务评价见表4－1。

表4－1　项目4任务评价

评价项目	分值	得分	
		自评分	师评分
掌握Process Simulate项目研究的创建方法，熟悉模型文件转换与组件导入、三维模型在仿真环境中的布局等的操作步骤	5		
掌握Process Simulate的基本操作，熟悉工作界面、菜单、工具条、功能选项、“对象树”浏览器及图形编辑器等的操作方法	5		
掌握资源对象运动学的创建与设置方法，学会资源设备姿态的设置方法	10		
掌握TCP坐标系与基准坐标系的创建与使用方法	10		
掌握设备机构等资源的创建方法	10		
下列任务，每完成一项计5分，本项合计分值最高40分。 X形焊枪的定义； C形焊枪的定义； 双导杆夹具的结构定义； 夹具的整体结构定义； 外部轴结构的定义； 旋转台结构的定义； 弧焊焊枪的定义； 抓手的定义	40		
学习认真，按时出勤	10		
具有团队合作意识和协同工作能力	10		
总计得分			

项目5 人机工程仿真设计操作

【知识目标】

- 了解人体模型的概念。
- 熟悉 Jack 人体模型的功能，掌握 Jack 人体模型的工作流程和技术特点。
- 掌握创建 Jack 人体模型的一些基本操作方法，包括行走、抓握、拾取、放置、上下楼梯等。
- 掌握人体姿势的调整方法。
- 掌握人体姿势分析工具的使用方法。

【能力目标】

- 会创建与设置人体模型。
- 会创建与设置人体行走的路径，能创建初始到达和抓握、拾取、放置和行走以及上下楼梯等操作。
- 会设置自动抓放与搬运操作事件，会调整与设置人体姿势和操作事件。
- 会利用人体姿势分析工具对人体姿势进行分析。

【职业素养目标】

- 培养学生的爱岗敬业精神和职业道德意识。
- 培养学生综合运用知识分析、处理问题的能力。
- 培养学生从客户需求出发分析和解决实际问题的能力。

5.1 项目描述

5.1.1 项目内容

在本项目中要求完成一个人因仿真项目，仿真工人 Jack 组装零件和搬运的过程。项目场景三维结构布局如图 5－1 所示。

（1）场地中有 5 张桌子，分别为 A、B、C、D、E。

（2）工人 Jack 需要从目前所在的位置出发，搬运桌子 B 上的 P2 零件到桌子 A 上，然后将输送台上的 P5 零件搬运到桌子 A 上进行组装，再搬运桌子 C 上的 P3 零件到桌子 A 上进行组装，最后回到目前所在的位置。

（3）Jack 从目前所在的位置出发，拿取桌子 D 上的 P2_1 零件，上到台阶平面上，将 P2_1 零件搬运到桌子 E 上进行放置，之后下楼梯，回到目前所在的位置。

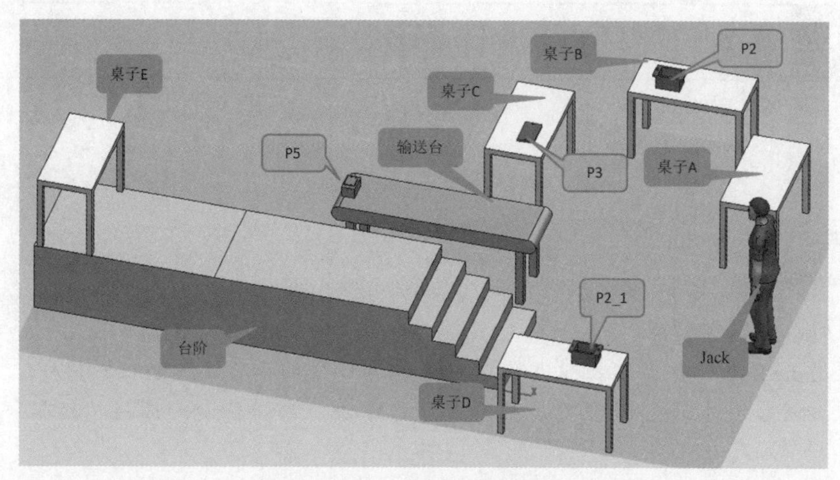

图 5-1　项目场景三维结构布局

5.1.2　项目实施步骤概述

项目实施的主要步骤如下。

（1）新建研究。

（2）创建人体模型。

（3）创建人机工程仿真。

（4）创建人体动作。

（5）创建走动动作。

（6）创建抓取动作。

（7）创建搬运行走动作。

（8）创建放置零件动作。

（9）创建高度过渡操作。

（10）创建平台行走操作。

（11）创建放置对象操作。

（12）创建下楼梯动作。

（13）进行人机工程分析。

下面将上述每一个步骤安排为一个任务进行项目实施。

5.2　项目实施

项目建立和数据导入

5.2.1　新建研究

1. 准备工作

文件的资源层级如图 5-2 所示，其中“parts”文件夹包含零件 P2、P3、P5，而

"ressources"文件夹包含了输送台、桌子以及台阶，其中的"HUMAN_ MODELS"资源是创建 Jack 所需要的基础模型，如果版本低于 15 则需要把文件"Jack. cojt"插入安装文件夹"C:\Program Files\Tecnomatix_XXXX\eMPower\Human\HUMAN_MODELS"，否则无法在 human 模块中创建对应的人体模型。"Jack. cojt"数字模型如图 5-3 所示。

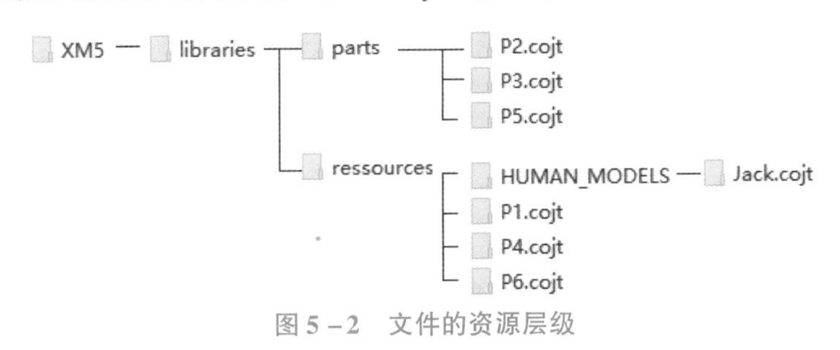

图 5-2　文件的资源层级

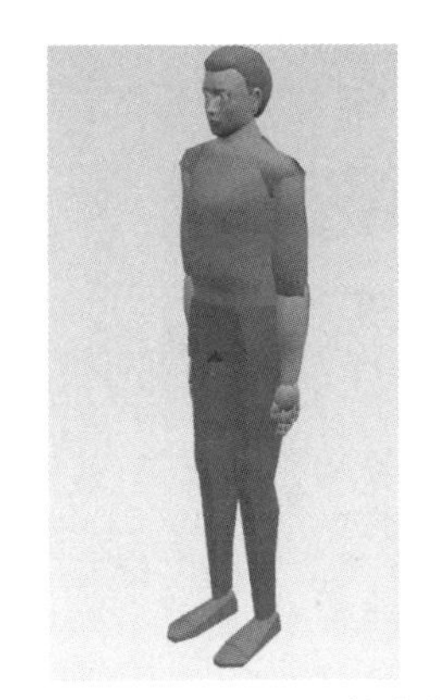

图 5-3　"Jack. cojt"数字模型

2. 新建研究的操作步骤

打开 PS on eMS Standalone 软件进入欢迎界面，在欢迎界面中，在"系统根目录"框中粘贴项目文件地址"F:\XM5"，按键盘上的 Enter 键，保存项目路径，完成项目文件地址的设置（图 5-4），之后关闭欢迎界面，进入软件的操作界面。

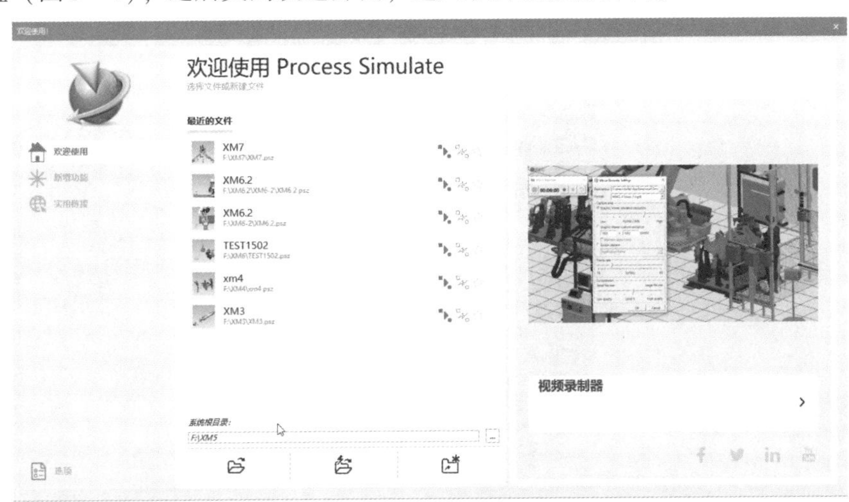

图 5-4　欢迎界面

在操作界面中执行“文件”→“断开研究”→“新建研究”命令，弹出“新建研究”对话框，单击“创建”按钮进行项目的创建（图 5-5、图 5-6），并在弹出的新建研究确认对话框中单击“确定”按钮，如图 5-7 所示。

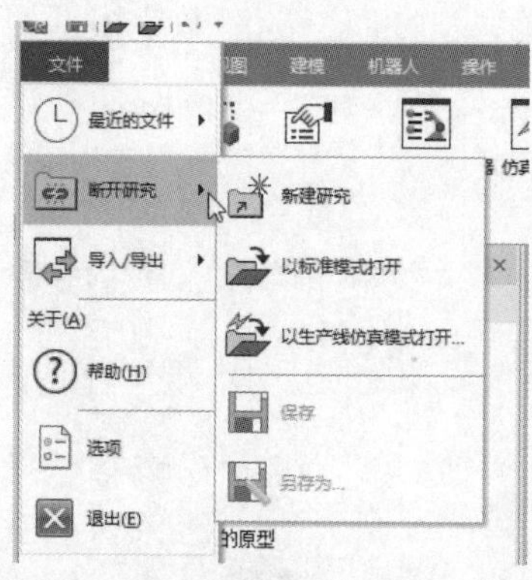

图 5-5 “新建研究”命令

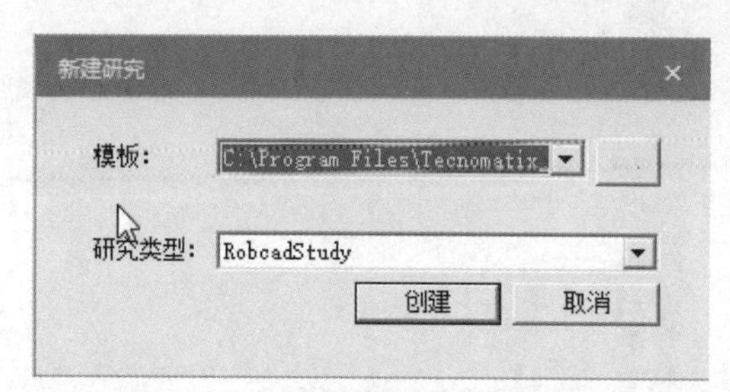

图 5-6 “新建研究”对话框

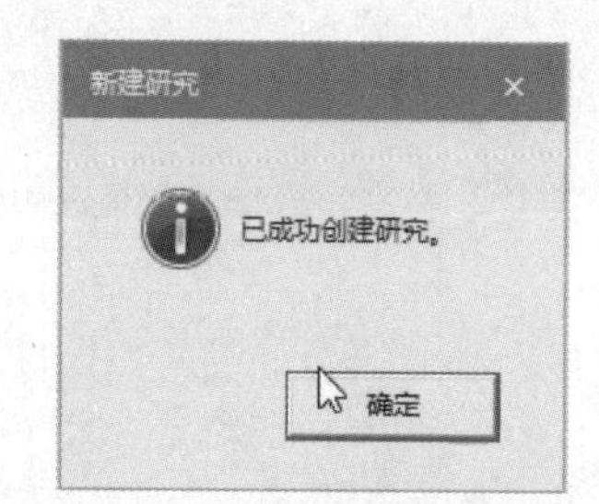

图 5-7 新建研究确认对话框

创建完对应的项目之后，在对象树中会生成项目“新建 RobcadStudy”，将对应的项目保存，单击软件左上角的“保存研究”按钮🖫，在弹出的“另存为”对话框中将文件保存到“F:\XM5”，并将对应的文件保存为“xm5. psz”。

项目保存完成之后，将对象树中对应的项目“新建 RobcadStudy”名称更改为“XM5”（图 5-8），在改名的过程直接按键盘上的 F2 键操作即可。

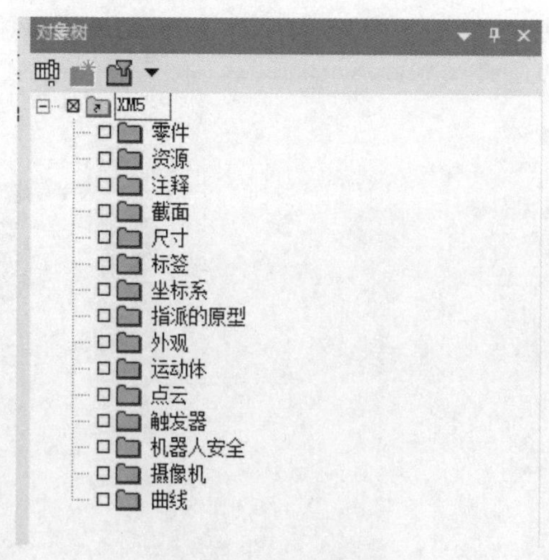

图 5-8 修改项目名称

3. 资源类型定义

执行“建模”→“组件”→“定义组件类型”命令（图5-9），在打开的“浏览文件夹”对话框中，选择保存在“F:\XM5”中的“libraries”项目资源，单击“确定”按钮，弹出“定义组件类型”对话框。

图5-9 “定义组件类型”命令

在打开的“定义组件类型”对话框中，将所有相关资源根据图5-10所示的类型定义。其中，“parts”文件夹下的资源全部定义为“PartPrototype”类型，而“ressources”的资源除“HUMAN_MODELS”下的产品，全部定义为工具类型“ToolPrototype”，“HUMAN_MODELS”中的“Jack”则定义为人体模型“Human”。

定义完成之后，单击“确定”按钮，在弹出的定义组件类型确定对话框中单击“确定”按钮，如图5-11所示，即完成人机工程仿真所需要的资源类型定义。

图5-10 “定义组件类型”对话框

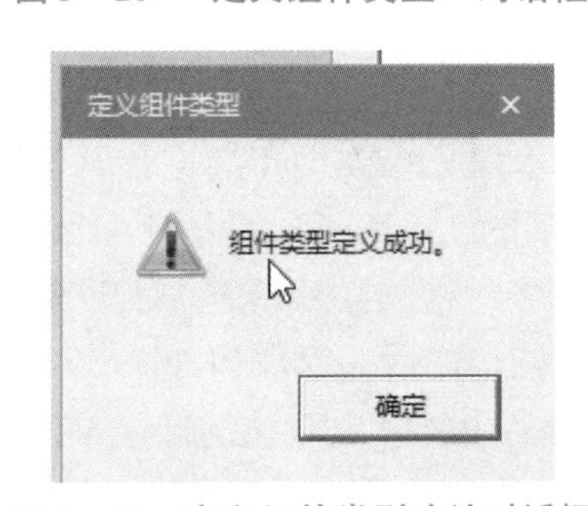

图5-11 定义组件类型确认对话框

4. 模型布局

执行“建模”→“组件”→“组件命令”→“插入组件”命令，在打开的“插入组件”对话框中，依次选择已经被定义的资源数据，之后单击“打开”按钮，将定义为产品和工具的组件插入 PS on eMS Standalone 软件，插入之后在三维视图中会出现对应的三维模型，如图5－12 所示。单击视图窗口中的“缩放至合适尺寸”按钮，就可以将视图中的零件放大。从图中可以看出，产品零件都有同一原点，在插入的时候，各零件已经完成组装的过程。另外，桌面的底面正好与产品零件的底面接触，且所有工具都在地面平台上。

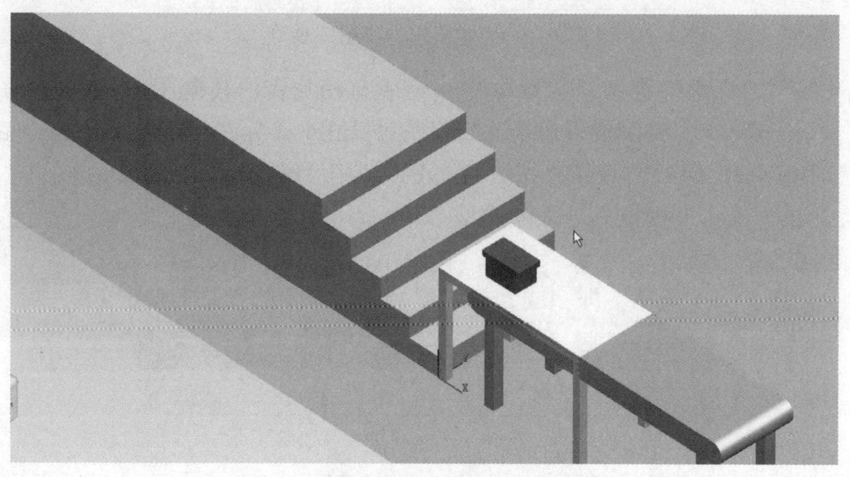

图 5－12　插入之后的三维模型

插入之后的产品名称如图5－13 所示，其主要由三维模型的名称决定，可以利用键盘上的 F2 键对产品名称进行更改，依次选中资源下的数据，对其进行名称进行修改，修改名称之后的对象树如图 5－14 所示。

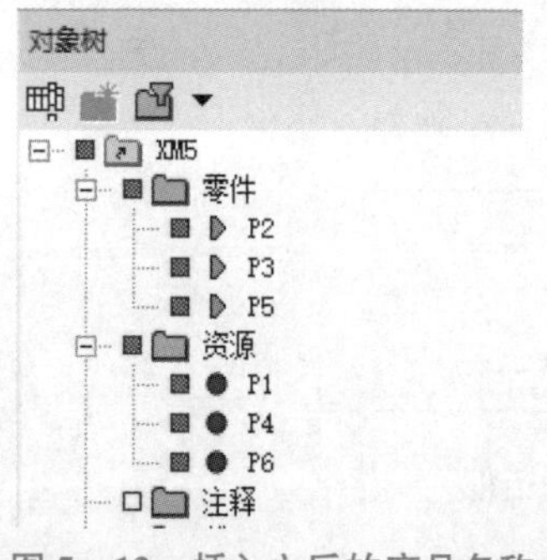

图 5－13　插入之后的产品名称

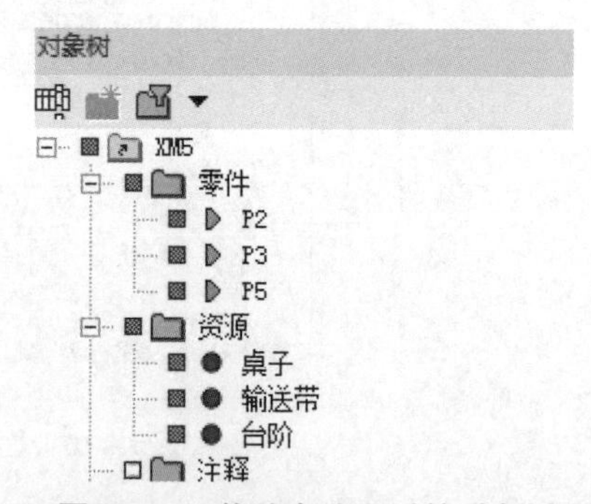

图 5－14　修改名称之后的对象树

修改完成之后，根据设计要求对三维模型布局进行调整，参考图5－1。其中桌子的数量较多，因此通过复制“资源”下的“桌子”（图 5－15），对三维模型进行布局即可。布局的时候采用“放置操控器”与“重定位”按钮对所有资源进行调整。调整完成后的三维模型布局如图5－15 所示。调整之后的对象树如图 5－16 所示。其中，产品需要在桌子 A 上进行放置，因此可以在产品中复制出对应的产品 P2_1，作为桌子 A 上的定位位置。即之后的产品将调整到桌子 A 放置 P2_1 所在的位置。

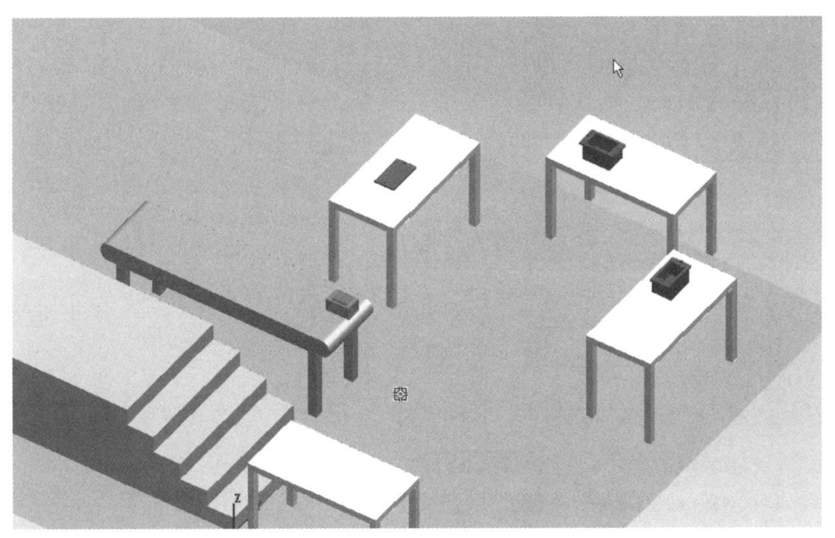

图 5-15 调整完成后的三维模型布局

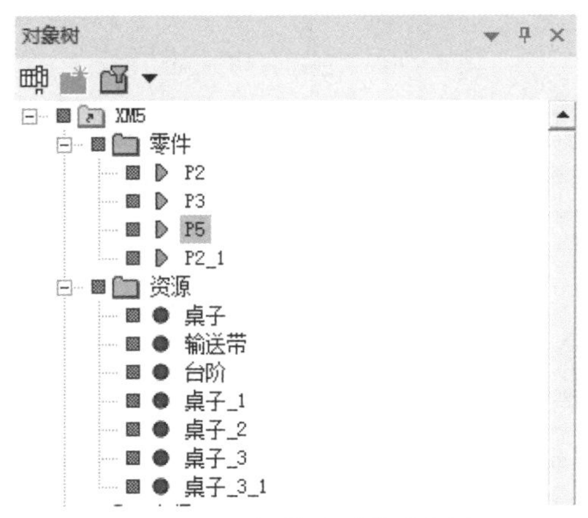

图 5-16 调整之后的对象树

5.2.2 创建人体模型

行走路径的创建过程

人机工程的创建主要是围绕人进行的，因此可以通过创建人体模型进行分析，在创建人体模型的时候，需要执行“人体”→“工具”→“创建人体”命令（图 5-17），在弹出的“创建人体”对话框中，根据选项创建对应的人体模型。

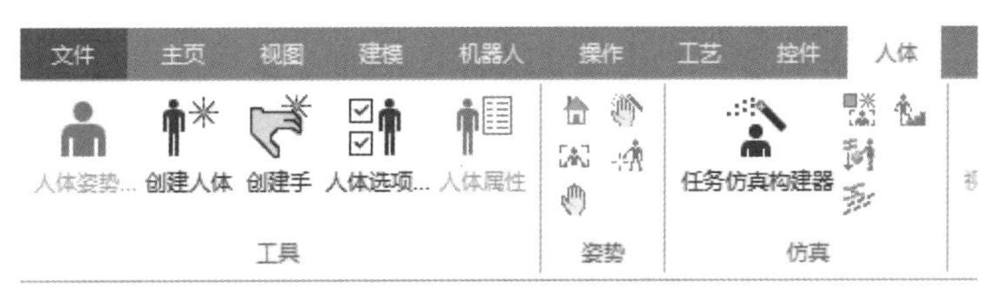

图 5-17 “创建人体”命令

在“创建人体”对话框中，可以通过参数进行人体模型的创建，例如设置“性别”“外观”“数据库”以及相应的“高度”和“重量”，并根据“腰臀比”“鞋子和手套”等参数进行人体模型的创建。本次创建的模型为男性，身高为1 754 mm，体重为71 kg，腰臀比为0.87，其他参数选择默认即可，单击“确定”按钮，完成人体模型的创建，如图5－18所示。

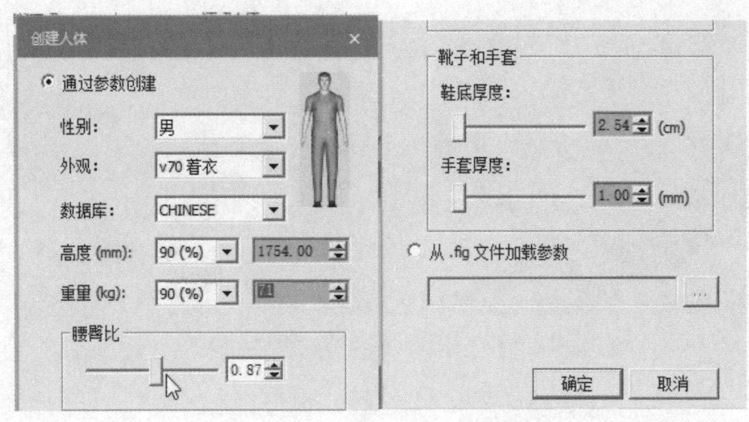

图5－18 “创建人体”对话框

创建完成之后，人体模型会出现在原点位置，需要通过“放置操控器”按钮对人体模型的位置进行调整，因此选中新创建的人体模型，单击视图窗口命令栏中的“放置操控器”按钮，对人体模型的位置进行调整，调整之后人体模型的位置如图5－19所示。

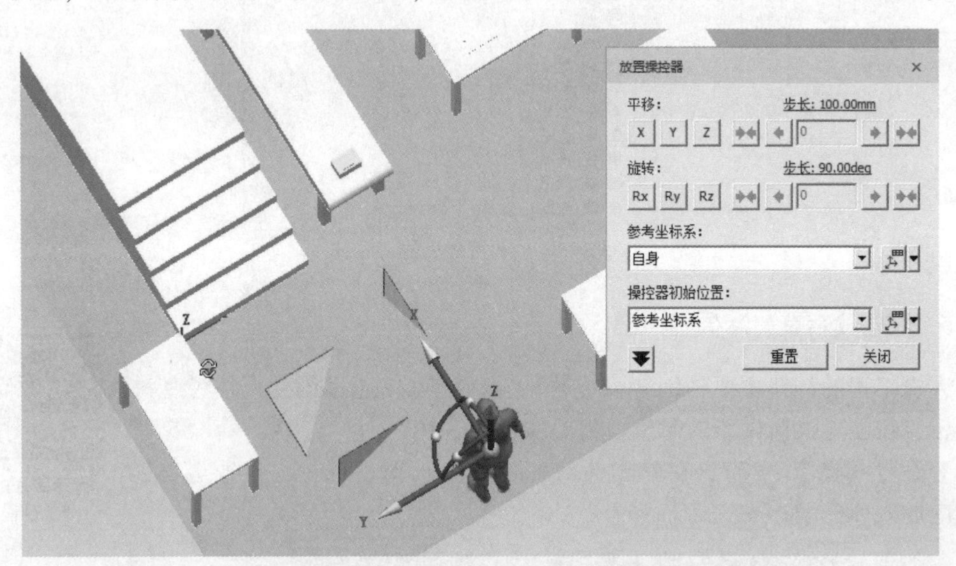

图5－19 调整之后人体模型的位置

5.2.3 创建人机工程仿真

创建人机工程仿真主要是在操作中建立对应的操作，因此选中“操作树”浏览器中的“操作”，之后执行“操作”→“创建操作”→“新建复合操作”命令，如图5－20所示，在弹出的“新建复合操作”对话框中，将名称修改为“人机工程”，范围选择默认的操作根目录即可，单击“确定”按钮。之后的动作将全部创建在此复合操作下，如图 5 - 21 所示。

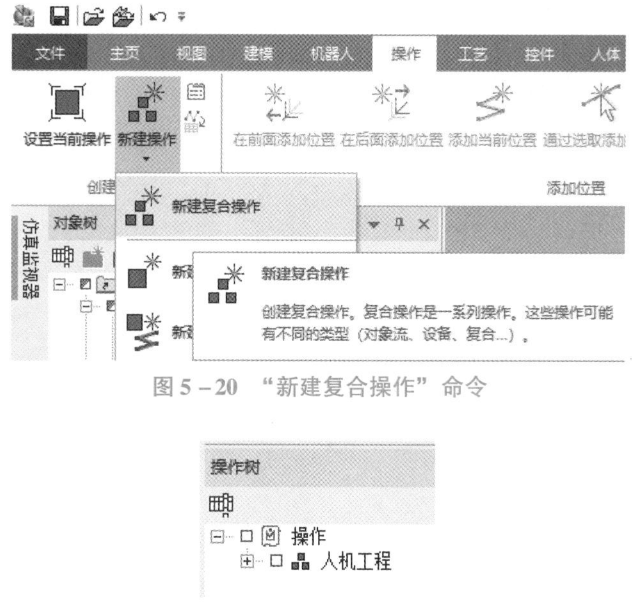

图 5 - 20 “新建复合操作”命令

图 5 - 21 “人机工程”复合操作

5.2.4 创建人体动作

在 Tecnomatix 中，创建人机工程模块时，西门子提供了两种创建人机工程的命令组，其中一组为传统的人机工程创建命令，另外一组为利用“任务仿真构建器”（TSB）的动作创建过程命令。利用“任务仿真构建器”创建的动作，在操作树中是不存在位置路径点的，而传统的通过路径创建的动作是通过路径点来实现的，并且在调整过程中采用位置点进行控制。这两种方法各有优、缺点，本项目通过两种方法配合完成人体动作的创建。

执行“人体”→“仿真”→“任务仿真构建器”命令，如图 5 - 22 所示，在弹出的“任务仿真构建器”对话框中对人体动作进行编辑即可。

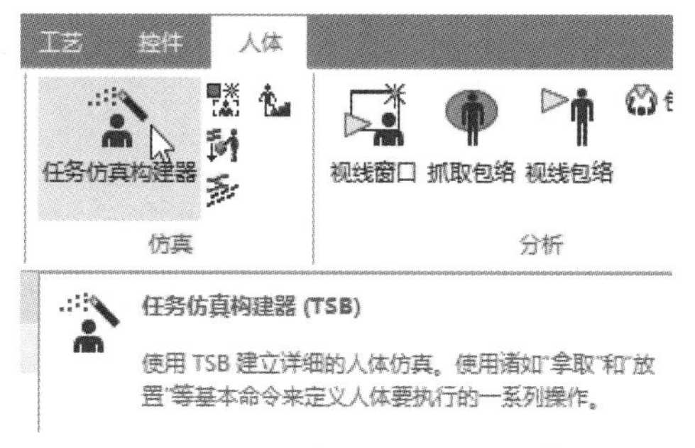

图 5 - 22 “任务仿真构建器”命令

在“任务仿真构建器”对话框中，包含常用的 TSB 动作创建类型，如“走动”“拿取”“放置”“安置”等，并且在“对象”选项卡中还包含“移动”“等待”“附加”“拆离”等操作，这些操作都可以应用在实际人体动作的创建中，与人体模型配合使用，如图 5－23 所示。

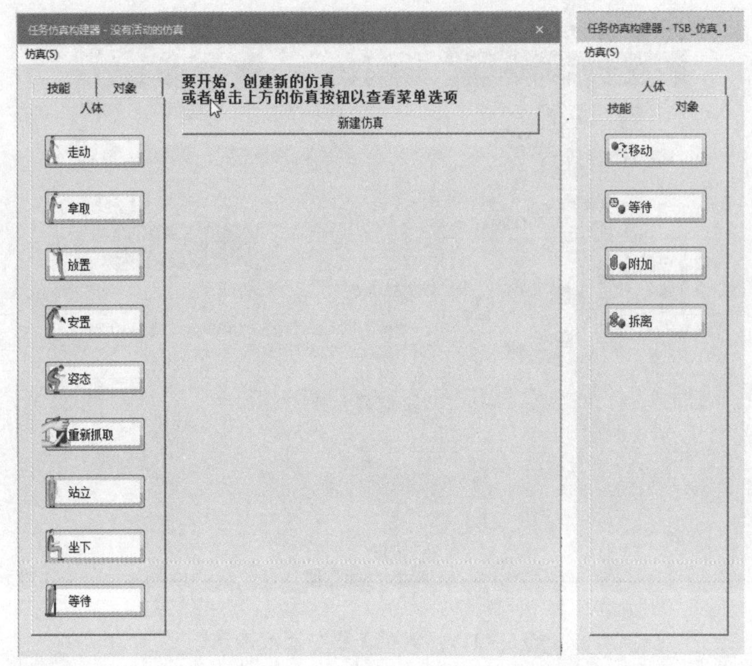

图 5－23 “任务仿真构建器”对话框

在创建动作之前，需要先进行仿真的创建。单击“任务仿真构建器”对话框中的“新建仿真”按钮，在弹出的“新建仿真”对话框中，“名称”选择默认的“TSB_仿真_1”，而“范围”则选择“人机工程”复合操作即可（图 5－24），单击“确定”按钮。创建完成之后在对象树中会出现对应的“TSB_仿真_1”操作路径，如图 5－25 所示。

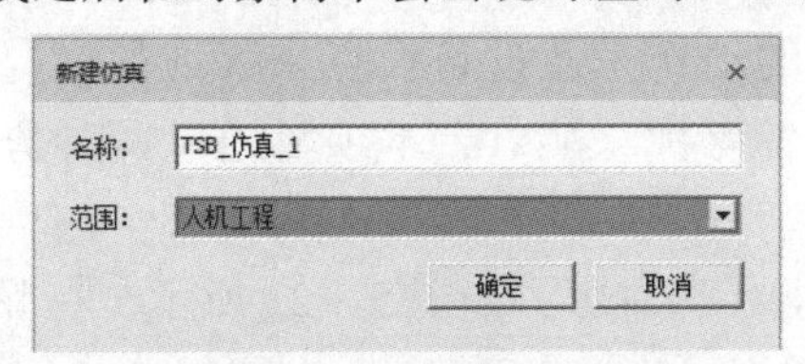

图 5－24 “新建仿真”对话框

图 5－25 “TSB_仿真_1”操作路径

5.2.5 创建走动动作

在“任务仿真构建器”对话框中单击“走动”按钮，在“人体模型”下拉列表中默认选择“Jack”选项即可（图 5－26）。如果在资源中还存在其他人体模型，则可以根据需要进行人体模型的切换，选择需要仿真的人体模型创建走动即可。

在“具体位置”框中，位置主要是由人体模型底部的坐标系的位置确定的，单击“具体位置”框右侧的“放置人体”按钮，就会在人体的脚部出现对应的坐标系，并且弹出“人体部位操控器”对话框（图 5－27），根据需要将人体模型进行移动即可，这里移动到零件 P2 所在位置。确定人体朝向零件 P2，如图 5－28 所示，朝向可以通过选择 Rz 轴进行旋转。位置确定好之后，单击“下一步”按钮。

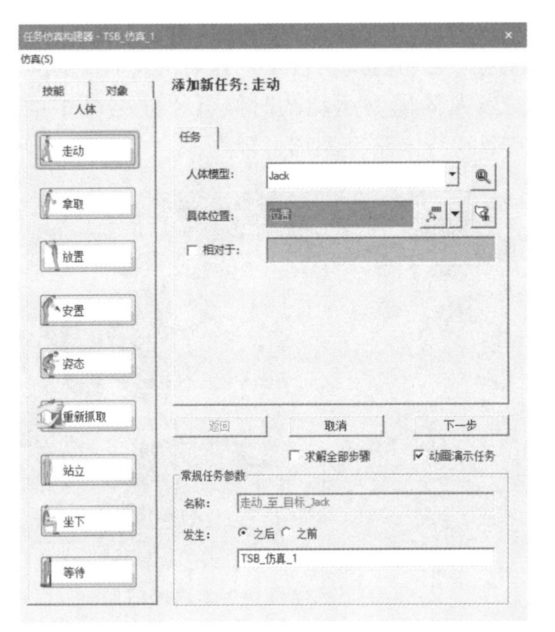

图 5－26 “任务仿真构建器”对话框中创建走动

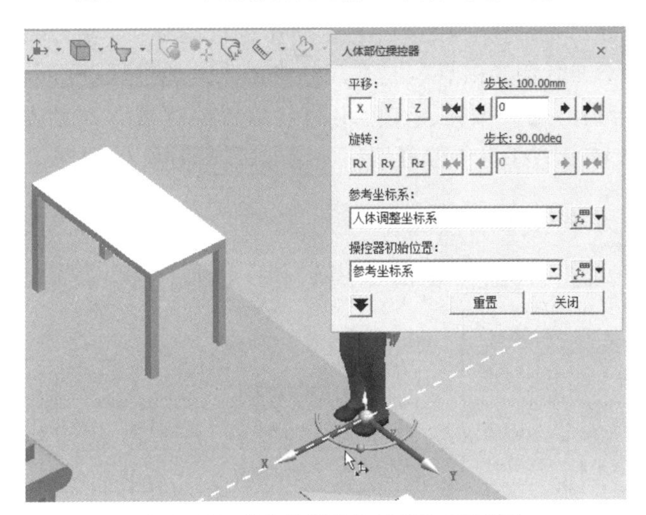

图 5－27 “人体部位操控器”对话框

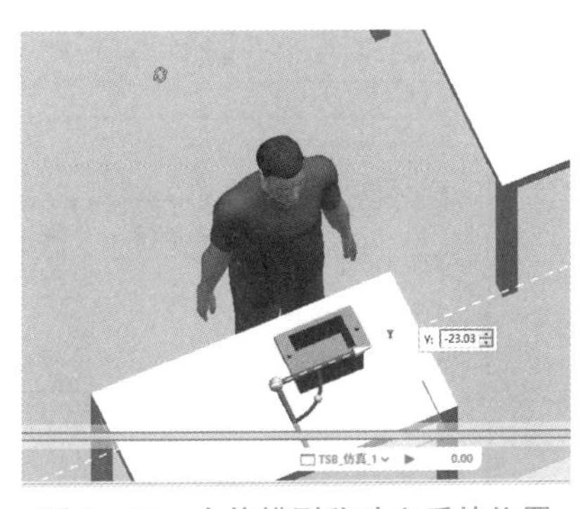

图 5－28 人体模型移动之后的位置

单击“下一步”按钮之后，“任务仿真构建器”对话框会进入新的界面，而且人体模型会自动根据选取的终点进行运动仿真，行走到选定的位置，同时在路径中出现相应的脚步。在路径中可以看出，当人体模型运动的时候会干涉路径中的桌子 A，如图 5－29 所示，因此还需要将人体模型的行走路径添加过程点。

图 5－29　人体模型行走路径仿真

在“任务仿真构建器”对话框新打开的界面中（图 5－30），可以对路径进行编辑，其中，“更改行走姿势”是对人体模型的行走动作进行调整；“更改目标”是对选中的终点位置进行调整；“添加行走经由点”是在路径中插入其他过程点。本次路径中出现干涉，因此单击“添加行走经由点”按钮，在弹出的“放置控制器”对话框中对人体模型进行移动。调整之后的人体模型在桌子位置偏移一定的距离即可，如图 5－31 所示。

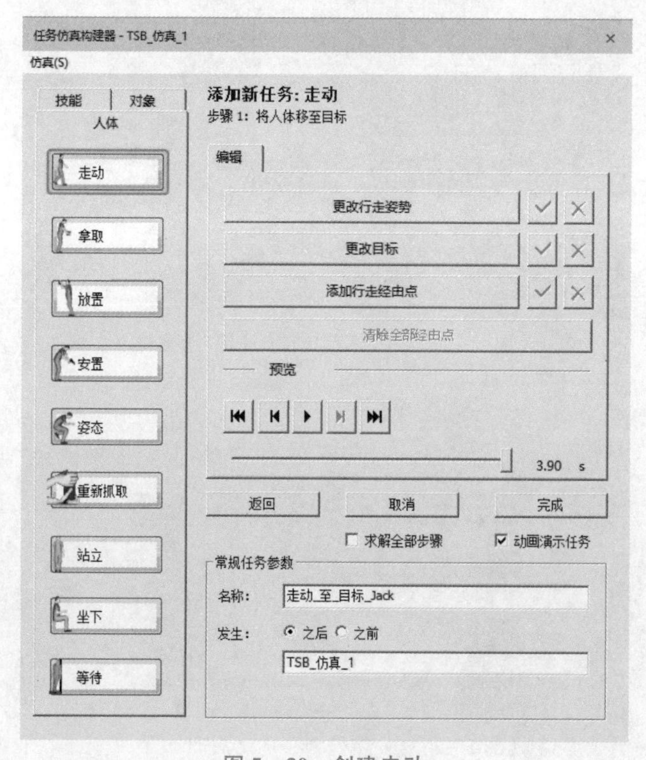

图 5－30　创建走动

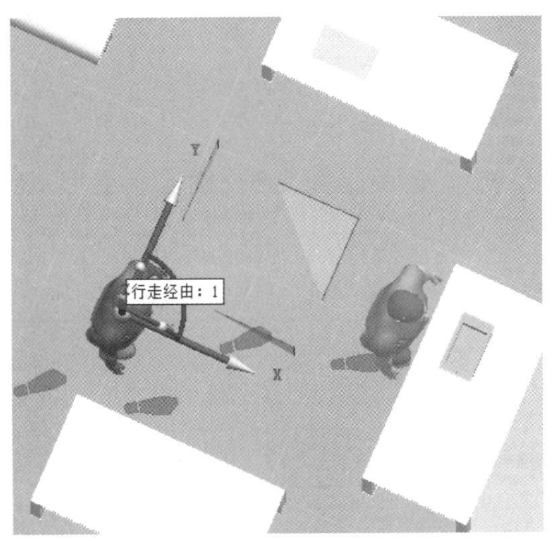

图 5-31　添加行走经由点

在选取位置之后，在“任务仿真构建器”对话框的“编辑”选项卡中单击“添加行走经由点”后的“√”按钮（“批准命令”按钮），如图 5-32 所示，新创建的过程点就会保存到路径中，且人体模型会自动进行模拟。模拟状态如图 5-33 所示，从图中可以看出，人体模型不再与桌子干涉。创建完成之后，单击“任务仿真构建器”对话框中的“完成”按钮，如图 5-34 所示，完成走动的创建。走动创建完成之后，在操作树中的“TSB_仿真_1”下会出现“走动_至_目标_Jack”路径，此路径就是走动路径，如图 5-35 所示。

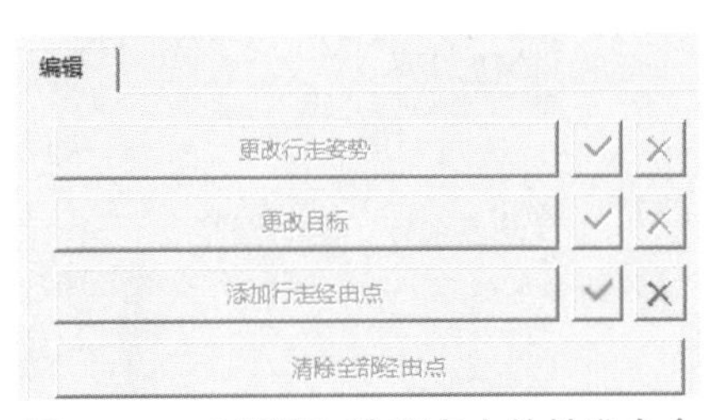

图 5-32　“编辑”选项卡中的批准命令

图 5-33　模拟状态

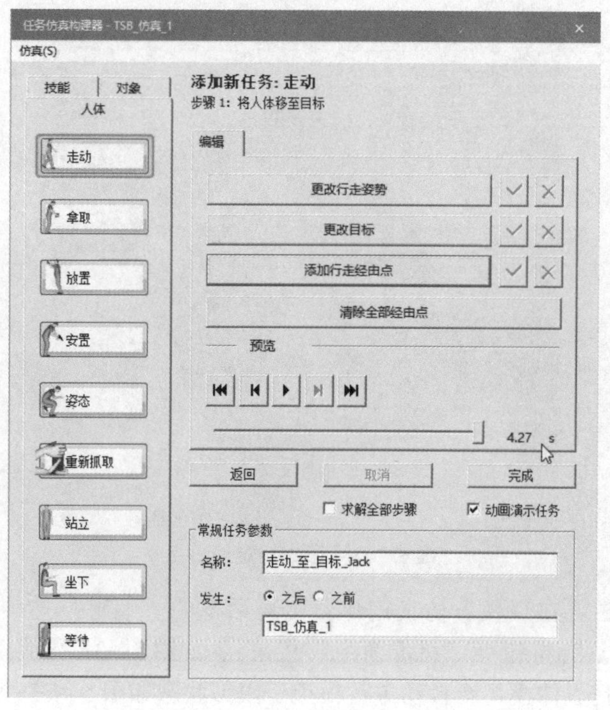

图 5－34　单击“完成”按钮

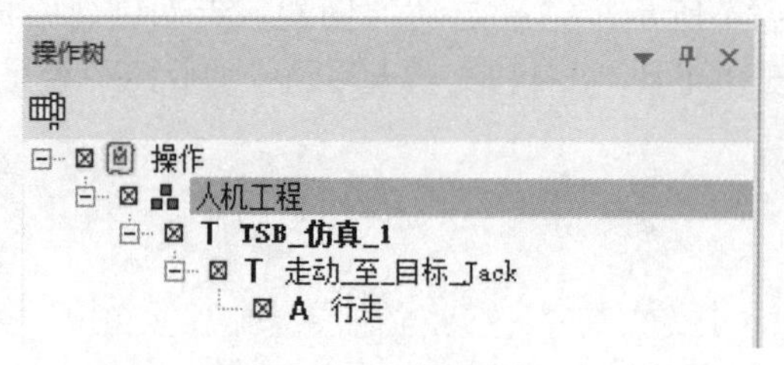

图 5－35　走动路径

5.2.6　创建抓取动作

抓取动作的创建

人体模型进行拿取物品运动主要是通过“任务仿真构建器”对话框中的“拿取”按钮实现的。

单击“任务仿真构建器”对话框中的“拿取”按钮，在右侧会出现“添加新任务：拿取”界面。“人体模型”选择默认的人体模型“Jack”，且在“或拾取对象以自动求解抓取”区域的“对象”选择本次抓取的零件“P2”，“手”选择“双手”，之后单击“下一步”按钮，会弹出更改目标选项，不更改目标就直接单击“下一步”按钮，人体模型将直接模拟抓取动作，并将手创建到对应的零件上进行模拟抓取，如图 5－36 所示。

在“任务仿真构建器”对话框中会出现“编辑最终姿势”和“在最终姿势前插入经由姿势”按钮，如图 5－37 所示。此时抓取位置如图 5－38 所示。

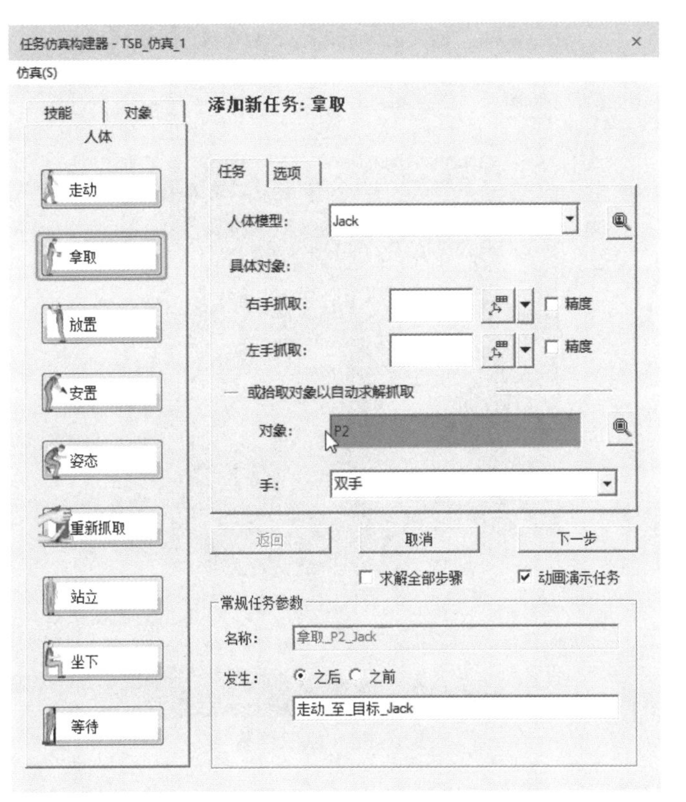

图 5－36　创建抓取动作（1）

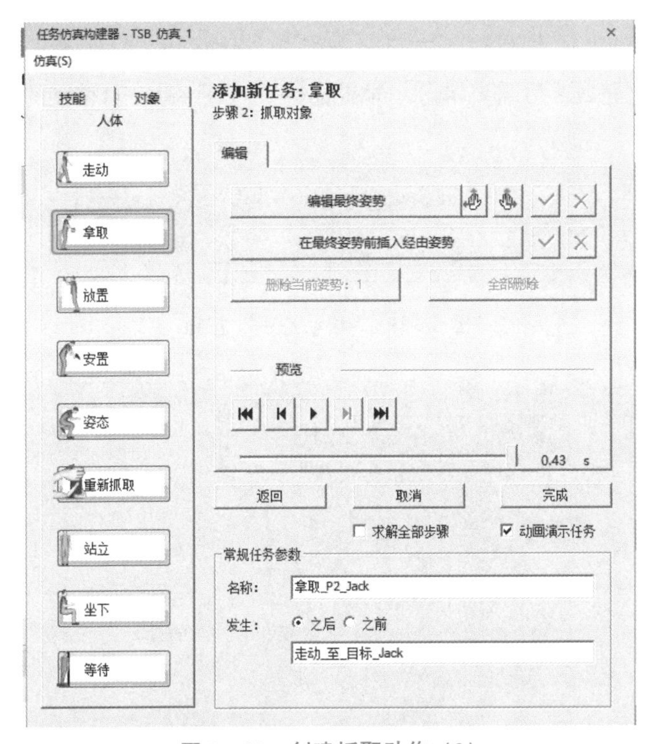

图 5－37　创建抓取动作（2）

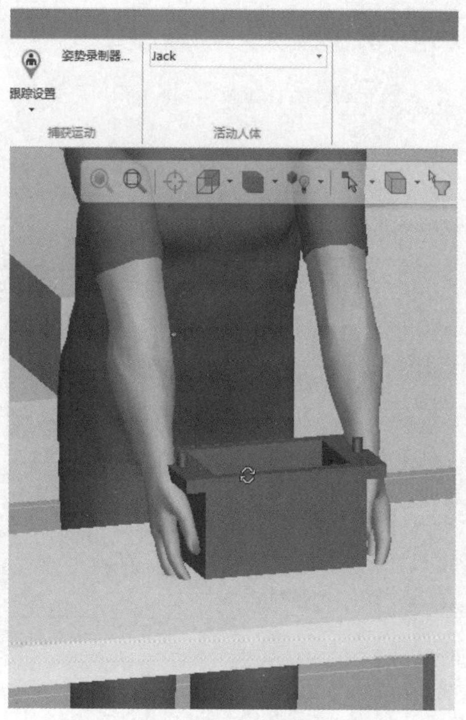

图 5－38 抓取位置

单击“编辑最终姿势”按钮后的“移动左手”按钮，对人体模型的手臂抓取位置进行调整（图 5－39），会弹出“人体部位操控器”对话框，并且在手臂上会出现调整的坐标系（图 5－40）。通过坐标系调整合适的抓取位置，调整好之后，单击“移动右手”按钮进行调整。调整完成之后需要单击“批准命令”按钮，对移动的位置进行确定。

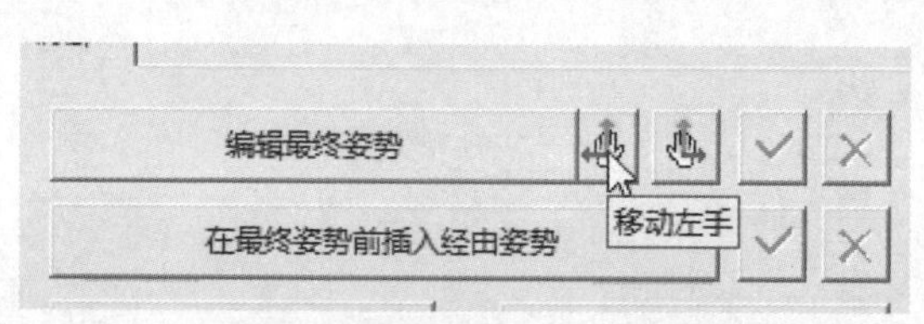

图 5－39 “移动左手”按钮

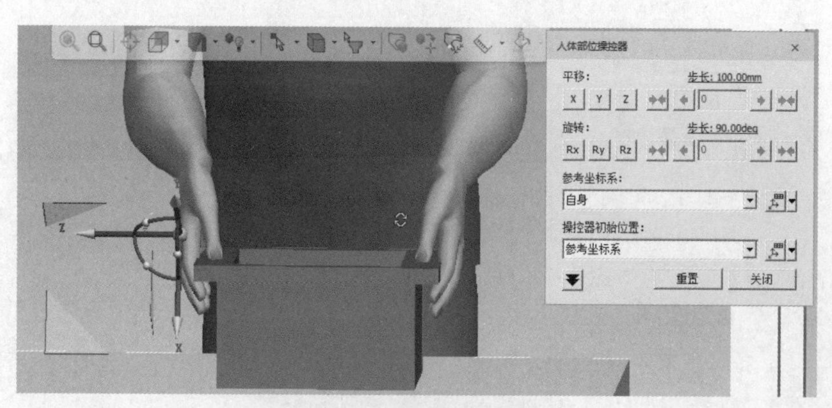

图 5－40 移动左手操作

此时人体模型会进行一次仿真，确定目前的抓取动作。从仿真中可以看出，抓取动作不是很合理，会与零件有较大的干涉，并且抓取动作僵硬，零件容易脱落。

因此，单击“编辑最终姿势”按钮，弹出“人体姿势”对话框，如图 5－41 所示，该对话框的作用主要是对人体模型的关节进行调整，包括站姿、坐姿以及对人体模型关节的锁定等。在“姿势库”选项卡中，全身姿势是 Tecnomatix 自带的姿势，如图 5－42 所示，可以选取其中的姿势来调整人体模型。在“手”选项中，是针对手部的动作进行调整的资势库，可以双击其中合适的手臂，对手部抓取动作进行调整。

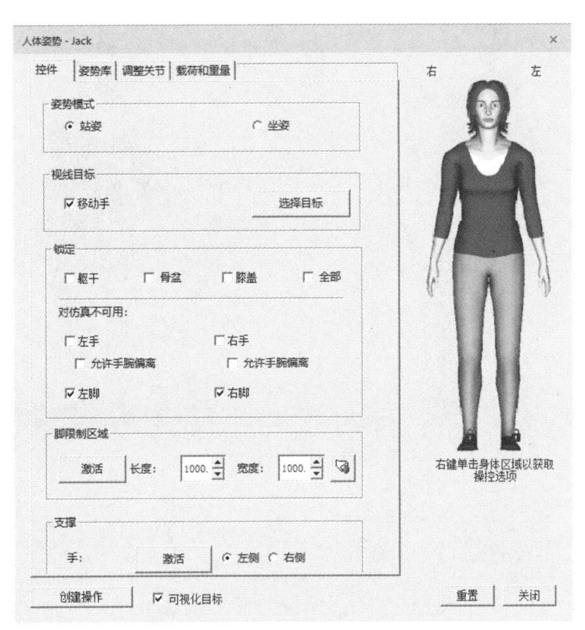

图 5－41 “人体姿势”对话框

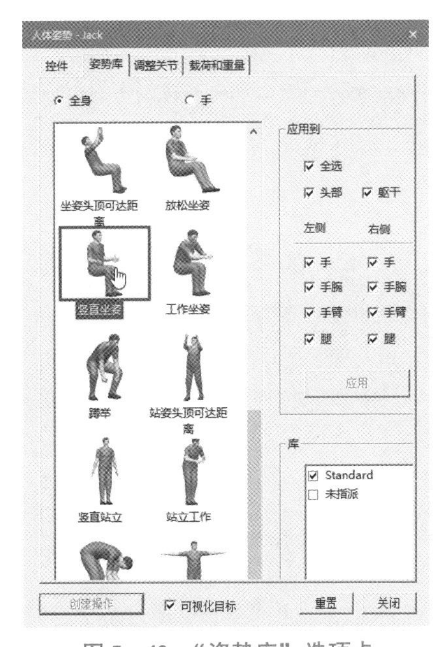

图 5－42 “姿势库”选项卡

“调整关节”选项卡提供了针对各关节角度调整的选项，可以直接选取对应关节和调整角度来调整人体模型的姿势，如图 5－43 所示。在 Tecnomatix15. 0. 2 中，并没有对调整之后的姿势进行保存的命令，因此如果需要使用对应的姿势，必须创建对应的姿势操作才可以应用。“载荷和重量”选项卡主要用于定义人体模型手臂的加载力的大小，当有搬运的物品，需要做人体受力仿真的时候，就可以通过“载荷和重量”选项卡，实现人体受力分析仿真，如图 5－44 所示。

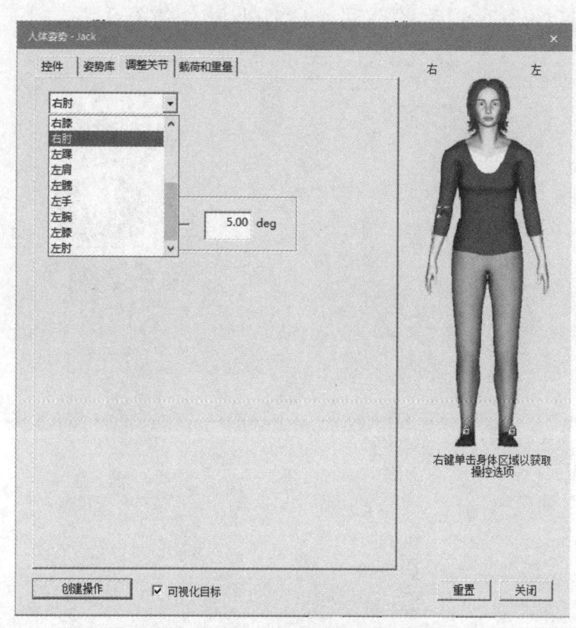

图 5－43　“调整关节”选项卡

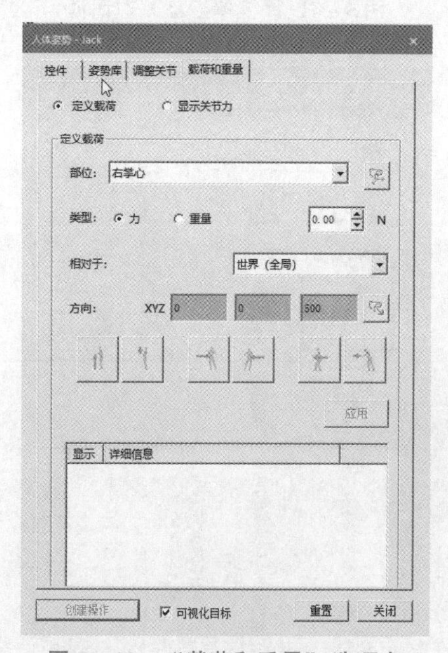

图 5－44　“载荷和重量”选项卡

在进行人体模型手臂姿态调整的时候，单击“姿势库”选项卡中的“手”单选按钮，选择“lateral_key_grip”姿势，并在“应用到”区域单击“双手”单选按钮，之后选择“调整姿势”选项，对手指的打开角度进行调整，如图5－45所示。调整之后的手臂姿势如图5－46所示，之后单击“关闭”按钮。

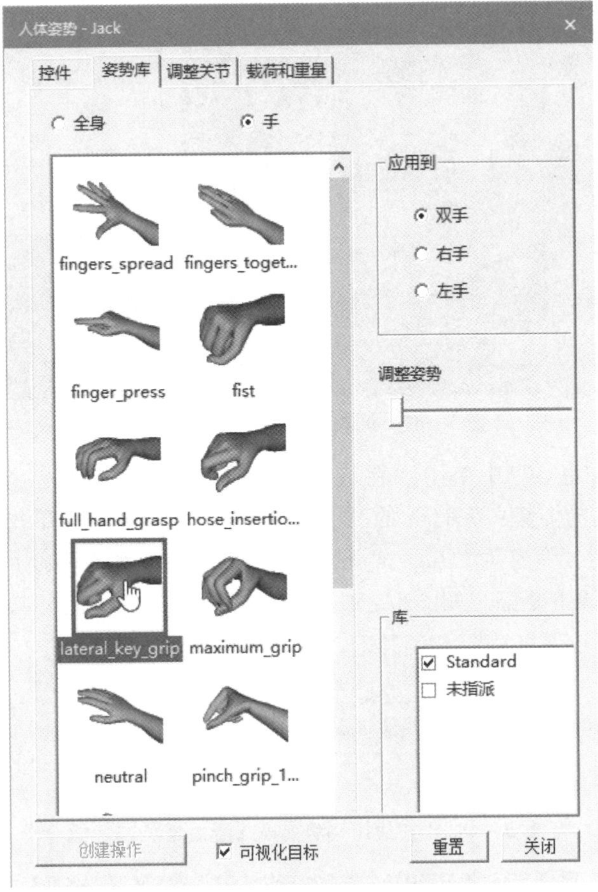

图5－45　手臂姿势调整

图5－46　调整之后的手臂姿势（1）

由于调整手臂姿势之后抓取位置发生一定的变化，所以还需要通过“任务仿真构建器”对话框中的“移动左手”按钮和“移动右手”按钮对抓取位置进行调整。调整之后的手臂姿势如图 5-47 所示。调整完成之后，单击“编辑最终姿势”按钮后的“批准命令”按钮 ✓。

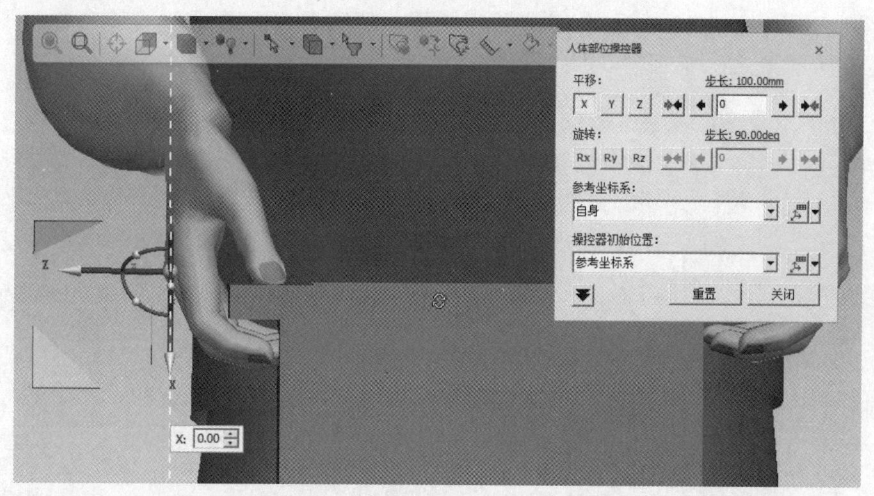

图 5-47　调整之后的手臂姿势（2）

在“任务仿真构建器”中单击“在最终姿势前插入经由姿势”按钮，如图 5-48 所示，调整最终姿势前的姿势，在打开的“人体姿势”对话框中，单击“姿势库”选项卡中的“手”单选按钮，调整为“fingers_together”姿势，如图 5-49 所示，让这个姿势作为握紧零件 P2 前的伸手姿势，如图 5-50 所示，之后单击“关闭”按钮。

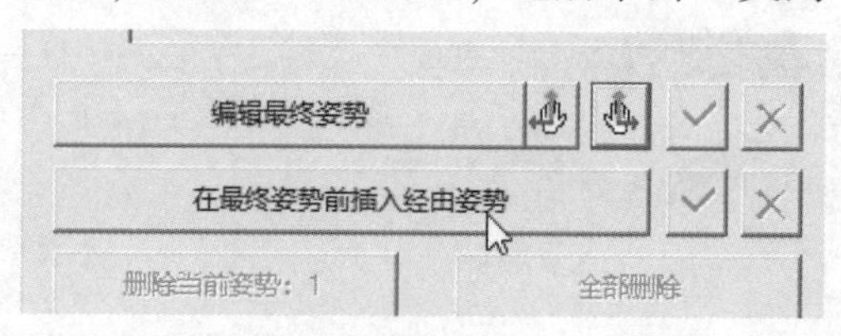

图 5-48　“在最终姿势前插入经由姿势”按钮

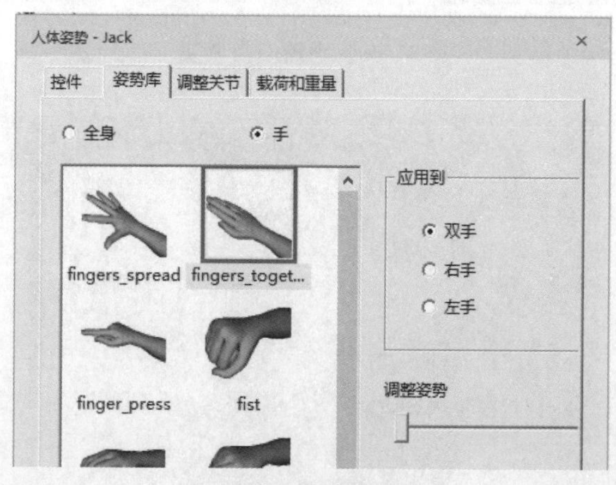

图 5-49　创建手臂姿势

单击“在最终姿势前插入经由姿势”按钮后的“批准命令”按钮 ✓，如图 5-51 所示。单击之后，人体模型会模拟抓取动作，如图 5-52 所示，若动作合理则可以单击“完成”按钮。

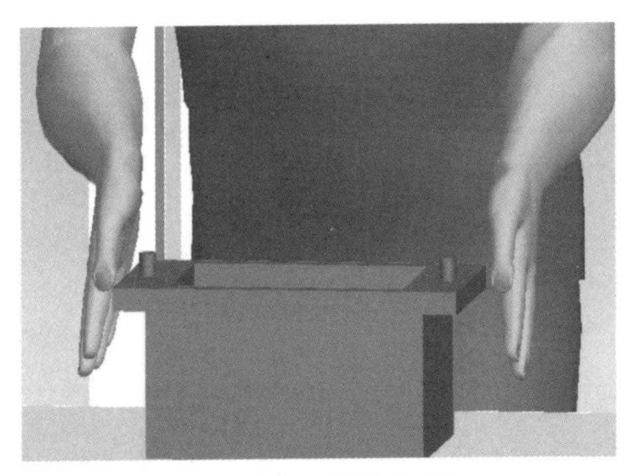

图 5-50　最终姿势

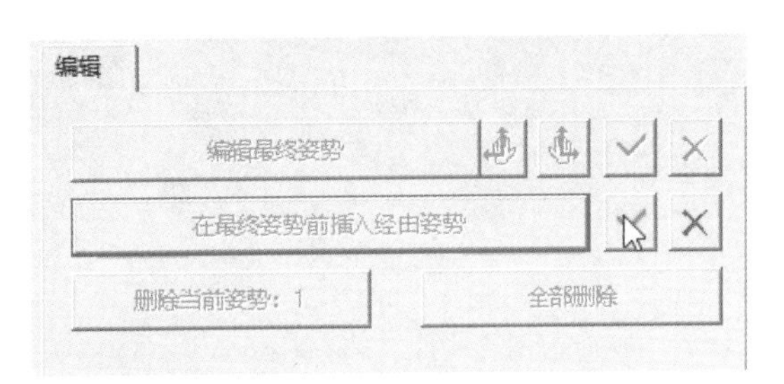

图 5-51　单击“批准命令”按钮

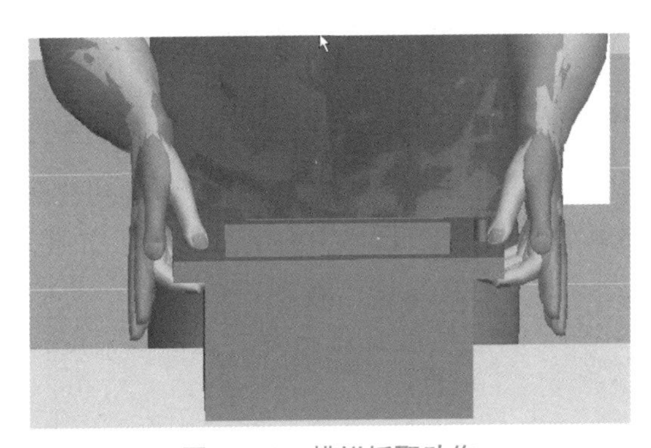

图 5-52　模拟抓取动作

创建完成之后，在操作树中会出现对应的“拿取_P2_Jack”操作（图 5-53），且在“序列编辑器”对话框中对应的路径会直接被加入其中（图 5-54）。单击“序列编辑器”对话框中的“正向播放仿真”按钮，之前创建的行走动作和抓取动作会进行播放仿真，如图 5-55 所示。

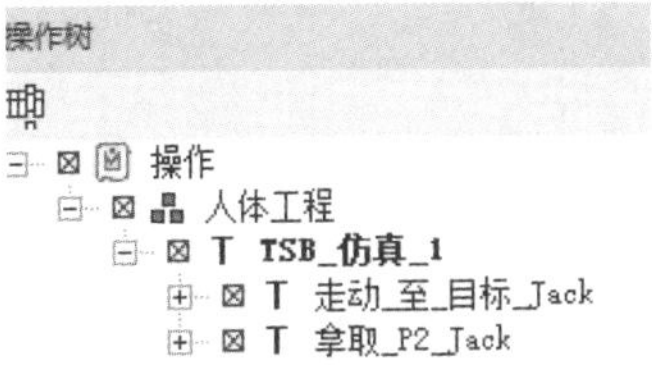

操作树
操作
人体工程
TSB_仿真_1
走动_至_目标_Jack
拿取_P2_Jack

图 5-53　操作树结构

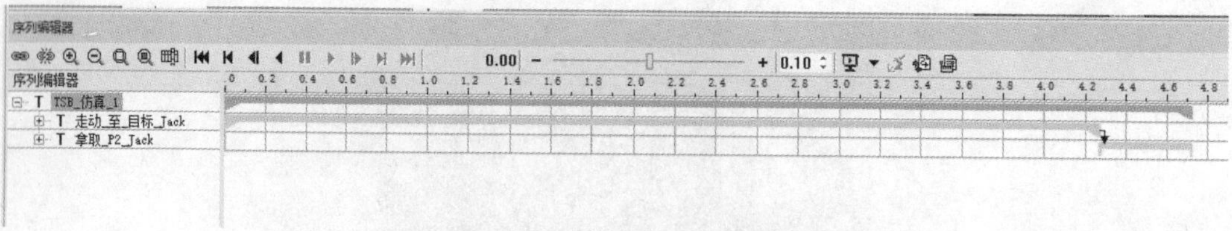

图 5-54 “序列编辑器”对话框

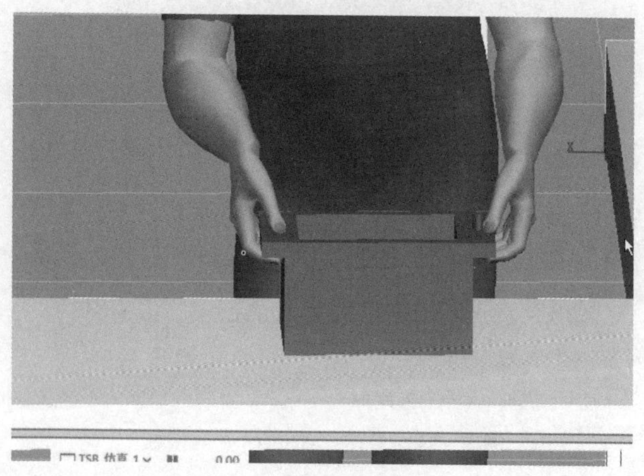

图 5-55 播放仿真

5.2.7 创建搬运行走动作

在人体模型抓取完成对应的零件之后，利用“任务仿真构建器”对话框中的“走动”按钮（图 5-56）将拿取的零件放到桌子 A 所在的区域进行放置。单击“走动”按钮之后，在“具体位置”框后单击“放置人体”按钮，在弹出的“人体部位操作器”对话框中对人体模型进行调整，使人体模型正面对着桌面上的零件 P2_1。调整之后的状态如图 5-57 所示。

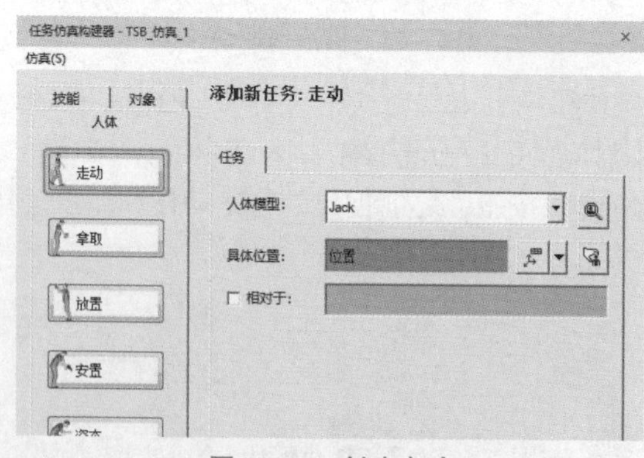

图 5-56 创建走动

单击“下一步”按钮，人体模型会进行相应的仿真。观察路径情况，如果没有干涉，则不需要添加行走经由点，之后单击“完成”按钮，完成对应的搬运行走动作，如图 5-58 所示。

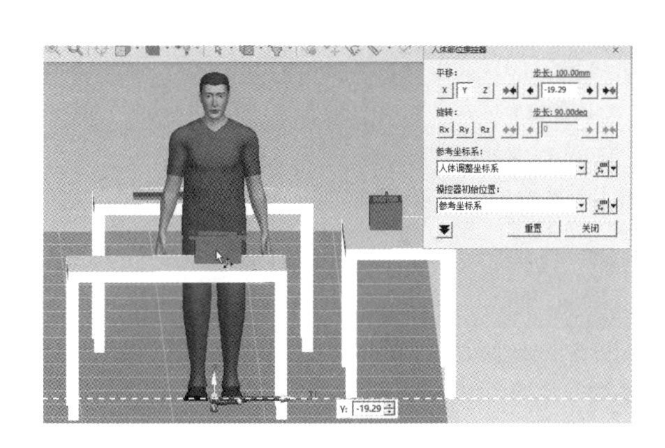

图 5-57　调整之后的状态

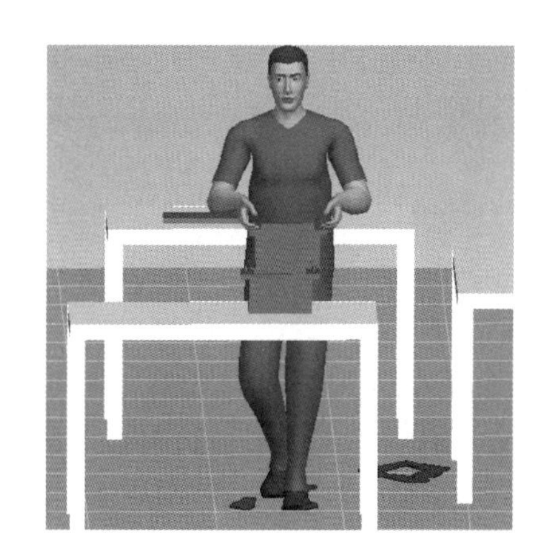

图 5-58　搬运行走动作仿真

5.2.8　创建放置零件动作

在“任务仿真构建器”对话框中，单击“放置”按钮，对人体模型所持有的零件 P2 进行放置，如图 5-59 所示。

放置零件动作的创建过程

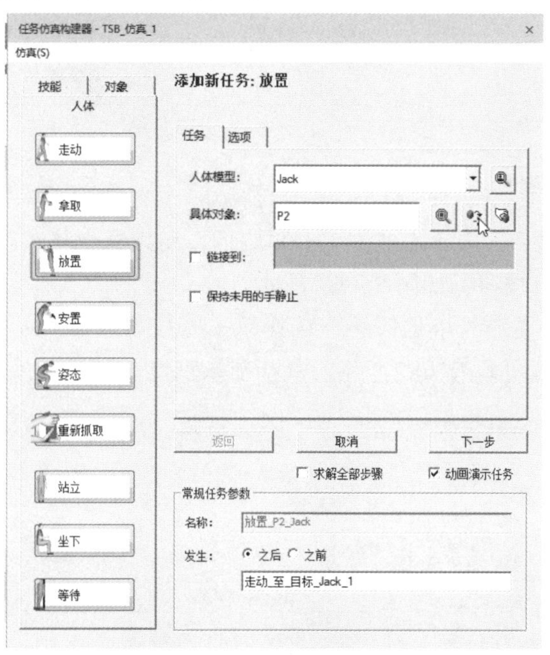

图 5-59　创建放置零件动作

在右侧的选项框中，“人体模型”选择“Jack”，“具体对象”选择“P2”。单击“具体对象”之后的“重定位”按钮，在弹出的“重定位”对话框中对零件的放置位置进行调整，调整之前，执行视图窗口中的“选取意图”→“自原点选取意图”命令，如图 5-60 所示。

图 5－60 “自原点选取意图”命令

在打开的“重定位”对话框中，“从坐标”选择“自身”，而“到坐标系”选择桌面上的零件“P2_1”，之后单击“应用”按钮，如图 5－61 所示，可以看出人手和零件 P2 被放置到位的情况，并以虚拟手臂显示，如图 5－62 所示。单击“关闭”按钮，回到“任务仿真构建器”对话框，单击“下一步”按钮。

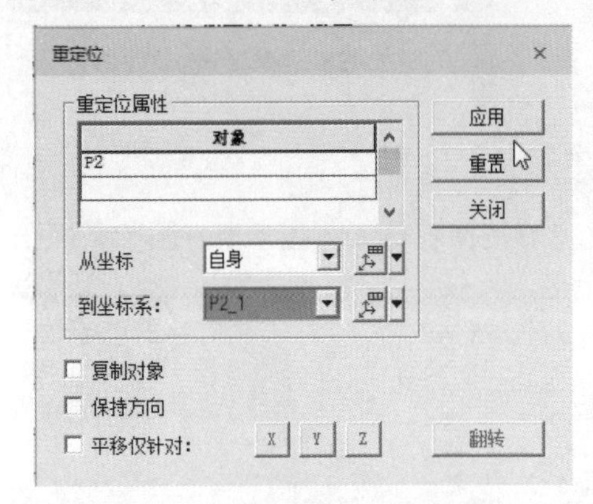

图 5－61 “重定位”对话框

图 5－62 虚拟手臂仿真动作

由于在放置零件之后，人手需要先张开再收回，所以在“任务仿真构建器”对话框中单击“编辑最终姿势”按钮，如图 5－63 所示，在弹出的“人体姿势”对话框中，单击“姿势库”选项卡中的“手”单选按钮，选择双手姿势为“fingers_together”，如图 5－64 所示，单击“关闭”按钮，关闭“人体姿势”对话框。

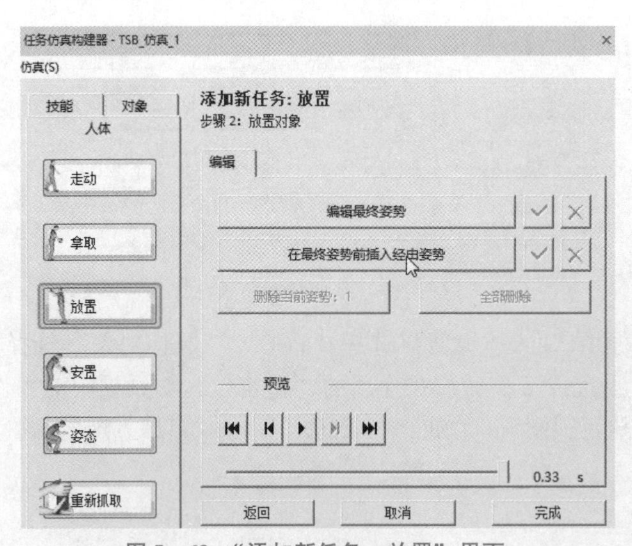

图 5－63 “添加新任务：放置”界面

在“任务仿真构建器”对话框中单击“编辑最终姿势”后的“批准命令”按钮 ，人体模型会仿真对应的放置动作，如果合理，就单击“完成”按钮，完成对应的放置动作，如图5－65 所示。

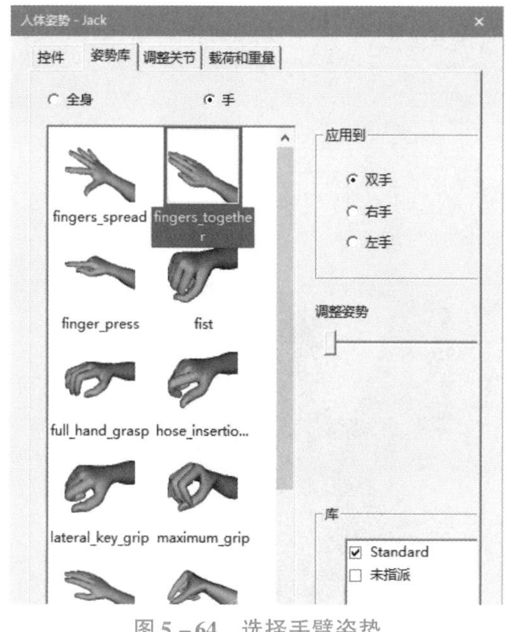

图 5－64　选择手臂姿势

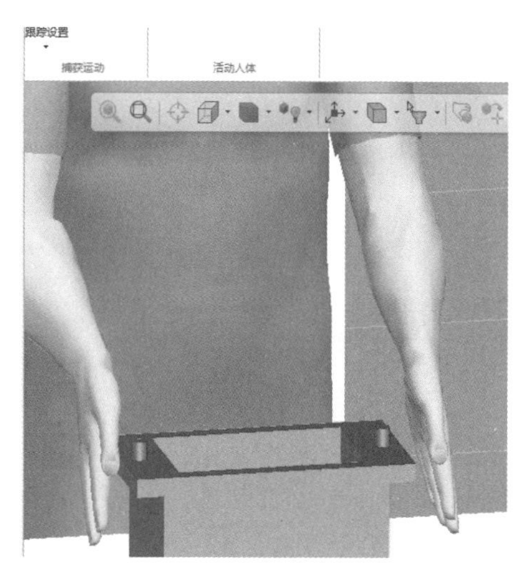
图 5－65　编辑最终姿势

创建完成的路径会在“序列编辑器”对话框中进行串联，单击“正向播放仿真”按钮查看路径是否合理，若合理则进行下一步操作即可，如图 5－66 所示。

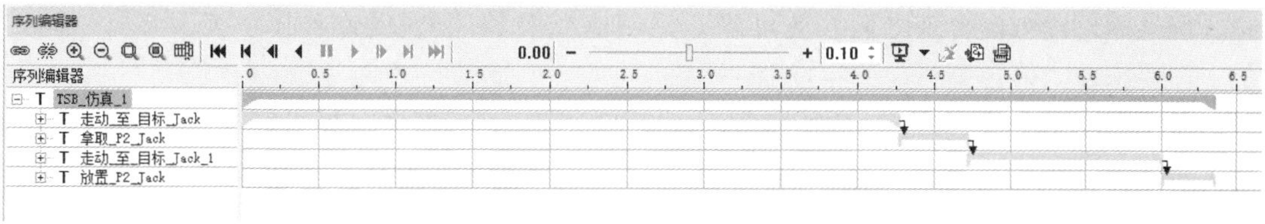

图 5－66　“序列编辑器”对话框

接下来搬运零件 P5。由于零件 P5 是直接通过放置操作器放置于输送台上的，零件的方向没有做调整，而在抓取零件和放置零件的时候，是采用的零件的自原点对零件进行放置的，如果在抓取过程中抓反了，那么在放置的过程中人手就会出现交叉的错误情况，所以在创建下一个零件的抓取动作之前，可以利用坐标系来确认所抓取零件和放置零件的原点的位置，进而确认抓取零件的朝向是否合理。

在视图窗口执行“选取意图”→“自原点选取意图”命令，之后执行“建模”→“布局”→“创建坐标系”命令，在弹出的“6 值创建坐标系”对话框（图 5－67）中，单击任意坐标值，之后单击输送带上的零件 P5，发现零件 P5 的原点在输送带左侧的桌角位置，如图 5－68 所示。

确认好位置之后，单击“取消”按钮，重新执行“创建坐标系”命令，再单击被搬运到桌子 A 上的零件 P2，可以看到生成的坐标系在桌腿位置，如图 5－69 所示。

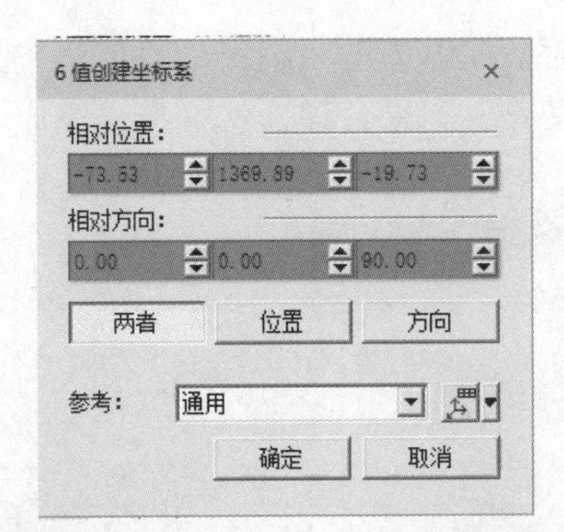

图 5-67 “6 值创建坐标系”对话框

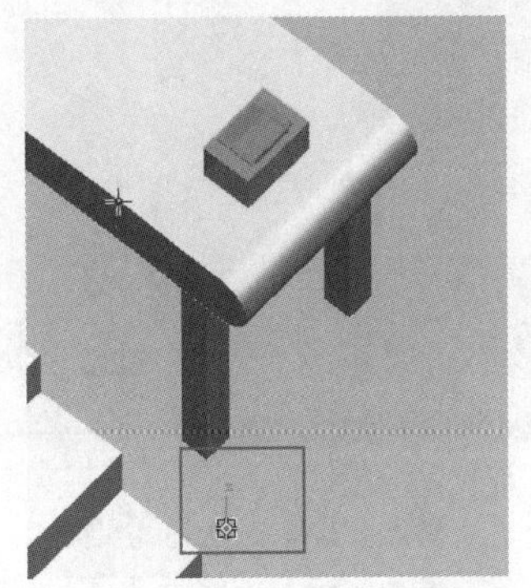

图 5-68 零件 P5 的原点位置

图 5-69 零件 P2 的原点位置

当人体模型抓取对应的零件 P5 的时候，是站在坐标系的一侧，而零件 P2 和 P5 的坐标系在同一个位置，因此在放置零件 P2 的时候是可以顺利进行操作的。

确认零件的方向合理之后，就可以开始创建抓取零件 P5 的动作了，抓取零件 P5 之前，需要先使人体模型行走到零件 P5 所在的位置，因此执行“人体”→“仿真”→“任务仿真构建器”命令，在弹出的“任务仿真构建器”对话框中，单击“走动”按钮，之后单击“具体位置”后的“放置人体”按钮，将人体模型调整到零件 P5 抓取位置的正对面，调整之后的状态如图 5-70 所示，之后单击“下一步”按钮，观看仿真状态，通过仿真状态可以看出路径合理，单击“完成”按钮。创建完成之后的“序列编辑器”对话框如图 5-71 所示。

在本次设计中，零件 P5 需要从输送带的一端传送到另外一端（图 5-72），因此，需要采用对象流操作来完成对应的零件移动。选择操作树中的“人机工程”复合操作，之后执行“操作”→“创建操作”→“新建操作”→“新建对象流操作”命令。在弹出的“新建对象流操作”对话框中，“名称”选择默认的“Op”，“对象”选择输送带上的零件 P5，“范围”选择“人机工程”操作，“创建对象流路径”的“起点”和“终点”都选择零件本身。在选取的时候需要先执行“选取意图”→“自原点选取意图”命令，再选取其中的路径点，“抓握坐标系”选择“自身”，“时间”选择 5s，单击“确定”按钮，如图 5-73 所示，创建对应的对象流操作。创建完成之后在操作树中“TSB_仿真_1”路径下会出现对应的“Op”路径，如图 5-74 所示。

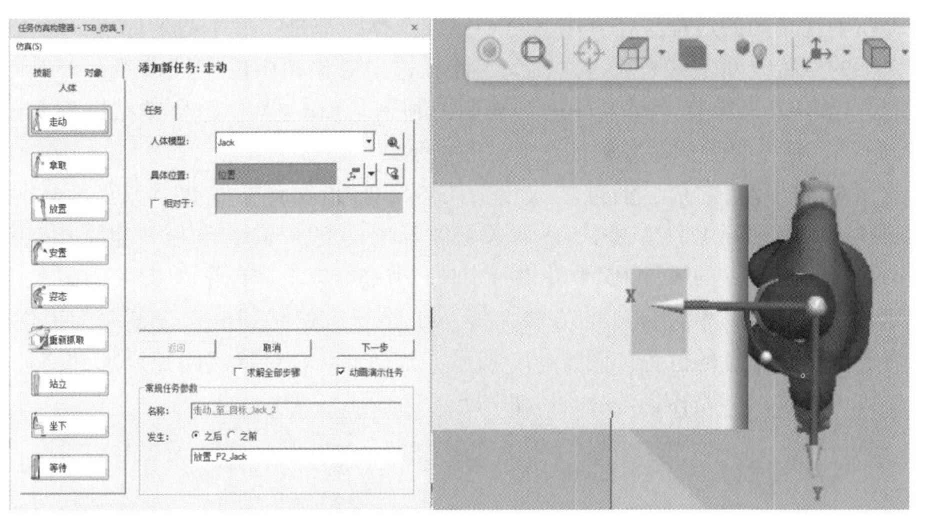

图 5－70　调整之后的状态

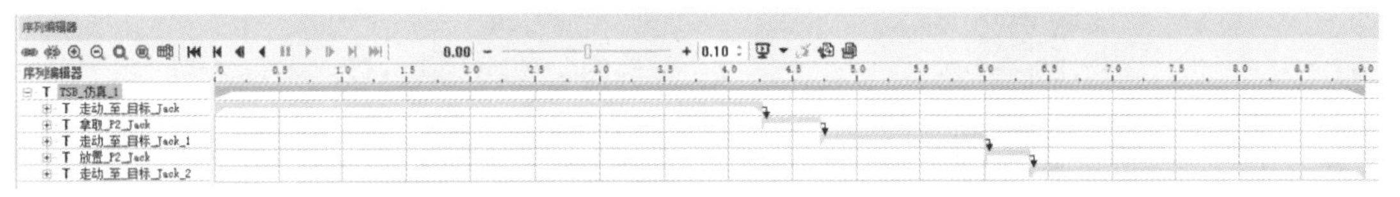

图 5－71　创建完成之后的“序列编辑器”对话框

图 5－72　三维布局

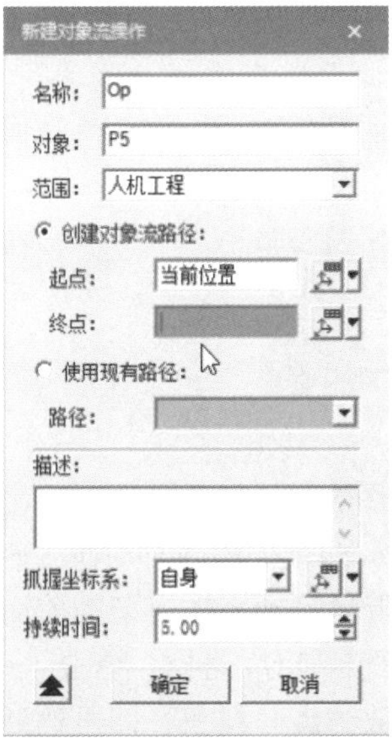

新建对象流操作

名称：Op

对象：P5

范围：人机工程

创建对象流路径：

起点：当前位置

终点：

使用现有路径：

路径：

描述：

抓握坐标系：自身

持续时间：5.00

确定　取消

图 5－73　创建对象流操作

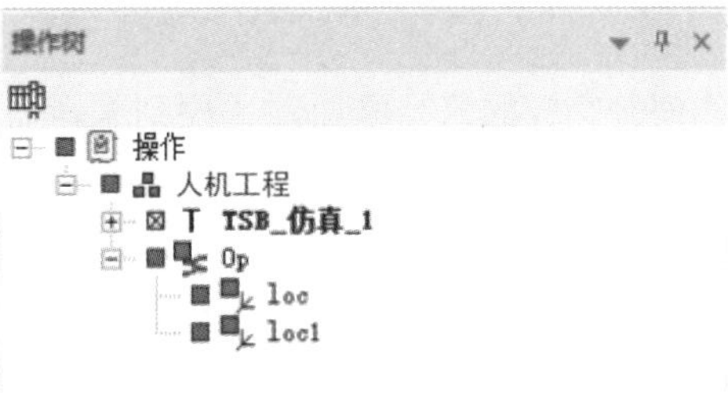

操作树

操作

人机工程

TSB_仿真_1

Op

loc

loc1

图 5－74　创建的对象流 Op

由于在创建路径的过程中，其中起点和终点选择的都是零件本身的原点，所以还需要通过对坐标的位置重新偏移来完善路径。因此，选中对象树中的零件资源“P5”，之后按键盘上的“Ctrl + C”组合键对零件进行复制，利用“Ctrl + V”组合键粘贴到零件组中，形成“P5_1”。粘贴之后的对象树如图 5 – 75 所示。

创建完对应的零件之后，通过“放置操控器”按钮将零件 P5 与 P5_1 分别移动到输送带的两端。移动好之后，选中 Op 对象流路径中的起点 loc，利用“重定位”按钮偏移到输送带起点位置的零件 P5_1 处进行定位（图 5 – 76）。单击“应用”按钮，之后关闭“重定位”对话框。利用同样的方法，将 loc1 路径点偏移到输送带末端的零件 P5 处。调整之后的两个路径点的位置如图 5 – 77 所示。通过将 Op 对象流路径添加到路径仿真编辑器中播放可以看出，路径创建合理，如图 5 – 78 所示。

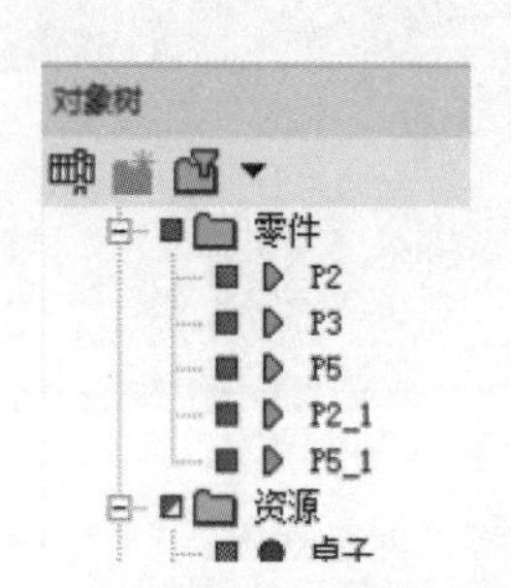

图 5 – 75 粘贴之后的对象树

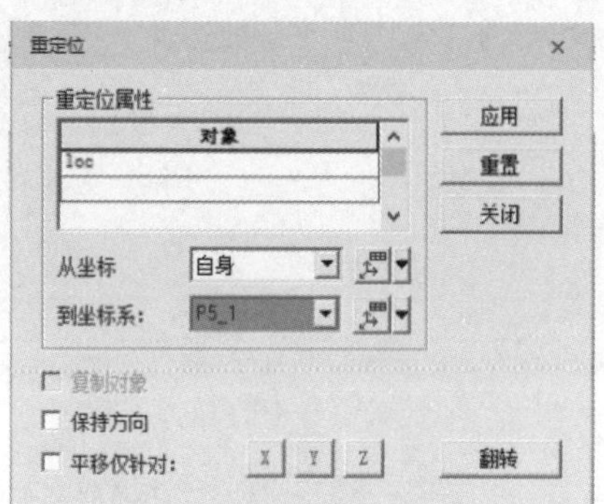

图 5 – 76 路径点重定位

图 5 – 77 调整之后的路径点位置

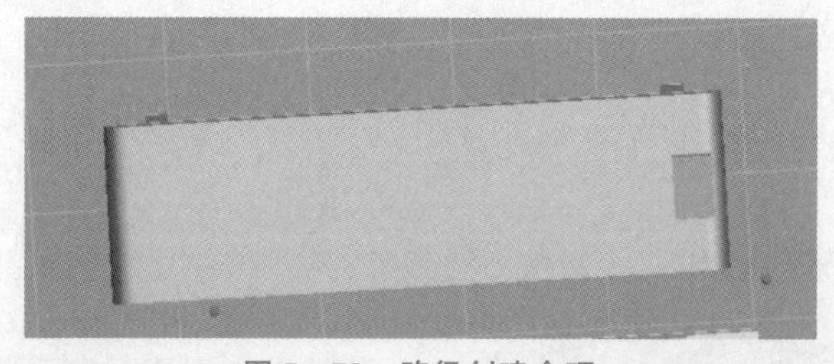

图 5 – 78 路径创建合理

将创建完成的路径添加到“序列编辑器”对话框中，如图 5 – 79 所示，可以看出，创建的 Op 对象流与 TSB_仿真_1 呈并联关系，因此动作的时候，两个流程同时动作，而本次创建需要让人体模型到达输送带之后，零件 P5 才通过输送带运输到人体模型的前面，之后进行抓取，因此选中“序列编辑器”对话框中的 TSB_仿真_1 和 Op 路径，单击“链接”按钮，将路径进行串联（图 5 – 80），之后单击“正向播放仿真”按钮，即可达到对应的效果，如图 5 – 81 所示。

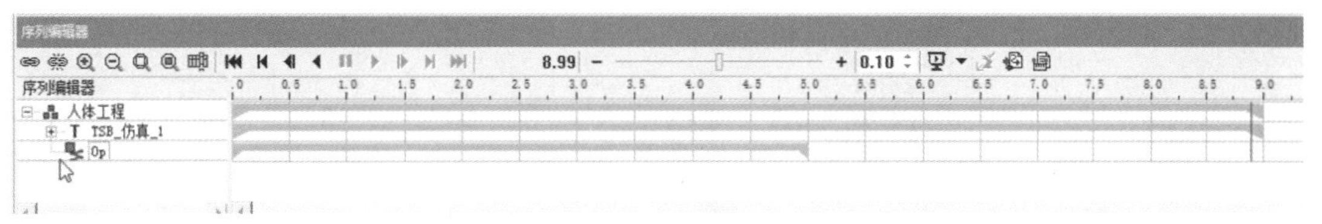

图 5 – 79 “序列编辑器”对话框

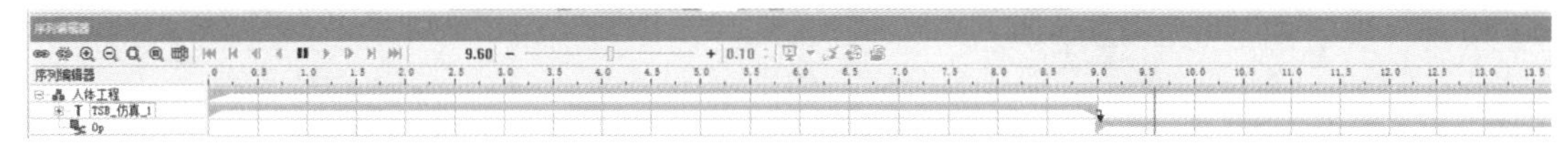

图 5 – 80 串联状态下的路径

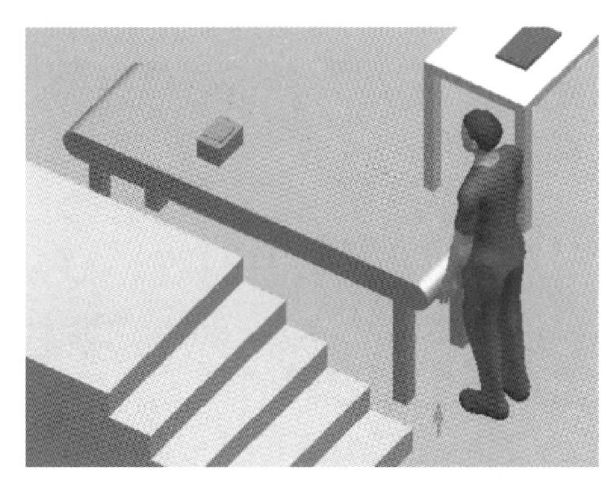

图 5 – 81 零件运动仿真效果

当零件 P5 运动到站立的人体模型附加的 loc1 位置点时，执行“人体”→“仿真”→“任务仿真构建器”命令，在弹出的“任务仿真构建器”对话框中可以看出，打开的任务仿真构建器的名称为“任务仿真构建器 TSB_仿真_1”，因此如果在此命令中默认创建对应的操作，则创建完成的流程将直接加入“TSB_仿真_1”所在的路径，而这样创建的路径将无法在现有的基础上进行路径串联。

因此，在打开的“任务仿真构建器”对话框中，执行“仿真”→“创建仿真”命令，如图 5 – 82 所示。在弹出的“新建仿真”对话框中新建“TSB_仿真_2”仿真路径，“范围”选择“人机工程”复合操作，单击“确定”按钮，如图 5 – 83 所示。创建完成之后，对应新创建的路径将作为活动。

在弹出的“Process Simulate”对话框中，提示是否重置，此时需要单击“否”按钮，如图 5 – 84 所示，不让现有的模型恢复到原始状态，即使现有的模型仍然保持在现有的位置不移动。

其他运动的仿真创建

单击“任务仿真构建器”（TSB_仿真_2）对话框中的“拿取”按钮，“对象”选择“P5”，如图 5 – 85 所示。并选择采用双手进行抓取，之后单击“下一步”按钮，再单击“下一步”按钮。人体模型手臂抓取位置如图 5 – 86 所示。

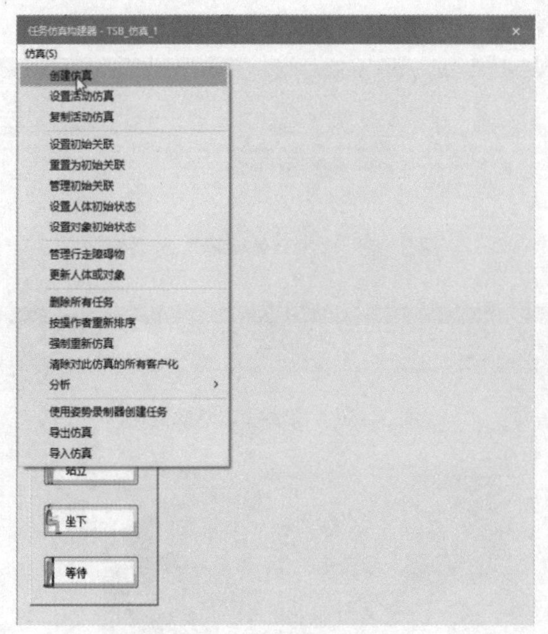

图 5-82　“创建仿真”命令

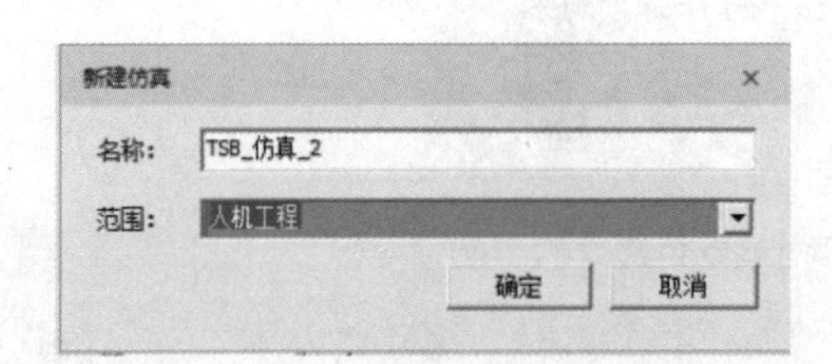

图 5-83　“新建仿真”对话框

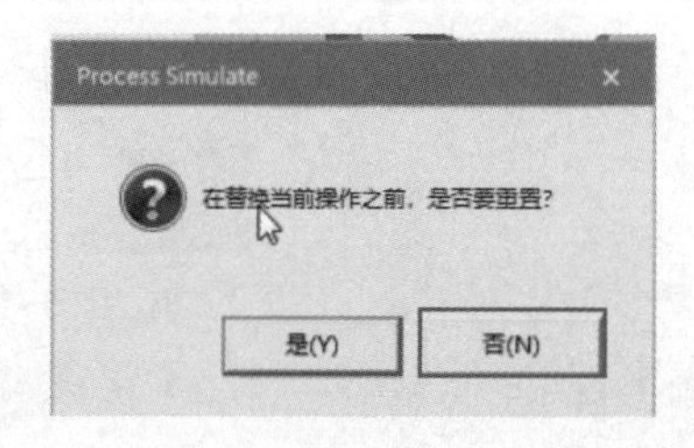

图 5-84　“Process Simulate”对话框

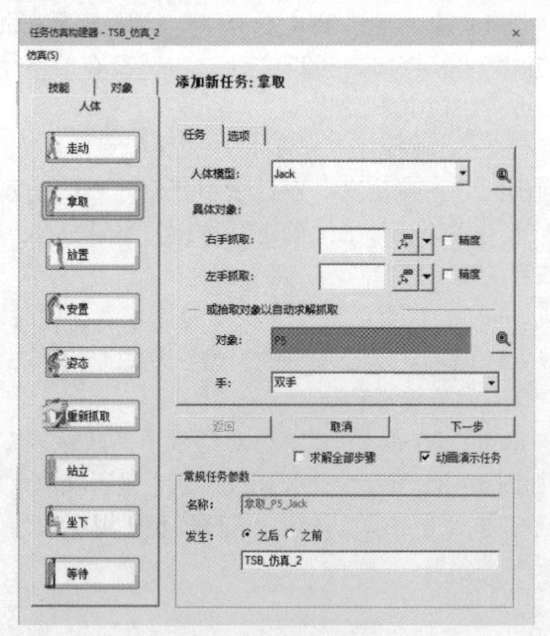

图 5-85　创建拿取

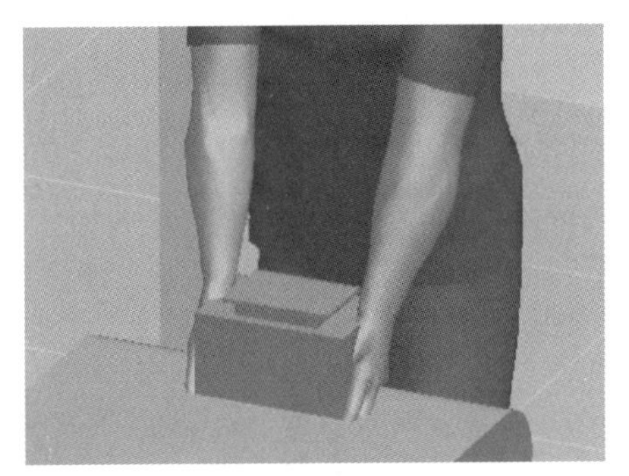

图 5-86　人体模型手臂抓取位置

从抓取的动作可以看出，抓取位置过低，因此单击“移动左手”和“移动右手”按钮，如图 5-87 所示，将抓取的点进行移动，调整之后单击“批准命令”按钮 ✔。手掌调整之后的状态如图 5-88 所示。之后单击“完成”按钮。

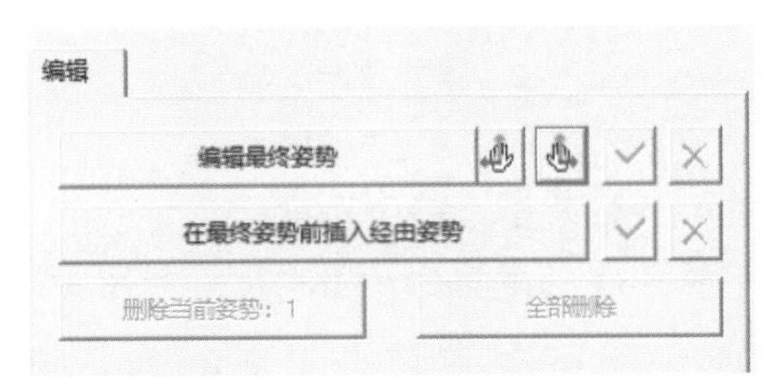

图 5-87　移动左、右手

图 5-88　手掌调整之后的状态

抓取完成之后，利用前面的方法，创建关于抓取零件 P5 之后的走动路径，用于将零件 P5 移动到零件 P2 的上方，再创建放置路径，将零件 P5 放置到零件 P2 中，之后利用同样的方法，创建走动路径，让人体模型运动到零件 P3 所在的桌子旁，接着创建抓取路径，抓取其中的零件 P3，创建走动路径，让人体模型运动到零件 P2 所在位置，并创建放置路径，将零件 P3 盖在零件 P2 上，最后让人体模型回到原点位置（由于以上内容都是重复的内容，故不做过多的文字描述，可以观看视频进行操作）。

创建完成的“TSB_仿真_2”路径如图 5-89 所示。选择“人机工程”复合操作，单击鼠标右键，在弹出的菜单中执行“设置当前操作”命令，将“人机工程”添加到“序列编辑器”对话框中，之后单击“序列编辑器”对话框中“人机工程”下的3组操作，再单击“链接”按钮，将所有操作进行串联，最后单击“正向播放仿真”按钮，如图5-90所示。

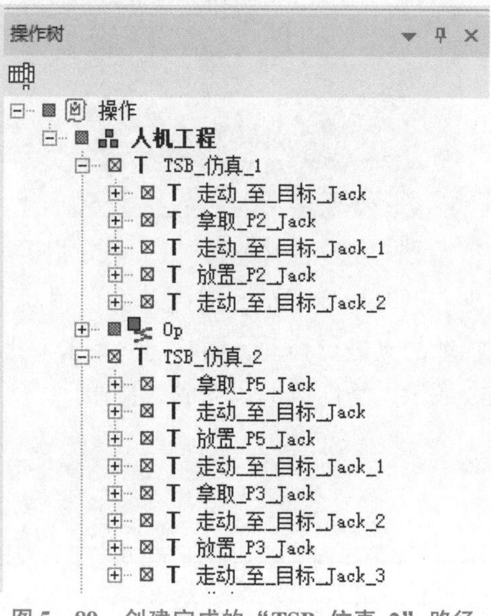

图5-89　创建完成的“TSB_仿真_2”路径

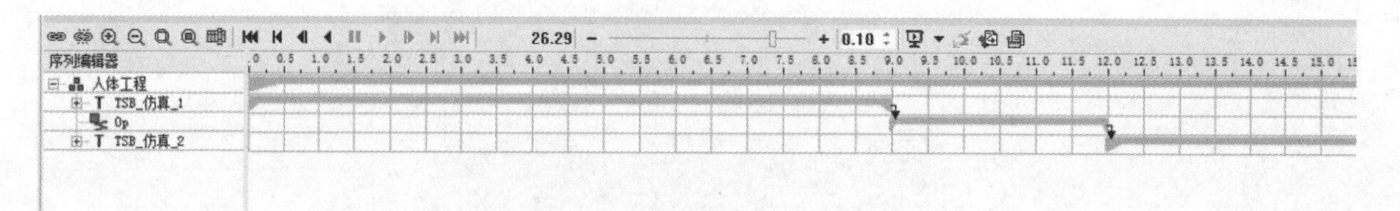

图5-90　路径串联

创建完成以上动作之后，需要将复制出来的零件P2_1通过放置操作器移动到视图中台阶下的桌子D上，如图5-91所示。

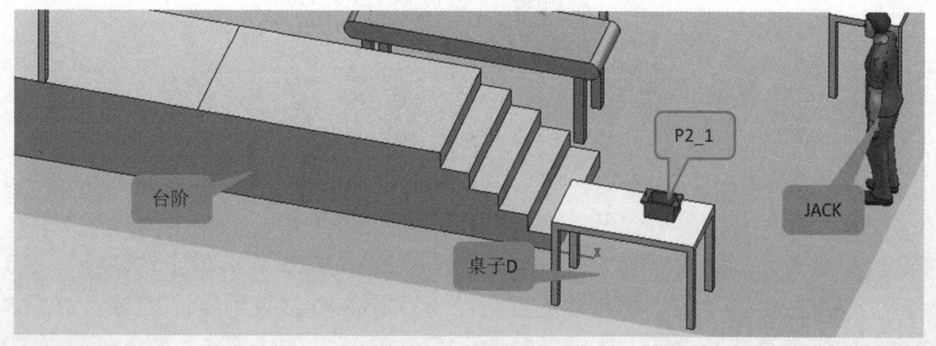

图5-91　三维布局

执行“人体”→“仿真”→“任务放置构建器”命令，打开“任务放置构建器”对话框之后，执行“放置”→“新建仿真”命令，在弹出的“新建仿真”对话框中将“名称”默认为“TSB_仿真_3”，而“范围”选择“人机工程”，单击“确定”按钮，如图5-92所示，在路径中设置

搬运动作的创建

“TSB_仿真_3”仿真操作。

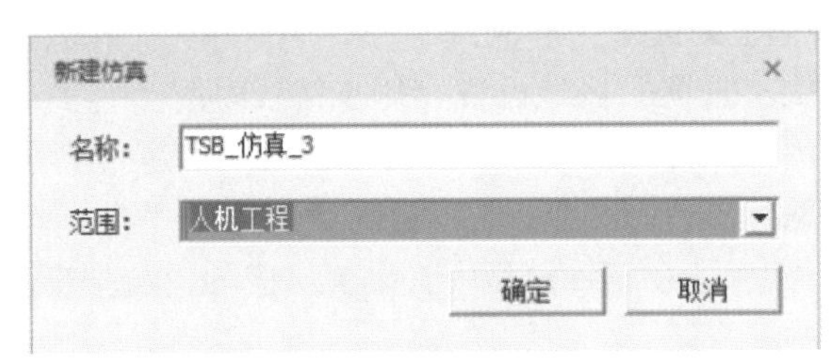

图 5-92 “新建仿真”对话框

单击“任务仿真构建器”对话框（TSB_仿真_3）中的“走动”按钮，根据前面的方法，使人体模型行走到台阶下桌子上零件 P2_1 的正对面位置，再根据前面的方法，创建抓取动作，对桌面上的零件 P2_1 进行抓取，之后创建走动动作，让人体模型走动到台阶下的位置。创建完成之后的动作路径如图 5-93 所示。动作路径创建完成之后，人体模型将抓取零件 P2_1 在台阶下等待，如图 5-94 所示。

T TSB_仿真_3
T 走动_至_目标_Jack
A 行走
T 拿取_P2_1_Jack
A 可达范围
A 抓取
T 走动_至_目标_Jack_1
A 行走

图 5-93 创建完成之后的动作路径

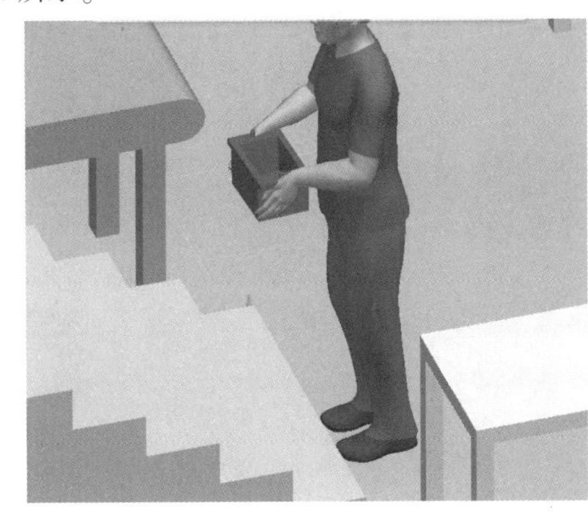

图 5-94 在台阶下等待的人体模型

5.2.9 创建高度过渡操作

Tecnomatix 提供了专门的上台阶的动作创建功能，因此，首先选中对象树中的 Jack 模型，之后执行“人体”→“仿真”→“创建高度过渡”命令，如图 5-95 所示，弹出“创建高度过渡操作”对话框。

爬楼梯动作的创建

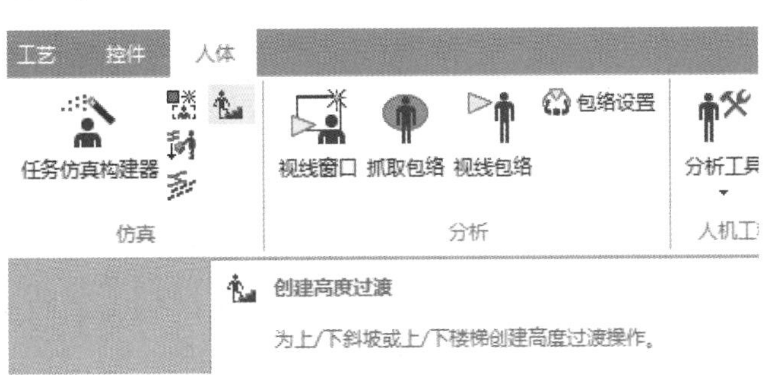

图 5-95 “创建高度过渡”命令

在“创建高度过渡操作”对话框中，高度对应类型有“楼梯”和“斜坡”，本次仿真中主要进行上下楼梯操作，因此单击“楼梯”“上升”单选按钮，对应的“阶梯数”为“5”，单击向上箭头，在“选项”区域设置“每步持续时间”为1 s，“携带的对象”选择人体模型手中的“P2_1”，这样在上台阶的过程中，对应的零件会随着人体模型的动作而动作；在“保存当前臂姿势”区域需要保持左侧和右侧的手臂不动作；其他选项保持默认。单击“显示脚步”按钮，在三维模型中将出现对应的台阶脚步，如图5－96所示。

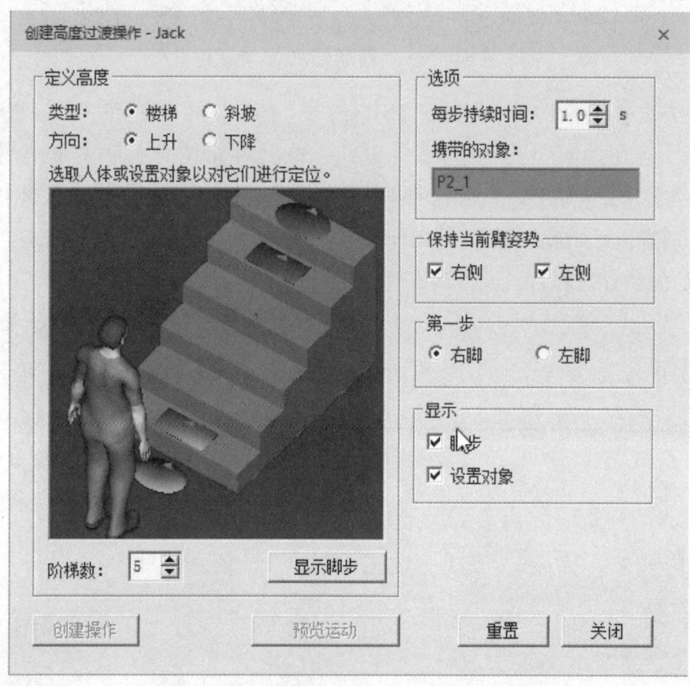

图5－96 “创建高度过渡操作”对话框

在三维模型中，单击视图窗口左下角视图对正控制器的“Front”面，如图5－97所示，将台阶侧面对正。再选中“创建高度过渡操作”对话框中的黄色和紫色台阶中的一个，如图5－98所示，弹出对应的放置操控器，可以利用放置操控器对台阶面进行移动设置，其中黄色椭圆台阶面设置在人体所站立的台阶地面靠近台阶的位置。黄色方块需要移动到第一级台阶面上，紫色方块指示也与黄色方块一致，让其移动到倒数第二级台阶面上，而紫色椭圆块则移动到台阶的最后一级，而且整个椭圆需要在台阶边缘处，如图5－99所示。

图5－97 视图对正控制器

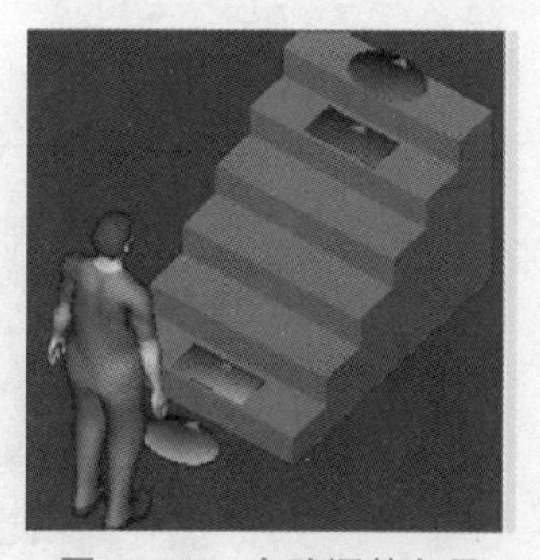

图5－98 台阶调整向导

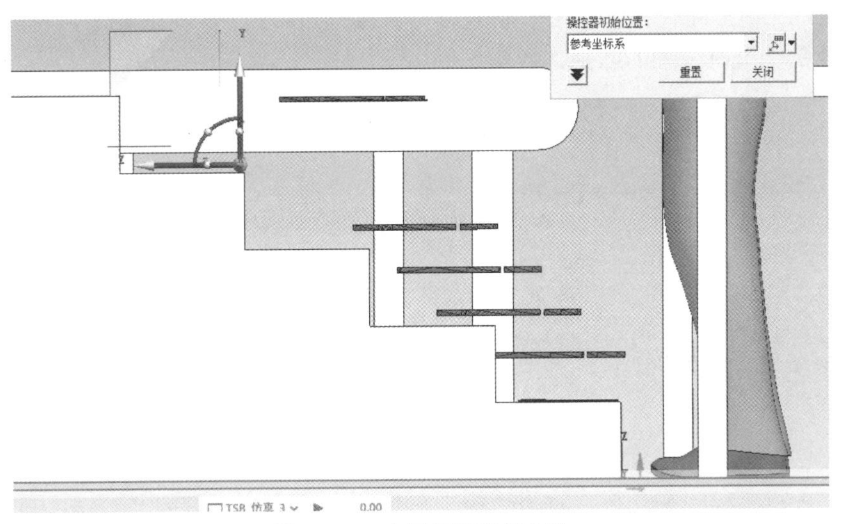

图 5-99　在正侧面调整台阶

设置完成之后，单击“显示脚步”按钮，会在三维模型中出现对应的脚步，如图 5-100 所示。创建完成之后，单击“创建操作”按钮。将设置好的高度过渡操作创建在“人机工程”复合操作下进行保存，人体模型会自动站立在台阶的最后一级位置，如图 5-101 所示。

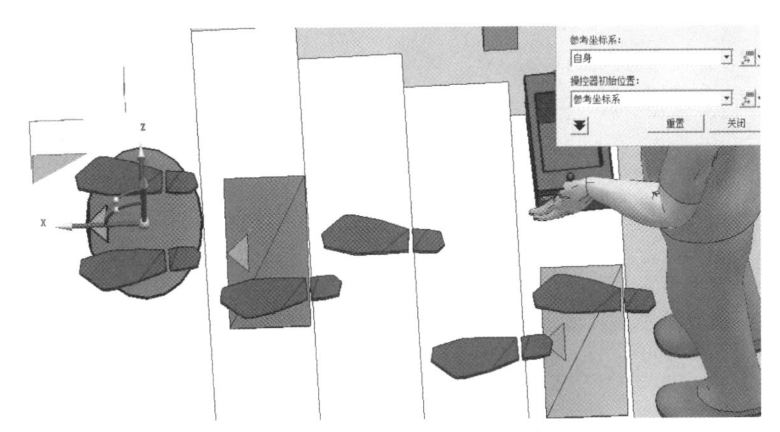

图 5-100　创建的上楼梯脚步

图 5-101　上楼梯后的人体模型状态

创建完成之后的路径在操作树中显示为“上楼梯过渡”，从其中的结构可以看出，其流程与 TSB 的类型有很大的区别，如图 5－102 所示。

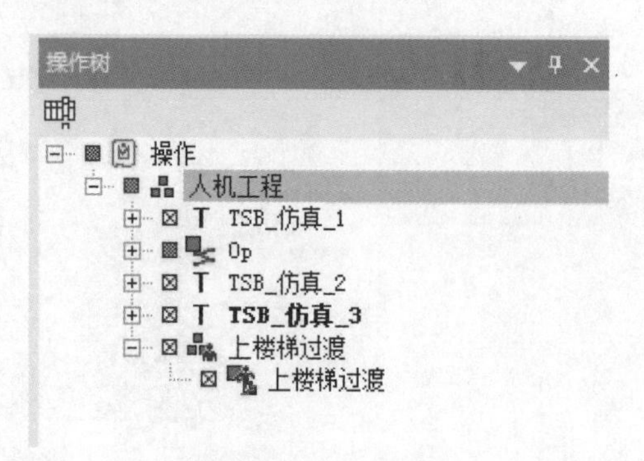

图 5－102　操作树中的“上楼梯过渡”操作

选择“人机工程”操作树，将路径添加到序列编辑器中，并全选“人机工程”下的所有子节点，单击“链接”按钮，将所有的路径进行串联，串联完成之后的状态如图 5－103 所示。此时可以通过播放仿真查看整体路径动作。

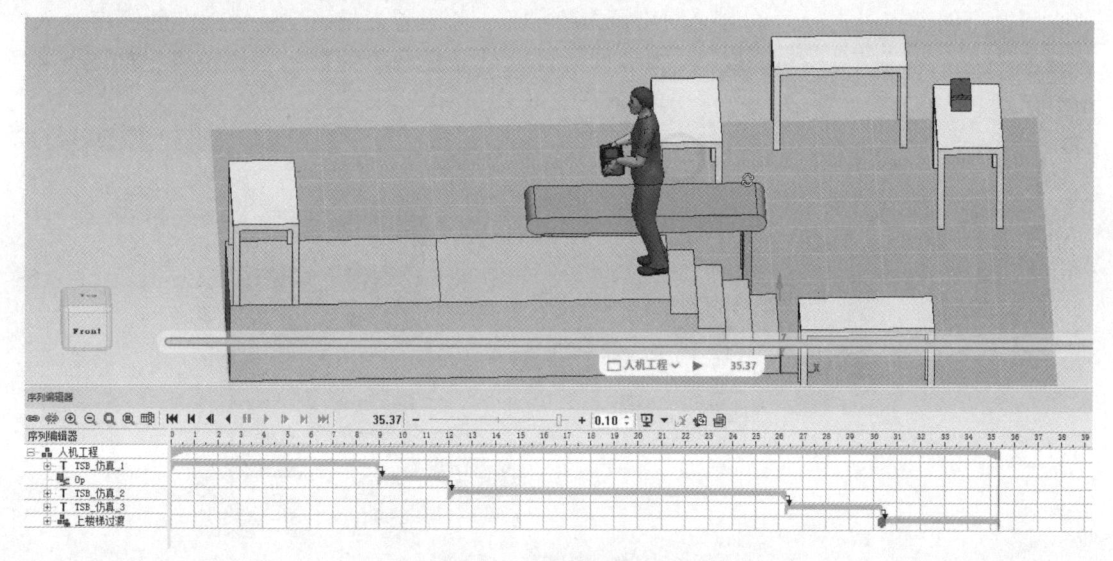

图 5－103　串联完成之后的状态

当人体模型爬上台阶之后，就需要让人体模型进行相应的行走动作，而在任务仿真构建器的创建中，所有指令都只能以地面为基准创建，如果进行对应的动作创建，人体模型将自动贴合地面，而无法在其他平台上创建对应的动作。

5.2.10　创建平台行走操作

对于非地面的平台，需要执行“人体”→“仿真”→“行走创建器”命令设置行走路径，如图 5－104 所示，弹出“行走操作”对话框。

平台行走操作的创建

在打开的“行走操作”对话框中，由于人体模型是带有零件 P2_1 的，在行走过程中人体模型的左臂和右臂需要固定，所以需要勾选“行走时固

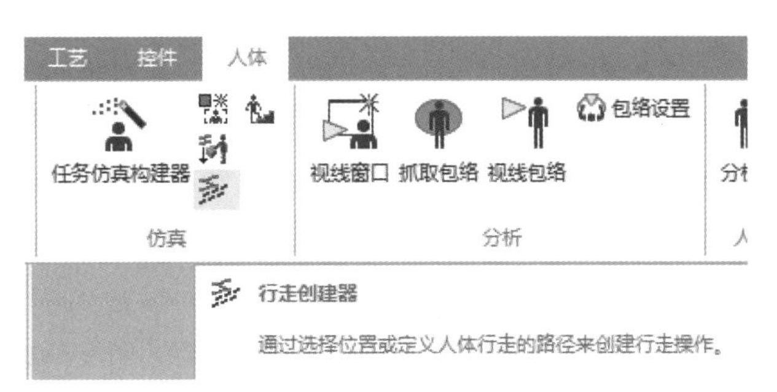

图 5－104 “行走创建器”命令

定”→“左臂”和“右臂”复选框，之后单击“创建操作”按钮，如图5－105所示，选择在“人机工程”下创建对应的操作即可。创建完成之后，会在操作树中创建“行走到WalkLoc”路径，如图5－106所示。将其路径添加到路径编辑器中，选择行走路径下的“行走操作”，再单击“路径编辑器”对话框中的“向编辑器添加操作”按钮，将“行走操作”添加进去之后，选择“WalkLoc”，单击鼠标右键，在弹出的菜单中执行“在后面添加位置”命令，创建其后的一个路径点，如图5－107所示。

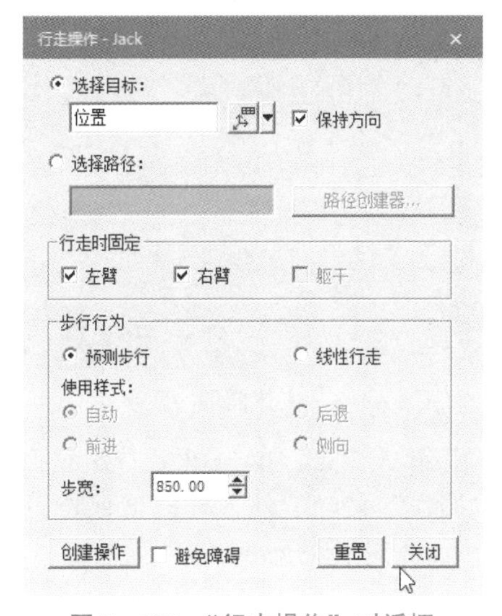

图 5－105 “行走操作”对话框

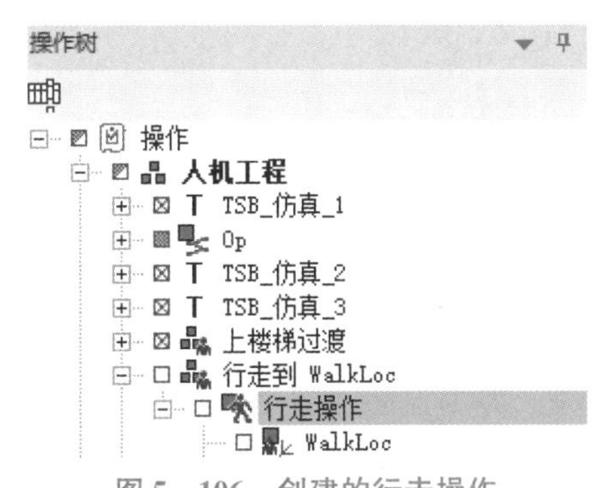

图 5－106 创建的行走操作

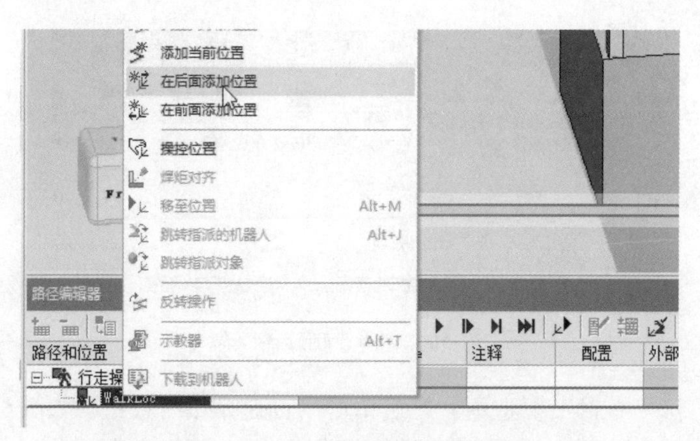

图 5－107 “在后面添加位置”命令

在弹出的“放置操控器”对话框中，利用 Z 面移动坐标到台阶平台上桌子 E 前的位置。创建完成之后，人体模型的双手朝下，如图 5－108 所示。

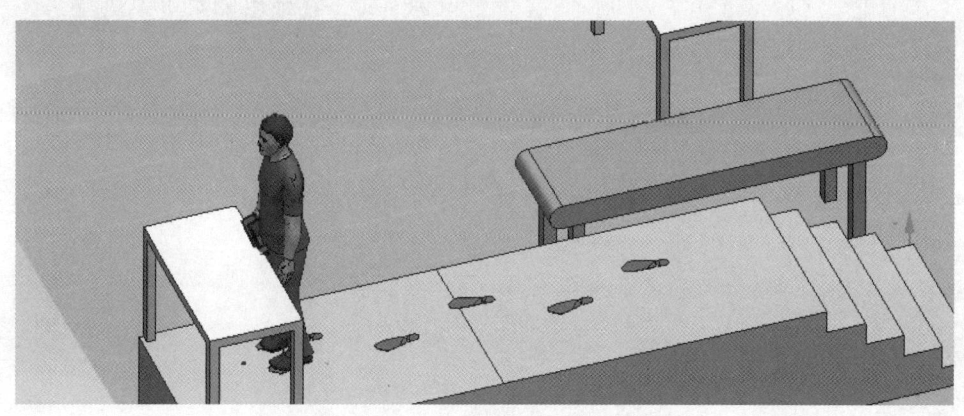

图 5－108 人体模型的双手朝下

选择对象树中的“行走操作”节点，单击鼠标右键，执行“操作属性”命令，如图 5－109 所示，单击“修改操作”按钮，使人体模型保持目前的手臂握紧零件的姿势，如图 5－110 所示。调整后的搬运行走路径如图 5－111 所示。

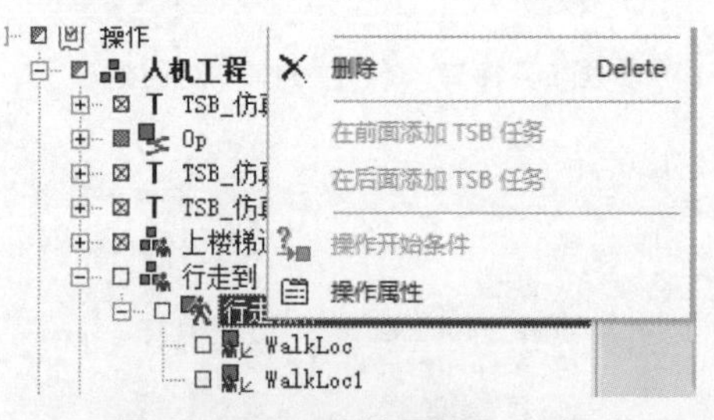

图 5－109 “操作属性”命令

选择操作树中的“人机工程”节点，单击鼠标右键，在弹出的菜单中执行“添加当前操作”命令，将“人机工程”添加到序列编辑器中，之后选取全部子路径，单击“链接”按钮，将全部路径进行串联，串联之后发现对应的“行走到 WalkLoc”操作的时间为 0.1 s，如图 5－112 所示。

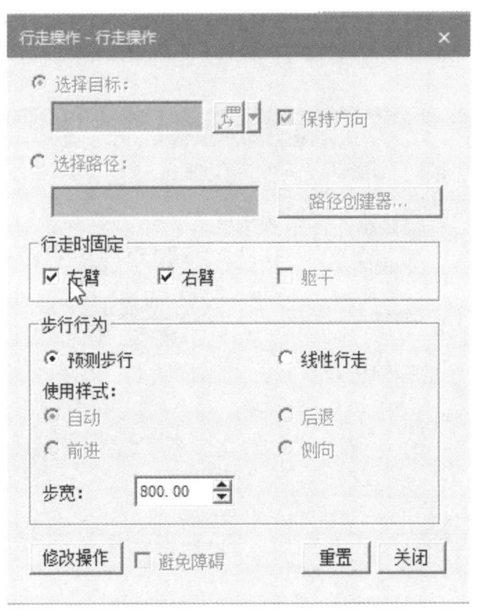

图 5－110　行走操作设置

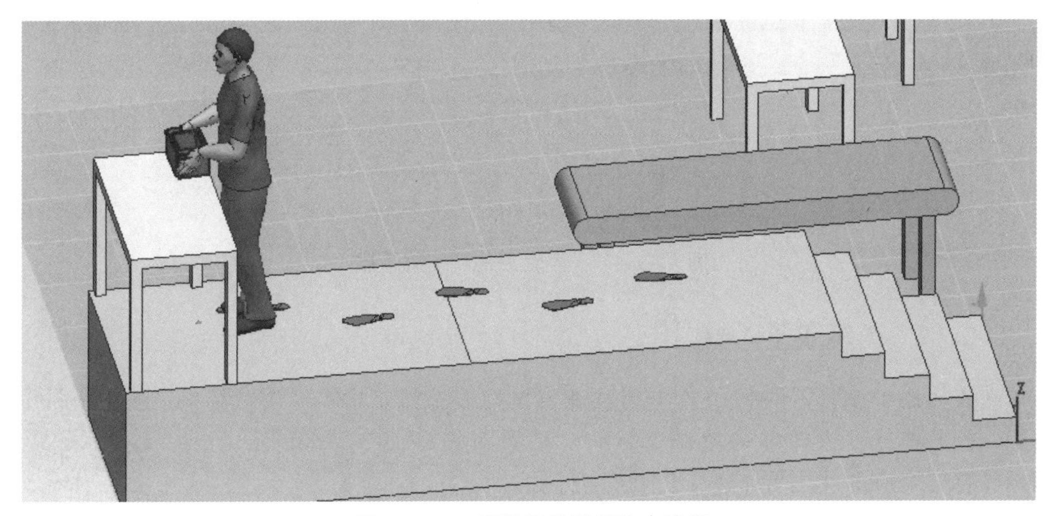

图 5－111　调整后的搬运行走路径

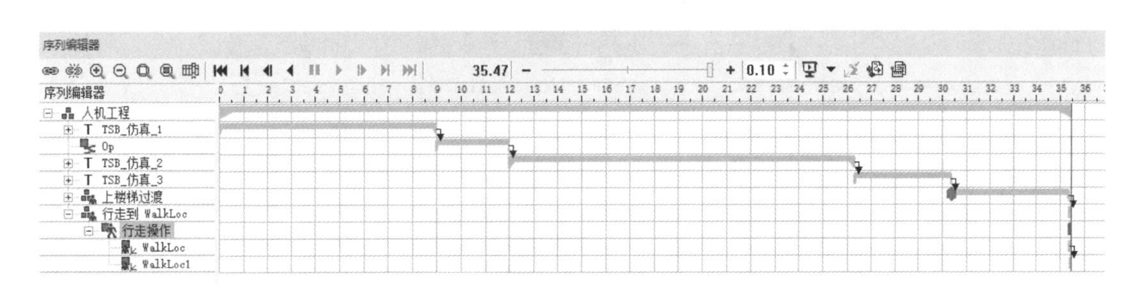

图 5－112　序列编辑器中的行走操作时间

选择对象树中的“行走到 WalkLoc”路径，单击鼠标右键，在弹出的菜单中执行“操作属性”命令，在打开的“属性”对话框中，对其中的时间进行修改，将时间由 0.1 s 修改为5 s，之后单击“确定”按钮，如图5－113所示。调整之后的序列编辑器如图5－114所示。

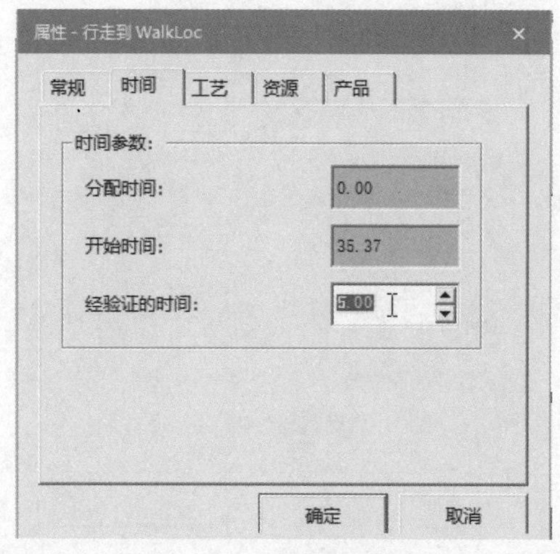

图5－113 调整属性时间

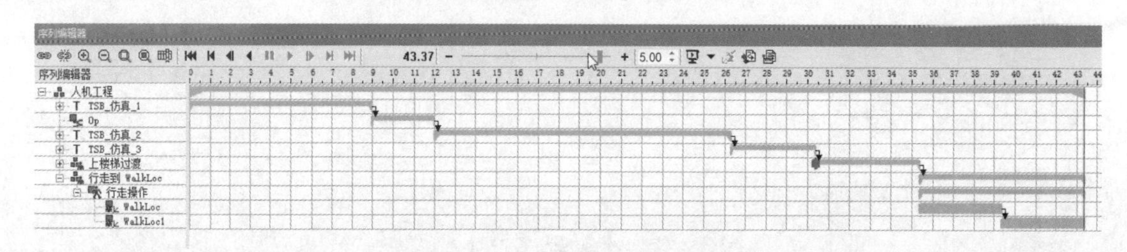

图5－114 调整之后的序列编辑器

5.2.11 创建放置对象操作

在人体模型抓取零件P2_1到达放置桌面的时候，需要将零件放置在桌面上，因此执行“人体”→“仿真”→“放置对象”命令，如图5－115所示，打开对应的“放置Jack－P2_1”对话框。

放置对象操作的创建过程

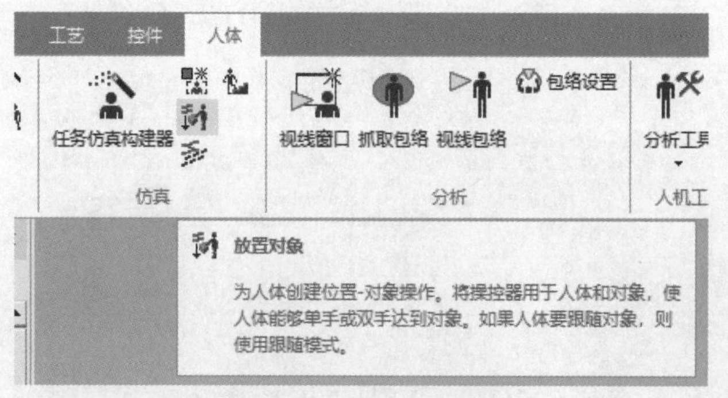

图5－115 “放置”对象命令

在“放置Jack－P2_1”对话框中，“放置对象”默认选择零件P2_1，如图5－116所示，单击其中的“打开对象的放置操控器”按钮，如图5－117所示，将零件偏移到桌面，如图5－118所示，之后关闭放置操控器，单击“放置 Jack－P2_1”对话框中的“添加对象位置”按钮，即可以激活其中的“创建操作”按钮。

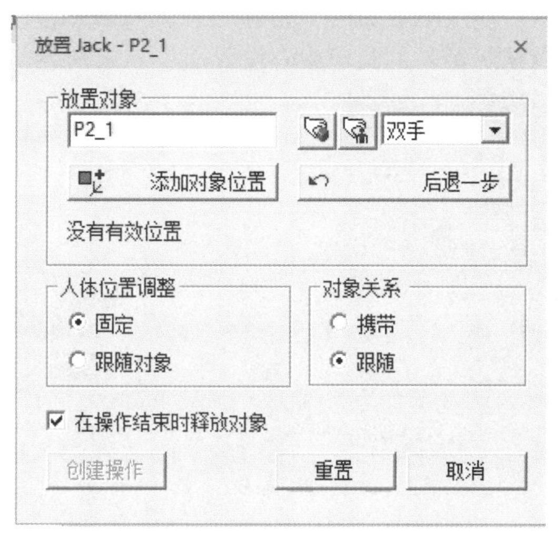

图5－116 “Jack－P2_1”对话框

图5－117 “打开对象的放置操控器”按钮

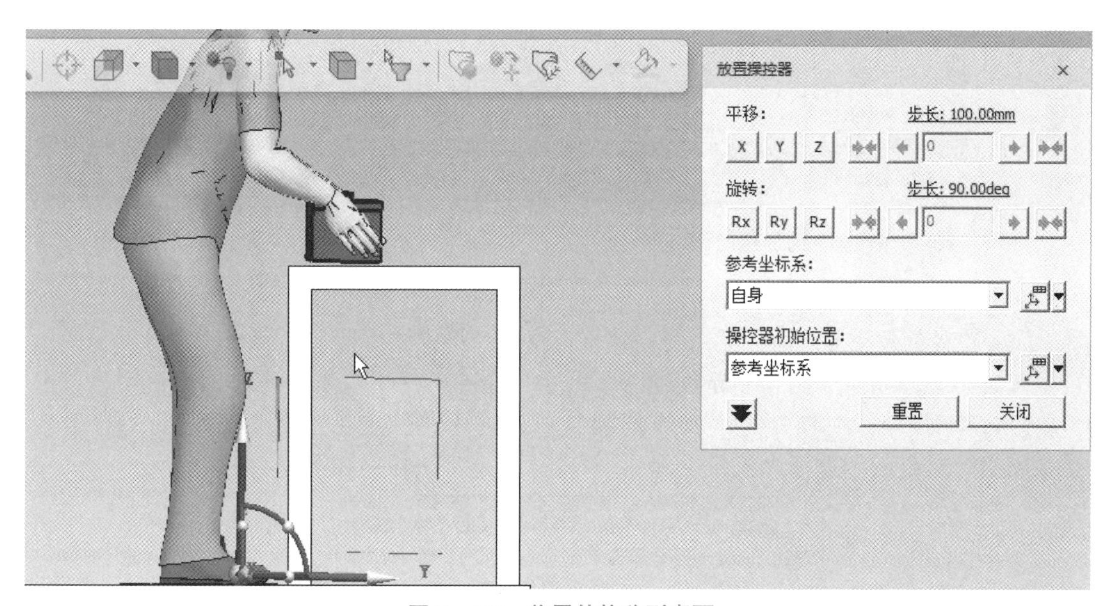

图5－118 将零件偏移到桌面

单击“创建操作”按钮，如图5－119所示，在弹出的“操作范围”对话框中，“名称”为默认，“范围”选择“人机工程”复合操作，如图5－120所示，单击“确定”按钮，即可在操作树中创建对应的放置操作路径（图 5 - 121）。将“放置 P2_1_1”路径添加到路径编辑器中，如图 5 - 122 所示，可以看出，其中的 loc2 是附加在零件上的，而对应的 loc3，也就是放置点，却是不附加的，另外通过“放置 P2_1_1”路径的操作属性可以看出，对应的选取点默认为零件的几何中心位置。

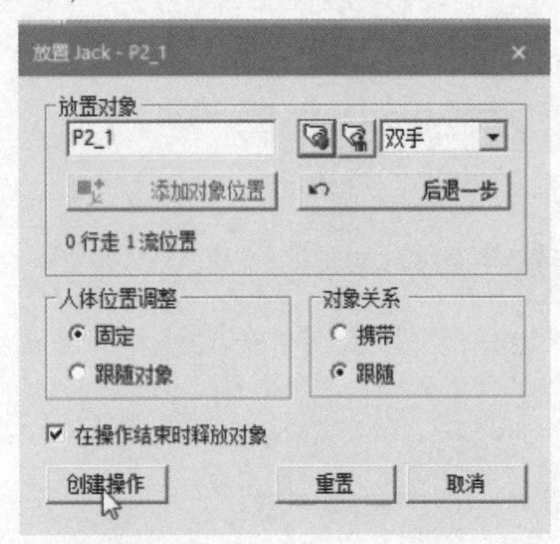

图 5 - 119 “创建操作”按钮

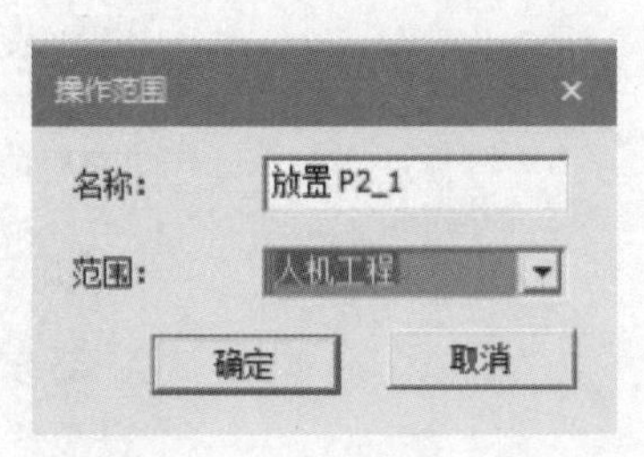

图 5 - 120 “操作范围”对话框

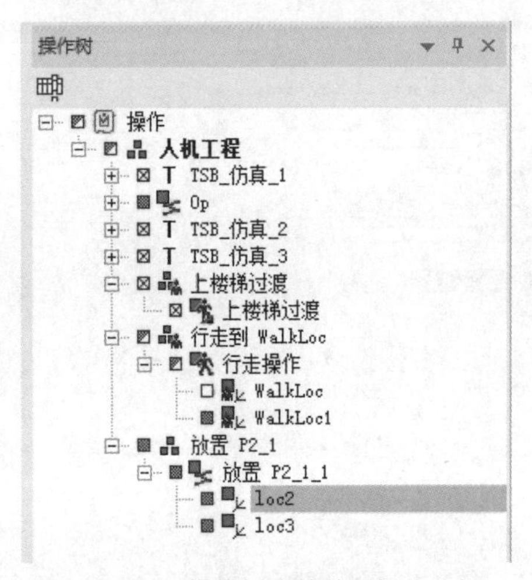

图 5 - 121 操作树中的放置操作路径

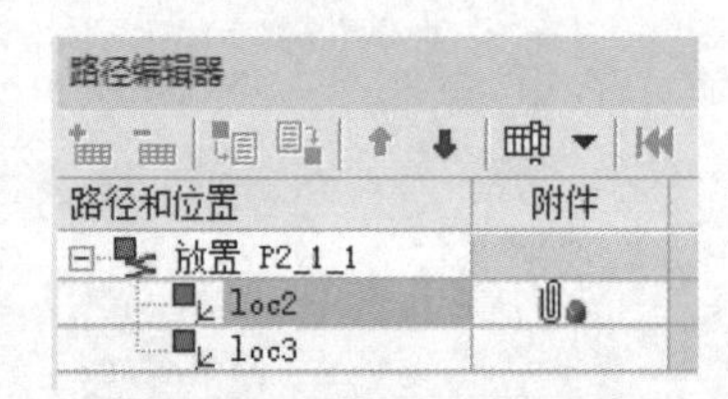

图 5 - 122 路径编辑器中的“放置 P2_1_1”路径

放置路径创建完成之后，就需要创建行走路径，将人体模型移动到台阶边缘，因此执行“人机”→“仿真”→“行走创建器”命令，在弹出的“行走操作”对话框中，单击“创建路径”按钮，在打开的“操作范围”对话框中，“名称”选择默认的“行走到 WalkLoc2”，“范围”选择“人机工程”，单击“确定”按钮，如图 5 - 123 所示。

图 5 - 123 “操作范围”对话框

由于没有抓取物品，所以不需要在行走时固定左、右臂，单击“关闭”按钮即可，如图5－124所示。在操作树中找到创建的“行走到WalkLoc2”，展开并选择其下的“行走操作”（图5－125），添加到路径编辑器中，之后选择路径编辑器中的“行走操作”→“WalkLoc2”，单击鼠标右键，在弹出的菜单中执行“在后面添加位置”命令，利用弹出的放置操控器，将人体模型移动到台阶边缘处，面朝台阶下方，单击“关闭”按钮。之后选择“行走到WalkLoc2”路径，单击鼠标右键，执行“操作属性”命令，在打开的“属性”对话框中对路径的时间进行更改，将时间调整为5 s。创建完成之后的行走动作如图5－126所示。

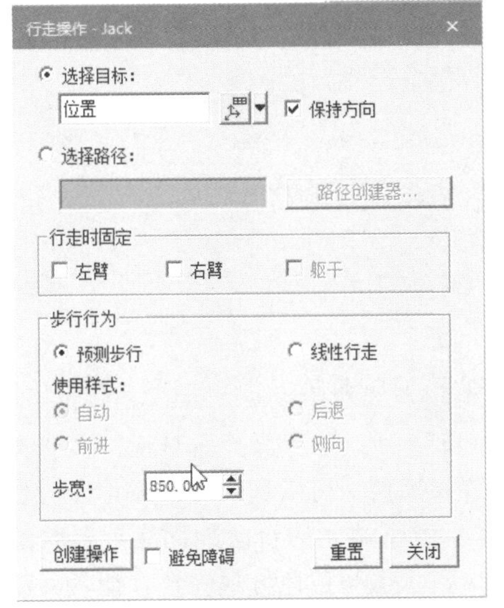

图5－124 “行走操作”对话框

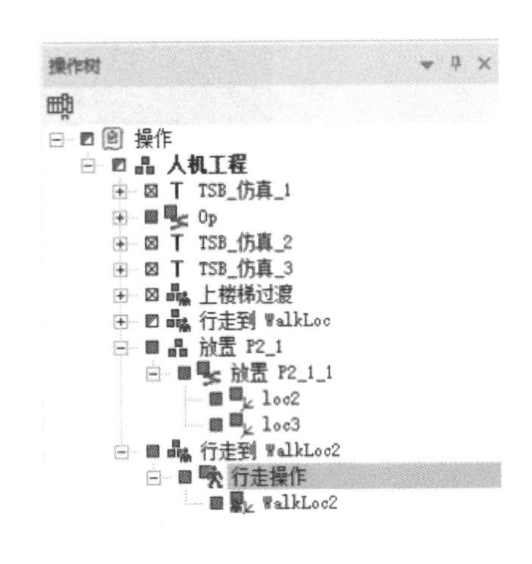

图5－125 创建的“行走操作”

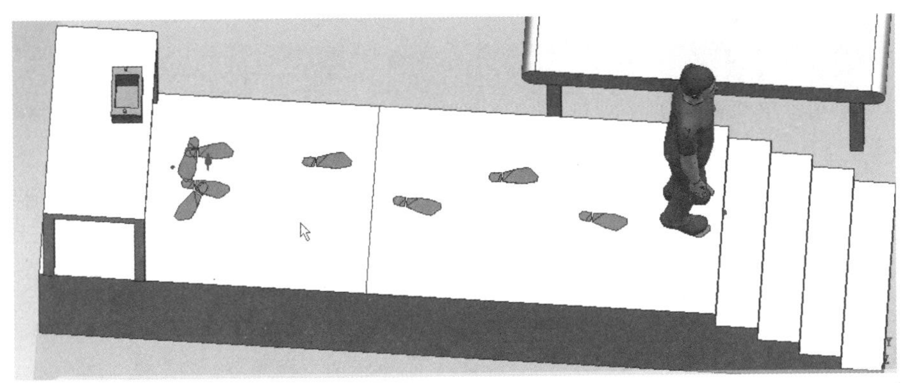

图5－126 创建完成之后的行走动作

5.2.12 创建下楼梯动作

下楼梯动作的创建

执行“人体”→“仿真”→“创建高度过渡操作”命令，在弹出的对话框中，“类型”选择“楼梯”，“方向”选择“下降”，“阶梯数”选择“5”，“每步持续时间”选择1 s，如图5－127所示，之后单击“显示脚步”按钮，在视图中对阶梯步进行定位，定位的方法与上楼梯动作的创建过程一样。

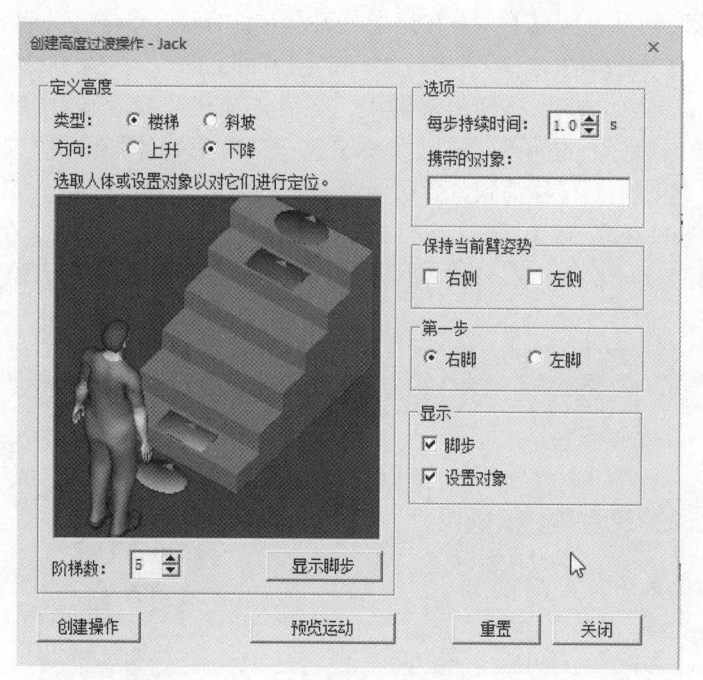

图 5－127 “创建高度过渡操作”对话框

在三维模型中，首先单击视图框左下角的“Front”面，将台阶侧面对正，再选择黄色和紫色台阶中的一个，选中之后会弹出对应的放置操控器，可以利用放置操控器对台阶面进行移动设置，其中黄色椭圆台阶面设置在人体模型所站立的台阶地面靠近台阶的位置，黄色方块需要移动到第一级台阶面上，紫色方块指示也与黄色方块一致，让其移动到倒数第二级台阶面上，而紫色椭圆块则移动到台阶的最后一级，而且整个椭圆需要在台阶边缘处，如图 5－128 所示。

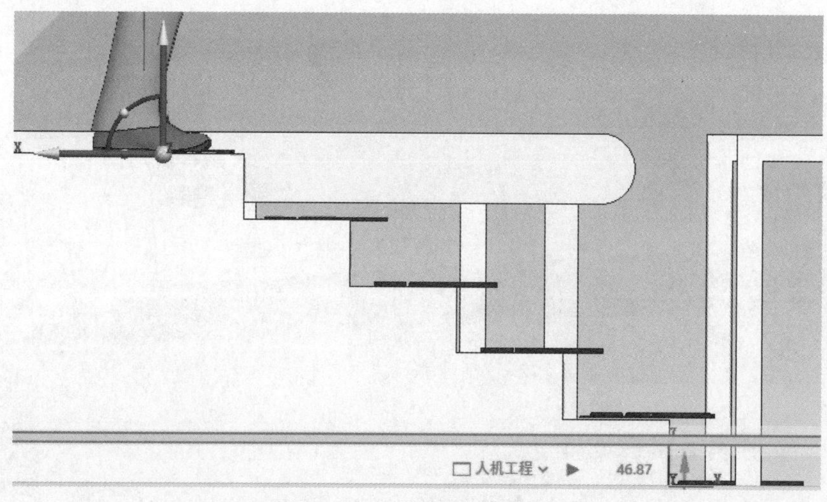

图 5－128 下楼梯显示脚步

单击“创建操作”按钮，“名称”选择默认的“下楼梯过渡”，“范围”选择“人机工程”，如图 5－129 所示。

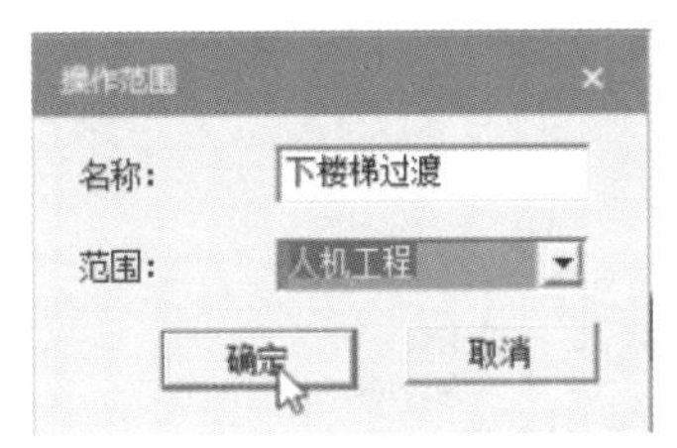

图 5-129 “操作范围”对话框

下楼梯动作创建完成之后，就需要使人体模型走动到原点位置。可以采用任务仿真构建器对路径进行创建，因此执行“人体”→“仿真”→“任务仿真构建器”命令，在弹出的“任务仿真构建器”对话框中，执行“仿真”→“新建仿真”命令，创建“TSB_仿真_4”，“范围”选择“人机工程”复合操作，单击“确定”按钮。

之后单击“走动”按钮，在弹出的走动任务创建栏中单击“具体位置”→“放置人体”按钮，再利用弹出的人体部位操控器将人体模型移动到出发原点位置。在人体部位操控器中单击“关闭”按钮，再单击“任务仿真构建器”对话框中的“下一步”按钮（两次），观看路径过程中有无干涉，如果路径创建合理就可以单击“完成”按钮，完成路径的创建，之后单击“任务仿真构建器”对话框右上角的“×”按钮，关闭任务仿真构建器，效果如图 5-130 所示。

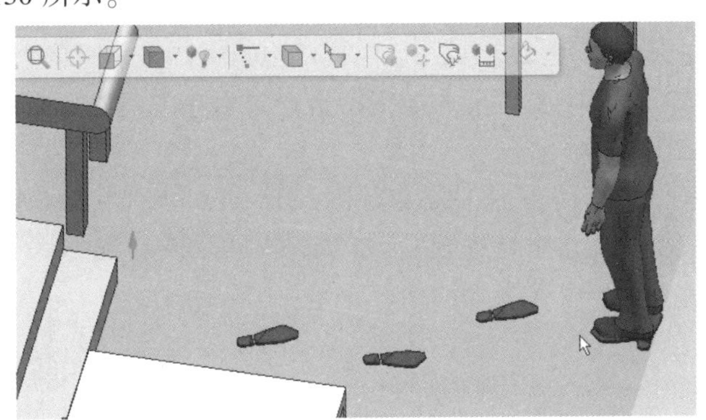

图 5-130 回原点的行走运动仿真效果

选择操作树中的“人机工程”操作，单击鼠标右键，在弹出的菜单中执行“设置当前操作”命令，让其在序列编辑器中打开，之后选中“人机工程”操作树下的所有子项目，单击序列编辑器中的“断开链接”按钮，再点击“链接”按钮，将所有的操作进行串联。创建完成之后的路径顺序如图 5-131 所示，之后单击“正向播放仿真”按钮，播放创建的路径。

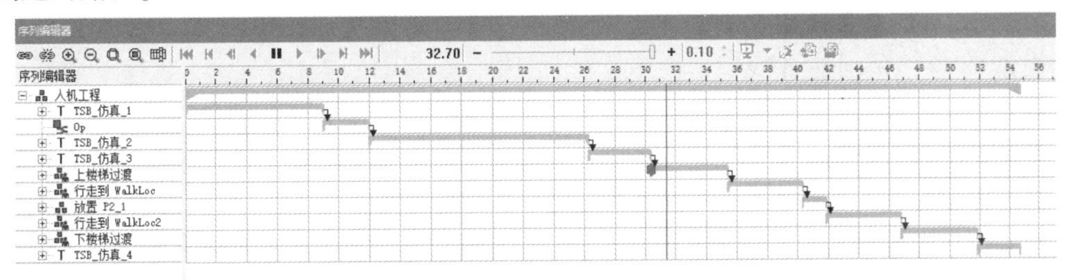

图 5-131 创建完成之后的路径顺序

创建完成之后的操作树结构，如图 5－132 所示。

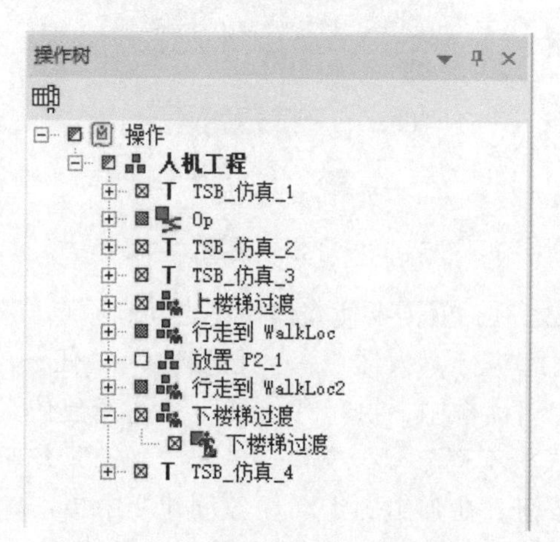

图 5－132　创建完成之后的操作树结构

5.2.13　进行人机工程分析

在人机工程中，针对人体模型的视觉分析有专门的命令组，在主菜单“人体”中，“分析”命令组包含“视线窗口”“抓取包络”“视线包络”等命令，如图 5－133 所示。

人体动作分析

其中“视线窗口”命令主要用于人体模型运动过程中左、右眼的视觉窗口的观察范围中的图像显示。

执行“人体”→“分析”→“视线窗口”命令，会弹出“视线窗口”对话框，如图 5－134 所示，需要在其中选择窗口设置，本次直接勾选“头部直视”复选框进行模拟。

图 5－133　“分析”命令组

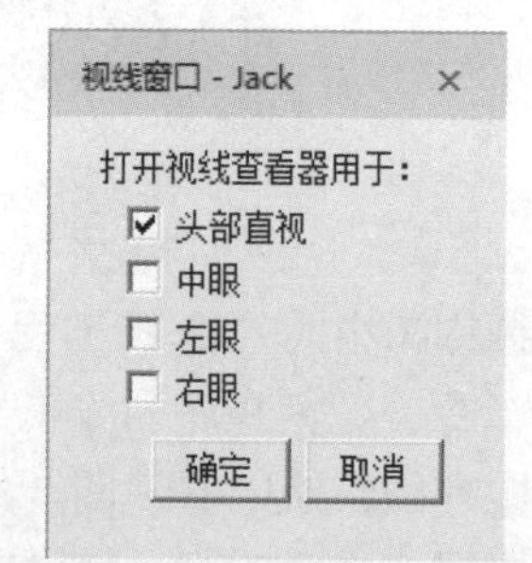

图 5－134　“视线窗口”对话框

勾选相应的复选框之后，会弹出对应的“视线窗口”对话框，如果仿真资源中的人体模型较多，在创建视线窗口之前，首先选中资源中的人体模型再创建对应的视线窗口即可。

在视线窗口中，可以观察到人体模型当前状态下的视角范围，通过播放序列编辑器中的人机工程路径，可以即时显示人体模型的观察范围。图 5－135、图 5－136 所示为人体模型在不同条件下的视线观察范围。

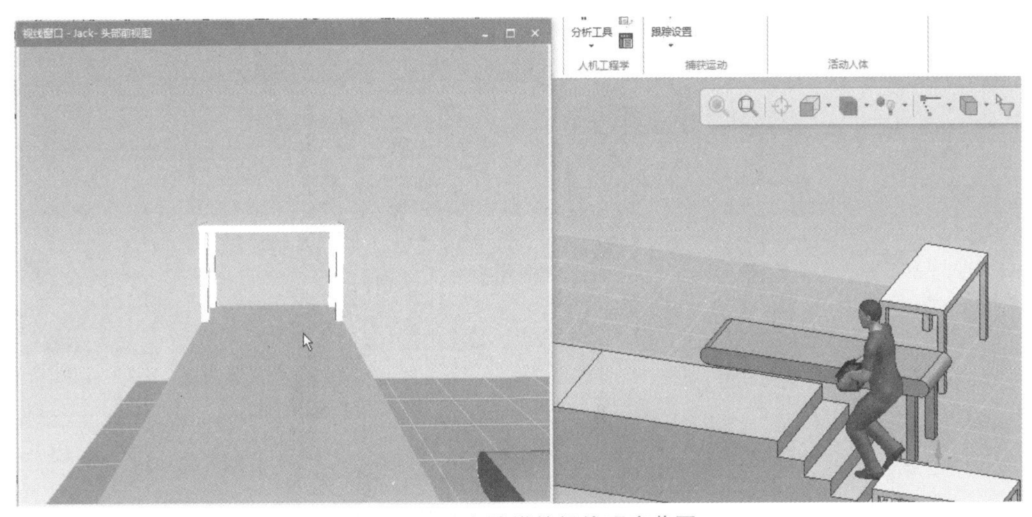

图 5－135　上楼梯的视线观察范围

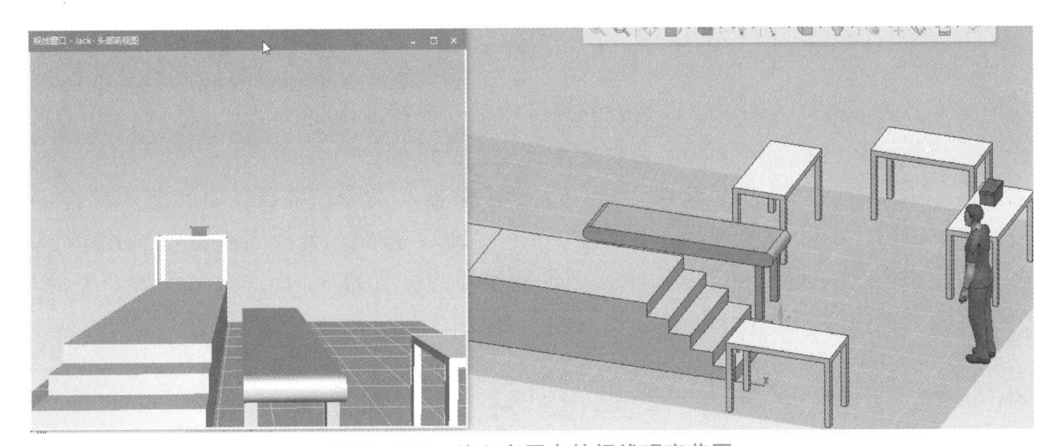

图 5－136　站立在原点的视线观察范围

“抓取包络”命令用于显示人体模型可以抓取的最大范围。因此，在创建过程中，可以根据抓取包络，对人体模型的可达性范围做基本的验证之后再进行抓取操作，如图5－137 所示。

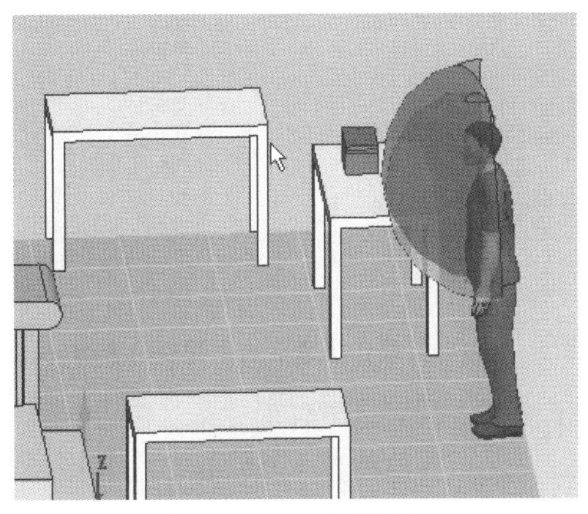

图 5－137　抓取包络

“视线包络”命令用于显示人体模型观看的范围，在个别情况下需要做视觉人机仿真的时候会用到此命令，以观察在特定状态下的视线情况，如图 5－138 所示。

图 5－138　视线包络

在主菜单“人体”中还包含“人机工程学”命令组，其中，“分析工具”命令包含“力学求解器”“能耗”与“分析工具”等子命令。通常应用此命令可以分析人体模型在当前情况下各关节的受力情况，以及人的疲劳程度，在特定作业过程中，可以利用“人机工程学”分析人在特定姿势下的疲劳程度来优化产品设计。

执行“人体”→“人机工程学”→“力学求解器”命令，播放仿真，之后在特定位置暂停，单击弹出的“力求解器”对话框中的“求解”按钮，分析当前姿势下手臂负载 0 状态下的受力情况。如图 5－139 所示，当手臂模型的负载为 0，而关节呈现如下姿势时，每只手臂关节受力为 119 N。

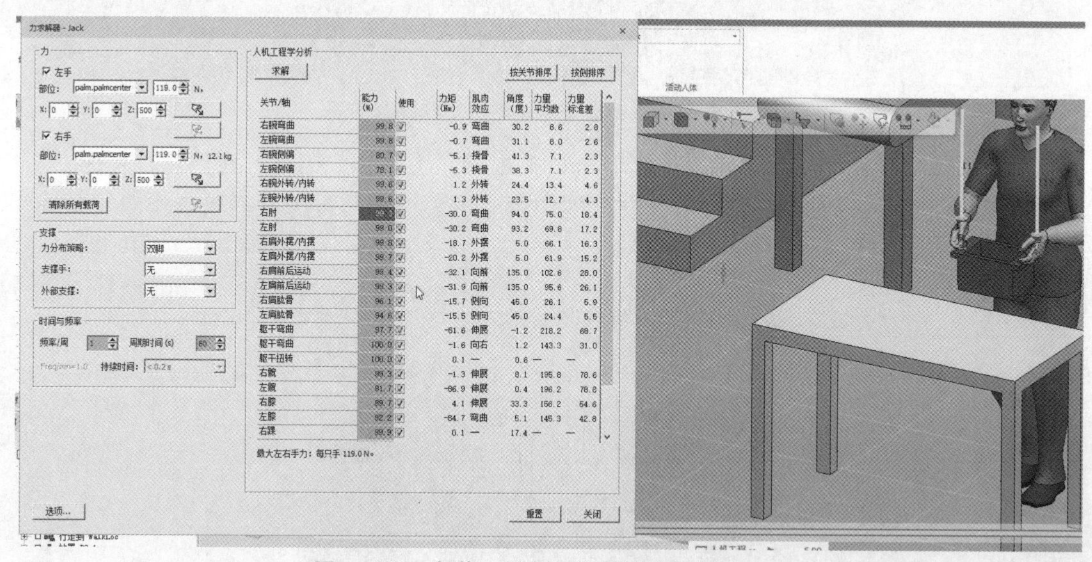

图 5－139　负载 0 状态下的手臂受力求解（1）

如果在仿真过程中，了解对应的搬运零件的质量，可以在“力求解器”对话框的左侧位置对负载进行对应的设置，之后播放仿真，在特定位置暂停，求解当前位置的手臂受力特点，即可求出当前人体模型的受力情况，如图 5－140 所示。

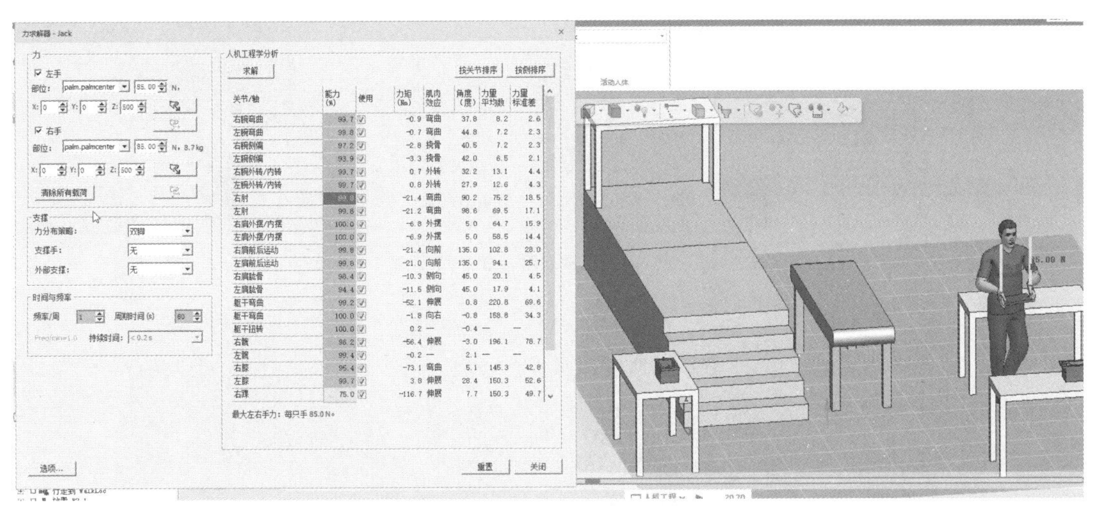

图 5－140　负载 0 状态下的手臂受力求解（2）

执行“人体”→“人机工程学”→“分析工具”命令，在弹出的“分析工具”对话框中，激活相应的选项（图 5－141），选取完成之后，单击“确定”按钮，在视图中会出现“人体：OWAS 类别”对话框（图 5－142），其根据不同颜色对应的不同措施会在三维模型中进行验证。

图 5－141　“分析工具”对话框中选项的激活

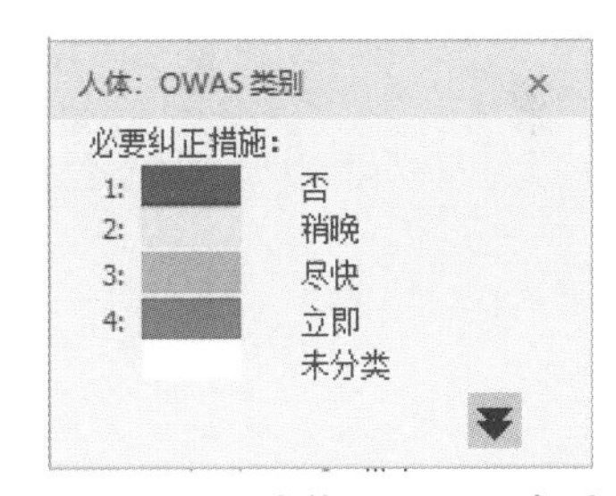

图 5－142　“人体：OWAS 类别”对话框

当设置好对应的激活选项之后，选择播放序列编辑器中的“人机工程”选项，会在三维视图中人体模型头部上方位置出现激活的选项栏，并且其中的数值会根据人体模型的运动发生改变。例如在图 5－143 和图 5－144 中，在人体模型站立和人体模型放置物品的情况下，其激活的选项会出现不同的文字描述。在图 5－144 中，描述为今后可能需要采取措施，即在当前情况下存在疲劳风险，不能长期工作。

图 5-143 站立条件下的人机工程分析

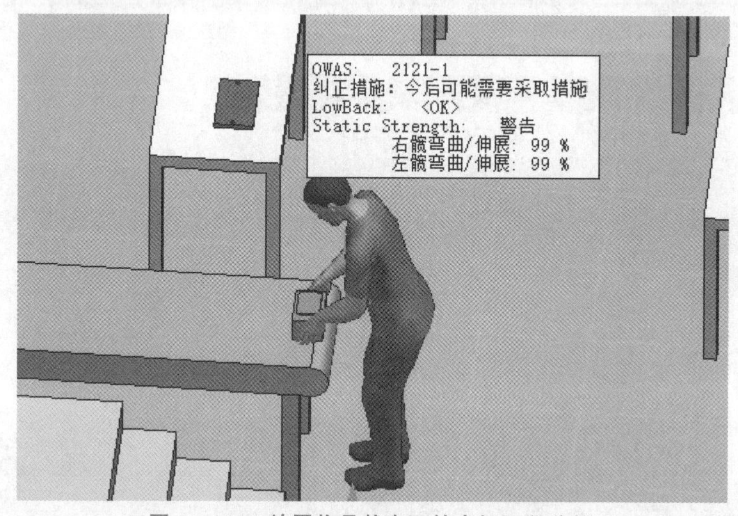

图 5-144 放置物品状态下的人机工程分析

人机工程学仿真的结果可以通过“人机工程学”命令组中的“创建人机工程报告”命令进行创建。在创建的过程中，首先需要暂停对应的操作，让人体模型停止在某一个动作，并且对其进行分析工具设置，选中需要设置的选项进行激活，之后执行“创建人机工程报告”命令，如图5-145 所示，在弹出的“创建报告”对话框中对当前创建人机工程报告的位置进行拍照。拍照完成之后，单击“确定”按钮，如图 5-146 所示，之后执行“人机工程学”→“报告查看器”命令，查看报告结果，如图 5-147 所示。

图 5-148 ~ 图 5-150 所示为创建的 2 次姿势下的人机工程报告，其中包含各种受力情况，例如脊椎、手臂等的受力情况，另外还有对人体各关节舒适度的评分。这些结果可以作为设计参考，用于评定设计是否符合要求。

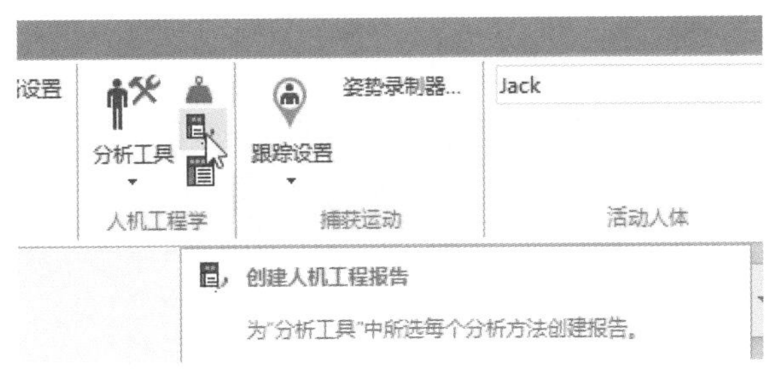

图5-145 "创建人机工程报告"命令

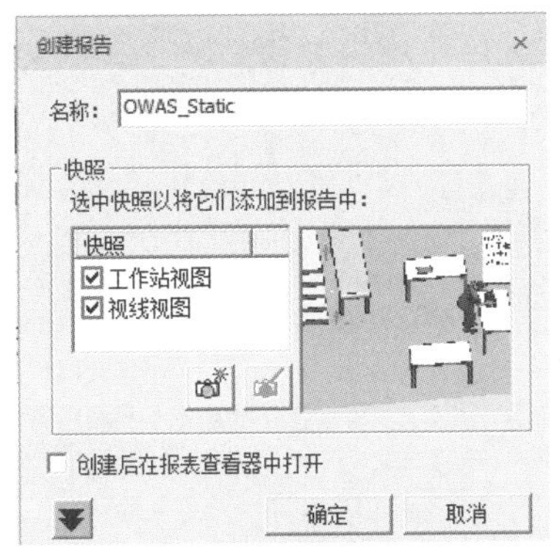

图5-146 "创建报告"对话框

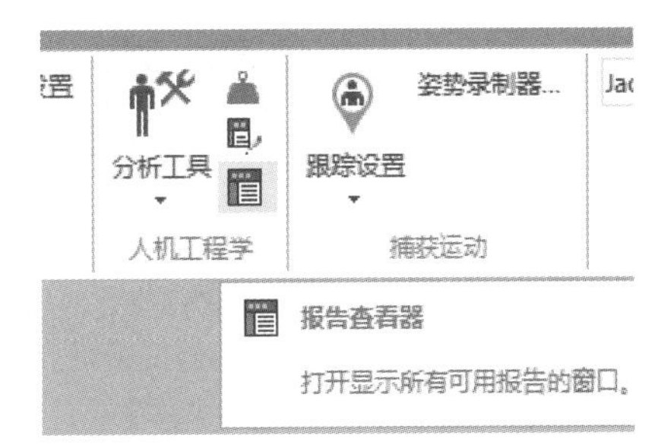

图5-147 "报告查看器"命令

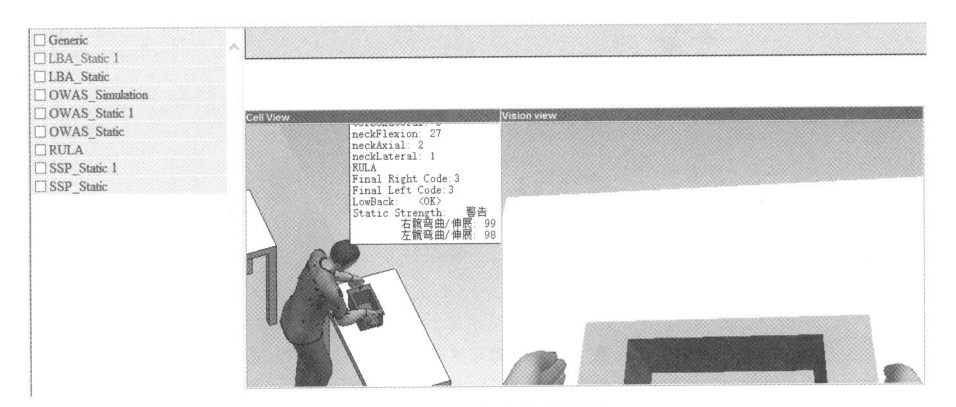

图5-148 生成的报告栏

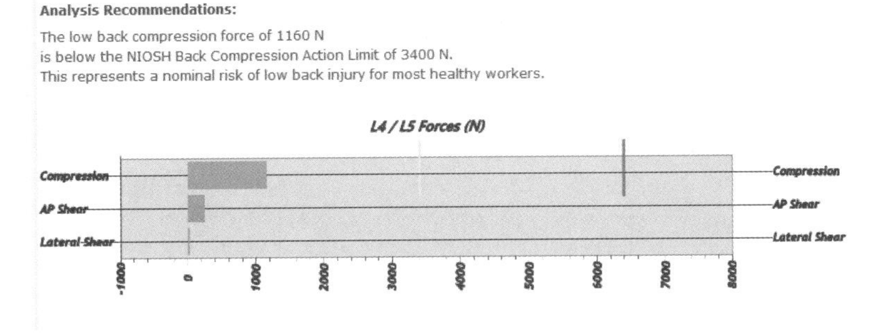

图5-149 脊椎受力分析

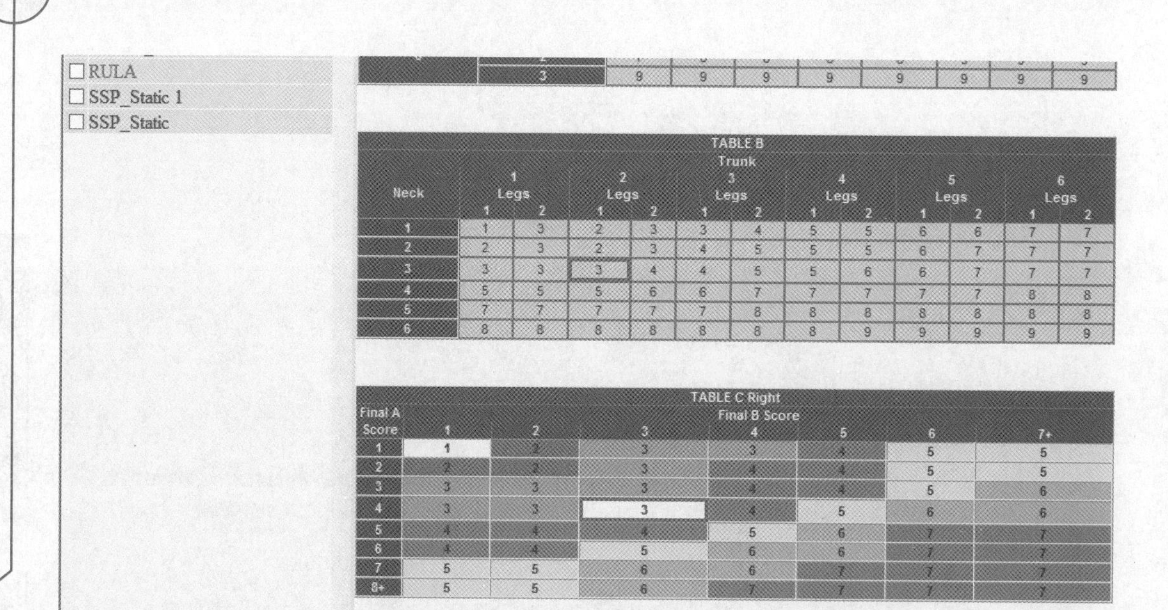

TABLE B

Neck	Trunk 1 Legs 1	2	Trunk 2 Legs 1	2	Trunk 3 Legs 1	2	Trunk 4 Legs 1	2	Trunk 5 Legs 1	2	Trunk 6 Legs 1	2
1	1	3	2	3	3	4	5	5	6	6	7	7
2	2	3	2	3	4	5	5	5	6	7	7	7
3	3	3	3	4	4	5	5	6	6	7	7	7
4	5	5	5	6	6	7	7	7	7	7	8	8
5	7	7	7	7	7	8	8	8	8	8	8	8
6	8	8	8	8	8	8	8	9	9	9	9	9

TABLE C Right

Final A Score	Final B Score 1	2	3	4	5	6	7+
1	1	2	3	3	4	5	5
2	2	2	3	4	4	5	5
3	3	3	3	4	4	5	6
4	3	3	3	4	5	6	6
5	4	4	4	5	6	7	7
6	4	4	5	6	6	7	7
7	5	5	6	6	7	7	7
8+	5	5	6	7	7	7	7

TABLE C Left

Final A Score	Final B Score 1	2	3	4	5	6	7+
1	1	2	3	3	4	5	5
2	2	2	3	4	4	5	5
3	3	3	3	4	4	5	6
4	3	3	3	4	5	6	6
5	4	4	4	5	6	7	7
6	4	4	5	6	6	7	7
7	5	5	6	6	7	7	7
8+	5	5	6	7	7	7	7

图 5-150　各关节舒适度评分

5.3 任务评价

项目 5 任务评价见表 5-1。

表 5-1　项目 5 任务评价

评价项目	分值	得分	
		自评分	师评分
了解人体模型的概念，熟悉 Jack 人体模型的功能，掌握 Jack 人体模型的工作流程和技术特点	5		
掌握创建 Jack 人体模型基本操作的方法，包括行走、抓取、拾取、放置、上下楼梯等	10		
掌握人体姿势的调整方法	10		
掌握人体姿势分析工具的使用方法。	10		

续表

评价项目	分值	得分	
		自评分	师评分
下列任务，每完成一项计5分，本项合计分值最高50分。 创建人体模型； 创建人机工程仿真； 创建走动动作； 创建抓取动作； 创建行走动作； 创建放置零件操作； 创建高度过渡操作； 创建平台行走操作； 创建放置对象操作； 进行人机工程分析	50		
学习认真，按时出勤	10		
具有团队合作意识和协同工作能力	5		
总计得分			

项目6 工业机器人操作仿真

【知识目标】

● 掌握 Process Designer 以往项目的清理方法，并熟悉 Process Designer 项目的导入过程。

● 掌握在 Process Simulate 中投影焊点的方法。

● 掌握对象流操作的过程创建方法，掌握通用机器人操作方法、工业机器人点焊操作方法、工业机器人弧焊操作方法、带有外部轴结构的路径操作方法。

● 掌握抓手工具的拆卸和安装过程，熟悉拆卸过程中 TCP 位置的变化。

● 掌握工业机器人示教命令的应用，熟练应用其中的指令规划路径。

● 掌握工业机器人焊接轨迹的调整方法，熟练应用 TCP 跟踪来调整路径，熟练掌握运动仿真过程中干涉检查的方法。

● 熟练掌握弧焊焊道的投影过程，并掌握外部轴结构的添加过程以及外部轴值的设置方法。

● 熟练掌握弧焊路径的轨迹优化方法。

【能力目标】

● 会清理 Process Designer 软件中以往创建的项目数据，并能够熟练掌握 Process Designer 的 XML 项目数据导入方法。

● 会将导入的焊点文件投影成焊点路径。

● 会创建复合操作、对象流操作、点焊操作、弧焊操作等，并会给工业机器人添加外部轴，在路径中完成外部轴值的添加。

● 能够熟练掌握工业机器人抓手的拆卸和安装的过程，并熟悉拆卸和安装过程中的 TCP 变化情况。

● 能够熟练应用工业机器人示教命令添加各种指令来调整路径，熟练应用附加、等待等指令调整路径。

● 能够熟练应用与板件同时导入的焊道数据投影出弧焊焊接路径。

● 能够熟练掌握弧焊外部轴的应用，通过外部轴值的调整来调整焊接轨迹。

【职业素养目标】

● 培养学生的爱岗敬业精神和职业道德意识。

- 培养学生综合运用知识分析、处理问题的能力。
- 培养学生从客户需求出发分析和解决实际问题的能力。

6.1 项目描述

6.1.1 点焊机器人自动化单元仿真

在该项目中，要求完成一个点焊机器人自动化单元仿真。项目导航树与资源三维模型如图 6－1 所示。

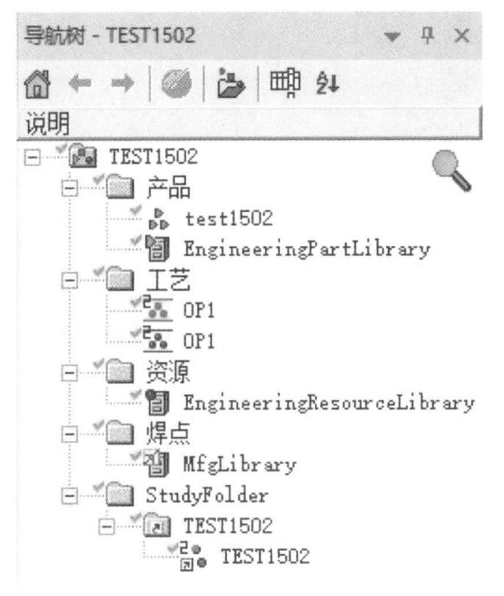

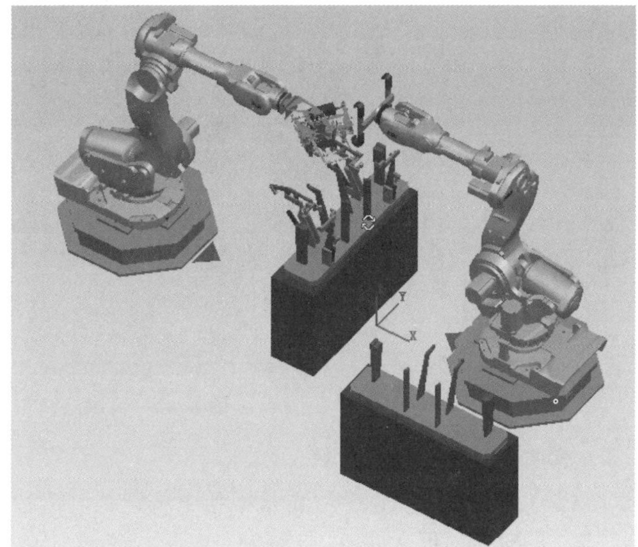

图 6－1　项目导航树与资源三维模型

该项目实施步骤如下。

(1) 工件放在右侧的上件台处。

(2) 搬运机器人从上件台抓取工件，并将其放置在夹具台上，之后回到 HOME 点等待。

(3) 焊接机器人从 HOME 点出发，完成对工件的焊接工作之后回到 HOME 点。

(4) 优化焊接轨迹，检查焊接过程中的干涉问题。

项目实施步骤如下。

(1) 清除旧项目。

(2) 在 Process Designer 中导入项目。

(3) 进行焊点投影。

(4) 进行对象流仿真。

(5) 进行工业机器人抓手的拆卸和安装。

(6) 创建抓取动作。

(7) 编辑焊接操作路径。

(8) 进行干涉检查。

后续将上述每一个步骤安排为一个任务进行项目实施。

6.1.2 弧焊机器人自动化单元仿真

在该项目中，要求完成一个弧焊机器人自动化单元仿真，主要目标为利用 PS on eMS Standalone 创建弧焊仿真项目，添加外部轴结构，完成弧焊焊道投影，创建弧焊路径。弧焊结构布置如图 6－2 所示。

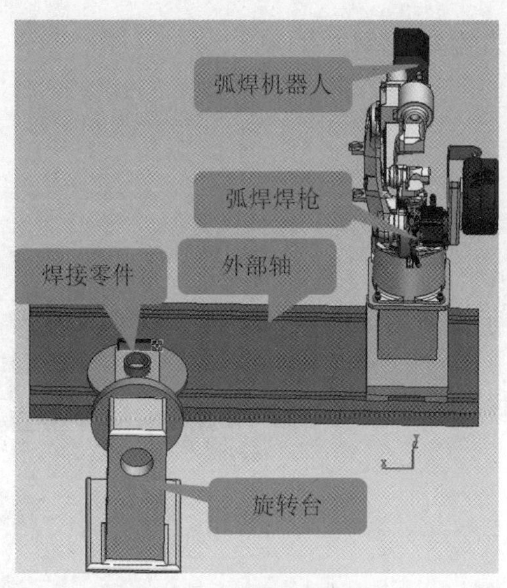

图 6－2 弧焊结构布置

该项目实施步骤如下。

（1）进行基础知识学习，认识与了解连续制造特征、弧焊相关术语与参数。

（2）准备项目文件。

（3）新建研究。

（4）导入项目数据。

（5）添加工业机器人外部轴。

（6）进行焊接投影。

（7）进行焊道路径规划创建和优化。

6.2 项目实施

清除项目以及导入项目的过程

6.2.1 点焊机器人自动化单元仿真

1. 旧项目的删除

旧项目是指 Process Designer 已保存的项目，可通过如下操作查看最近保存的项目数据。

双击桌面上的 Process Designer 软件快捷方式图标，即出现 Tecnomatix 启动界面

(图6－3)，输入用户名和密码后单击“确定”按钮，即出现欢迎界面。在欢迎界面中可以看到最近已保存的项目数据。

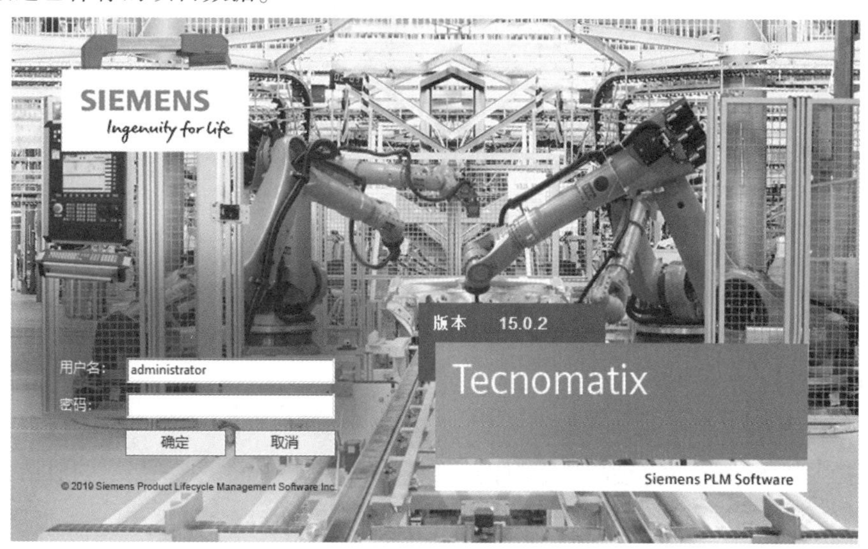

图6－3　Tecnomatix 启动界面

下面介绍如何删除这些项目数据。

利用 Tecnomatix 软件中自带的 AdminConsole 对项目进行删除即可。执行“开始”→“Tecnomatix”→“AdminConsole”命令，打开“Tecnomatix AdminConsole”界面，如图6－4所示，选择“Project Administration”→“Project Actions”选项，在弹出的对话框中单击“确定”按钮，进入“Project Actions”窗口，如图6－5所示。

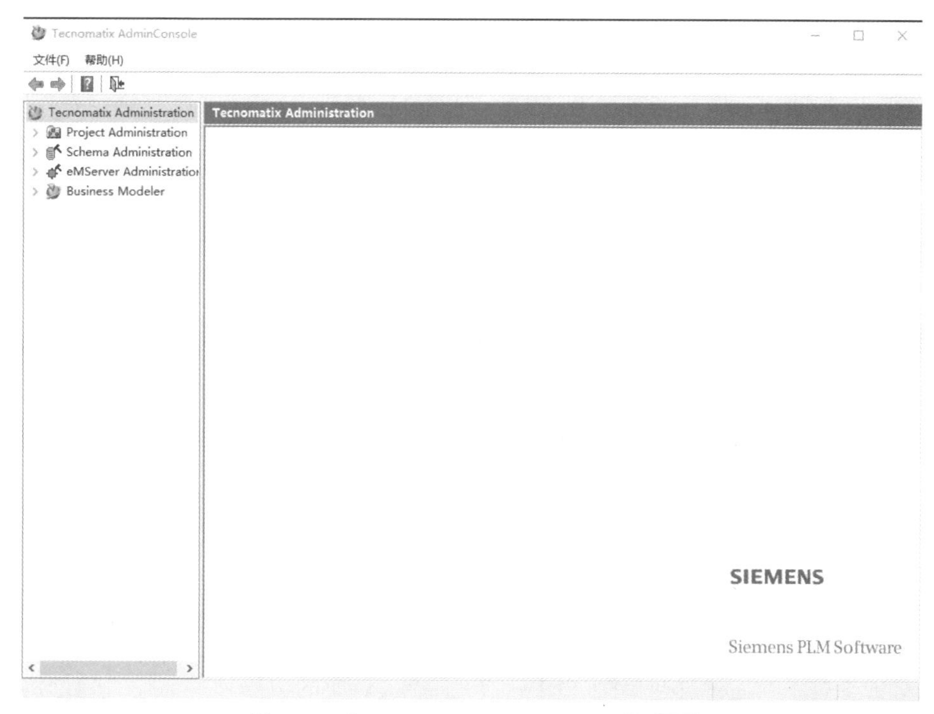

图6－4　“Tecnomatix AdminConsole”界面

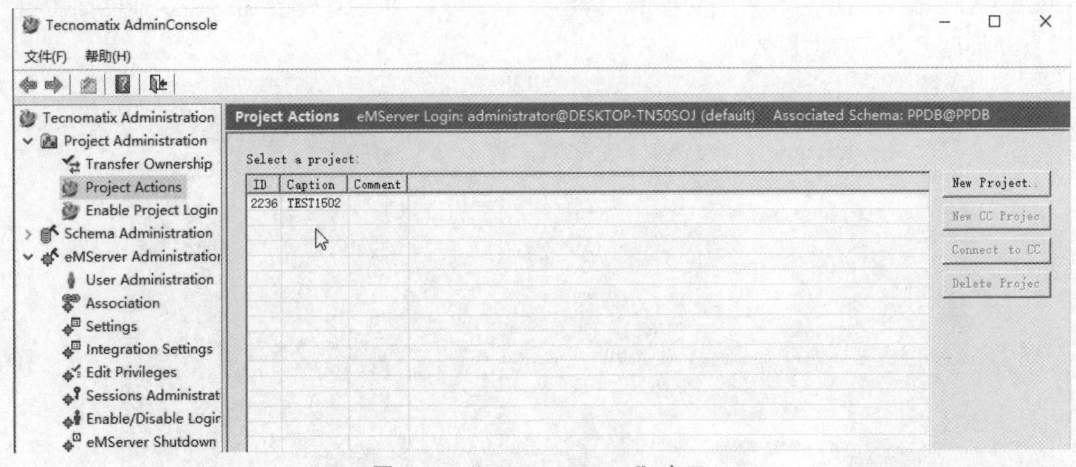

图 6－5 “Project Actions” 窗口

单击其中的项目 ID，之后单击右侧的“Delete Project”按钮，在弹出的对话框中单击“是”按钮，确定删除项目（图 6－6），就可以将普通的项目删除。

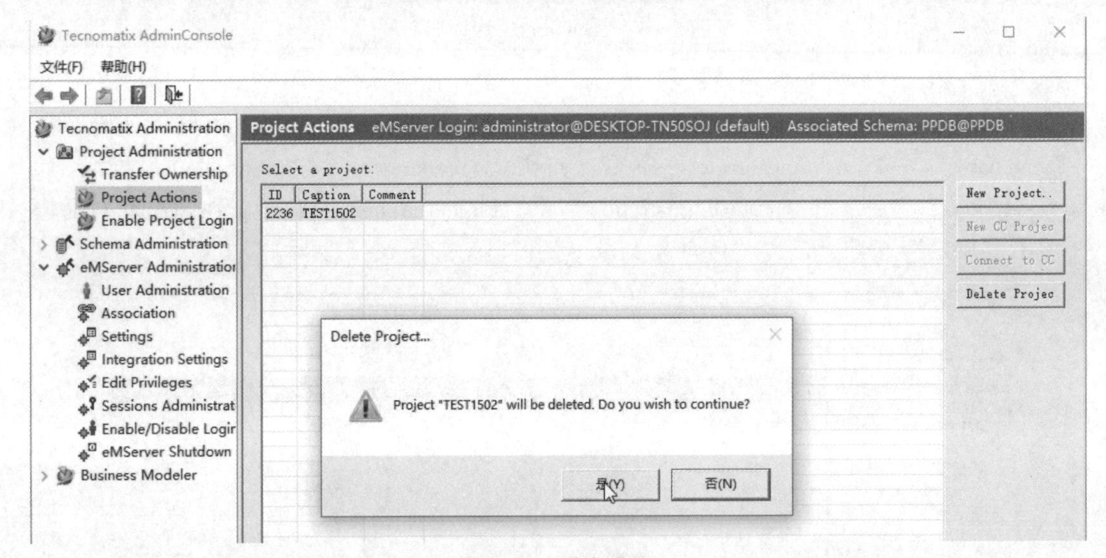

图 6－6 删除项目

如果项目被其他用户占用，则可以在“Tecnomatix AdminConsole”窗口中选择“eMServer Administration”→“Sessions Administrator”选项，进入选项栏，选择全部用户，单击“Kill Session”按钮，将其中的用户删除，再返回“Project Actions”窗口，清除对应的项目即可。这样当再次打开 Process Designer 时，对应的项目就会被清空。

2. Process Designer 项目的导入

在本项目中，项目主要来源为项目 2 中的 Process Designer 数据，也就是项目 2 中设计好的项目数据。之前导出的 Process Designer 项目文件“test1502. XML”，可以直接导入 Process Designer，再次进行应用。

进入 Process Designer 欢迎界面（图 6－7），导入对应的数据地址。设置地址为“F:\XM6”，并将对应的数据导入“F:\XM6”文件夹。数据文件夹结构如图 6－8 所示，即将之前“XM1”文件夹中的所有数据复制到“XM6”文件夹中。在本次创建的项目中，由于需要将一些操作在 Process Simulate 中进行创建，所以导入的项目与项目 2 的内容有所不同。

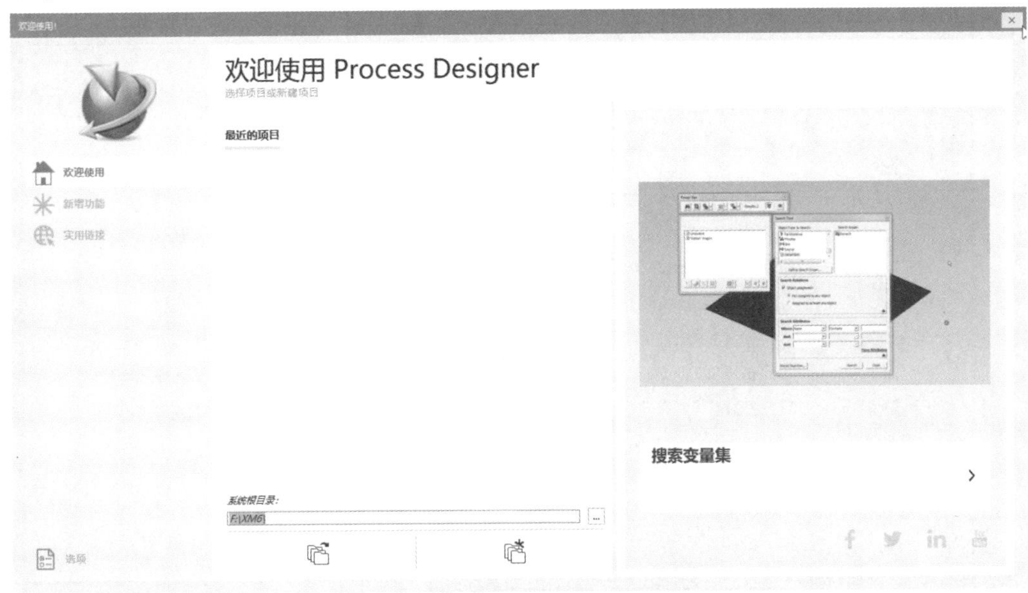

图 6－7　Process Designer 欢迎界面

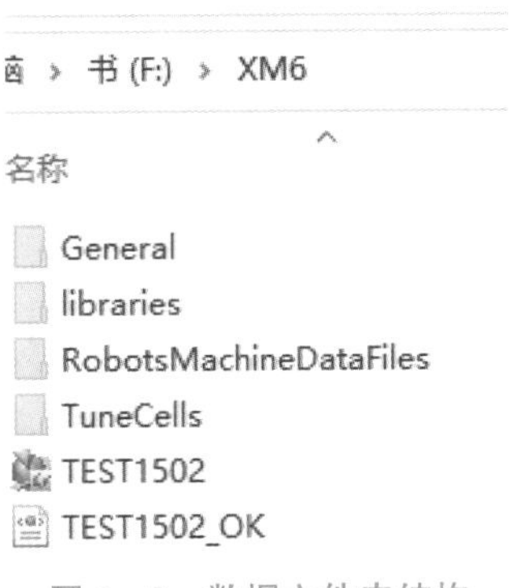

图 6－8　数据文件夹结构

打开 Process Designer 之后，执行“准备”→“导入”→“导入项目”命令，如图 6－9 所示。

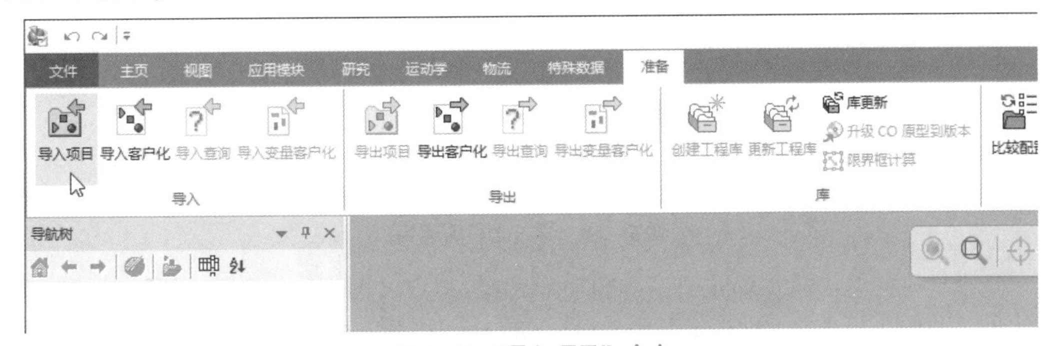

图 6－9　“导入项目”命令

在弹出的“导入”对话框中，选择“F:\XM6”文件夹下的“TEST1502.xml”文件，单击“导入”按钮即可将之前创建的“TEST1502”项目导入本次的项目中进行仿真，如图6-10所示。

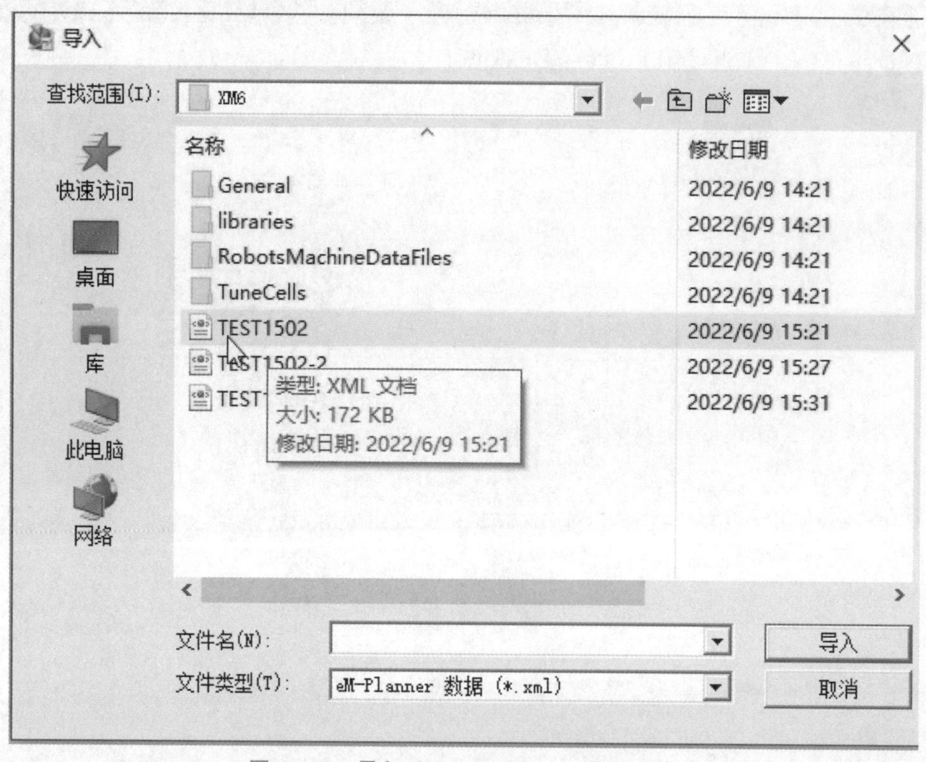

图6-10　导入 Process Designer 项目文件

导入项目之后，可以加载对应的资源树和操作树。观察项目的整体结构。导入之后的项目如图6-11所示。

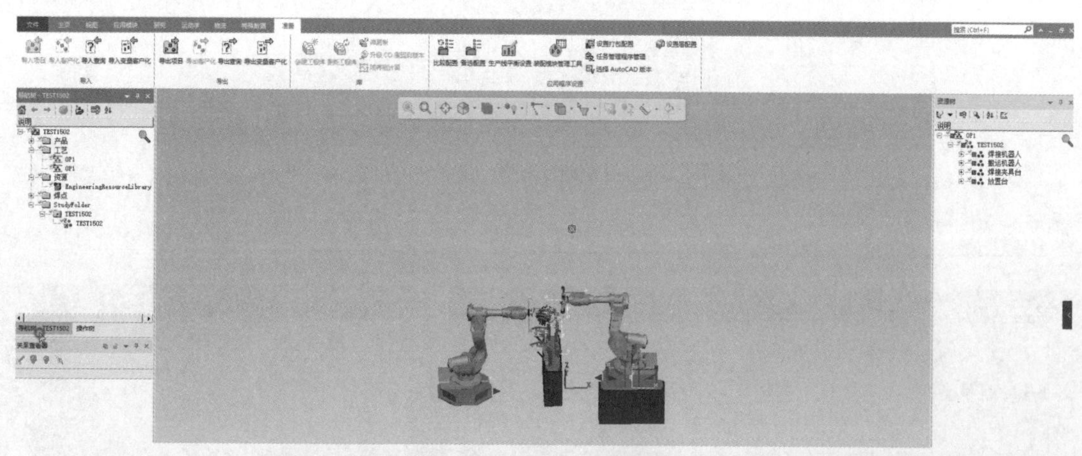

图6-11　导入之后的项目

选择导航树中“StudyFolder”→“TEST1502”节点（图6-12），单击鼠标右键，在弹出的菜单中执行“在标准模式下用Process Simulate打开”命令，如图6-13所示，并在弹出的对话框中单击“是”按钮，就可以通过 Process Designer 打开到 Process Simulate 了。

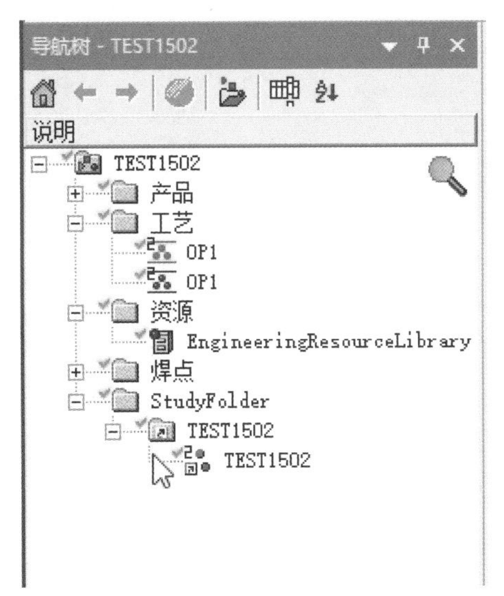

图 6-12　项目导入的导航树

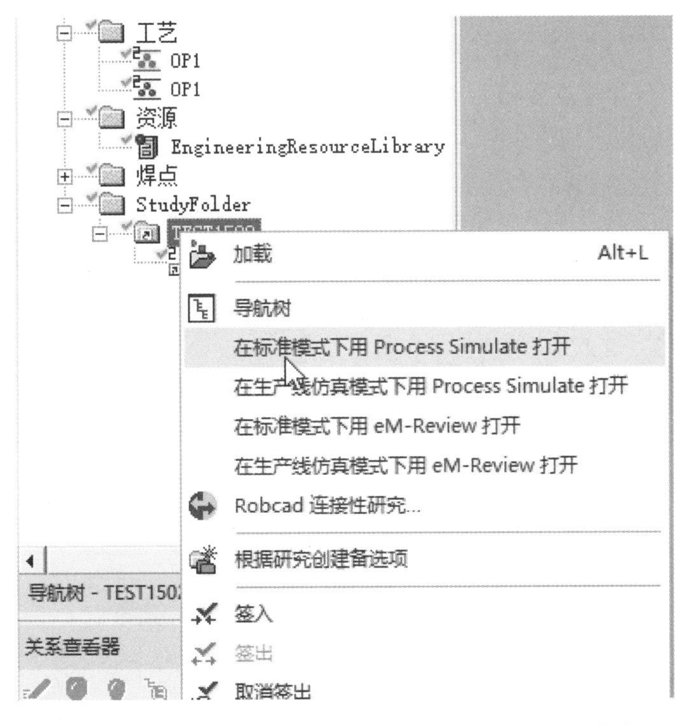

图 6-13　“在标准模式下用 Process Simulate 打开”命令

打开到 Process Simulate 之后，可以在视图窗口中观察到对应的项目布局，并观察到对应的操作树结构，如图 6-14 所示。

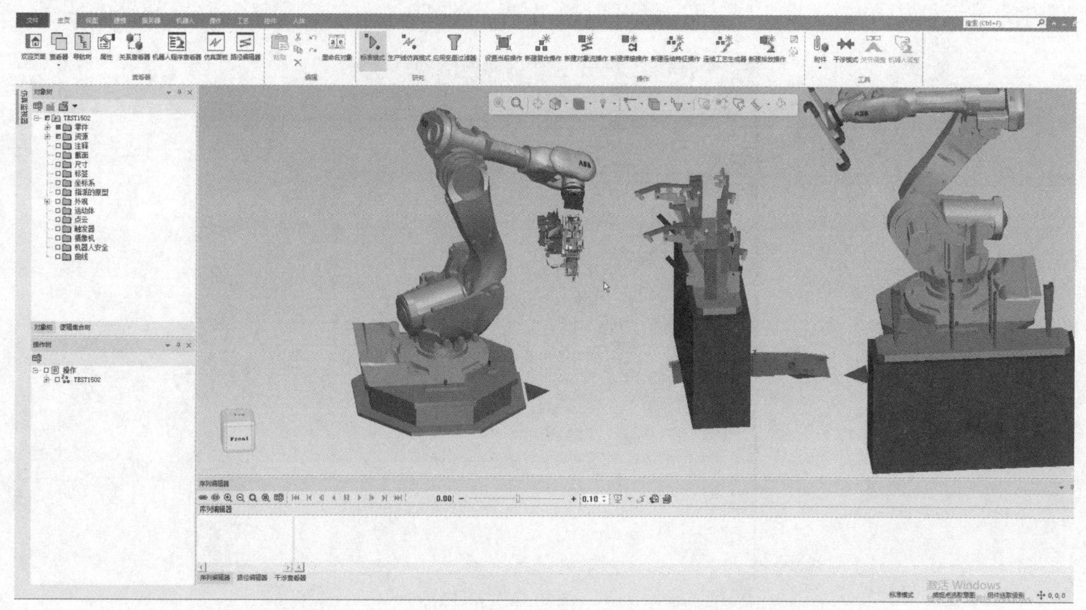

图 6 – 14　打开到 Process Simulate 的项目布局

本次的项目主要是实现零件的对象流操作，也就是板件的搬运操作，之后利用抓手工具对结构进行搬运，再利用焊枪对板件进行焊接，完成整个项目的操作过程。

本次的项目还包含焊点数据，由于焊点是和零件关联的，所以在导入 Process Simulation 之后，优先把项目中的焊点先投影到板件上。

3. 焊点投影

将操作树展开，找到焊接命令中的 6 个焊点，如图 6 – 15 所示，单击“机器人 1 焊接”操作前面的方框，使其显示为蓝色方框，即可显示焊点，之后找到对象树中的资源，将资源数据全部隐藏，单独显示板件数据（图 6 – 16）。单击视图窗口中的“缩放至合适尺寸”按钮，将零件放大。

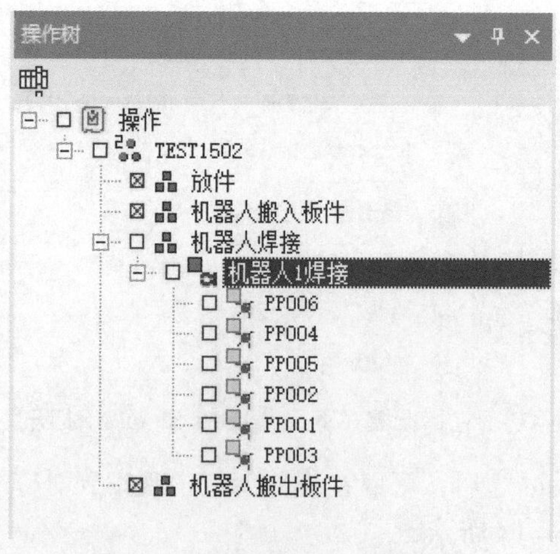

图 6 – 15　操作树中的焊点资源

图 6－16　在对象树中单独显示板件数据

图 6－17 所示为对应项目的板件和操作树中的焊点对象，其中焊点路径中会自动生成有带箭头的白线，其根据焊点的顺序进行连接。

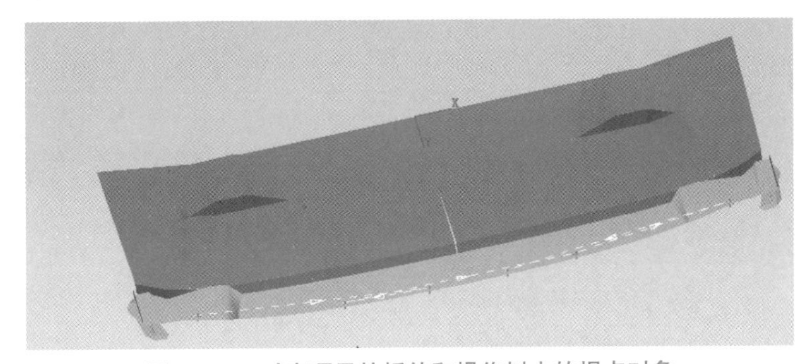

图 6－17　对应项目的板件和操作树中的焊点对象

在本次的设计中，焊点是需要进行仿真的，而目前的红色焊点无法进行仿真，需要进行投影，投影成工业机器人可以识别的坐标点才能实现路径点编辑。从操作树中可以看出，所有焊点为昏暗的颜色，不是亮黑色。

执行“工艺”→“离散”→“投影焊点”命令，如图 6－18 所示。对焊点进行投影。

图 6－18　“投影焊点”命令

选择操作树中的焊点数据，再执行“投影焊点”命令，会弹出“投影焊点”对话框，如图 6－19 所示，在该对话框中，可以看出焊点已经在“焊点”列表中进行了显示。由于在本次的设计中，焊点已经和板件进行关联，所以可以直接单击底部的“项目”按钮，对焊点进行投影。

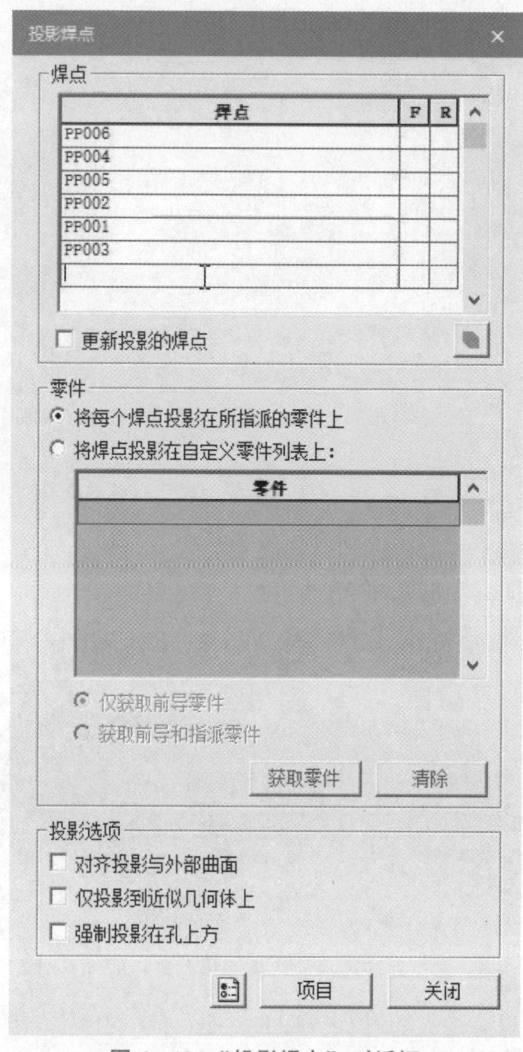

图 6－19 “投影焊点”对话框

如果焊点没有与板件进行关联，那么就需要在其中的“零件”区域单击“将焊点投影在自定义零件列表上”单选按钮，在激活的“零件”列表框中选择需要投影的零件，再单击底部的“项目”按钮，进行焊点投影。

单击“项目”按钮之后，在视图窗口中可以看到零件表面的变化，在每一个焊点的位置出现了坐标系，如图 6－20 所示。

单击其中焊点投影的坐标，在其表面出现了以 X，Y，Z 为轴的坐标系（图 6－21），即焊点投影成功。由于零件所在表面的曲率不一样，所以在投影的时候，焊点投影的方向是无法统一的，焊点投影的方向主要由其所接近的板件曲面决定。焊点投影的 Z 方向垂直于曲面表面，焊点投影的方向需要在工业机器人路径仿真的过程中进行调整。

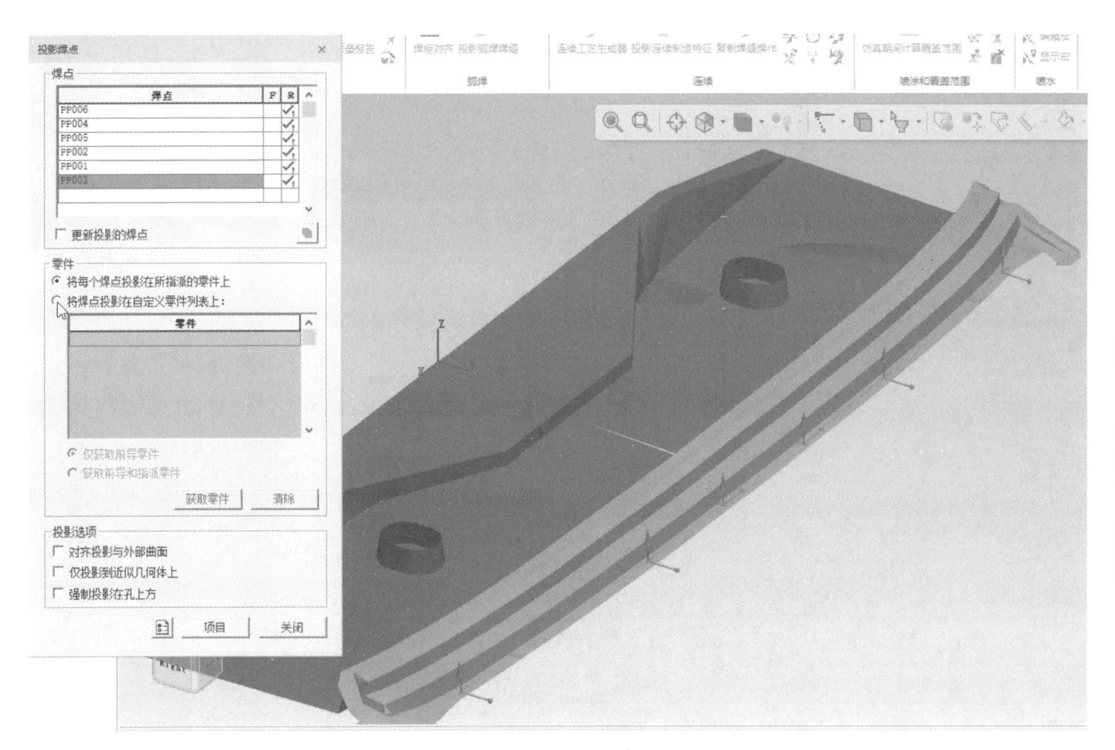

图 6－20　焊点投影操作

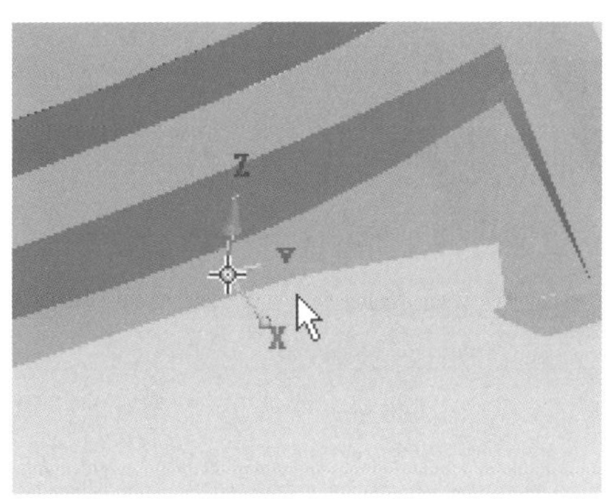

图 6－21　焊点的 X，Y，Z 坐标系显示

焊点投影完成之后，需要对操作树中的操作过程进行模拟仿真。因此，首先选择“放件”操作，进行对应的对象流操作的仿真。

4. 对象流仿真过程模拟

选择操作树中“TEST1505”→“放件”操作，如图 6－22 所示。执行“操作”→“创建操作”→“新建操作”→“新建对象流操作”命令，在“放件”操作中建立对应的对象流操作，如图 6－23 所示。

将板件搬运到放件台

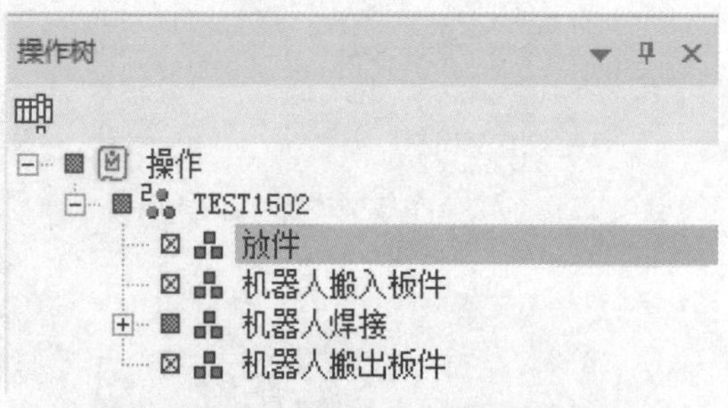

图 6－22　操作树中的“放件”操作

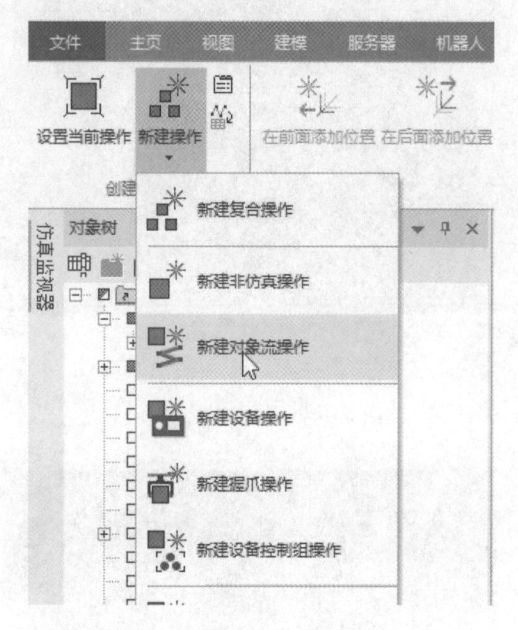

图 6－23　“新建对象流操作”命令

在弹出的“新建对象流操作”对话框中，“名称”默认选择“Op”，“对象”选择“test1502”，“范围”默认选择“放件”操作。

在“创建对象流路径”区域，“起点”默认选择“当前位置”，“终点”选择放置台上的坐标系“fix111”。此位置点为设定的在夹具上的零件重合点，因此可以直接选取其位置进行模拟。“抓握坐标系”选择“自身”，“持续时间”选择 5 s，单击“确定”按钮，如图 6－24 所示，完成对应的路径设置。

创建完成之后，在操作树和视图窗口中会有相应的变化，其中操作树中会增加“Op”操作，它包含“loc”和“loc1”两个路径坐标系；在视图窗口中也会出现由两个点组成的一条线，这条线便是对象流操作过程中的零件运动路径，如图 6－25 所示。

选中操作树中的“Op”操作，在打开的路径编辑器中，单击“向编辑器添加操作”按钮 。将“Op”操作添加到路径编辑器中进行路径仿真和调整，如图 6－26 所示。

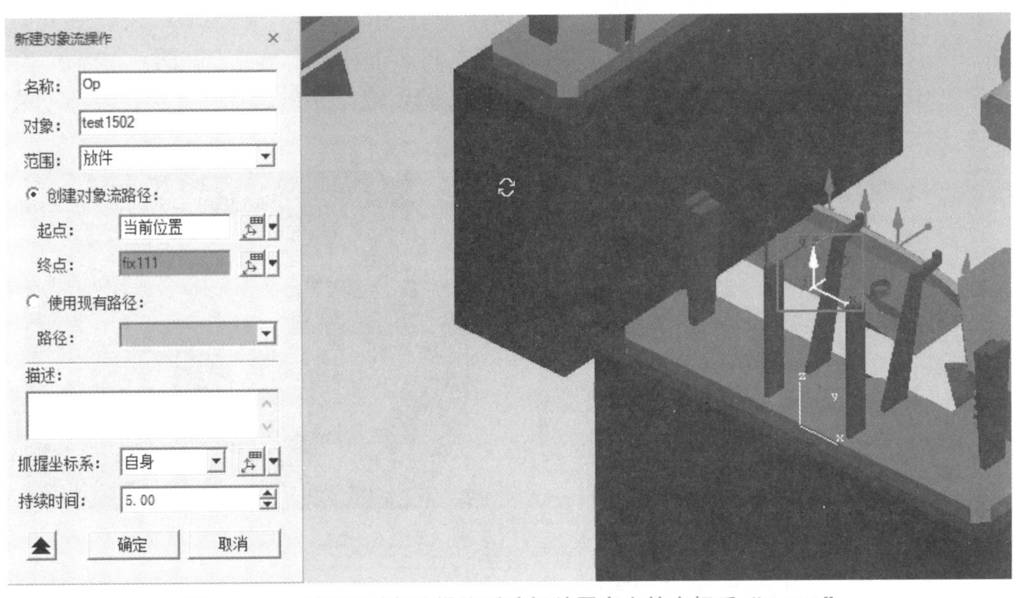

图 6－24　在新建对象流操作时选择放置台上的坐标系“fix111”

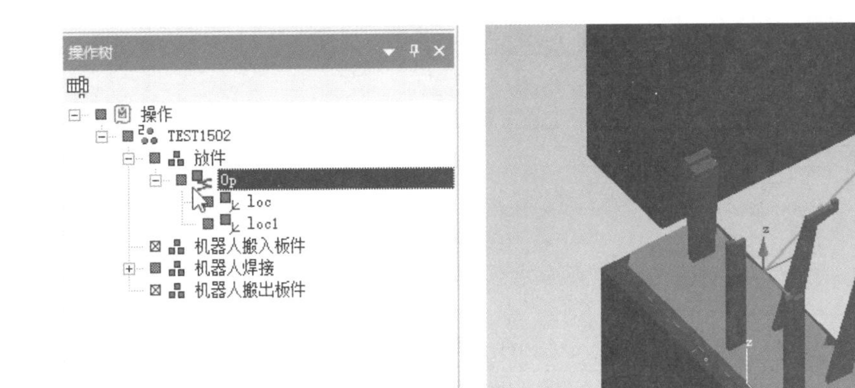

图 6－25　创建好的 Op 对象流路径

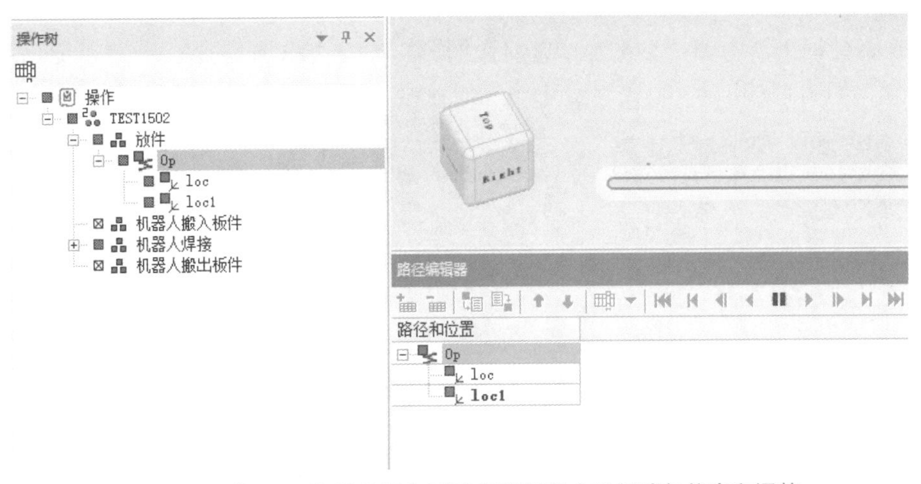

图 6－26　将“Op”操作添加到路径编辑器中进行路径仿真和调整

单击路径编辑器中的“正向播放仿真”按钮▶，视图窗口中的模型就会产生相应的运动，可以看出在零件的模拟过程中，零件出现了较多干涉（图6－27、图6－28）。在实际的生产中，这种运动方式是不可以实现的，因此需要对其中的起始点loc进行调整或删除。在本次的仿真中将loc删除，重新创建路径点。

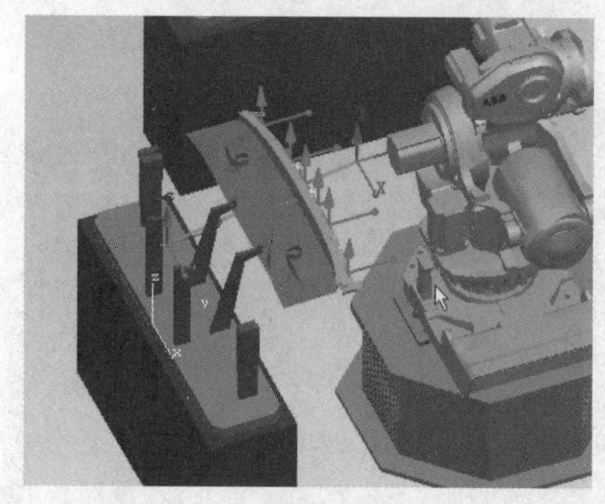

图6－27　对象流仿真状态（1）

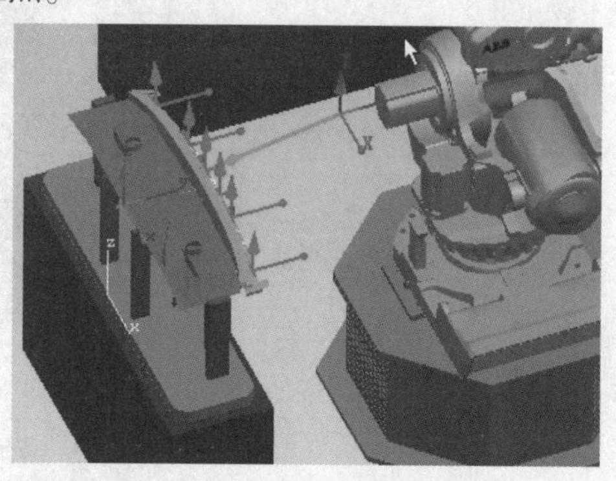

图6－28　对象流仿真状态（2）

选择“操作树”浏览器下新创建的“Op”操作下的“loc”，再按Delete键，将“loc”删除，删除完成之后的操作树和路径编辑器的状态如图6－29所示。

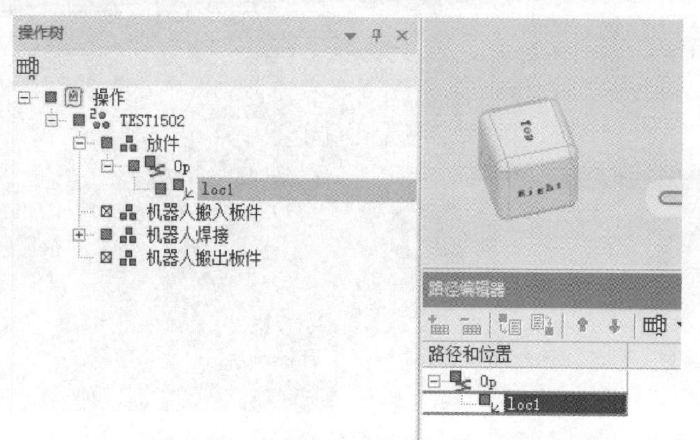

图6－29　删除完成之后的操作树和路径编辑器的状态

选择路径编辑器中的“loc1”，再执行“操作”→“添加位置”→“在前面添加位置”命令，如图6－30所示。

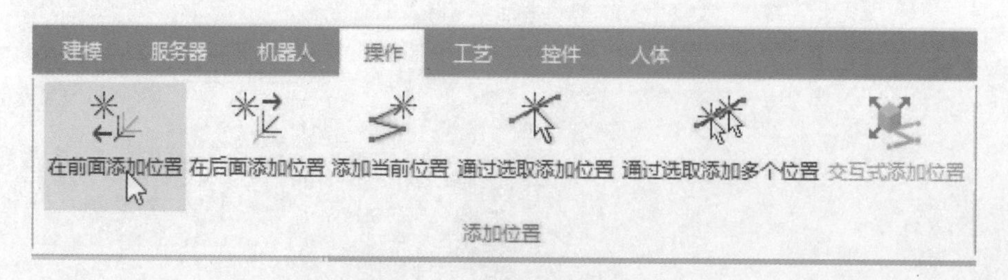

图6－30　“在前面添加位置”命令

在弹出的“放置操控器”对话框中，对其中的步长进行调整，调整时单击步长链接，之后设置步长的参数即可。

利用三维视图中的坐标系对路径的位置进行调整，直接拖动坐标系中的坐标轴，就可以实现路径的更改。

详细观察放置台的结构，可以看出其中有一个凸台，如果想避免零件运动时干涉，首先需要将零件的高度拉高，之后平移，再进行调整即可。因此，首先创建对应坐标结构正上方的第一个点，再利用“在前面添加位置”命令创建路径中的其他过程点，如图 6－31 所示。创建完成的路径点如图 6－32 所示。图中绿色的点即对象流的过程点，其他红色坐标点即投影的焊点。由于焊点和板件有附加关系，所以当板件运动时，焊点也会随之运动。

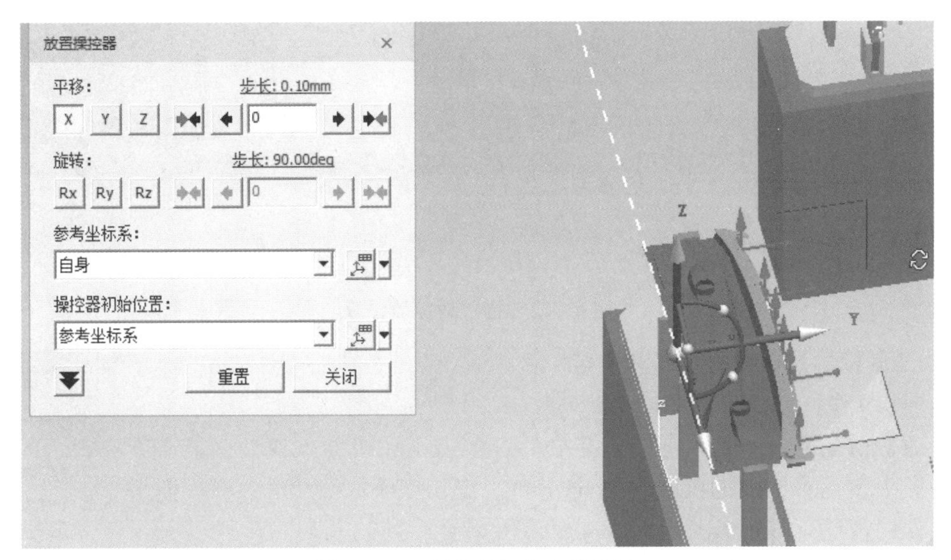

图 6－31　调整添加的点的位置

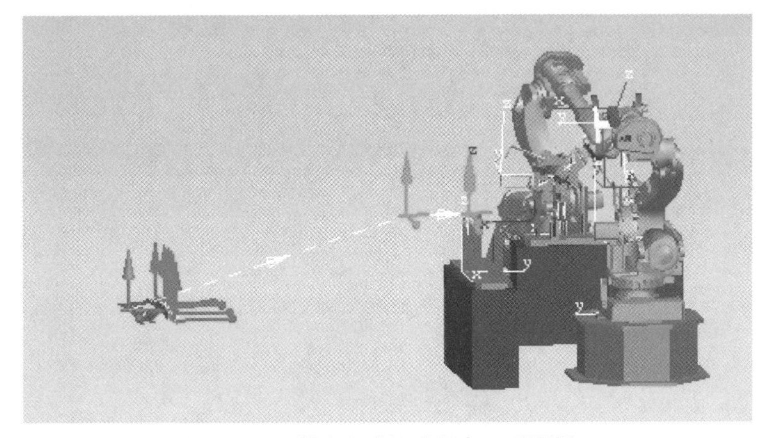

图 6－32　创建完成的路径点（附彩插）

单击路径编辑器中的“正向播放仿真”按钮 ▶，观察结构的运动，可以发现在播放仿真的时候，视图栏中的时间在结束时候为 5 s，而在零件运动的过程中没有夹具出现明显的干涉情况，如图 6－33 所示。

图 6－33 播放对象流仿真

5. 工业机器人抓手的拆卸和安装

1）拆卸抓手

工业机器人抓手的拆卸与安装

在通常情况下，完成抓手的安装之后，单击工业机器人模型，其 TCP 会变为抓手设置的 TCP 的位置（图 6－34）。由于在项目设计中会出现抓手安装错误的情况，所以本次仿真涉及拆卸和安装抓手的过程。

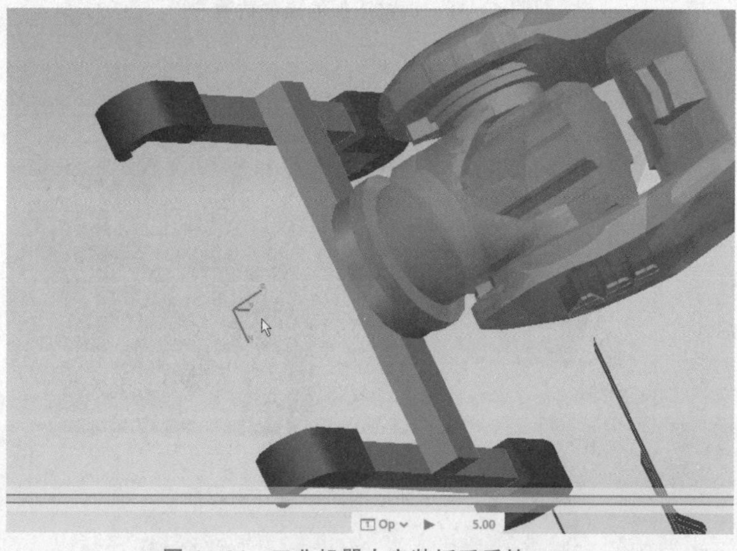

图 6－34 工业机器人安装抓手后的 TCP

在拆卸抓手的时候，需要单击工业机器人已经安装的抓手，此处选择已经与工业机器人关联的抓手“greifer11”（图 6－35），之后“机器人”→“工具和设备”→“拆卸工具”命令 ，如图 6－36 所示。拆卸完成之后，抓手表面没有任何变化。

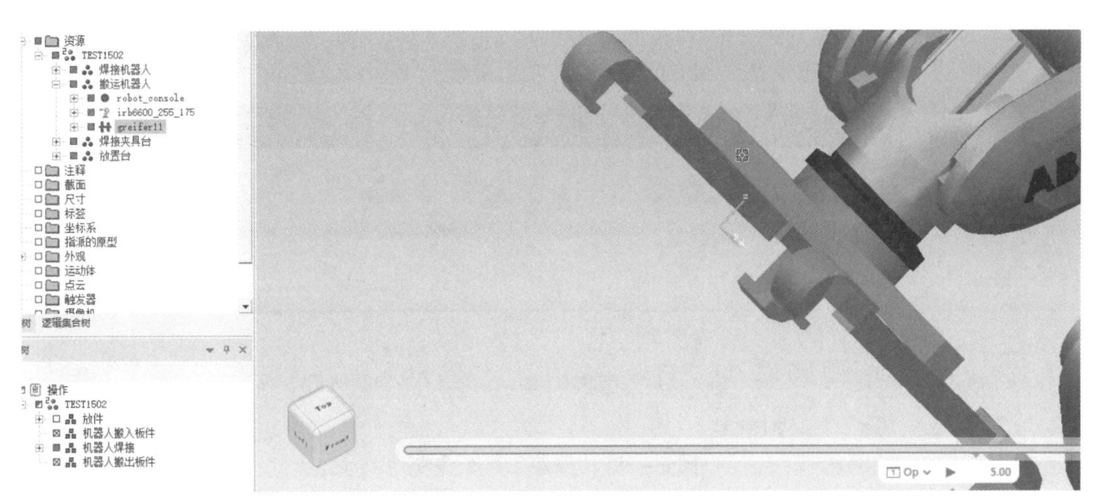

图 6－35　在对象树中选择抓手“greifer11”

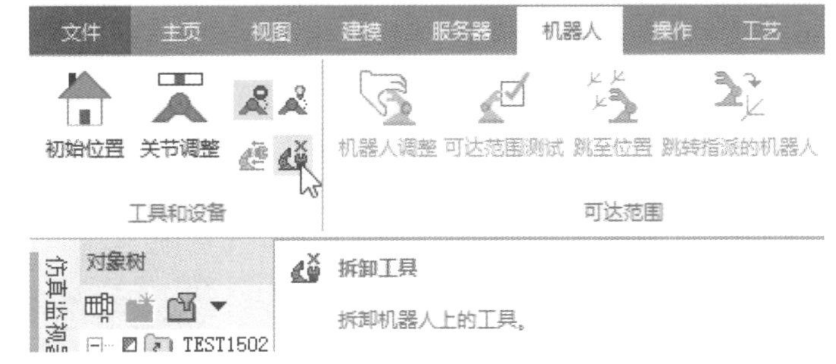

图 6－36　“拆卸工具”命令

当移动工业机器人模型或者执行关节调整命令之后，工业机器人模型不会再联动抓手模型，这时抓手即被拆卸，拆卸完成之后，工业机器人的工具点会回到工业机器人末端的 TCP，如图 6－37 所示。

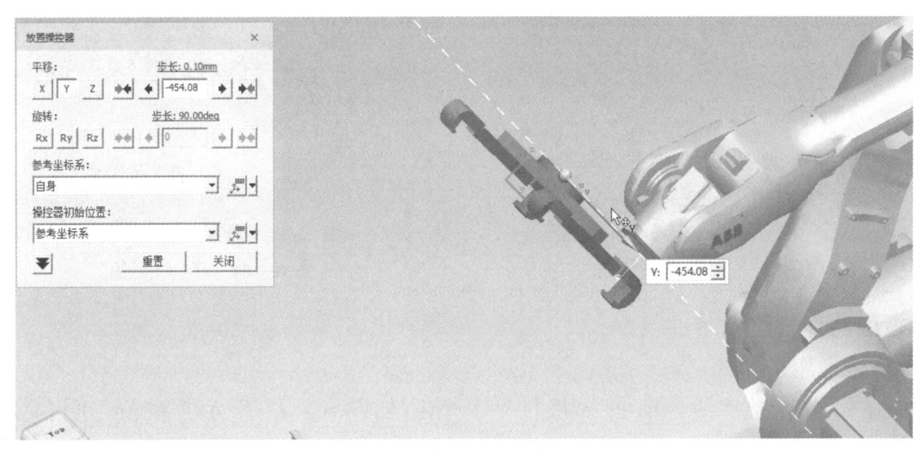

图 6－37　拆卸抓手后的状态

2）安装抓手

选择工业机器人模型，执行“机器人”→“工具和设备”→“安装工具”命令，如图 6－38 所示。在弹出的“安装工具”对话框中，“工具”选择“greifer11”，“坐标系”选择“自身”，即抓手末端法兰处的坐标系，之后单击“应用”按钮，如图 6－39 所示。

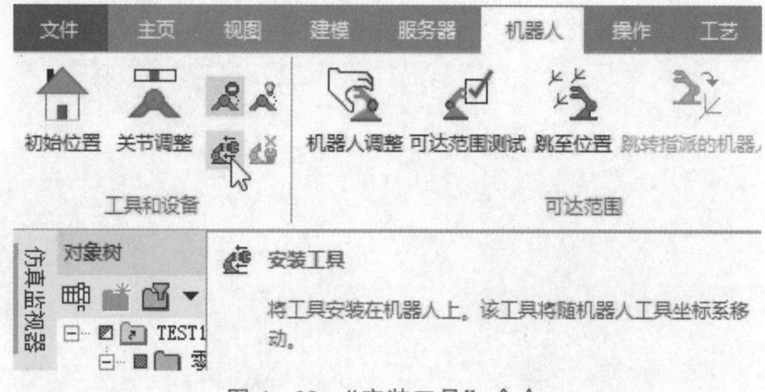

图 6－38 “安装工具”命令

安装工具 - 机器人 irb6600_255_175
安装的工具
工具: greifer11
坐标系: 自身
安装工具
安装位置: irb6600_255_175
坐标系: TOOLFRAME
应用
重置
关闭
翻转工具...

图 6－39 “安装工具”对话框

安装完成之后的抓手如图 6－40 所示。在选中工业机器人模型之后，抓手末端的坐标系也会相应改变颜色，如图 6－41 所示，通过关节调整命令调整工业机器人关节的时候，抓手也会随着工业机器人进行联动，即抓手安装成功。

图 6－40 安装完成之后的抓手

图 6－41 TCP 变色

6. 抓取动作创建

1）新建通用机器人

在操作树中选择“机器人搬入板件”操作，如图 6－42 所示，执行“操作”→“创建操作”→“新建通用机器人操作”命令，创建机器人搬入板件的操作，如图 6－43 所示。

搬运路径的规划过程

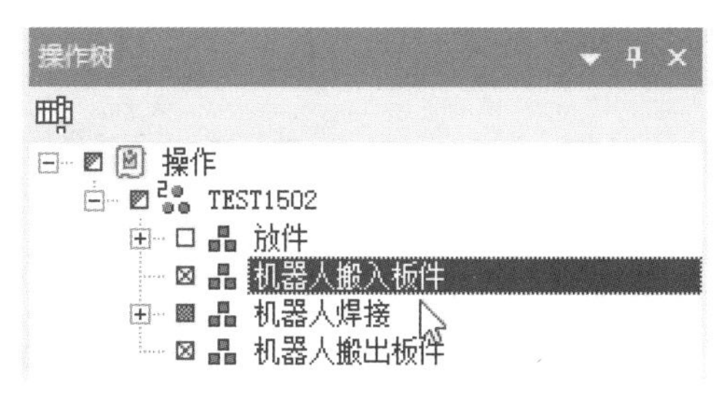

图 6-42　操作树结构

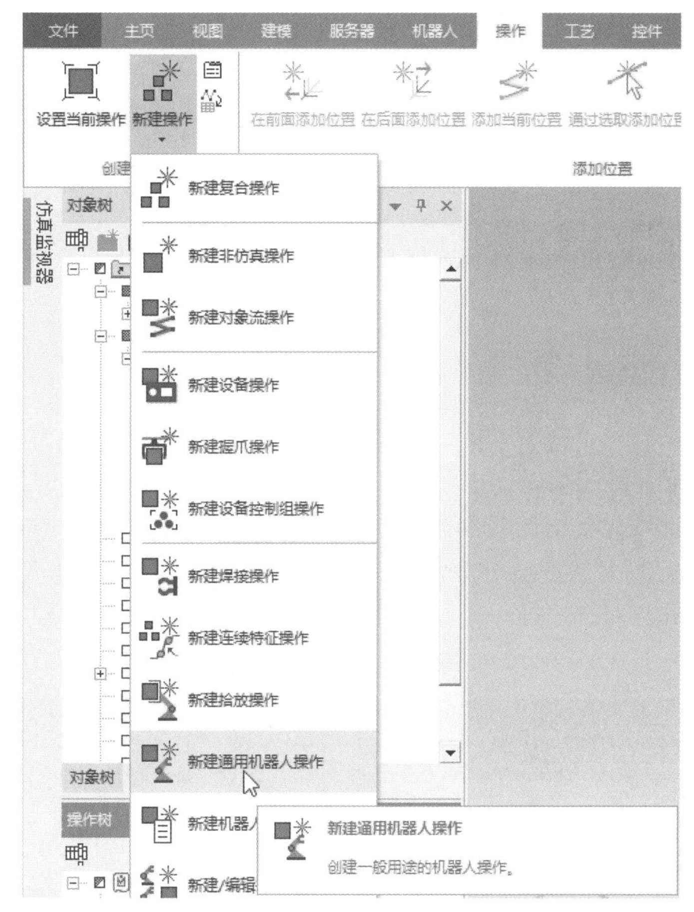

图 6-43　“新建通用机器人操作”命令

在弹出的“新建通用机器人操作”对话框中，“名称”选择默认的“Gen_Rob_Op”，“机器人”选择带有抓手模型的机器人“irb6600_255_175”，“工具”默认选择安装好的抓手“greifer11”，“范围”选择“机器人搬入板件”，单击“确定”按钮，完成通用机器人操作的创建如图 6-44 所示。

创建完成的操作在操作树中可以查看，如图 6-45 所示选择对应的操作“Gen_Rob_Op”，单击路径编辑器中的“向编辑器添加操作”按钮，将“Gen_Rob_Op”操作添加到其中进行路径编辑。添加操作之后的路径编辑器如图 6-46 所示。

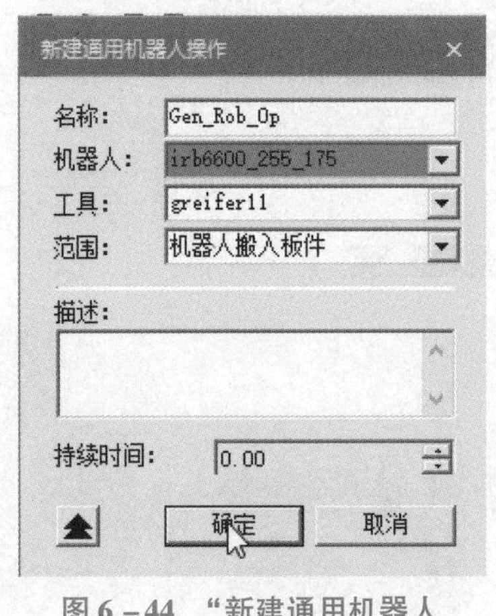

图 6-44 “新建通用机器人操作”对话框

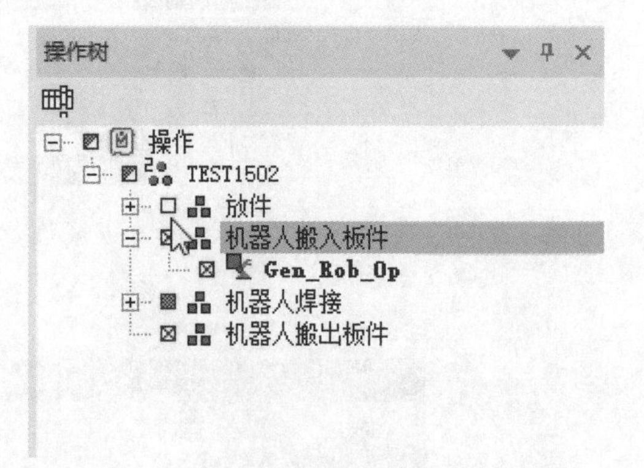

图 6-45 创建完成的操作

图 6-46 添加操作之后的路径编辑器

在通常情况下，路径编辑器中还包含其他选项，不只有默认的“路径和位置”选项，添加对应的选项应单击路径编辑器中的“定制列”按钮，如图 6-47 所示，在打开的“定制列”对话框中对需要的列进行添加，通常选择“常规”和“Default”列添加到列表中并进行排序即可。具体的选项需要根据仿真的设置需求进行选取，如图 6-48 所示。

图 6-47 “定制列”按钮

2）机器人 HOME 点的位置选择

在设置操作路径的时候，会根据路径的特点创建路径中的 HOME 点，HOME 点是路径的起始点，也是路径的终点。当每次运行对应路径的时候，都会让路径形成一条闭环，因此 HOME 点的位置将决定路径中起始点到第一个工作点或者末端点结束位置的工作时间。如果 HOME 点离工作位置较远，就会影响工业机器人的工作效率和实际生产中的工作时间。在通常情况下将工业机器人的 HOME 点设置在尽可能接近起始点的位置，且不影响其他设备的正常工作。

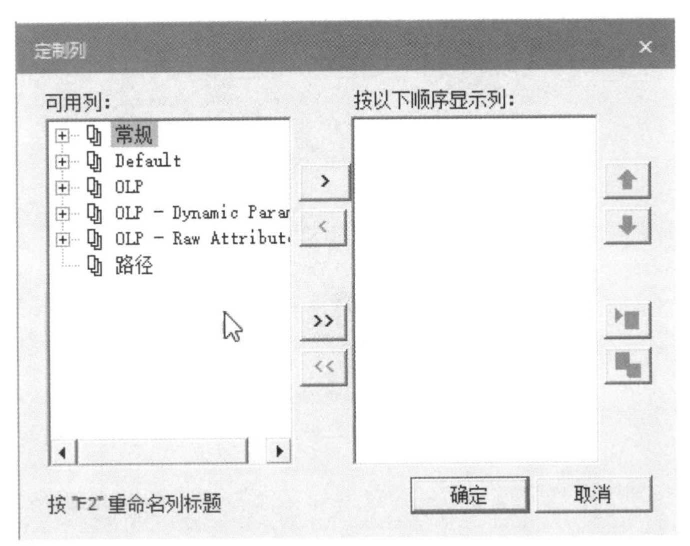

图 6 –48 “定制列”对话框

可以首先通过工业机器人的关节结构调整 HOME 点的位置，因此在对象树中选择搬运机器人模型“irb6600_255_175”，单击鼠标右键，在弹出的菜单中执行“关节调整”命令。

通过调整工业机器人的各关节值，将工业机器人的位置调整到两工作台的中间（图 6 –49）。调整完成后的工业机器人和抓手的状态如图 6 –50 所示。调整好之后，即可将此位置当作工业机器人路径的起始点。

关节调整 - irb6600_255_175

关节树	转向/姿态	值	下限	上限
irb6600_255_175				
j1		45.50	-180.00	180.00
j2		-28.50	-65.00	85.00
j3		34.68	-180.00	70.00
j4		0.00	-300.00	300.00
j5		31.19	-120.00	120.00
j6		0.00	-300.00	300.00
j1 (greifer11)		90.00	(无)	(无)

重置(R)　关闭

图 6 –49 “关节调整”对话框

选择路径编辑器中的“Gen_Rob_Op”操作路径（图 6 –51），执行“操作”→“添加位置”→“添加当前位置”命令，如图 6 –52 所示，在目前工业机器人所在的位置创建点。

创建完成之后，在三维模型中会在抓手 TCP 的位置出现一个坐标系 via，并且在路径编辑器中也会出现相应的点位（图 6 –53）。对应的工业机器人的起始点就创建完成。之后利用同样的方法，再次创建一个坐标系 via1。

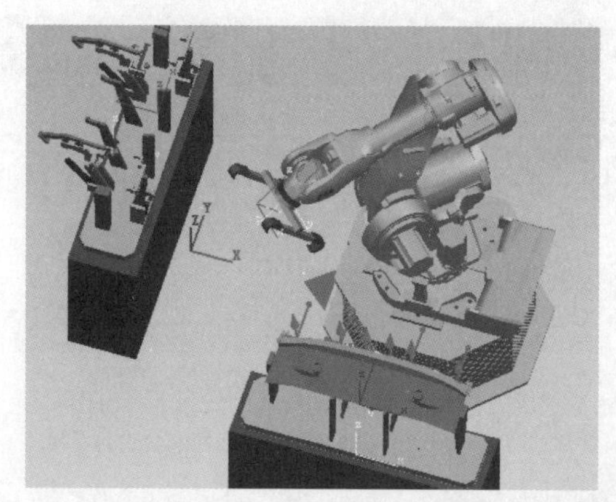

图 6－50　调整完成后的工业机器人和抓手的状态

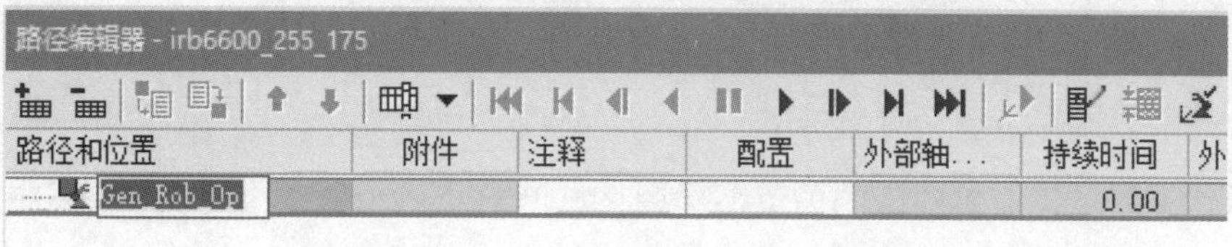

路径编辑器 - irb6600_255_175
路径和位置
附件
注释
配置
外部轴…
持续时间
外
Gen_Rob_Op
0.00

图 6－51　路径编辑器中的操作路径选择

建模
服务器
机器人
操作
工艺
控件
人体
在前面添加位置
在后面添加位置
添加当前位置
通过选取添加位置
通过选取添加多个位置
交互式添加位置
添加位置

图 6－52　“添加当前位置”命令

Gen_Rob_Op
0.00
路径编辑器 - irb6600_255_175
5.00
0.10
路径和位置
附件
注释
配置
外部轴…
持续时间
外部轴值
焊枪
离线编…
机器人
触发器
焊接接近
焊接第…
Gen_Rob_Op
via
0.00
0.00
irb6600…

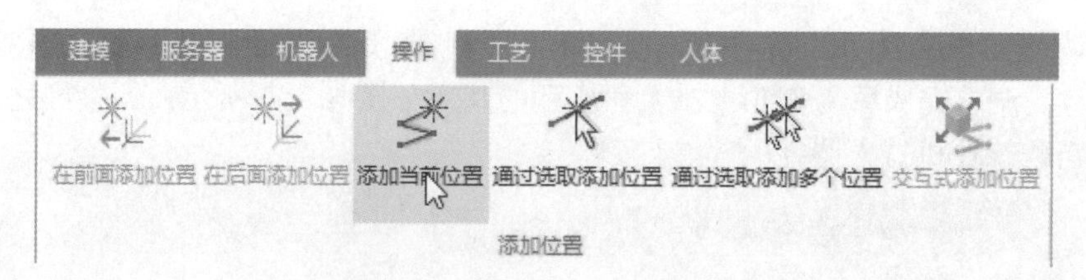

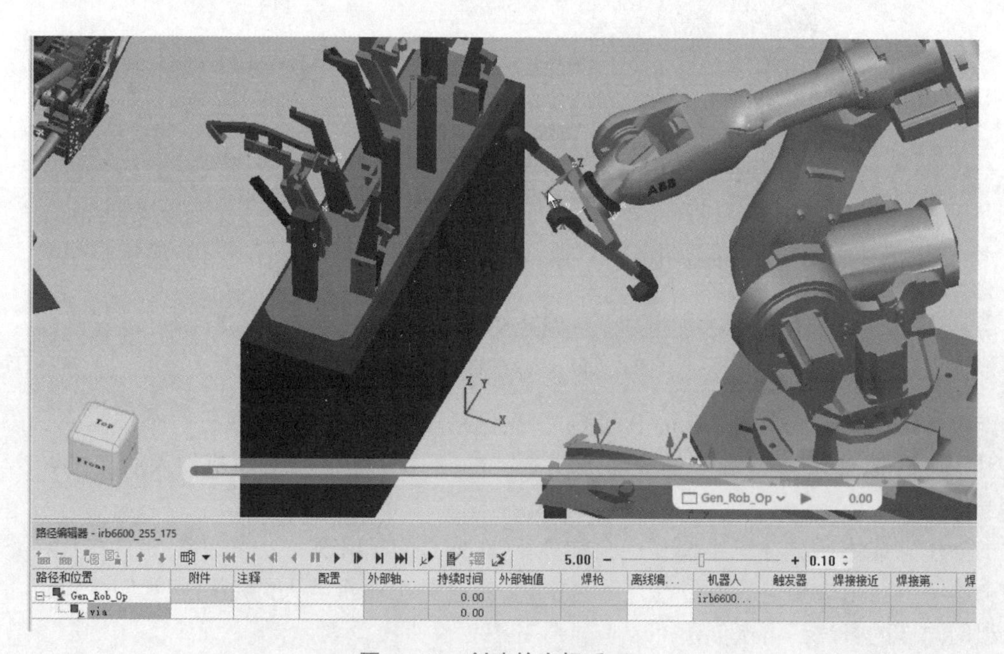

图 6－53　创建的坐标系 via

由于在仿真过程中，路径主要由坐标点组成，所以移动对应的坐标系，只要工业机器人覆盖当前位置，就可以让抓手运动到相应的位置。因此，可以通过“重定位”按钮将新创建的坐标系 via1 移动到 fix111 上的零件原点位置，如图 6－54 所示，之后单击“应用”按钮，偏移效果如图 6－55 所示。

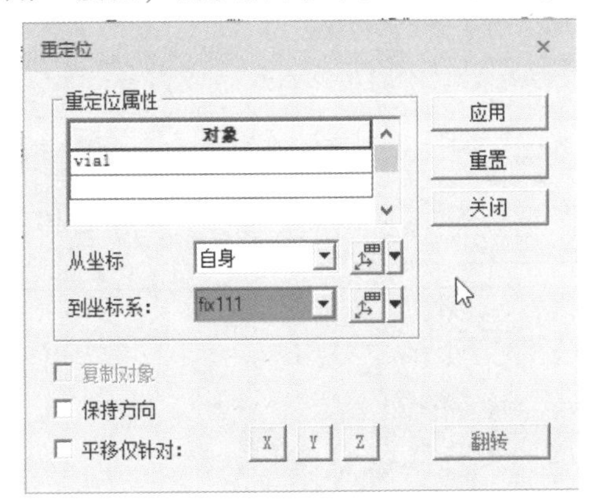

图 6－54 “重定位”对话框

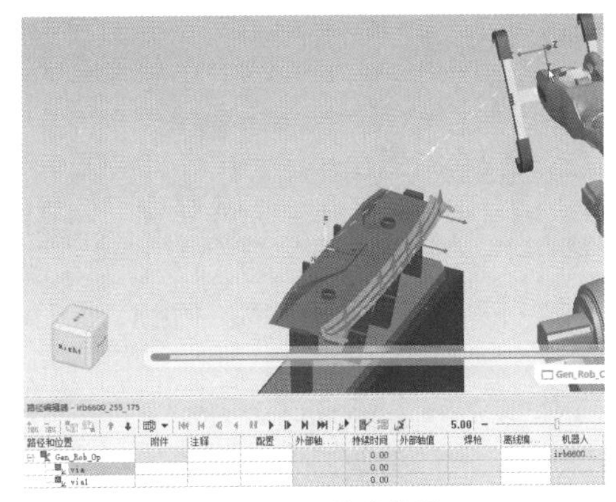
图 6－55 偏移效果

偏移完成之后，选择路径编辑器中的坐标系 via1，单击鼠标右键，在打开的菜单中执行“跳转指派的机器人”命令，如图 6－56 所示，将抓手跳转到 via1 上，如图 6－57 所示。

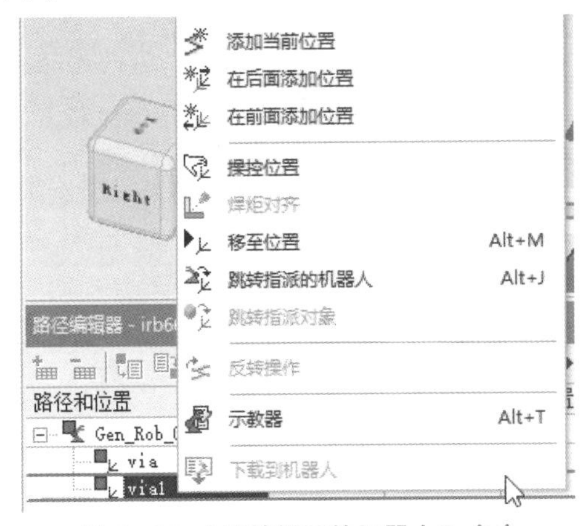

图 6－56 “跳转指派的机器人”命令

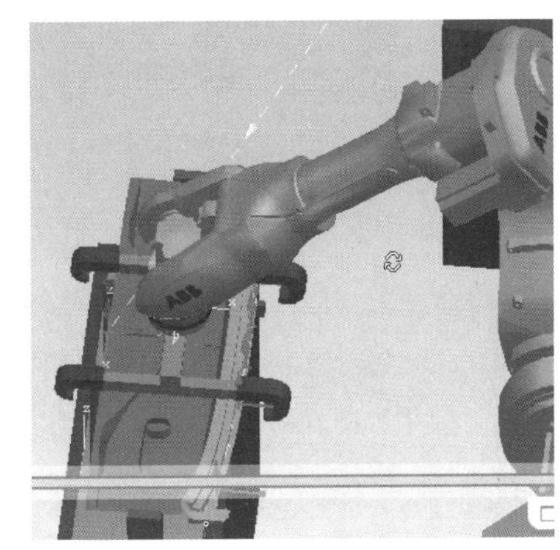
图 6－57 抓手跳转后的状态

如果工业机器人的位置不可达，则可以通过放置操控器移动工业机器人的位置，对工业机器人的位置和高度进行相应的调整，实现工业机器人的位置可达性。由于仿真的过程主要是对工业机器人的位置高度进行确认，所以工业机器人的位置在仿真的过程中是可以移动的。这也是仿真的主要目的。

利用同样的方法，选择路径编辑器中的操作路径“Gen_Rob_Op”，再执行“添加当前位置”命令，在“Gen_Rob_Op”上创建 via2，利用“重定位”按钮偏移夹具“clamps11”上的零件定位点的位置。另外在操作树中复制 via 坐标系点，粘贴到操作路径“Gen_Rob_Op”中，操作完成之后的路径如图 6－58 所示，可以看出路径成为一条闭环，如图 6－59 所示。

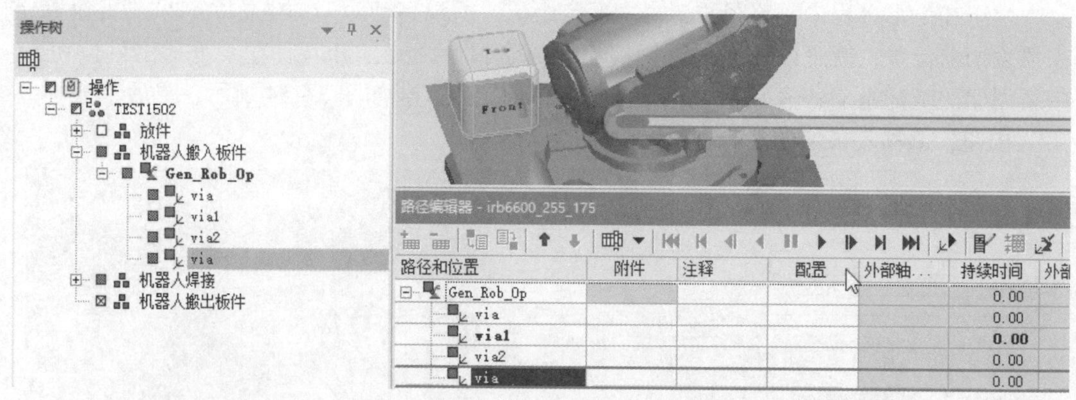

图 6-58 操作完成之后好的路径

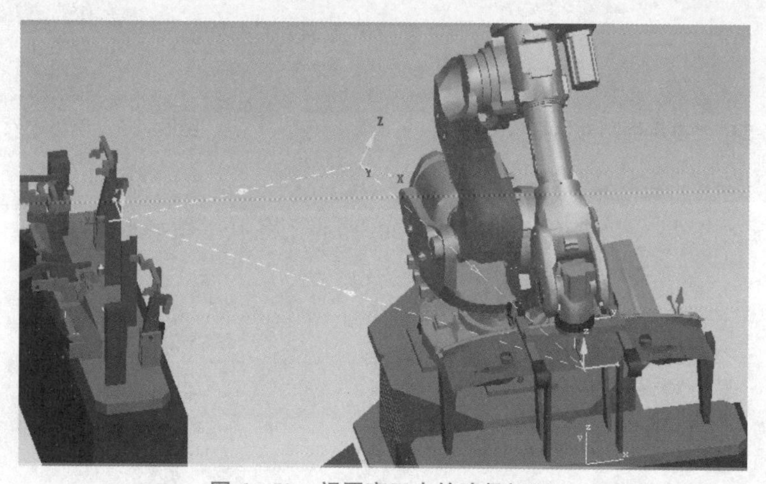

图 6-59 视图窗口中的路径闭环

路径创建完成之后，可以通过模拟仿真观察结构的动作情况。

单击路径编辑器中的“正向播放仿真”按钮，对设置完成的路径进行查看，如图 6-60 所示。效果如图 6-61 所示，工业机器人可以通过路径实现相应的运动。

路径编辑器 - irb6600_255_175 5.00 正向播放仿真

路径和位置	附件	注释	配置	外部轴	持续时间	外部轴值	焊枪
Gen_Rob_Op					0.00		
via					0.00		
via1					**0.00**		
via2					0.00		
via					0.00		

图 6-60 单击“正向播放仿真”按钮

根据关键点所在的位置，对各关键点的名称进行修改，例如起始点和终点设置名称为“home”，而抓取板件的位置点命名为“zhua”，放置板件的位置点命名为“fang”，如图 6-62 所示。由于在路径设置中，各名称的位置通常为 via，所以修改关键点的名称可以减少路径设置中的错误操作。

路径优化（1）

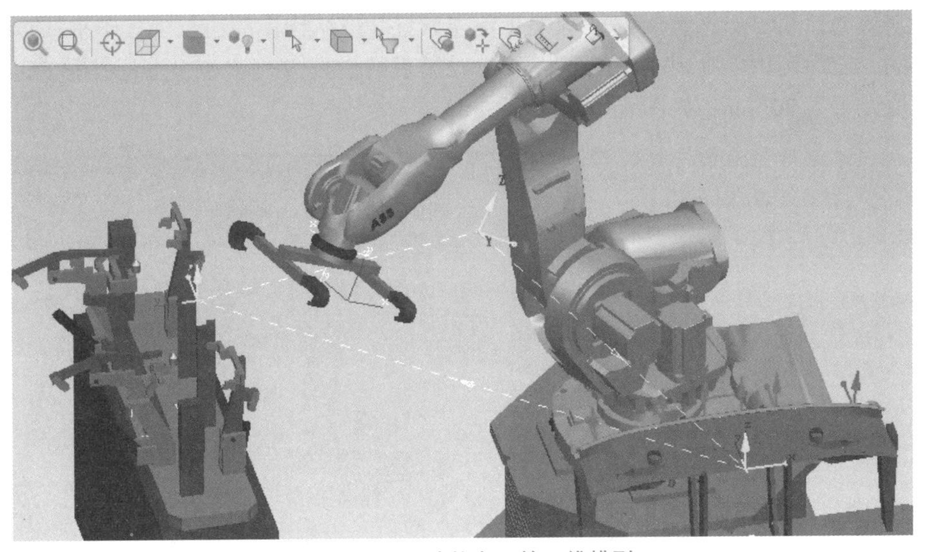

图 6－61　运动状态下的三维模型

路径编辑器 - irb6600_255_175

路径和位置	附件	注释	配置	外部轴...	持续时间	外部轴值
Gen_Rob_Op					8.82	
home					1.41	
zhua					1.41	
fang					3.00	
home					3.00	

图 6－62　修改关键点的名称

3）路径优化设置

从上面的路径仿真中可以看出，工业机器人在运动的时候会与夹具干涉，因此需要在路径中添加相应的过程点，才可以将路径设置成不出现干涉的情况。选择“zhua”坐标系，单击鼠标右键，在弹出的菜单中选择“在前面添加位置”命令，如图 6－63 所示。

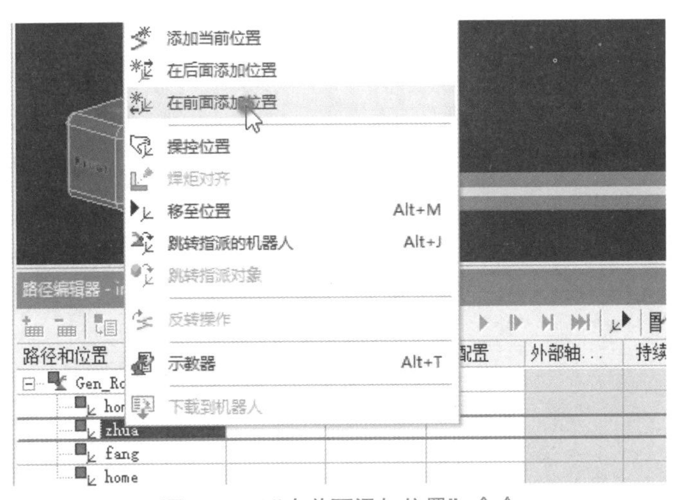

图 6－63　“在前面添加位置”命令

在弹出的“机器人调整”对话框中，首先设置对应结构中的步长，其中平移步长设置为 10 mm，之后利用三维视图中的坐标系，对抓手的位置进行调整，选择平移 Z 向坐标，提升高度设置为 80 mm，如图 6－64 所示。

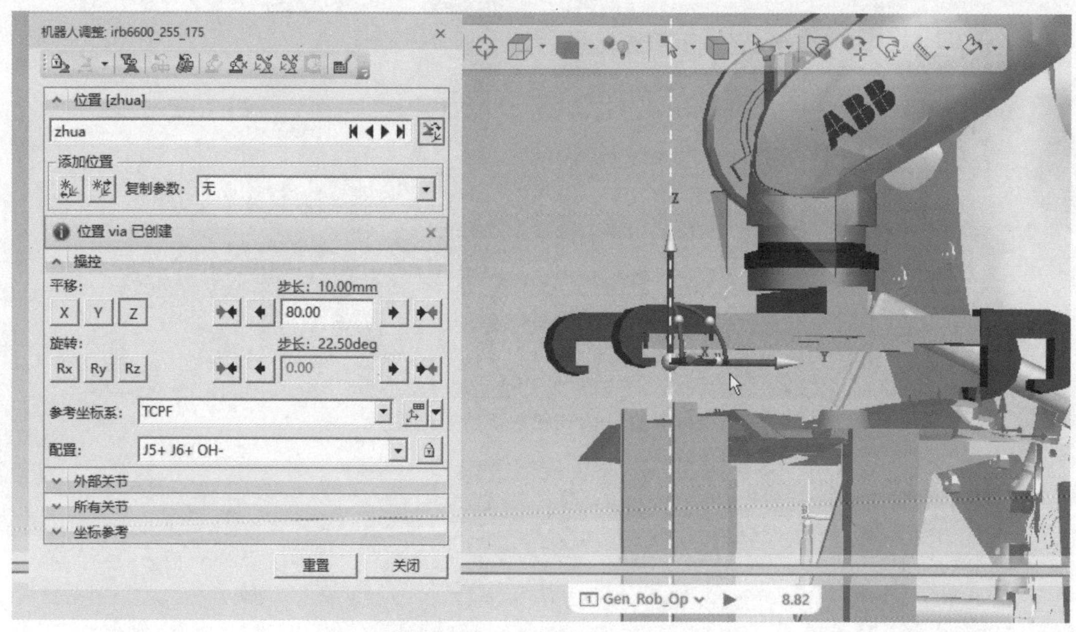

图 6－64　工业机器人调整（1）

利用同样的方法，在“zhua”坐标系后再创建一个 Z 向高度为 80 mm 的坐标系 via，如图 6－65 所示。

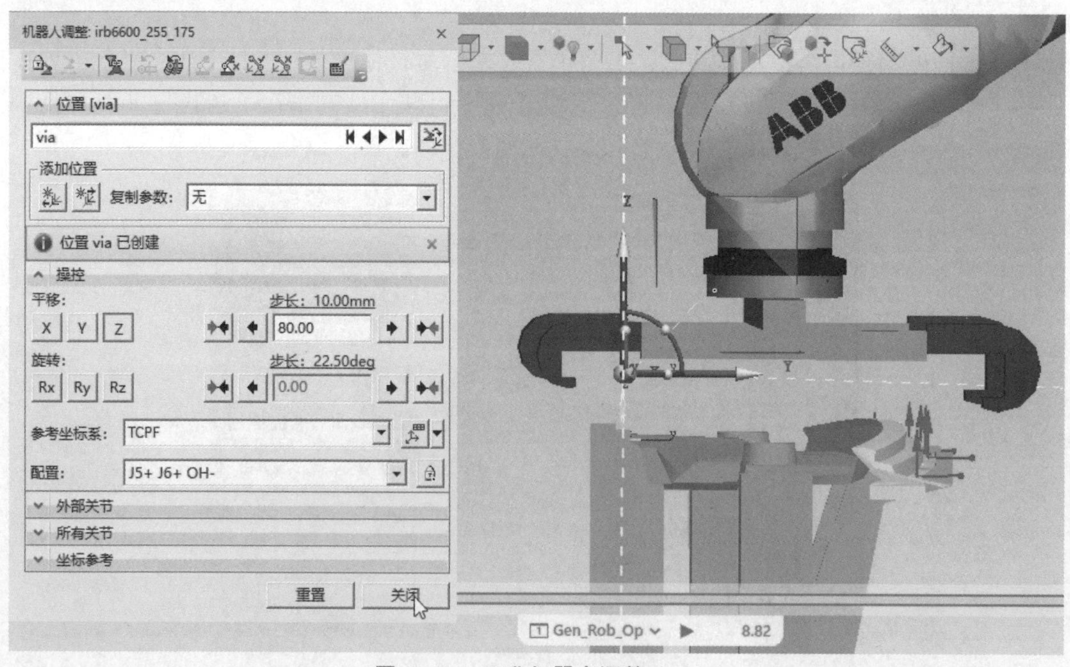

图 6－65　工业机器人调整（2）

在“fang”坐标系前创建一个坐标系 via2，Z 向拉伸高度设置为 100 mm，如图 6－66 所示。

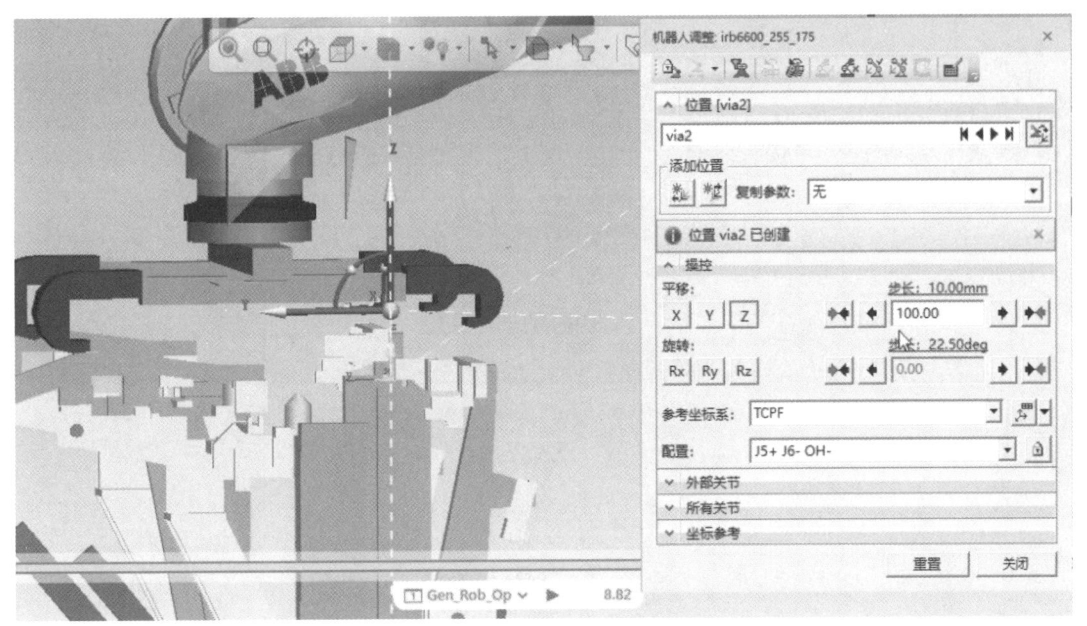

图 6－66　工业机器人调整（3）

在“fang”坐标系后创建一个坐标系 via3，Z 向拉伸高度设置为 100 mm，如图 6－67 所示。

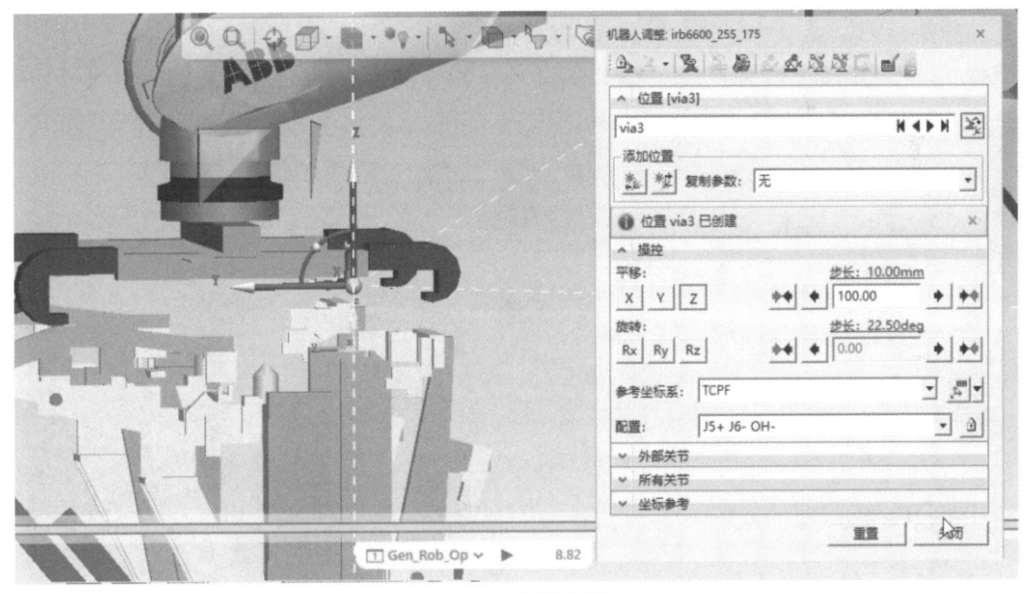

图 6－67　工业机器人调整（4）

调整后的路径如图 6－68 所示。单击路径编辑器中的“正向播放仿真”按钮，观察路径的可行性。通过仿真可以看出各位置抓手都可达。

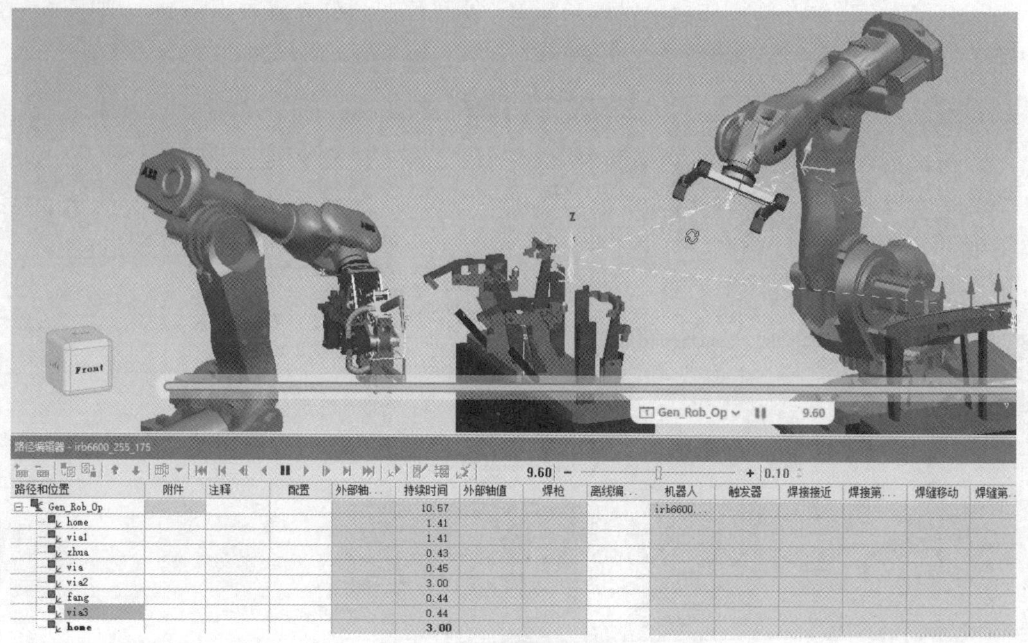

图 6－68　调整后的路径

4）抓取动作操作

从上面的仿真操作中可以看出，当抓手运动的时候，它只是在各位置进行移动，并没有抓取对应板件，因此需要在路径中的关键点设置相应的抓取信号来实现抓取。

路径优化（2）

选择路径编辑器中的“zhua”坐标点，单击鼠标右键，在弹出的菜单中执行“跳转指派的机器人”命令，如图 6－69 所示，将工业机器人跳转到“zhua”位置。

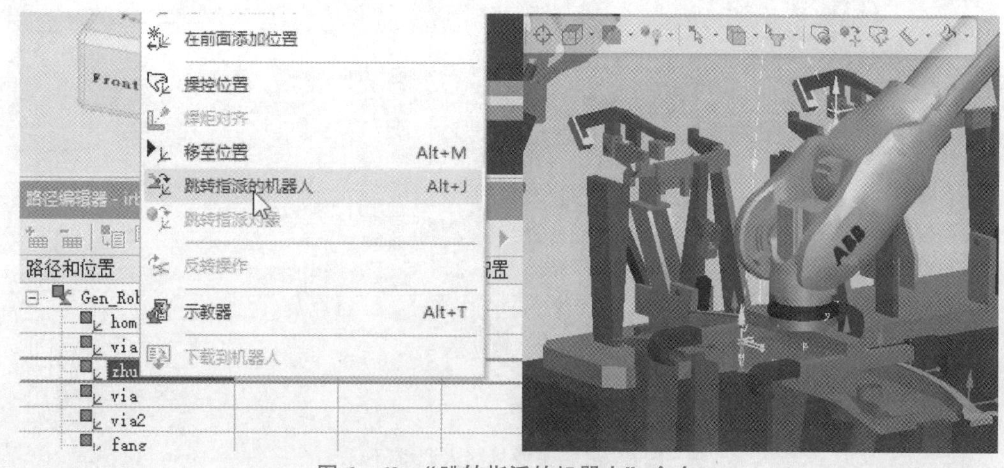

图 6－69　“跳转指派的机器人”命令

之后选择“zhua”路径坐标，单击鼠标右键，在弹出菜单中执行“示教器”命令，如图 6－70 所示，在“示教器”对话框中对抓手路径进行信号编辑，如图 6－71 所示。

图6－70 “示教器”命令

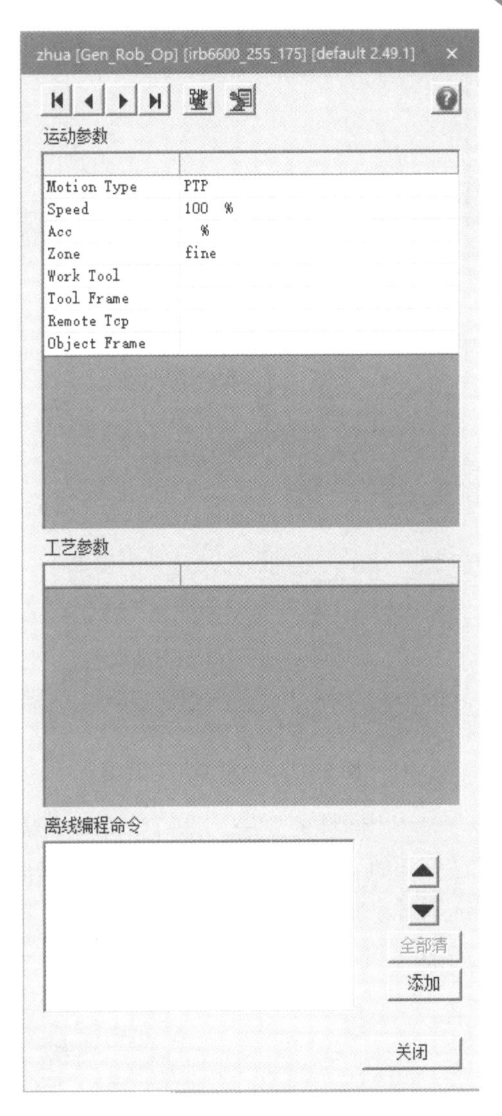

图6－71 “示教器”对话框

在弹出的“示教器”对话框中，有运动操作设置，主要是设置运动的路线类型，另外还可以在选项框中设置轨迹的运行速度以及相关的运行精度，还可以在选项框中修改结构的TCP坐标和基准坐标，用于修改轨迹的运行基准点。

在“离线编程命令”区域，主要涉及轨迹编辑的命令，可以在右侧单击“添加”按钮，执行“Standard Commands”→“PartHandling”→“Attach”命令，进行板件的添加，如图6－72所示。

在弹出的“附加”对话框中，“附加对象”选择对象树中的产品组件“test1502”，在“到对象”选择抓手的固定结构中的link，这里为“k1”（图6－73）。在选择对象的时候，需要在视图窗口中将选取级别修改为“实体选取级别”（图6－74），再针对性地选取抓手上的固定杆部分，单击“确定”按钮。

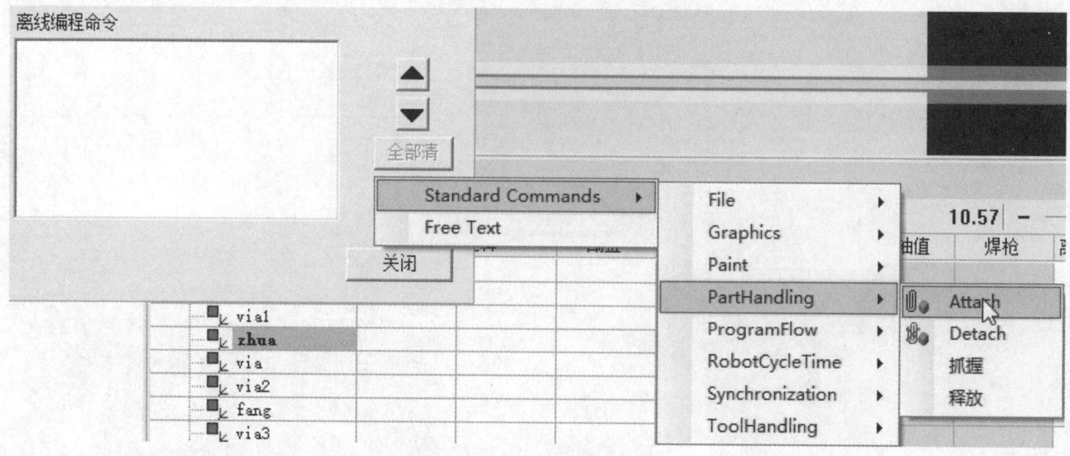

图 6－72 “Attach” 命令

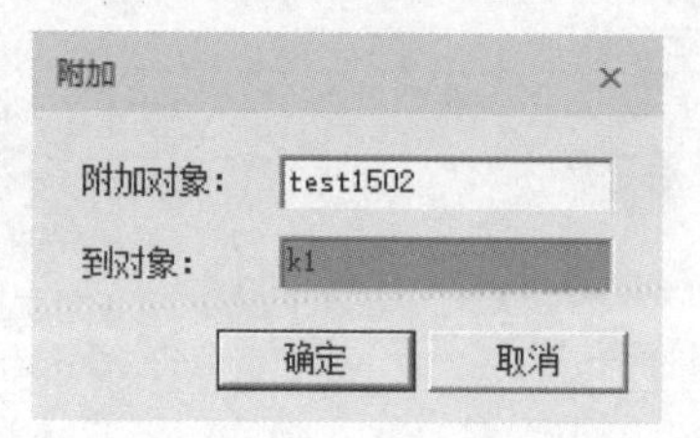

图 6－73 “附加” 对话框

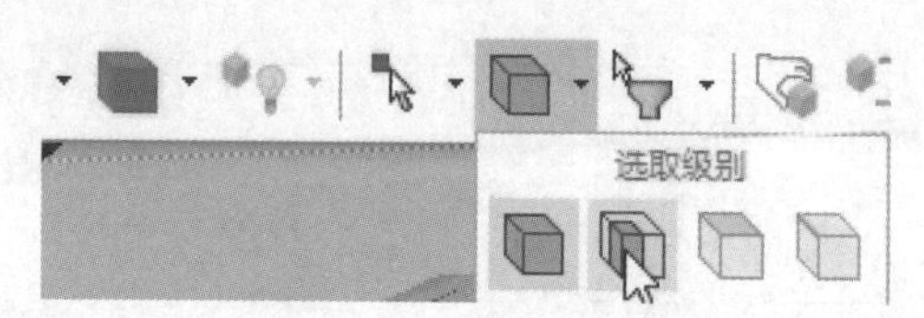

图 6－74 实体选取级别

利用同样的方法，将工业机器人跳转到“fang”坐标点，进行离线编程命令的添加。在打开的“示教器”对话框中，添加命令“Detach”，如图 6－75 所示。断开附加的对象选取对象树中“零件”下的产品组件“test1502”，单击“确定”按钮，如图 6－76 所示。

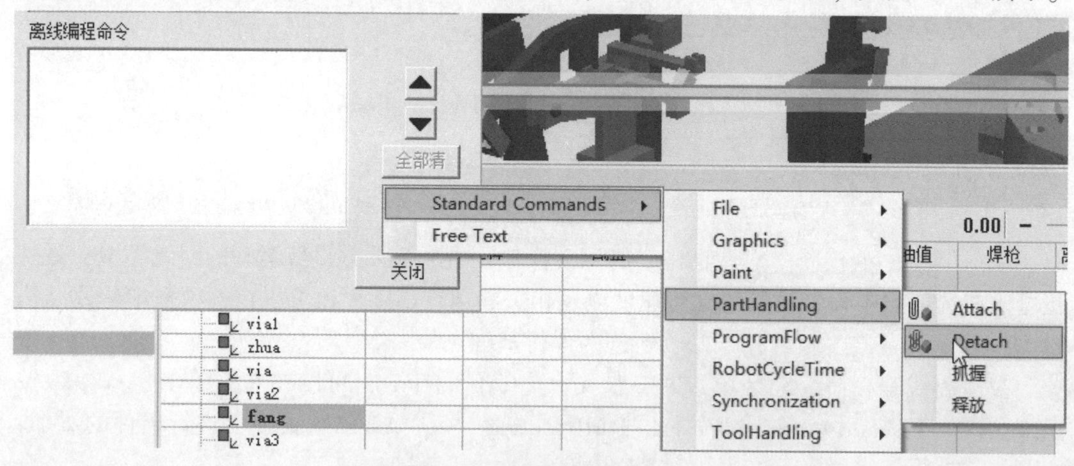

图 6－75 “Detach” 命令

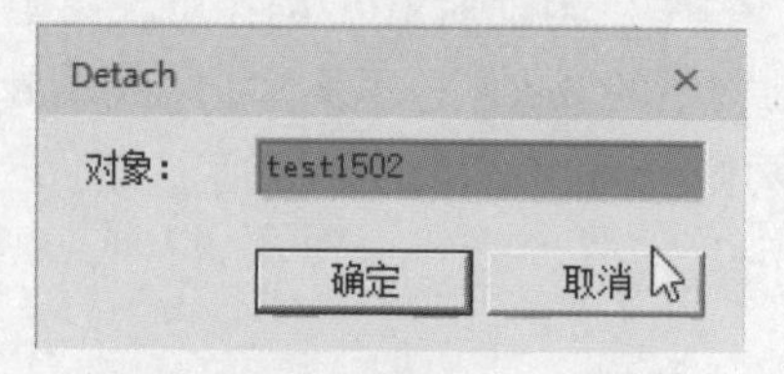

图 6－76 “Detach” 对话框

添加完成对应的程序之后，单击路径编辑器中的“正向播放仿真”按钮，对路径进行仿真。从仿真中可以看出，当结构进行仿真的时候，抓手并没有关闭的情况，抓手带着板件运行到下一个点，也就是在整个动作的过程中，抓手是没有动作的。

因此，还需要在“离线编程命令”区域另外添加对应抓手“打开”和“关闭”的动作，并且在关闭或者打开的动作执行的时候，让工业机器人等待抓手打开或者关闭动作完成之后才可以进行下一步动作，这样才合理。

选择路径编辑器中的“zhua”坐标点，单击鼠标右键，执行“示教器”命令，在打开的“示教器”对话框中单击“添加”按钮，执行“Standard Commands”→“ToolHandling”→“DriveDevice”命令，如图6-77所示，在打开的“DriveDevice”对话框中，“设备”选择抓手“greifer11”，在抓取位置，抓手原始状态为打开状态，因此“目标姿态”选择“CLOSE”，单击“确定”按钮，如图6-78所示。

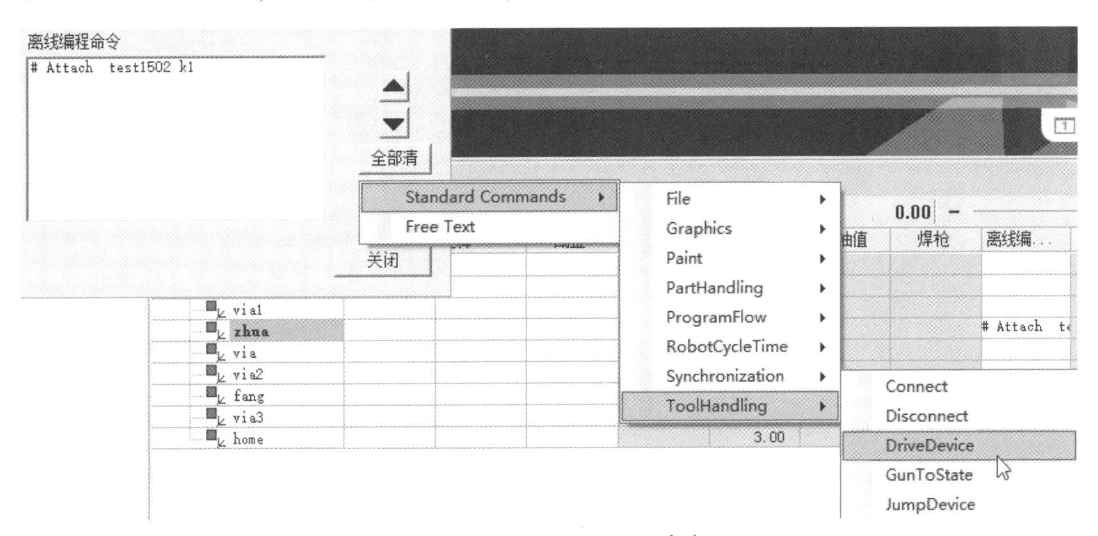

图6-77 “DriveDevice”命令

DriveDevice
将设备移至目标姿态
设备： greifer11
目标姿态： CLOSE
确定 取消

图6-78 “DriveDevice”对话框设置

由于在关闭抓手的过程中，抓手如果没有关闭完全，则会直接运行下一步路径，所以需要设置一个等待条件，让抓手完成关闭姿态才可以满足导出的条件。

单击“示教器”对话框中的“添加”按钮，执行“Standard Commands”→“ToolHandling”→“WaitDevice”命令，如图6-79所示，在打开的“WaitDevice”对话框中，“设备”选择抓手“greifer11”，“目标姿态”选择“CLOSE”，单击“确定”按钮，如图6-80所示。

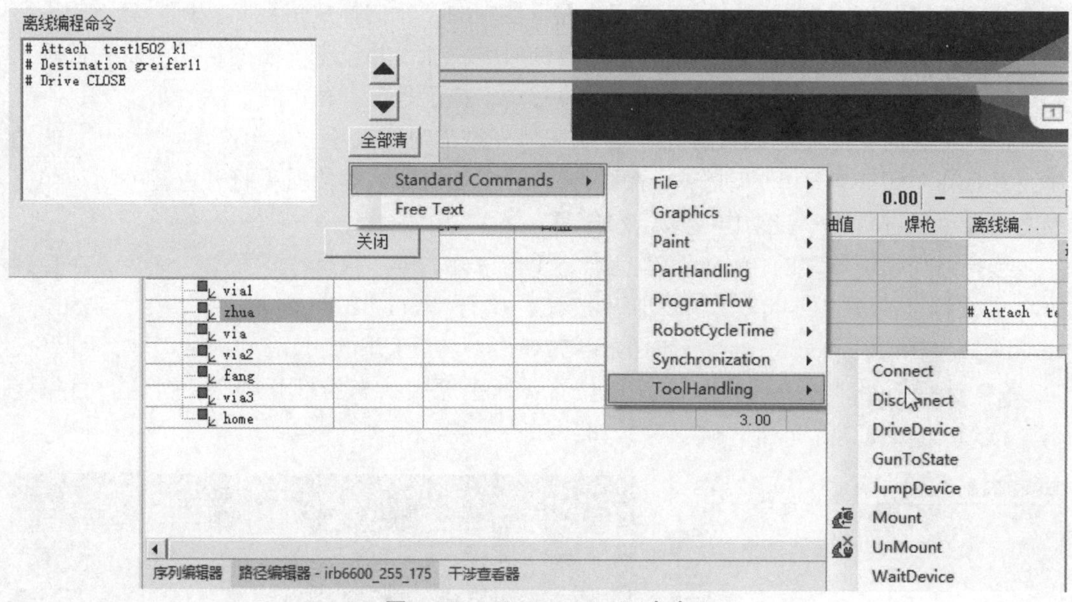

图 6 – 79 “WaitDevice” 命令

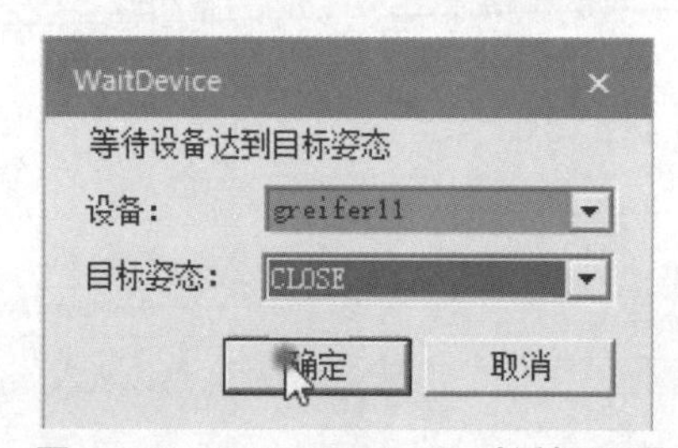

图 6 – 80 “WaitDevice” 对话框设置

利用同样的方法，在 “fang” 坐标点的位置，对其添加 “DriveDevice” 命令，在打开的 “DriveDevice” 对话框中，“设备” 选择抓手 “greifer11”，“目标姿态” 选择 “OPEN”，单击 “确定” 按钮，如图 6 – 81 所示。

另外添加 “WaitDevice” 命令，“设备” 选择抓手 “greifer11”，“目标姿态” 选择 “OPEN”，单击 “确定” 按钮，如图 6 – 82 所示。

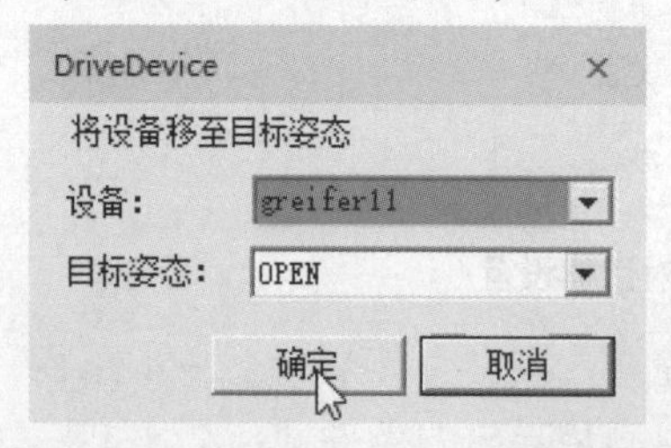

图 6 – 81 “DriveDevice” 对话框设置

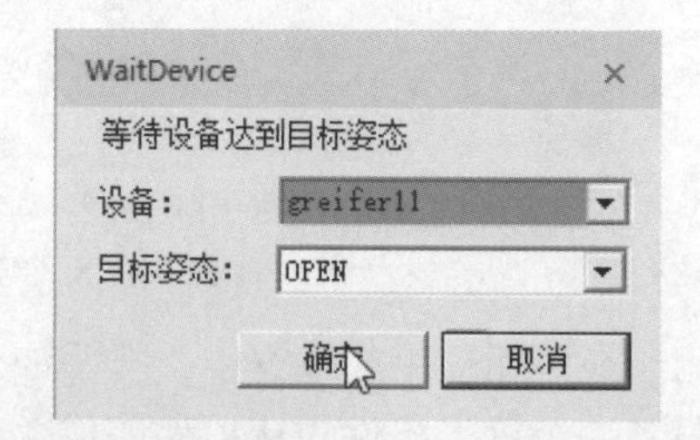

图 6 – 82 “WaitDevice” 对话框设置

设置完成之后，就可以通过路径编辑器中的 “正向播放仿真” 按钮，进行对应路径的仿真动作模拟，从模拟过程中可以看出效果合理，如图 6 – 83 所示。

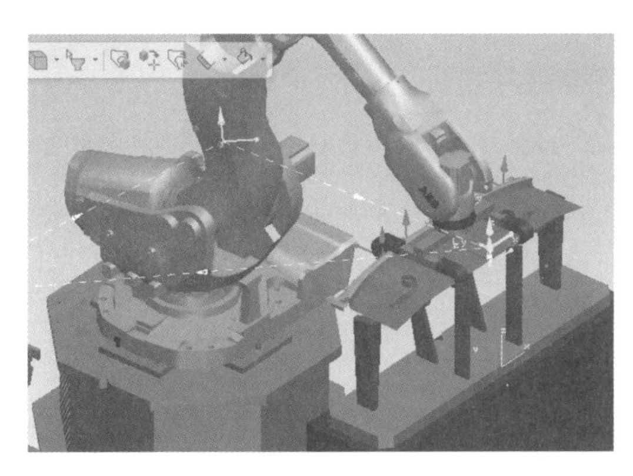
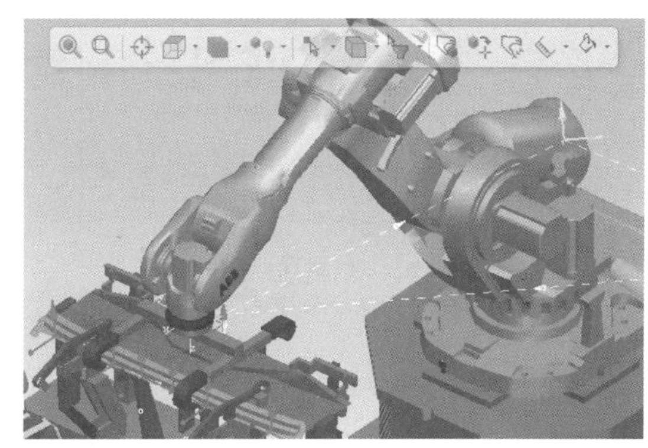

图 6-83　播放路径仿真效果

7. 焊接路径编辑

1）焊接操作属性设置

焊接路径的创建

当运行完上一步操作之后，板件已经被抓取到了夹具上进行焊接等待工作。因此，在接下来的操作中需要对焊接机器人的轨迹进行编辑，让其完成焊接操作过程。焊接位置如图 6-48 所示。

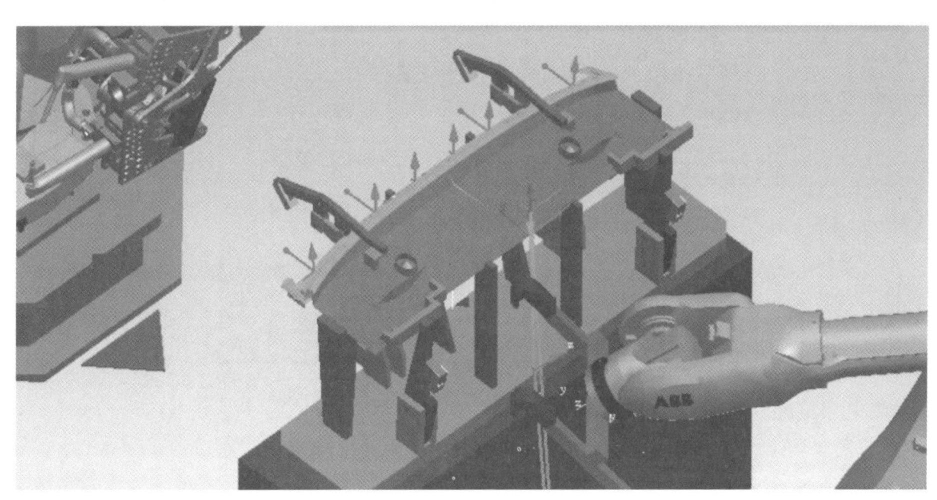

图 6-84　焊接位置

在操作树的“机器人 1 焊接”操作中，焊接操作是没有设定工业机器人以及焊枪作为本工序中的焊接操作模型的，因此在创建焊接路径前，需要先对焊接操作属性进行设置。在操作树中，选择“机器人 1 焊接”操作，单击鼠标右键，在打开的菜单中，执行“操作属性”命令进行设置，如图 6-85 所示。

在“属性-机器人 1 焊接”的对话框中，选择“工艺”选项卡，在“仿真资源”区域，“机器人”选择焊接操作的机器人模型“irb6600_255_1751”，“焊枪”默认选择已经被安装的焊枪工具“a31_59d_3192951”，单击下方的“确定”按钮，完成属性设置，如图 6-86 所示。

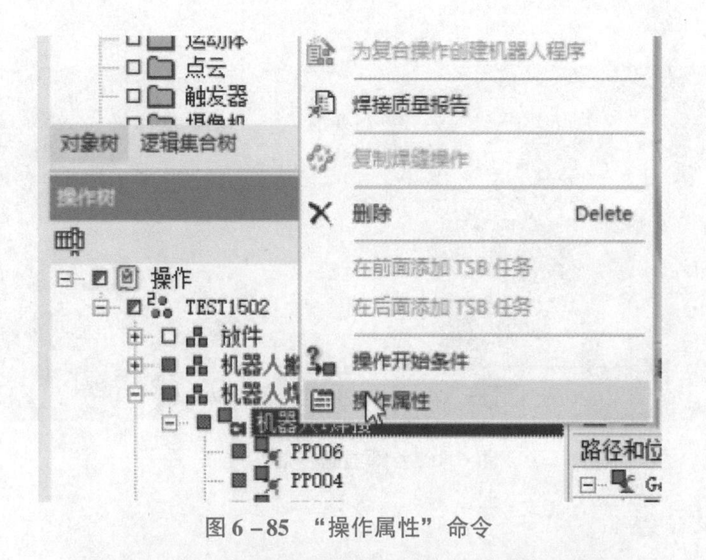

图 6－85 “操作属性”命令

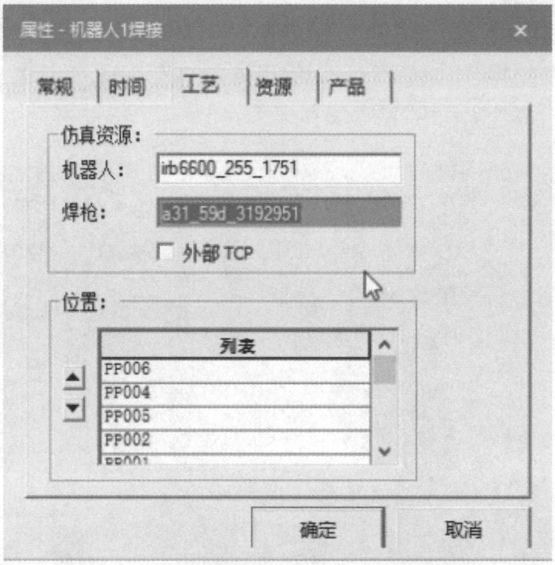

图 6－86 “属性－机器人 1 焊接”对话框

2）焊接路径创建

对工业机器人的路径轨迹进行编辑，在操作的过程中，首先利用路径编辑器中的“从编辑器中移除条目”命令将其中的路径“Gen_Rob_Op”移除，之后选择路径编辑器中的“向编辑器中添加操作”命令将“机器人 1 焊接”操作添加到路径编辑器中，如图 6－87 所示。

由于工业机器人的焊接操作与搬运操作类似，都需要形成轨迹闭环，所以也需要以 HOME 点为起始点。因此，在路径编辑器中选择“机器人 1 焊接”，之后执行“操作”→“添加位置”→“添加当前操作”命令，如图 6－88 所示，在“机器人 1 焊接”路径中添加 via4 路径点，作为预设的 HOME 点位置，如图 6－89 所示。

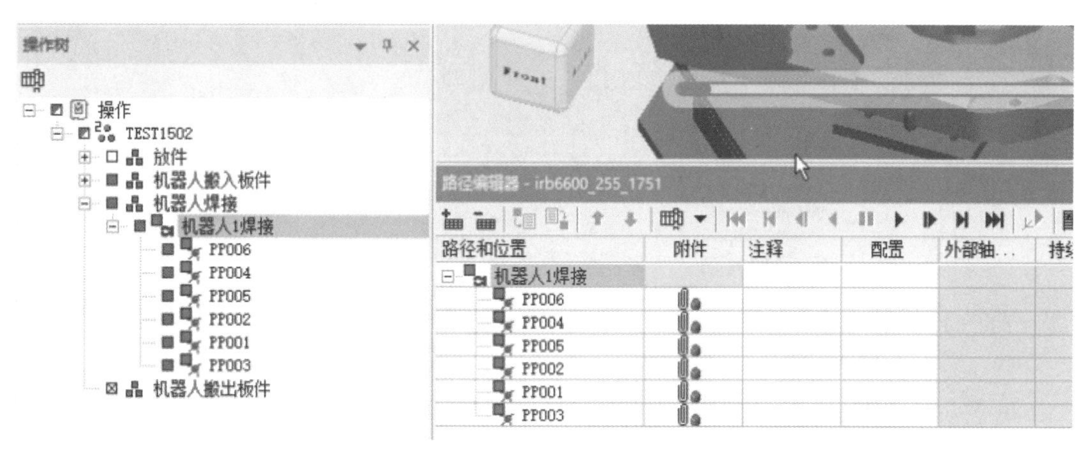

图 6-87　将“机器人1焊接”操作添加到路径编辑器中

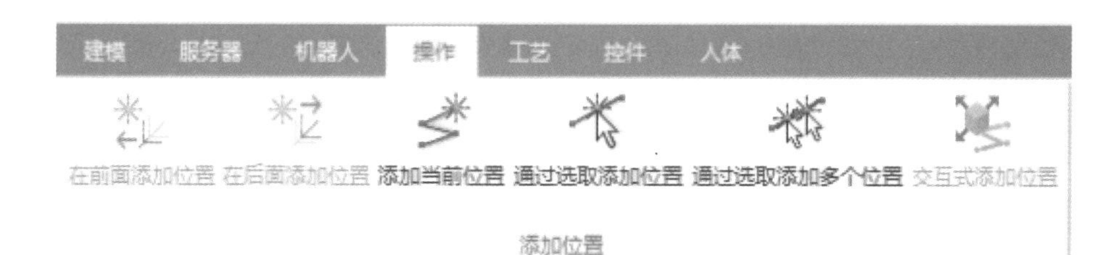

图 6-88　“添加当前操作”命令

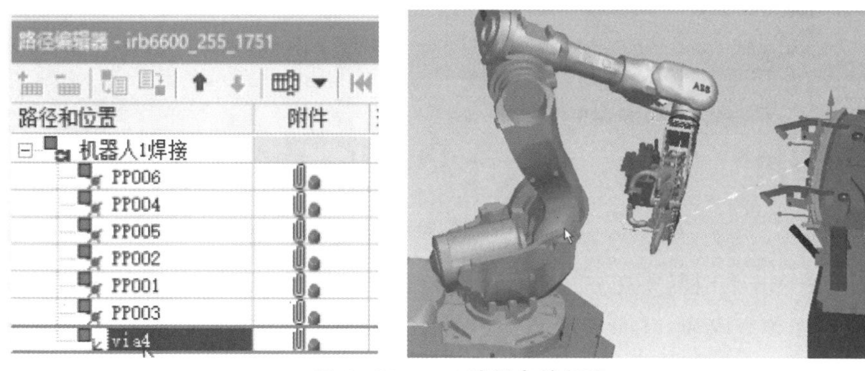

图 6-89　via4 路径点的创建

选择“机器人/焊接”路径，单击鼠标右键，在弹出的菜单中执行“关节调整”命令，对工业机器人的各关节进行适当的调整。工业机器人关节调整后的姿态如图 6-90 所示。调整完成之后，执行“添加当前位置”命令，将当前点插入其中，即在路径编辑器中创建 via5 路径点。

由于 via5 较 via4 有较好的角度，所以在操作树中将不需要的 via4 路径点删除。选择 via4 路径点，单击鼠标右键，在打开的菜单中执行“删除”命令即可，如图 6-91 所示。

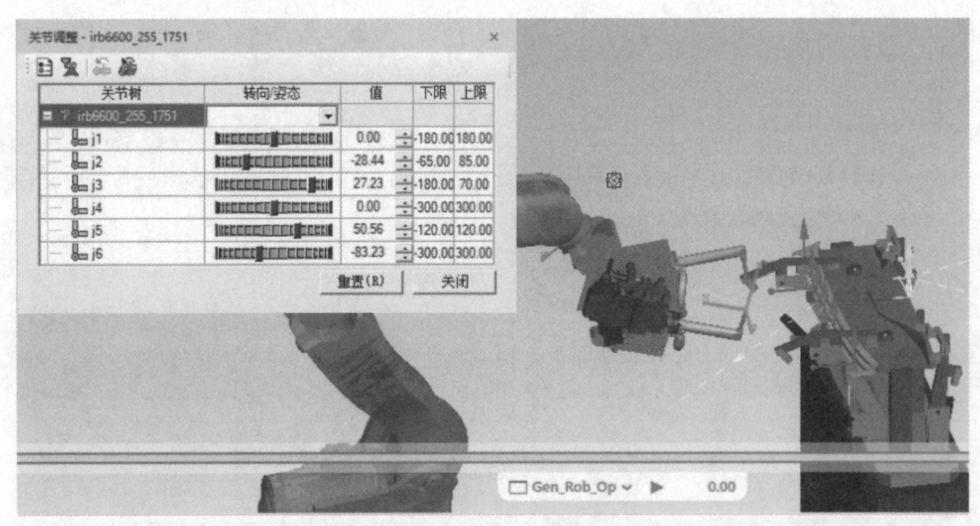

图 6－90　工业机器人关节调整后的姿态

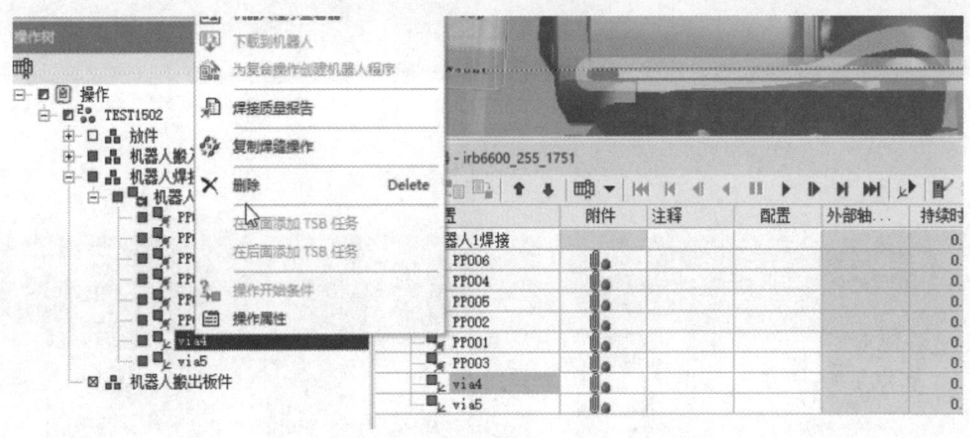

图 6－91　“删除”命令

via5 作为 HOME 点时需要在焊接路径中作为起始点，因此选择 via5 路径点，通过键盘上的 F2 键将其名称更改为“home”，再通过路径编辑器中的“上移”按钮（图 6－92）将 via5 上移到第一个点的位置，另外将焊接路径中各点的顺序通过“上移”和“下移”按钮进行调整，调整后的路径结构如图 6－93 所示。

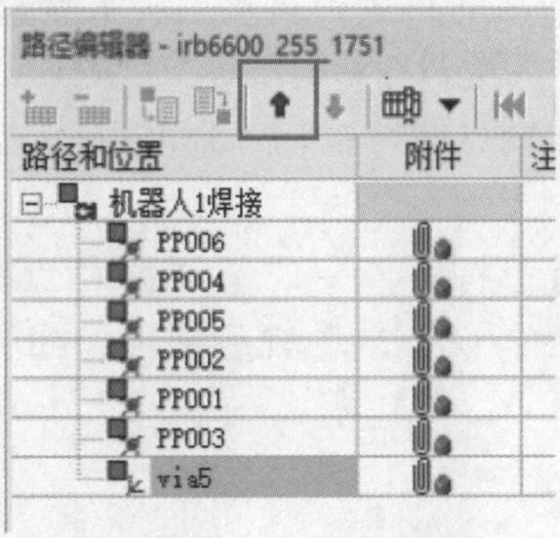

图 6－92　“上移”按钮

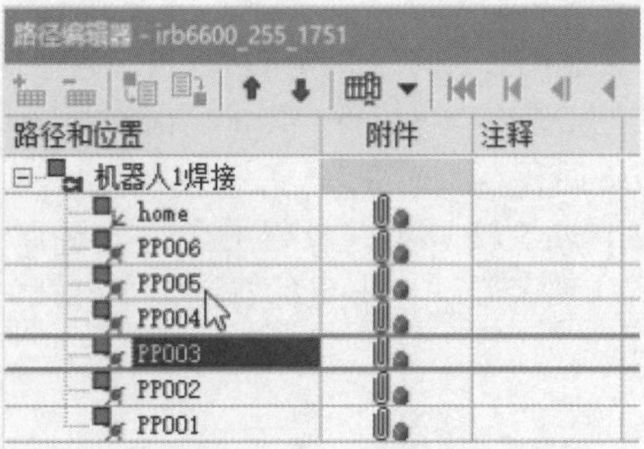

图 6－93　调整后的路径结构

调整完成之后，可以通过选取路径编辑器中的各点，单击鼠标的右键，在打开的菜单“跳转指派的机器人”命令，将工业机器人跳转到对应的坐标位置，如果出现角度不合适的情况，或者工业机器人无法跳转到此位置的情况，可以通过视图窗口中“单个或多个位置操控”命令对焊点方向进行调整，如图6－94所示。如果所有焊点都无法跳转，如图6－95所示，那么就需要调整工业机器人的位置，选择工业机器人模型，利用放置操控器调整工业机器人的位置之后，再跳转到对应的坐标位置。

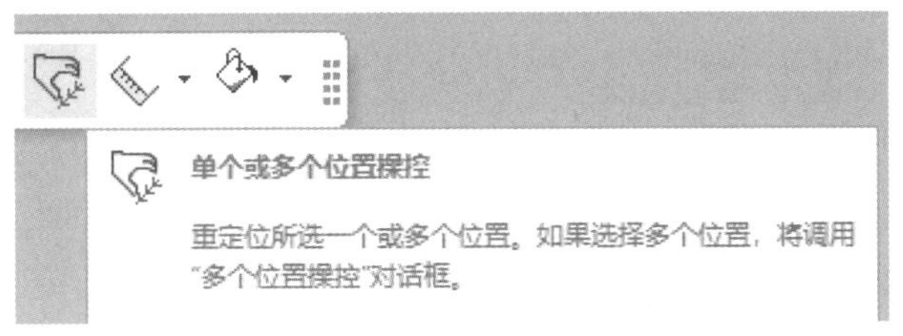

图6－94 “单个或多个位置操控”命令

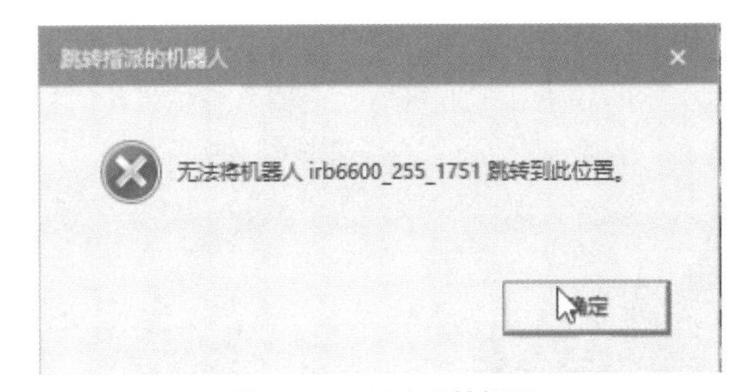

图6－95 无法跳转提示

在打开的“位置操控”对话框中，通过其中的“平移”和“旋转”单选按钮可改变位置点的方向和位置，在焊点的调整过程中，由于焊点已经附加到板件上，所以只能调整焊点旋转，不能调整焊点平移。

对其中的路径点，可以进行平移和旋转，单击“跟随模式”按钮 跟随模式 ，可以在调整的焊点位置显示焊枪，在调整角度的同时可以对焊枪的位置有较直观的观察，因此在调整角度的时候，需要启动跟随模式。由图6－96、图6－97可以看出，启动跟随模式之后，焊枪跳转到“PP004”焊点上。

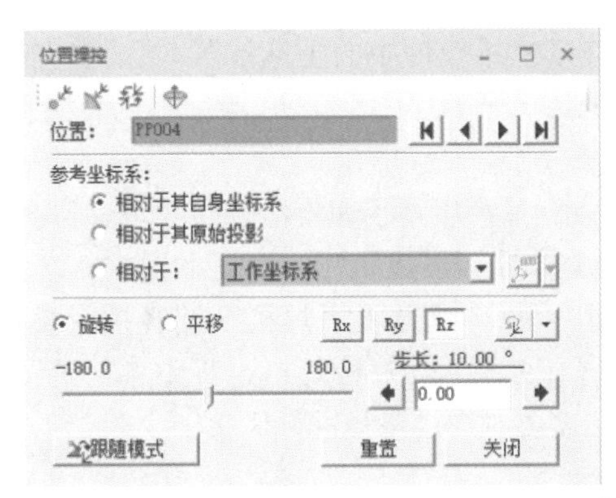

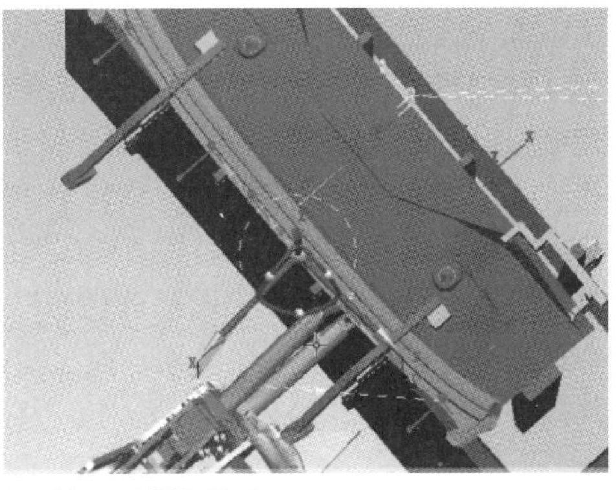

图6－96 无跟随模式下的位置操控效果

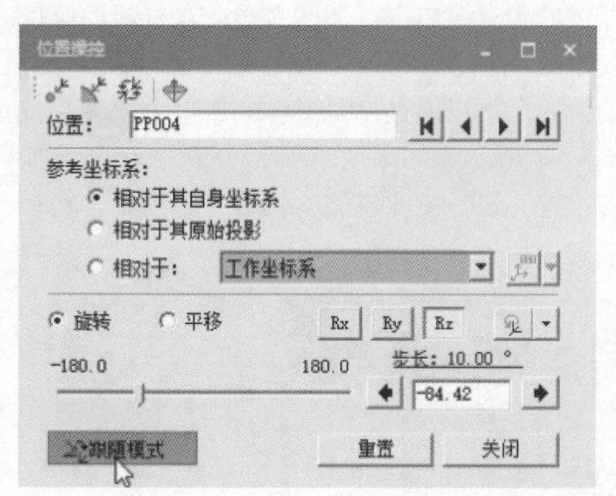

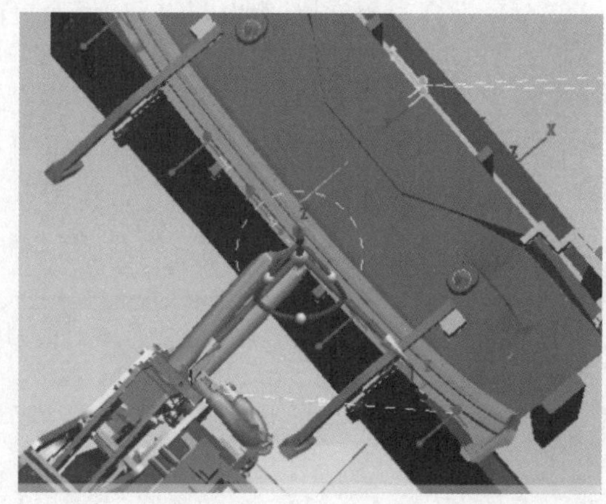

图 6 – 97　跟随模式下的位置操控效果

对于不可达的焊点时，跟随模式将在视图中显示一把脱离工业机器人模型的虚拟焊枪，如图 6 – 98 所示，当旋转焊点角度的时候，焊枪也会相应地进行旋转，当达到焊枪可以焊接的位置的时候，实体的焊枪和工业机器人会覆盖虚拟焊枪。通过“单个或多个位置操控”命令，将焊点位置调整完成之后的姿态如图 6 – 99 所示。

图 6 – 98　跟随模式下的虚拟焊枪

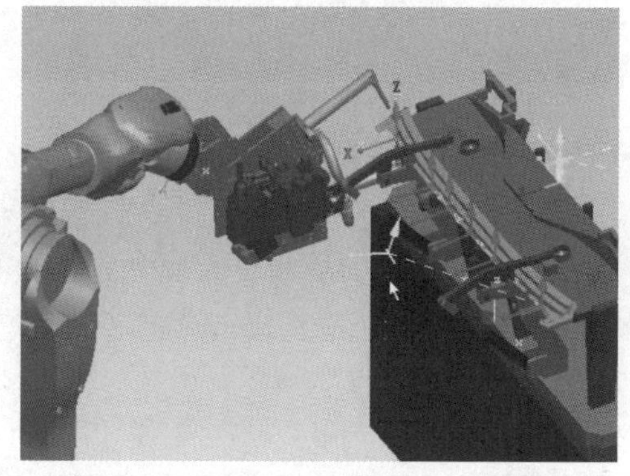

图 6 – 99　焊点位置调整完成之后的姿态

从路径中可以看出，工业机器人的起始点位置可以直接从第一个焊点位置进行拖动，拖动到没有干涉的位置，因此选择路径中的“PP006”焊点，执行“添加位置”→“在前面添加位置”命令，选择平移步长为 10 mm，拖动三维模型中的坐标系 X 轴，进行拖动，创建 via4 路径点。创建完成之后，将原始的 HOME 点删除，将 via4 更名为“home”，就可以创建更加合适的起始点，如图 6 – 100 所示。

执行“添加当前位置”命令，创建 HOME 点，并利用路径编辑器中的“下移”按钮，将其移动到路径的末端，并改名为“home”，让整个路径形成闭环（图 6 – 101）。

单击路径编辑器中的“正向播放仿真”按钮，对“机器人 1 焊接”路径进行模拟仿真，观察各点位置是否可以焊接到。通过模拟仿真可见，在焊枪焊接过程中各位置可达，但是焊接过程中出现了干涉夹具的动作，因此还需要对焊接路径进行优化。

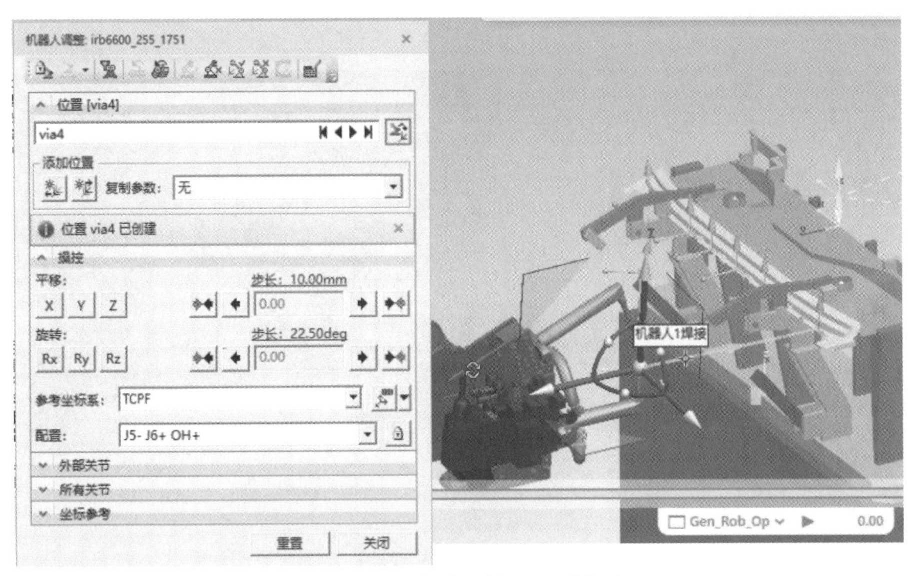

图 6－100 新建立的 via4 路径点

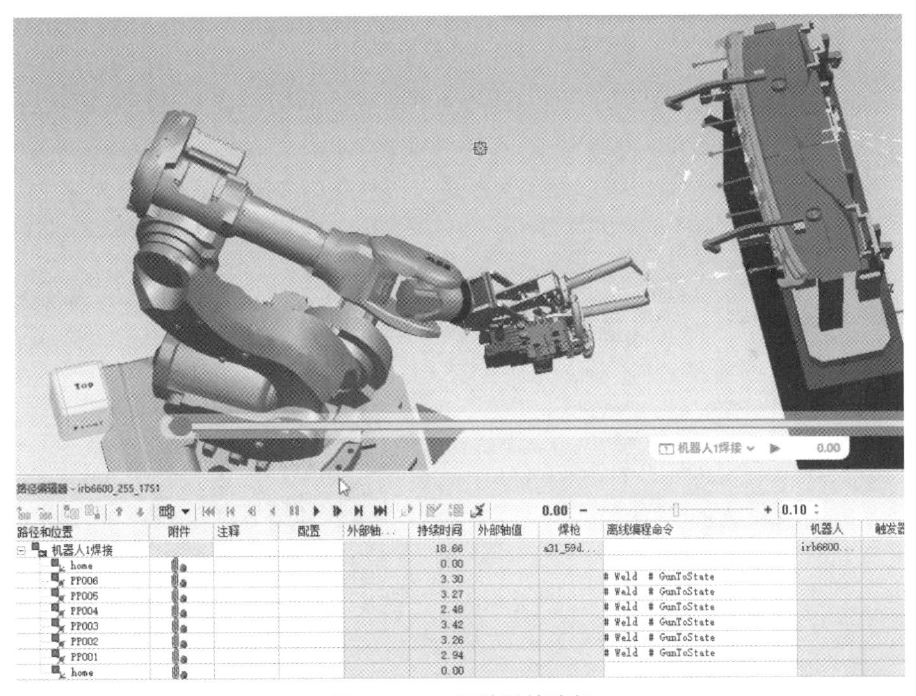

图 6－101 调整后的路径

3）焊接路径优化

焊接路径优化是在焊接基本路径中创建各种过渡点，绕开可能干涉的设备，让焊枪在焊接过程中不对其他的设备产生干涉。焊枪干涉状态如图 6－102 所示。

焊接路径规划

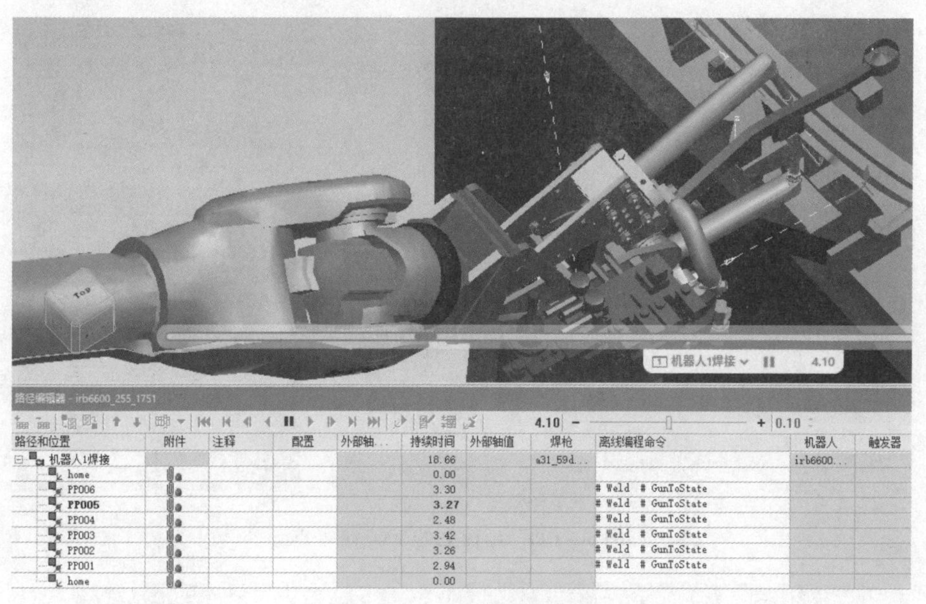

图 6－102 焊枪干涉状态

选择路径编辑器中第一个焊点“PP006”，单击鼠标右键，在打开的菜单执行“在后面添加位置”命令，如图 6－103 所示，打开“机器人调整”对话框，另外在三维视图中，会出现一个 X，Y，Z 坐标系，可以调整坐标系来实现所添加过渡点的位置调整。

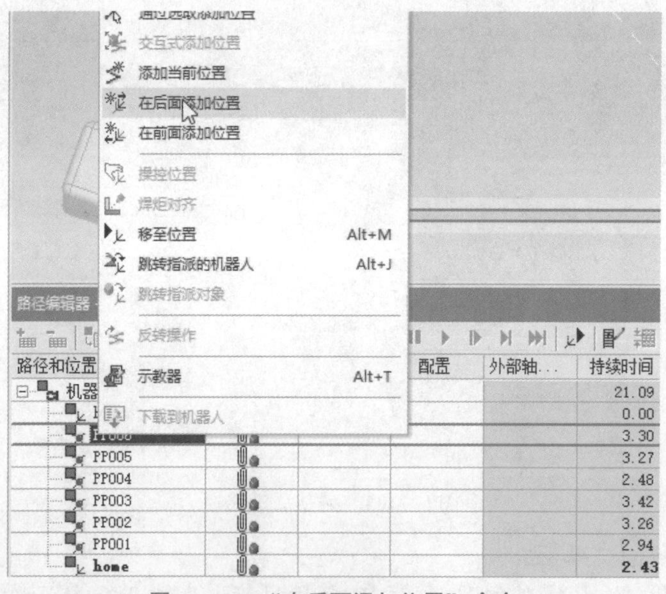

图 6－103 “在后面添加位置”命令

如图 6－104 所示，通过“机器人调整”对话框拖动新创建的 via4 路径点位置。

创建一个路径点之后，可以在“机器人调整”对话框中单击“添加位置”区域的“在后面添加位置”按钮，如图 6－105 所示，对路径进行一次性调整。路径优化之后的姿态如图 6－106 所示。

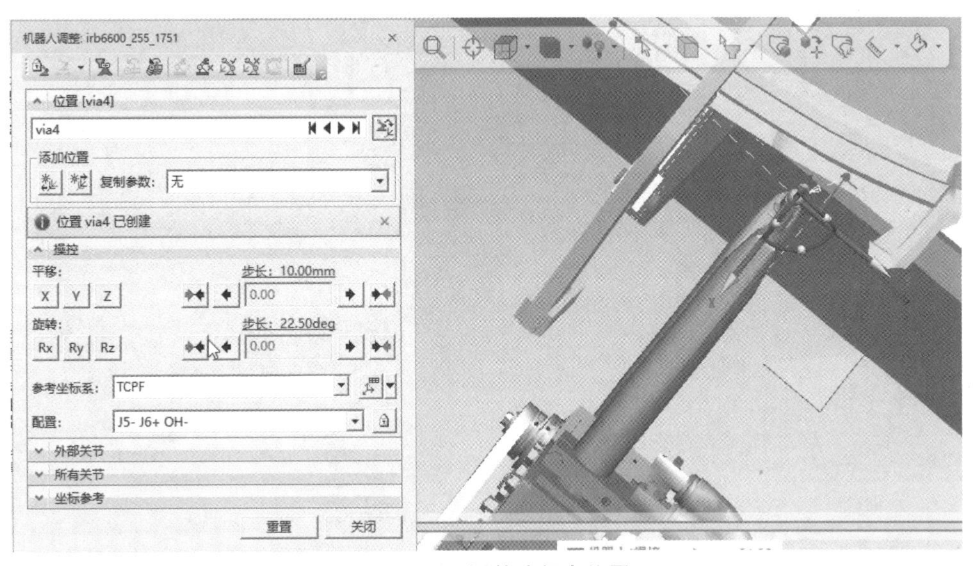

图 6 – 104　调整路径点位置

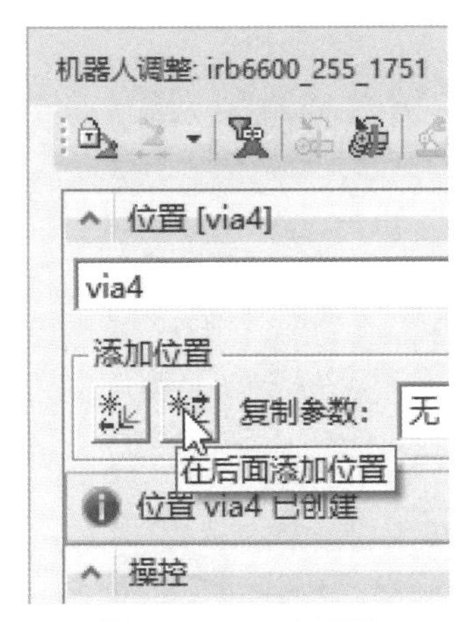

图 6 – 105　“在后面添加位置”按钮

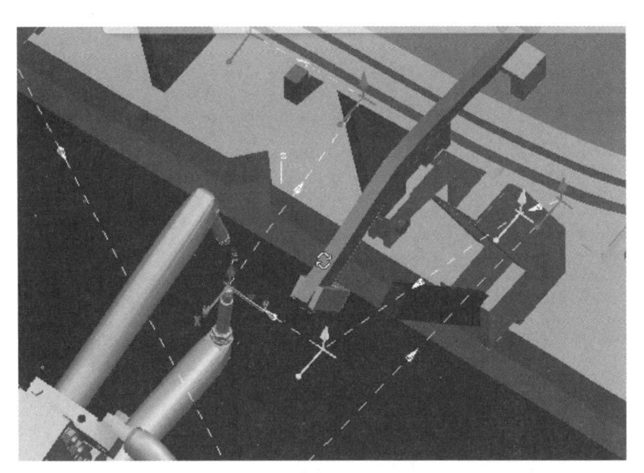

图 6 – 106　路径优化之后的姿态

对路径中的其他的位置进行同样的操作，避开各位置干涉点。调整完成之后的路径，如图 6 – 107 所示。

调整完成之后，通过路径编辑器中的“正向播放仿真”按钮，观察路径中的各位置是否可以仿真到位。然而，从仿真过程中只能看出各位置是否能够实现焊接，无法观察到焊枪是否与板件干涉，另外路径中各点的运行轨迹是否与夹具干涉也无法辨别（图 6 – 108）。

4）TCP 跟踪

在 Process Simulate 中，执行“机器人”→“分析”→“TCP 跟踪器”命令，对机器人的 TCP 进行跟踪，如图 6 – 109 所示（“TCP 跟踪器”对话框如图 6 – 110 所示），可以直接显示焊接过程中是否会有板件干涉。因此，在三维模型中选择焊接机器人模型，执行“TCP 跟踪器”命令，之后运行路径编辑器中的“机器人 1 焊接”路径，单击“正向播放仿真”按钮。

焊接路径优化调整

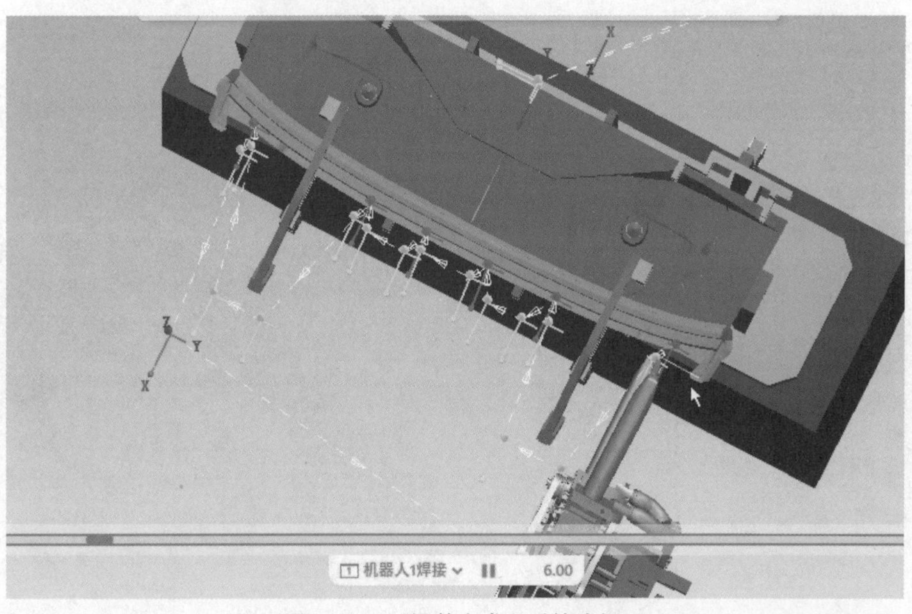

图 6－107 调整完成之后的路径

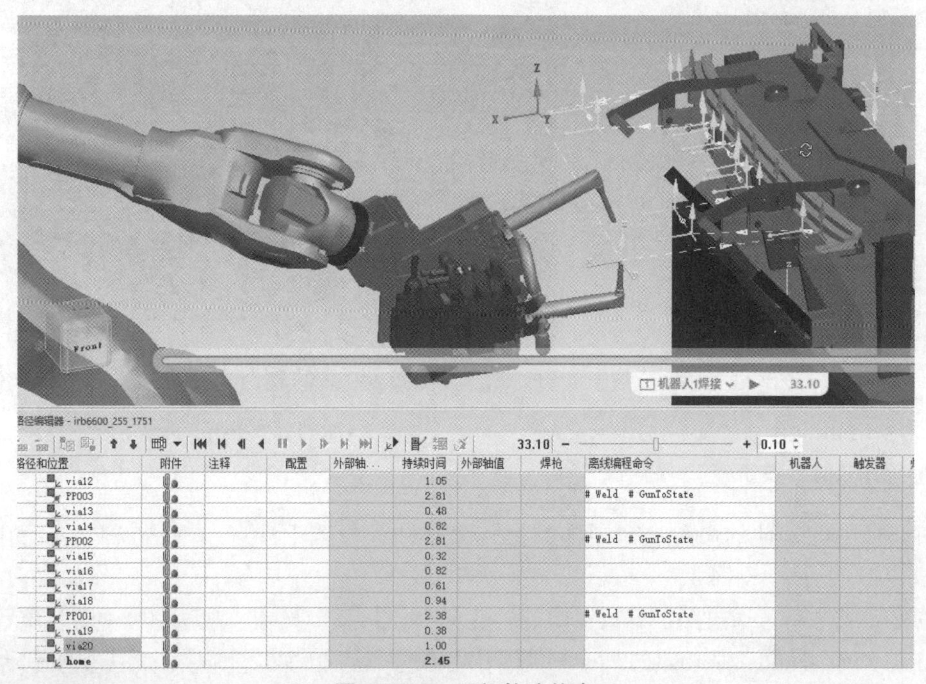

图 6－108 运行轨迹仿真

图 6－109 “TCP 跟踪器”命令

图 6－110 “TCP 跟踪器”对话框

在焊接仿真过程中，在三维视图中会出现对应轨迹的 TCP 曲线，如图 6-111 所示。观察曲线与板件的交点可以看出，在本次的路径设计中，TCP 会与路径干涉，如图 6-112 所示。

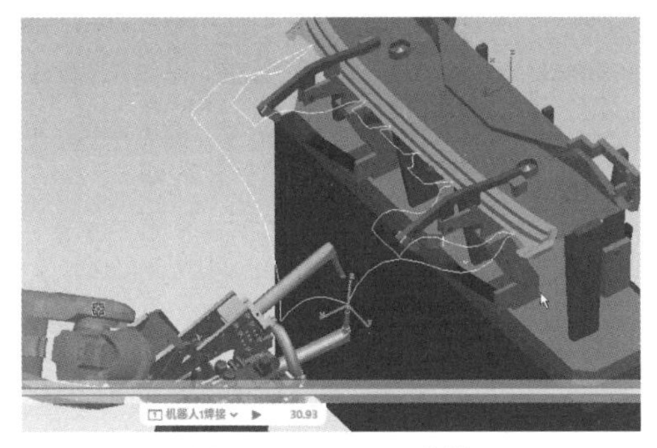

图 6-111　TCP 曲线

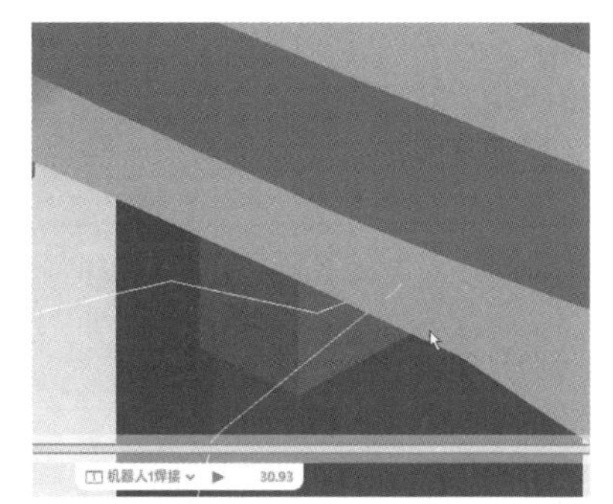

图 6-112　干涉的路径

因此，需要对焊接路径的运行方式进行调整，单击路径编辑器中的“定制列”按钮 ，在弹出的“定制列”对话框中选择“可用列”→“Default”→“Motion Type”列，添加到右侧的显示列中，并利用“上移”按钮，将“Motion Type”移动到列表的前几行显示，单击“确定”按钮，如图 6-113 所示。

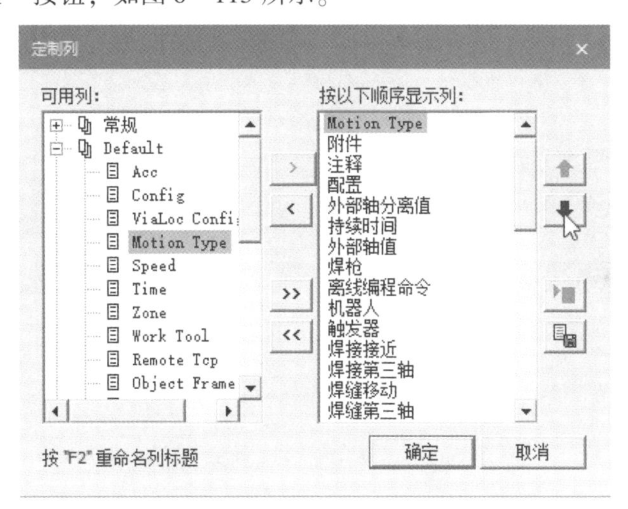

图 6-113　“定制列”对话框

在路径编辑器中，就可以看到“Motion Type”列，该列中的“PTP”为通过关节运动实现的工业机器人运动方式，如图 6-114 所示。PTP 模式下两点通过绕动工业机器人中各轴的伺服电动机，让工业机器人最快到达位置，因此通常 TCP 轨迹是曲线。而在精度较高的位置，通常“Motion Type”的运行类型为“LIN”，即直线运动方式（将两点之间的运行方式改为直线）。在直线运动方式下，速度会变慢一些，但是在运动过程中不会发生关节扭动导致 TCP 左右偏移而出现干涉的情况。另外，CIRC 为多点呈圆仿真，也是控制轨迹点以特定轨迹运行，通常应用在弧焊中。

由于轨迹中 TCP 与板件干涉，所以选择路径点中出现干涉的轨迹的下一点，将其“Motion Type”类型从“PTP”更改为“LIN”，如图 6-115 所示。更改完成之后运行轨迹，观察 TCP 曲线。

0.93 − + 0.10

焊点	Acc	Config	ViaLoc...	Motion Type	Speed	T:
(6)	...				...	
				PTP	100 %	
				PTP	100 %	
PP006				PTP	100 %	
				PTP	100 %	
				PTP	100 %	
				PTP	100 %	
				PTP	100 %	
PP005				PTP	100 %	
				PTP	100 %	
				PTP	100 %	
				PTP	100 %	
PP004				PTP	100 %	
				PTP	100 %	

图 6－114 “Motion Type” 列

路径编辑器 - irb6600_255_1751

路径和位置	附件	Motion Type	注释	配置	外部
机器人1焊接					
home		PTP			
via21		PTP			
PP006		LIN			
via4		LIN			
via5		PTP			
via6		PTP			
via7		PTP			
PP005		PTP			
via8		PTP			

图 6－115 更改后的“Motion Type”列

从 TCP 曲线可以发现，其轨迹仍然与板件干涉，但是 TCP 曲线已经为直线，因此调整过渡点的位置，让过渡点下移一定尺寸，以使焊枪进枪的时候能避开板件，直接到达焊点。

利用放置操控器，对焊点进出位置过高的路径点进行移动，调整坐标点的 Z 轴即可，如图 6－116 所示。

调整后的路径如图 6－117 所示。修改全部过渡点的“Motion Type”类型，将精度较高的过渡点更改为“LIN”类型，重新进行模拟。可以看出，调整之后，路径中的白色线不再出现在板件的上方，这说明在焊接过程中 TCP 不会与板件干涉，如图 6－118、图 6－119 所示。通过模拟可以看出，各点已经不再与板件干涉。

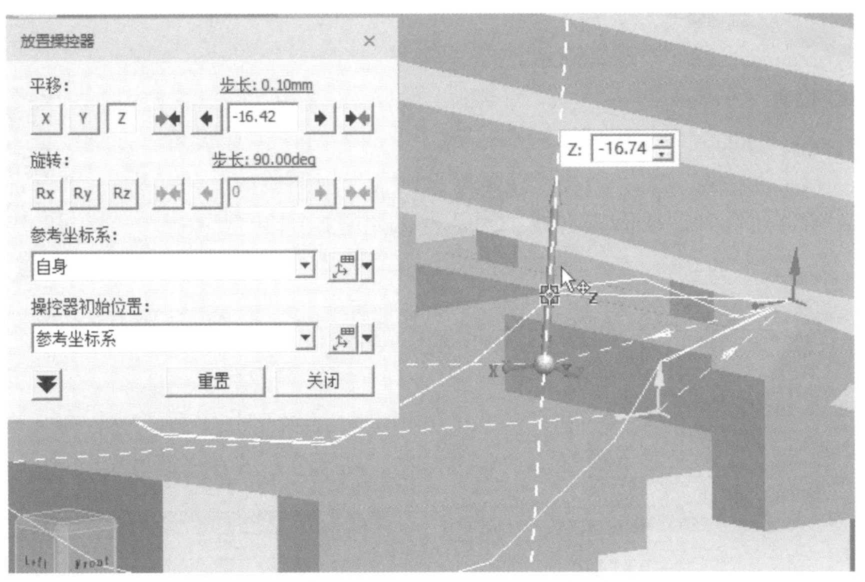

图 6－116　调整坐标点的 Z 轴

路径编辑器 - irb6600_255_1751

路径和位置	附件	Motion Type
机器人1焊接		
home		PTP
via21		PTP
PP006		LIN
via4		LIN
via5		PTP
via6		PTP
via7		PTP
PP005		LIN
via8		LIN
via10		PTP
PP004		**LIN**
via11		LIN
via12		PTP

图 6－117　调整后的路径

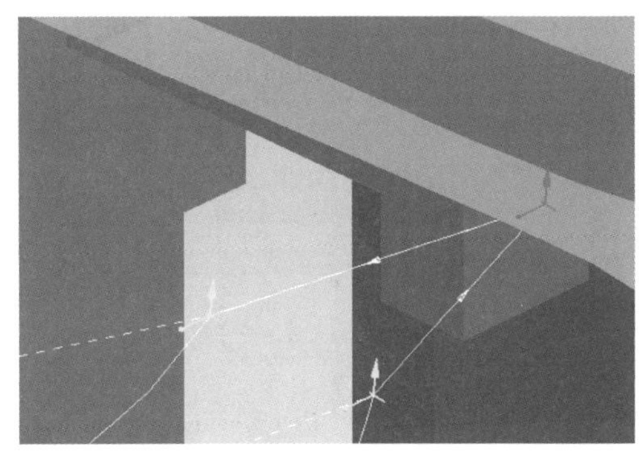

图 6－118　TCP 曲线（1）

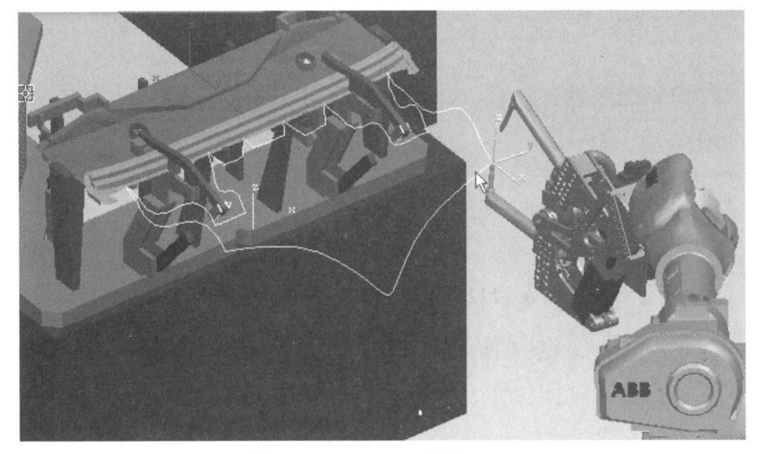

图 6－119　TCP 曲线（2）

该操作步骤只是对焊接过程中板件与电极头部分的干涉检查，焊枪机器人与夹具之间的干涉情况还需要通过干涉检查确认。

8. 干涉检查

焊接路径干涉分析

在 Process Simulate 中，还可以对焊接路径中的各组件进行设置，之后对运动体进行干涉检查，如果出现干涉碰撞，则会出现颜色的变化。

路径编辑器还包含“干涉查看器”对话框，如图 6－120 所示。

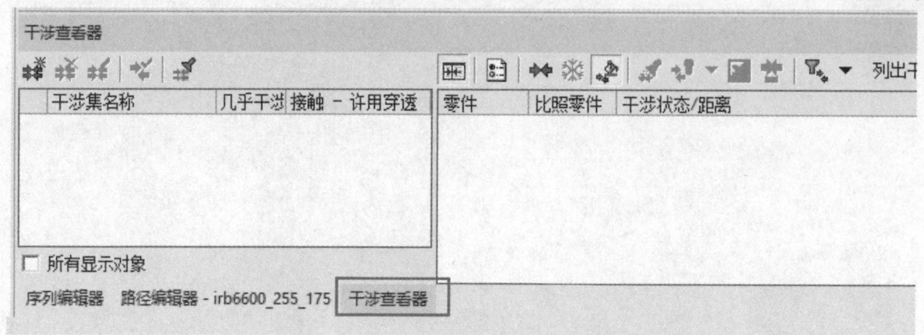

图 6－120 “干涉查看器”对话框

单击“干涉查看器”对话框中的“新建干涉集”按钮 ，在打开的“干涉集编辑器”对话框中，在检查对象中选择工业机器人和焊枪模型作为一组检查集，将夹具作为一组检查集，单击“确定”按钮，如图 6－121 所示，之后在“干涉查看器”对话框中，单击“干涉模式开/关”按钮 ，如图 6－122 所示。

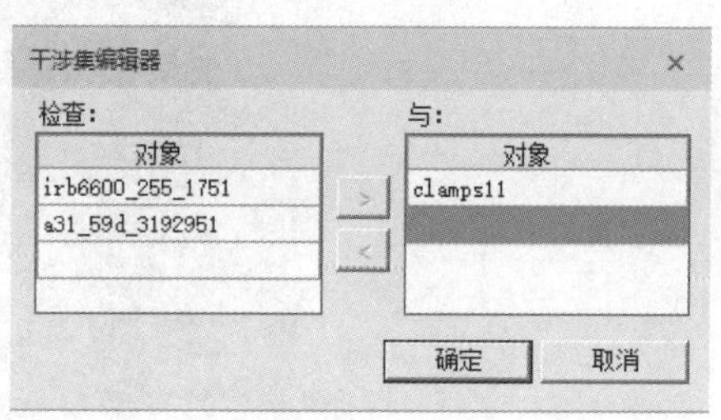

图 6－121 “干涉集编辑器”对话框

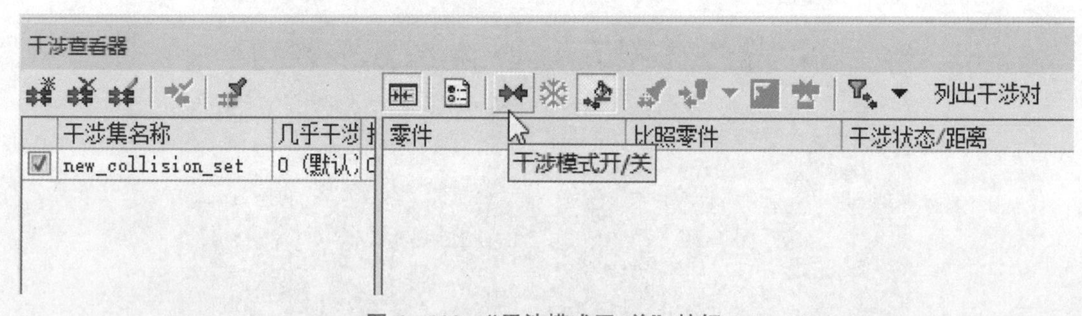

图 6－122 “干涉模式开/关”按钮

设置完成之后，在路径编辑器中单击“正向播放仿真”按钮，查看是否有变红的情况出现，通过仿真并未发现有碰撞位置，因此在路径仿真过程中，工业机器人和焊枪没有与夹具体碰撞，路径满足要求。

为了演示结构有干涉情况下出现碰撞的情况，可以在路径中插入一个点，偏移位置到夹具中间，之后通过正向播放路径编辑器中的“机器人1焊接”路径查看碰撞效果。

选择路径中的via20路径点，单击鼠标右键，在打开的菜单中执行“在前面插入焊点”命令，插入路径点via13，拖动仿真操控器中的轴，将路径移动到夹具和板件中间的位置，之后单击“正向播放仿真”按钮，可以看出，当出现干涉的时候会发出碰撞声音，另外夹具和焊枪会呈现红色，因此演示干涉集设置正确，如图6－123所示。

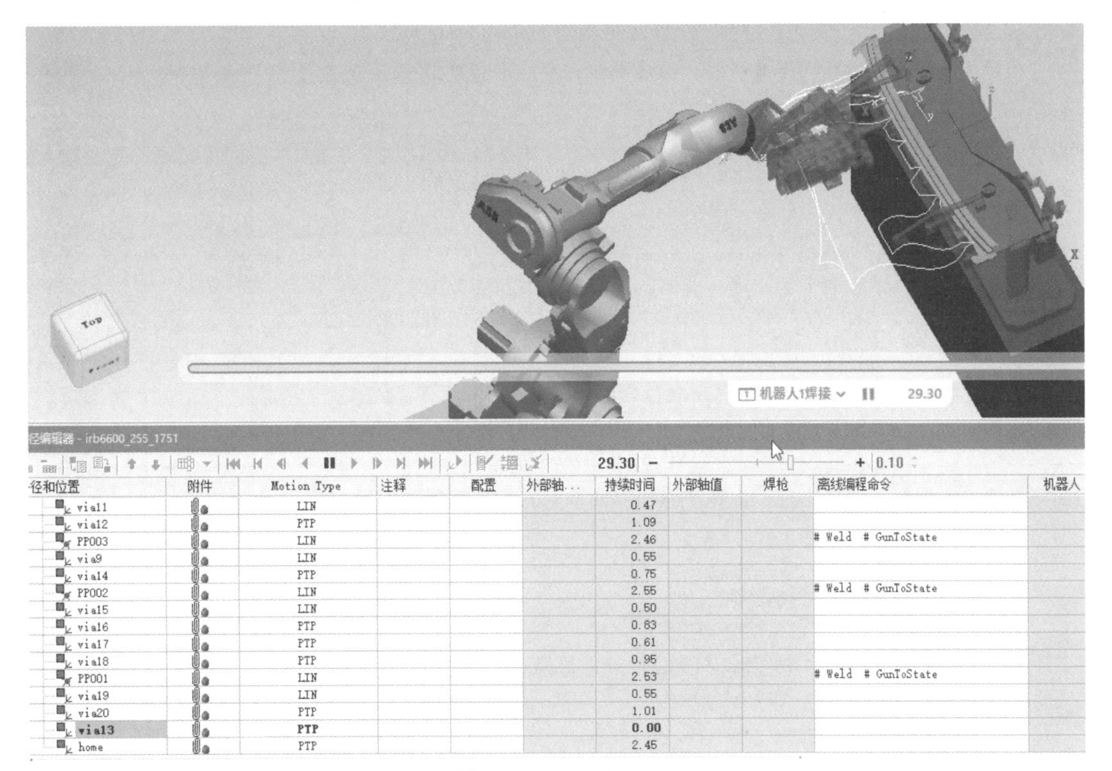

图6－123 碰撞效果

演示之后删除为干涉碰撞而设置的via13路径点，删除完成之后保存项目，完成本次工业机器人焊接仿真操作过程。

6.2.2 弧焊机器人自动化单元仿真

弧焊机器人自动化单元仿真

6.3 任务评价

项目6任务评价见表6－1。

表 6-1　项目 6 任务评价

评价项目	分值	得分	
		自评分	师评分
掌握在 Process Simulate 中投影焊点的方法	5		
掌握对象流操作的过程创建方法，掌握通用机器人操作方法、工业机器人点焊操作方法、工业机器人弧焊操作方法、带有外部轴结构的路径操作方法	5		
掌握抓手的拆卸和安装过程，熟悉拆卸过程中 TCP 位置的变化	5		
掌握工业机器人示教命令的应用，能够熟练应用其中的指令来规划路径	5		
掌握工业机器人焊接轨迹的调整方法，并能够熟练应用 TCP 跟踪来调整路径，熟练掌握运动仿真过程中干涉检查的方法	5		
熟练掌握弧焊焊道的投影过程，并掌握外部轴结构的添加过程以及外部轴值的设置方法	5		
熟练掌握弧焊路径的轨迹优化方法	5		
下列任务，每完成一项计 25 分，本项合计分值最高 50 分。 点焊机器人自动化单元仿真； 弧焊机器人自动化单元仿真	50		
学习认真，按时出勤	10		
具有团队合作意识和协同工作能力	10		
总计得分			

项目7 生产流水线综合训练

【知识目标】

- 掌握在 PS on eMS Standalone 中创建项目的方法。
- 掌握导入的项目模型的结构创建方法，以及工具的定义方法。
- 掌握复合操作、对象流操作、通用机器人操作、拾放操作的创建与使用方法。
- 掌握外观件的合理应用方法。
- 掌握工业机器人示教命令的创建方法，熟练掌握扫掠体的应用以及项目数据与视频文件的导出。

【能力目标】

- 会在 PS on eMS Standalone 中创建项目，建立项目的基础框架。
- 会对导入的模型文件进行结构定义，创建结构和基准以及 TCP 坐标系。
- 能够生成零件的外观件，使用零件或者零件外观设置操作属性。
- 能够利用操作命令对零件的路径进行编辑，创建对象流操作和零件的抓放操作。
- 会对放取件的过程进行工业机器人扫掠体的创建，并确认干涉区。
- 能够将仿真完成的运动过程进行视频导出，以及 Web 仿真文件导出。

【职业素养目标】

- 培养学生的爱岗敬业精神和职业道德意识。
- 培养学生综合运用知识分析、处理问题的能力。
- 培养学生从客户需求出发分析和解决实际问题的能力。

7.1 项目描述

7.1.1 项目内容

在本项目中，要求完成一个生产流水线仿真。项目布局如图 7－1 所示。

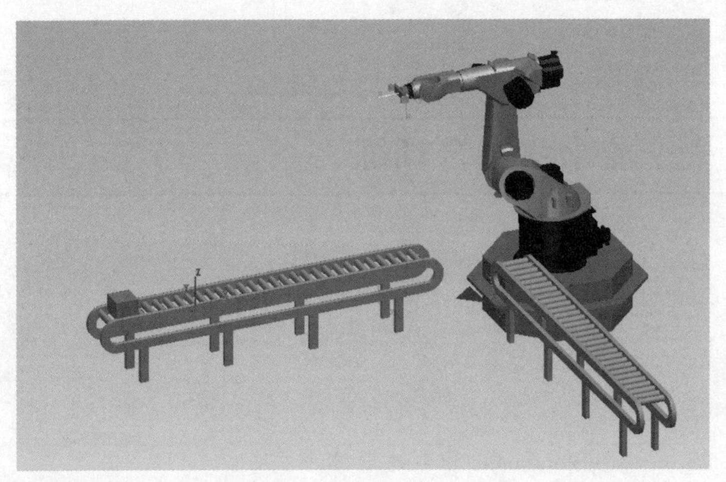

图 7-1　项目布局

本项目的主要任务如下。

(1) 创建输送带上零件的运输操作，即完成零件在输送带表面的对象。

(2) 创建工业机器人抓放操作。

(3) 在创建完的操作中替换工业机器人模型操作。

本项目命名为“XM7”，项目资源结构如图 7-2 所示，项目文件路径为“F:\XM7”。本项目的仿真在 PS on eMS Standalone 中进行。

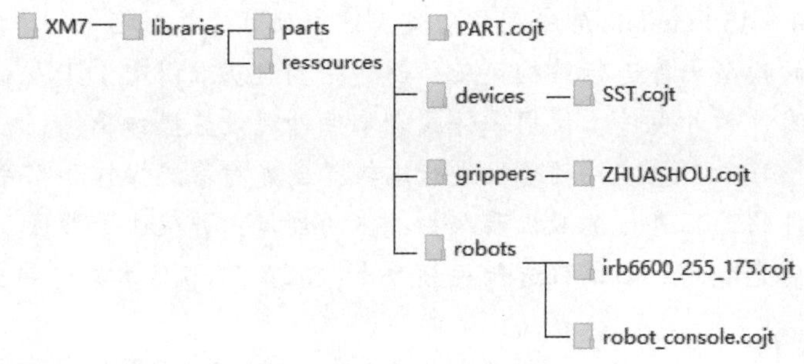

图 7-2　项目资源结构

7.1.2　项目实施步骤概述

项目实施步骤如下。

(1) 创建项目。

(2) 导入模型和调整布局。

(3) 定义工具。

(4) 整理资源。

(5) 创建操作树。

(6) 创建对象流操作。

(7) 创建工业机器人搬运过程。

(8) 创建零件输出路径。

(9) 整体运行模拟。

(10) 进行工业机器人替换。

(11) 创建扫掠体。

(12) 导出文件。

下面将上述每一个步骤安排为一个任务进行项目实施。

7.2 项目实施

7.2.1 创建项目

打开 PS on eMS Standalone（图 7－3）进入启动界面，之后进入欢迎界面，单击左上角的“关闭”按钮，关闭欢迎界面。

将数据导入
PS on eMS Standalone

图 7－3 PS on eMS Standalone 快捷方式图标

打开 PS on eMS Standalone 之后，在视图窗口中单击鼠标右键，在打开的菜单中执行“选项”命令，打开“选项”对话框。在打开的“选项”对话框中，选择“断开的”选项卡，在其中的“客户端系统根目录”区域，将文件夹所在的地址“F:\XM7”粘贴到选项框中，之后单击“确定”按钮，即完成了对应的项目地址设置，如图 7－4 所示。另外，地址的设置也可以参考之前的操作，即在欢迎界面中，在“系统根目录”框中进行设定，再按 Enter 键。

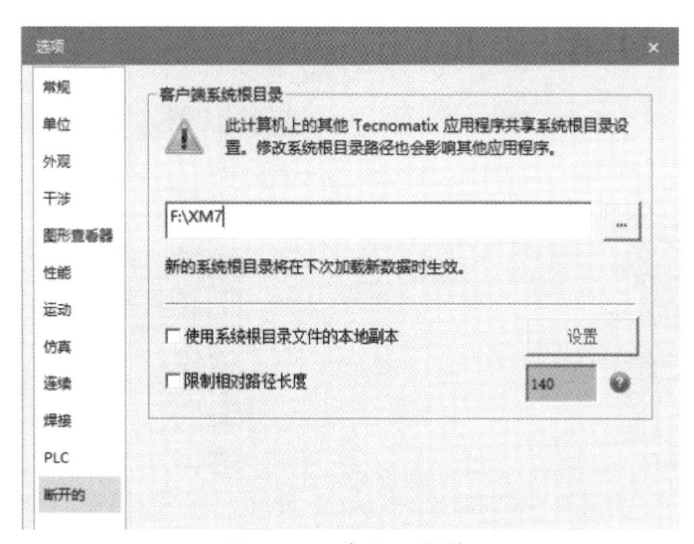

图 7－4 “选项”对话框

在 PS on eMS Standalone 中进行仿真，需要先创建项目研究。

执行“文件”→“断开研究”→“新建研究”命令，如图7－5所示，弹出“新建研究”对话框（图7－6），单击“创建”按钮进行新项目的创建，并在弹出的新建研究确认对话框中单击“确定”按钮，如图7－7所示。

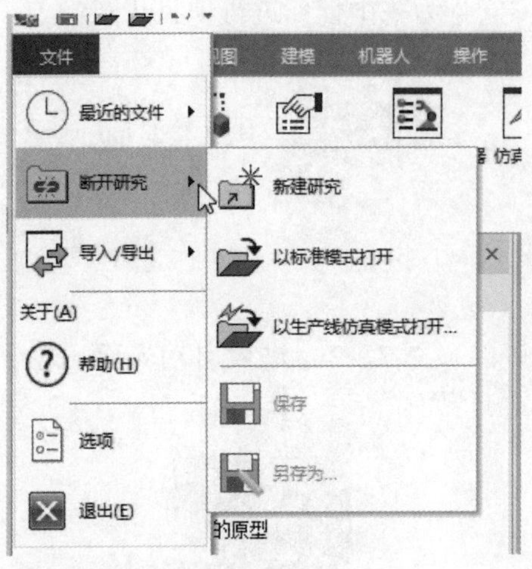

图7－5 “新建研究”命令

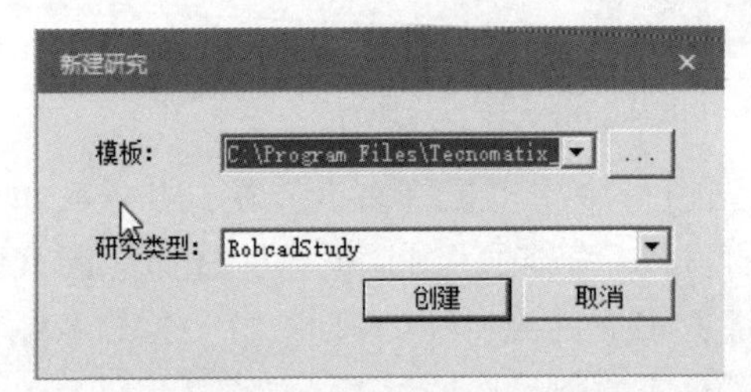

图7－6 “新建研究”对话框

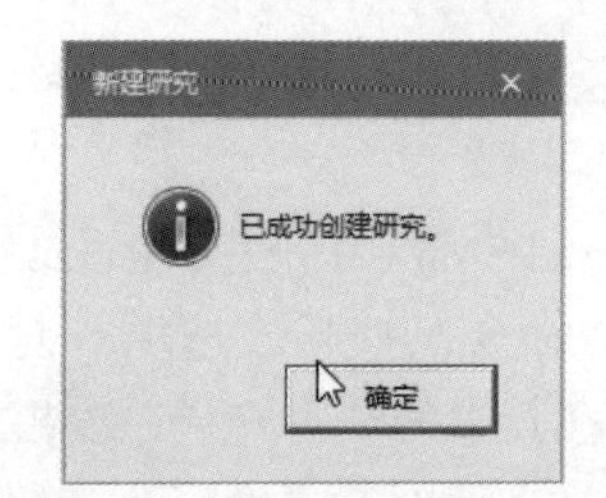

图7－7 新建研究确认对话框

创建完对应的项目之后，在软件中的对象树中会生成项目“新建 RobcadStudy”，如图7－8所示，按键盘上的F2键，对对象树中的项目名称进行更改，改为本次的项目名称“XM7”，如图7－9所示。

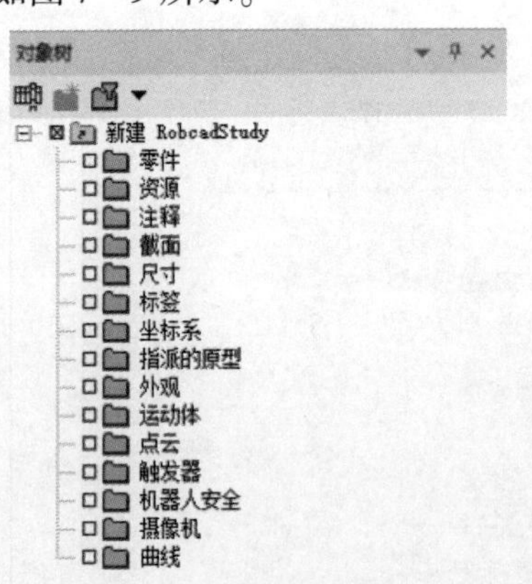

图7－8 “新建 RobcadStudy”

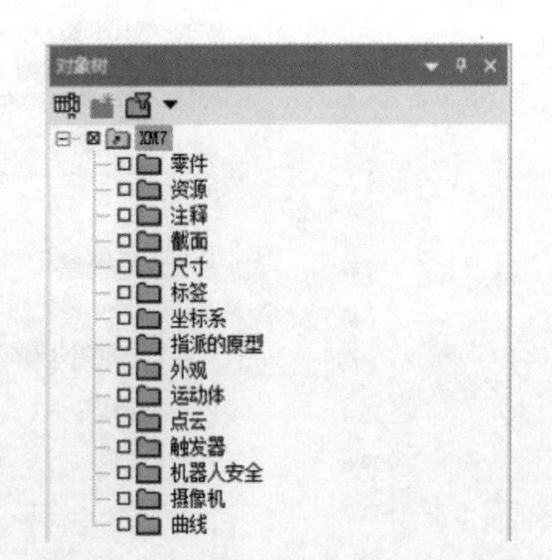

图7－9 改名之后的“XM7”项目

按“Ctrl＋S”组合键，对“XM7”项目进行保存，将文件保存到F盘下的“XM7”文件夹中，保存的类型选择“PSZ”，单击“保存”按钮，即完成项目保存。

7.2.2 导入模型和调整布局

执行“建模”→“组件”→“定义组件类型”命令（图7－10），在打开的“浏览文件夹”对话框中（图7－11），对“XM7”下的项目文件进行选择，选择其中的“libraries”文件夹，单击“确定”按钮。

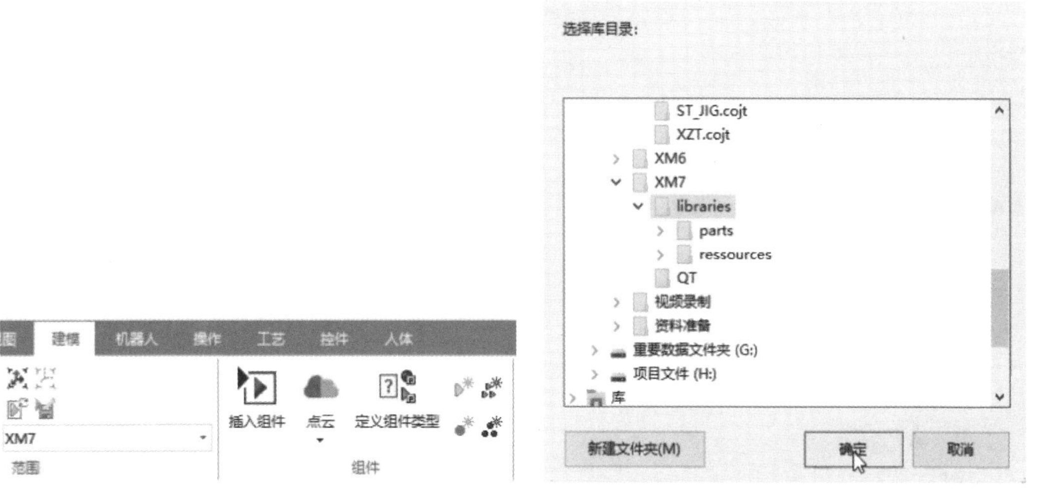

图7－10 “定义组件类型”命令　　图7－11 “浏览文件夹”对话框

在打开的“定义组件类型”对话框中，根据图7－12对各文件夹中的项目数据类型进行定义，定义完成之后单击“确定”按钮，在弹出的对话框中再单击“确认”按钮，即完成项目资源的定义过程。

图7－12 “定义组件类型”对话框

选择对象树中的“XM7”，再执行“建模”→“组件”→“插入组件”命令（图7-13），在打开的“插入组件”对话框中（图7-14），找到已经被定义的所有资源，依次导入“XM7”。

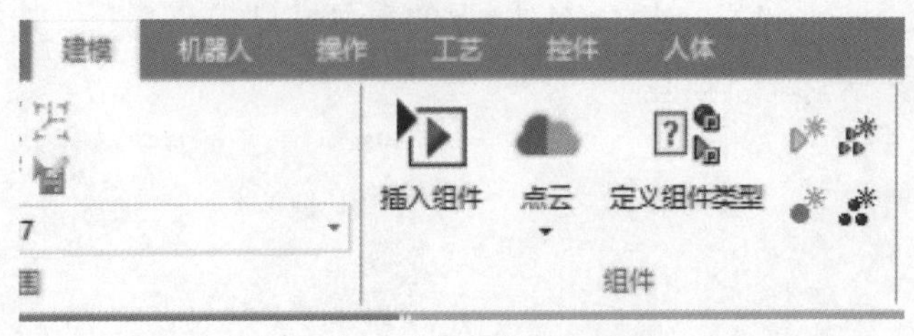

图7-13 “插入组件”命令

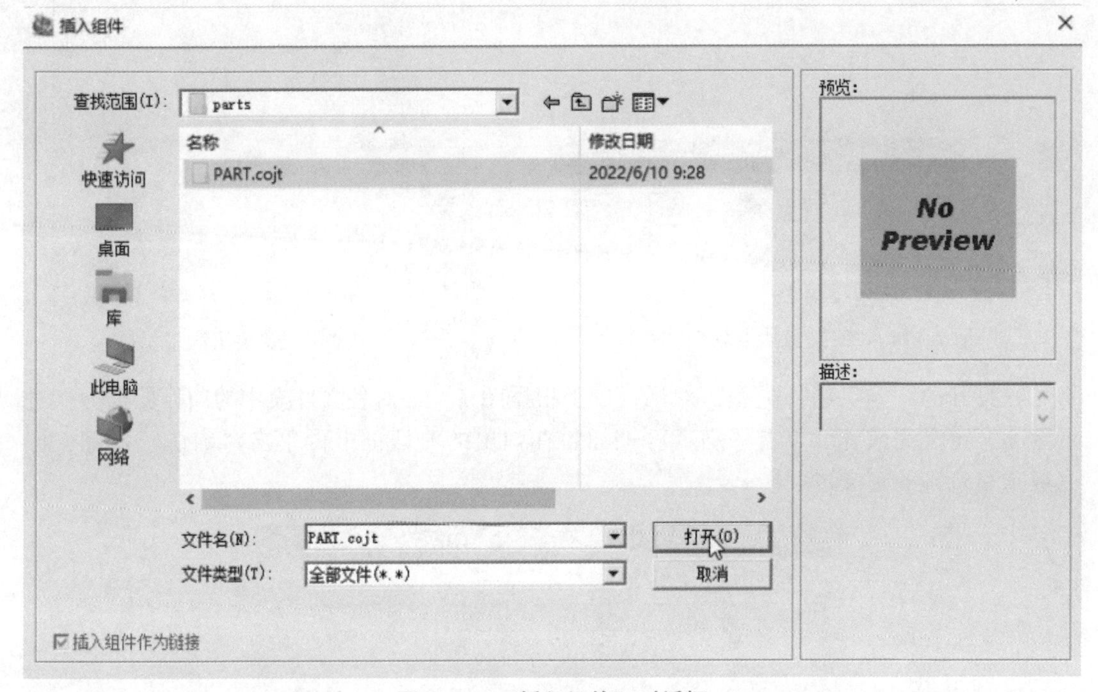

图7-14 “插入组件”对话框

导入完成之后的对象树结构如图7-15所示。导入的三维模型如图7-16所示。其中工业机器人采用ABB工业机器人模型，而资源中的数据如输送台和抓手以及零件都是新

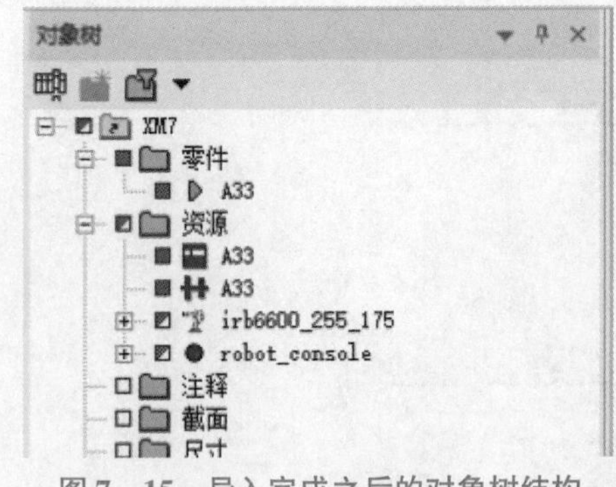

图7-15 导入完成之后的对象树结构

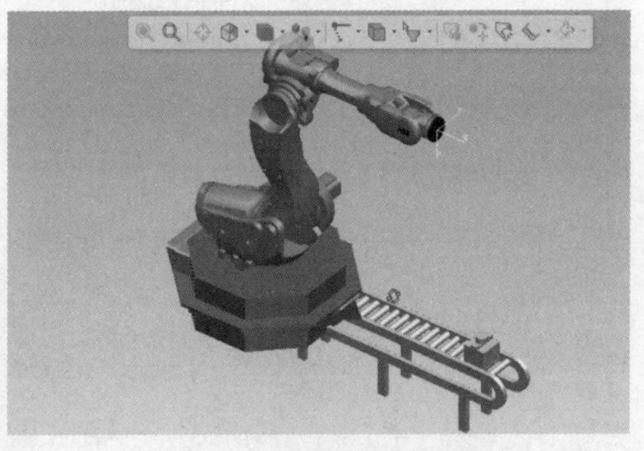

图7-16 导入的三维模型

建的三维模型，在导出的过程中都存储于装配体“A33”下，因此在导入之后其数据名称仍然为“A33”，其名称与导入过程中的 COJT 名称是没有关系的，在仿真的过程中可以对象树中的名称进行更改，也可以默认其名称，直接选取三维模型进行仿真。

在导入的数据中，零件、输送台、抓手都没有进行对应结构的定义，也没有对零件的材质进行颜色更改。

由于在结构中资源的模型相互干涉，所以可以采用视图窗口中的“放置操控器”按钮对三维模型的位置进行调整（图 7－17），以避免数据发生重叠的情况。

生产线布局创建

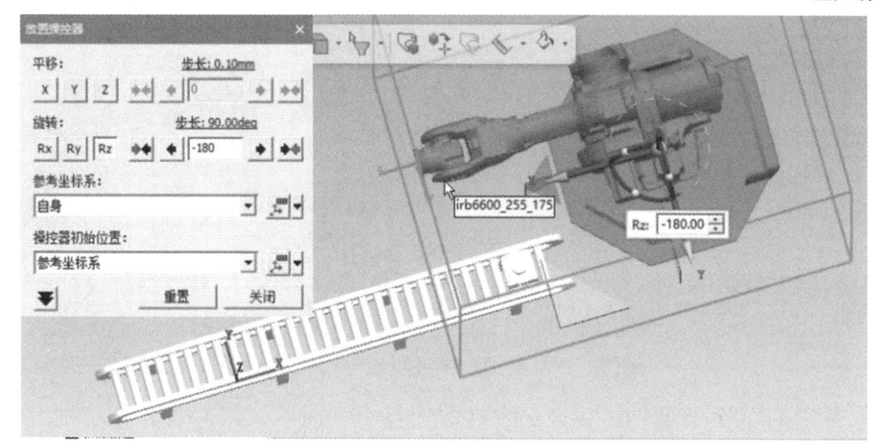

图 7－17　利用放置操控器调整工业机器人模型位置

7.2.3　定义工具

1. 抓手的结构定义

选择导入资源中的抓手“A33”，如图 7－18 所示，执行“建模”→“范围”→“设置建模范围”命令。当对象树中的抓手“A33”下面出现红色的 M 图形时，就可以对其进行运动学编辑。

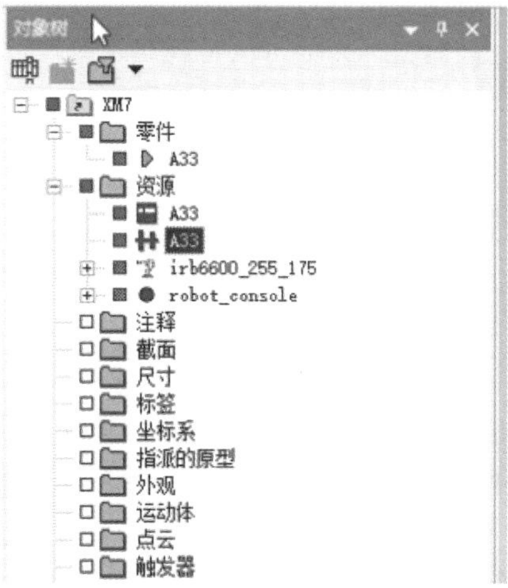

图 7－18　选择抓手“A33”

执行“建模”→“运动学设备”→“运行学编辑器”命令，对结构进行运动学编辑。

在抓手的整体结构中，抓手主要由两个手抓和一个固定装置组成，因此在新建结构的link时，可以建立3个link来完成结构的创建。因此，单击“运行学编辑器”对话框中的“创建连杆”按钮，创建3个link；同时，在弹出的“连杆属性”对话框中，在“连杆单元”区域根据颜色选择结构中的零件块，单击“确定”按钮，如图7－19所示。

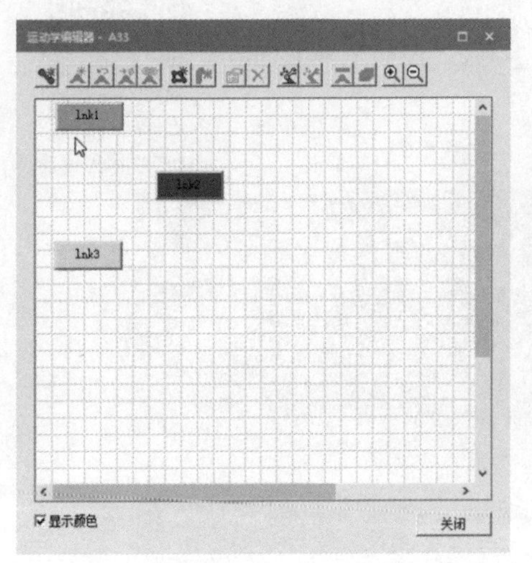

图7－19 在运动学编辑器中创建link

然后，对连杆的关节属性进行定义。在本项目中，抓手采用左右开合结构，因此在定义结构的关节属性时，可以利用移动关节类型对结构进行定义。

在视图窗口中，执行“边上点选取意图”命令（图7－20），这样可以针对边线点进行选取。

图7－20 “边上点选取意图”命令

执行“视图样式”→“实体上的特征线”命令（图7－21）对零件的视图进行边线细化，执行该命令之后，三维模型都会带上一条黑色边线，可以方便在创建坐标系时选取边线点。

选择运行学编辑器中的lnk1，将其拖动到lnk2上，在弹出的“关节属性”对话框中，对机构运动的轴进行定义，选择抓手上横向运动方向上一条边线上的两个点，对“关节属性”对话框中的“轴－选择两个点”→“从”和“到”进行定义，之后在“关节类型”下拉列表中选择“移动”类型进行定义，单击“确定”按钮，如图7－22所示。用同样的方法对结构中的另外一组活动臂进行定义，如图7－23所示。

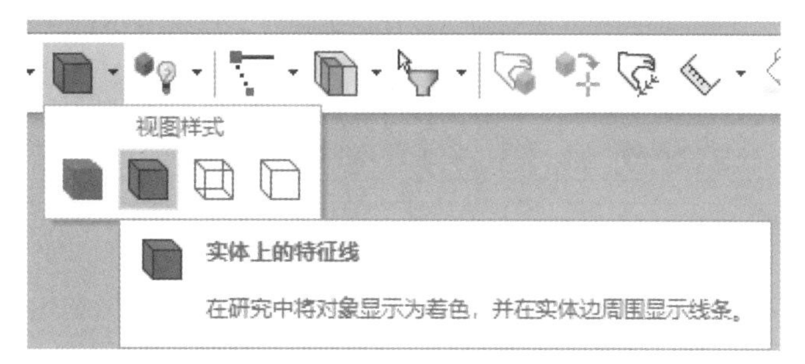

图 7－21 “实体上的特征线”命令

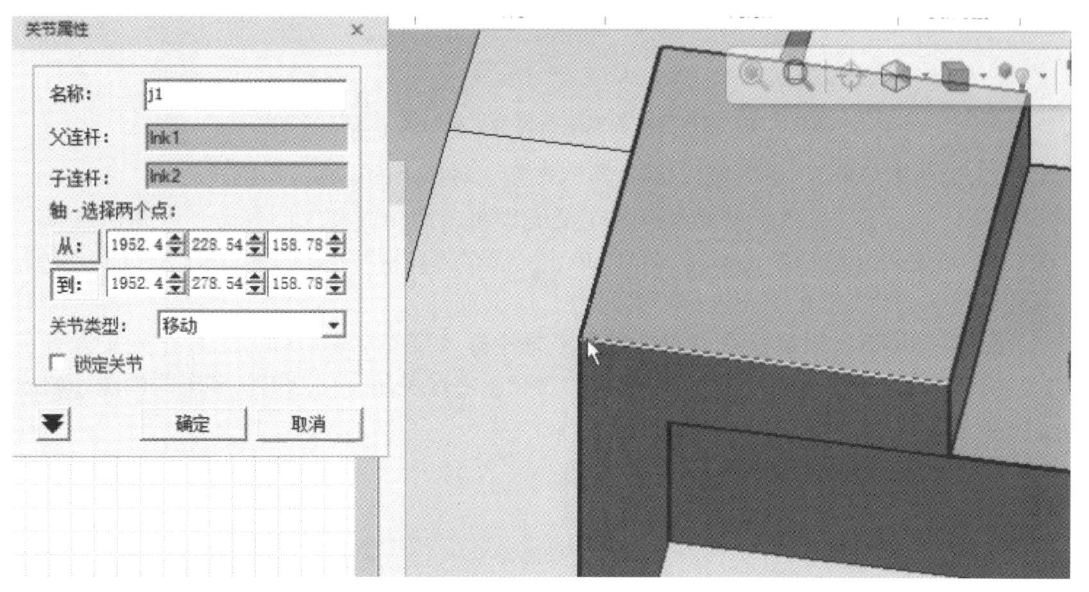

图 7－22 j1 关节属性设置

图 7－23 j2 关节属性设置

创建完成的抓手在运动学编辑器中的整体结构如图 7－24 所示。

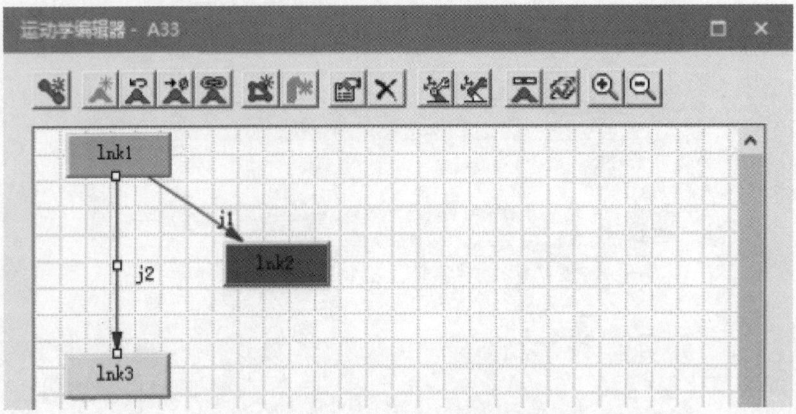

图 7－24　创建完成的抓手在运动学编辑器中的整体结构

单击运动学编辑器中的“姿态编辑器”按钮，对抓手的姿态进行创建。

在通常情况下，抓手只需要具有 2 个姿态即可，即张开和关闭姿态，因此创建张开（OPEN）和关闭（CLOSE）姿态即可。单击“姿态编辑器”对话框（图 7－25）中的“新建”按钮，对抓手的姿态进行编辑。

在“编辑姿态”对话框的“姿态名称”框中输入姿态名称“CLOSE”（英文大写字符），“值”设定为“0.00”，单击“确定”按钮，完成关闭（CLOSE）姿态的创建，如图 7－26 所示。

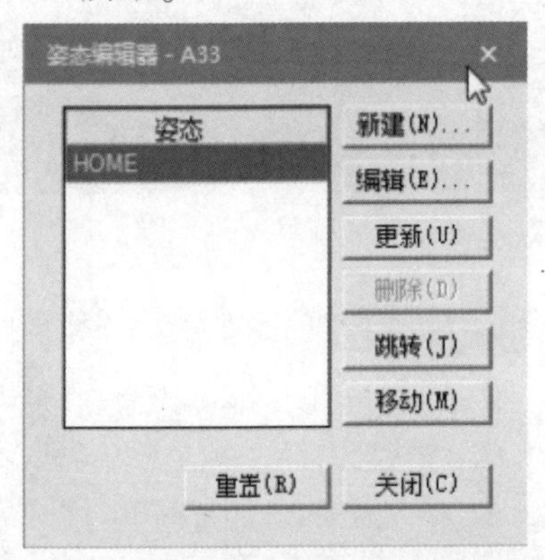

图 7－25　“姿态编辑器”对话框

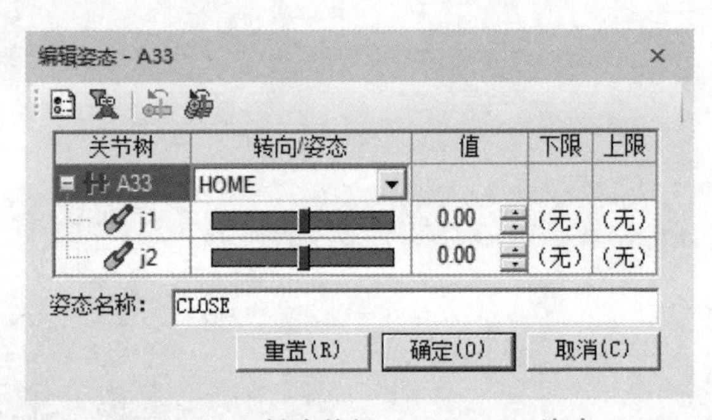

图 7－26　创建关闭（CLOSE）姿态

再次单击“新建”按钮，在弹出的“编辑姿态”对话框的在“姿态名称”框中输入英文大写字符“OPEN”，设置“值”为“－25.00”，单击“确定”按钮创建张开（OPEN）姿态，如图 7－27 所示。

2. 抓手基准坐标点和 TCP 的创建

抓手需要与工业机器人的末端连接，这就需要创建对应的连接点，因此需要创建基准坐标点，用于关联工业机器人，另外需要创建 TCP，用作设备运动模拟的工具点。

执行“建模”→“布局”→“创建坐标系”→“在圆心创建坐标系”命令，对抓手的法兰安装面创建结构的基准坐标点，选择安装法兰边线上的 3 个点，对结构的坐标系进行创建，如图 7－28 所示。

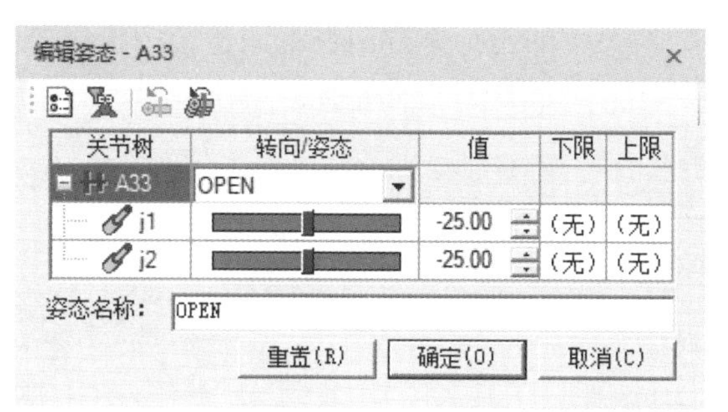

图 7－27　创建张开（OPEN）姿态

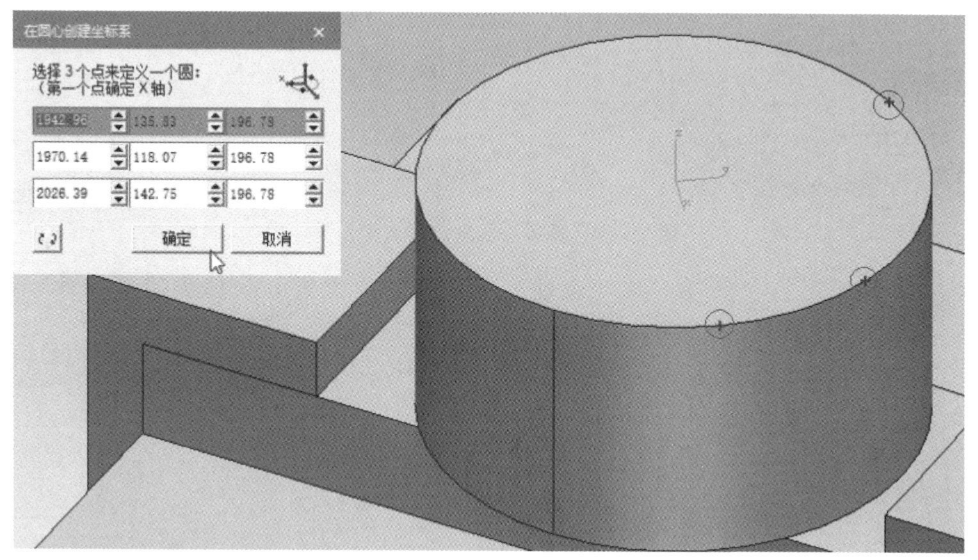

图 7－28　执行“在圆心创建坐标系”命令

由于创建完成的 fr1 坐标系的方向无法满足要求，所以需要利用“重定位”按钮对结构的方向进行调整，让其坐标系的方向与工作坐标系的方向对正，重定位时的选项参考图 7－29，需要勾选“平移仅针对”复选框，之后单击“应用”按钮。

图 7－29　通过重定位调整坐标系方向

利用“放置操控器”对抓手的坐标系方向进行调整，调整成Z轴朝抓手内的方向，这样可以方便安装时的角度对正，如图7－30所示。

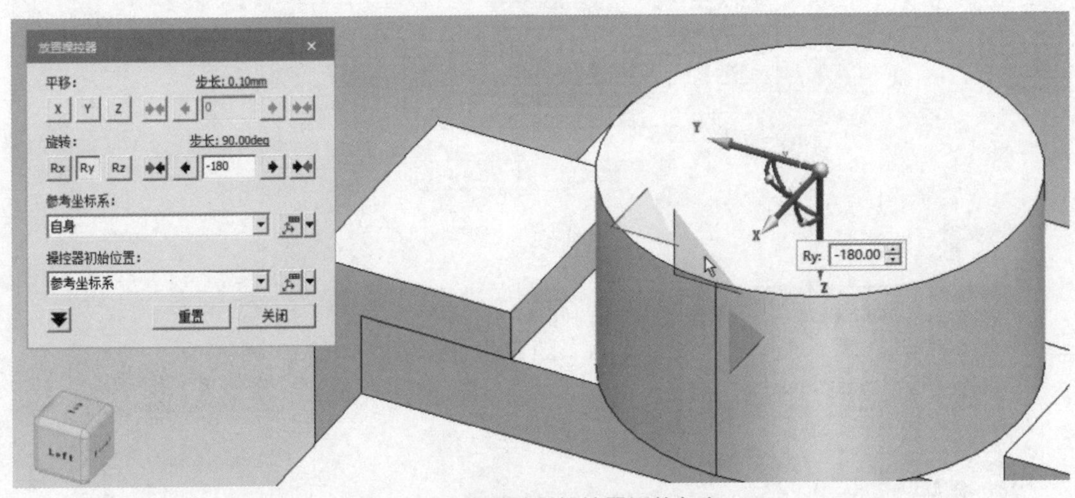

图7－30　通过放置操控器调整角度

执行“建模”→“布局”→“创建坐标系”→“通过6个值创建坐标系”命令（图7－31），创建TCP。在创建之初，需要在视图窗口中执行“选取意图”→“自原点选取意图”命令（图7－32），创建结构的自原点的坐标。

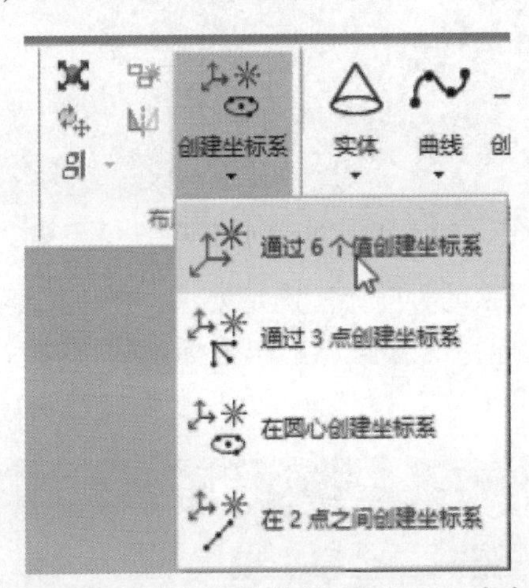

图7－31　“通过6个值创建坐标系”命令

图7－32　“自原点选取意图”命令

在弹出的“6值创建坐标系”对话框中，选择“相对位置”区域的任意一个坐标，再单击抓手，就会直接在视图窗口中创建坐标系 fr2，坐标系 fr2 便是抓手的自原点坐标系，由于导入之后的零件位置没有移动，所以 fr2 坐标系的原点与工作坐标系的原点重合，如图 7－33 所示。

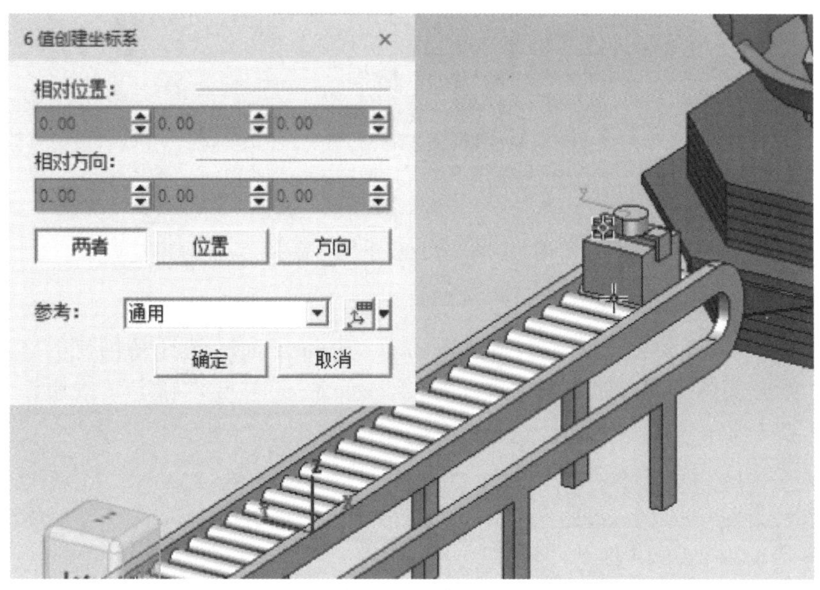

图 7－33　创建抓手的自原点坐标系

选择对象树中的抓手“A33”下新创建的坐标系 fr1 和 fr2，将其名称更改（利用键盘上的 F2 键）为“base”以及“tcp”。

执行“建模”→“实体级别”→“设置要保留的对象”命令（图 7－34），在“base”和“tcp”坐标系前加上钥匙图标，如图 7－35 所示。

图 7－34　“设置要保留的对象”命令

图 7－35　在坐标系前加上钥匙图标

3. 抓手的工具定义

执行“建模”→“运动学设备”→“工具定义”命令，对抓手进行工具定义，如图 7－36 所示。

图 7－36 “工具定义”命令

在弹出的“工具定义”对话框中，“工具类”选择“握爪”，在“指派的坐标系”区域，“TCP 坐标”选择新创建的“tcp”坐标系，“基准坐标”选择新创建的“base”坐标系，且在“抓握实体”区域，选择抓手的两个“抓臂”，单击“确定”按钮，完成工具定义，如图 7－37 所示。

工具定义 - A33
工具类 握爪
指派坐标系:
TCP 坐标 tcp
基准坐标 base
不要检查与以下对象的干
实体
高亮显示列表
抓握实体:
实体
___.2
___.3
高亮显示列表 偏 0.0
确定 取消

图 7－37 “工具定义”对话框

选择对象树中的抓手，单击鼠标右键，在弹出的菜单中，执行“修改颜色”命令（图 7－38），选择其中的颜色，对抓手进行上色。其中固定端采用黑色，活动端采用黄色。

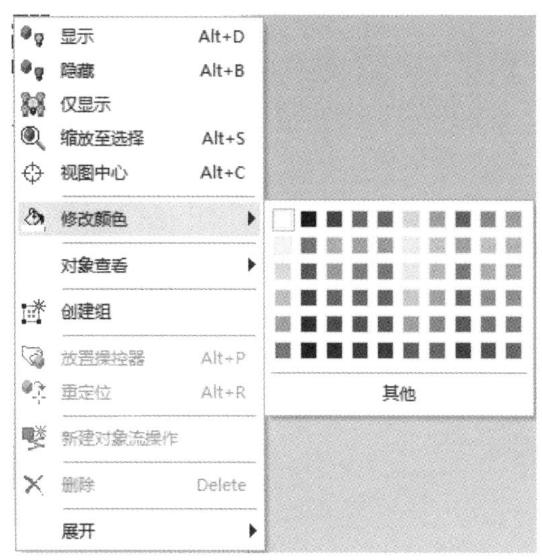

图 7－38 “修改颜色”命令

选择对象树中的抓手“A33”，执行“建模”→“范围”→“结束建模”命令，完成对结构的建模工作，退出对抓手的编辑。

定义完成之后，对象树中的抓手“A33”的结构如图 7－39 所示，抓手三维模型如图 7－40 所示。

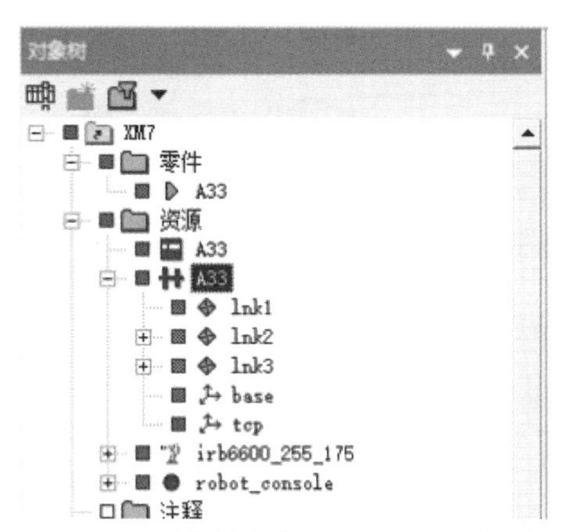

图 7－39 对象树中的抓手“A33”的结构

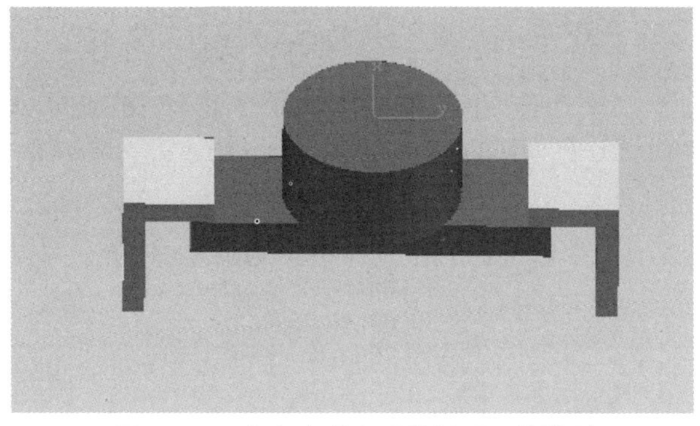

图 7－40 定义完成之后的抓手三维模型

4. 输送带原点的创建

由于零件在输送带上没有一个较好的位置进行连接，所以容易出现干涉输送带的情况。可以在输送带上创建一个和零件相关的原点，以对正产品零件。

在三维视图中，选择输送带结构，执行“建模”→“范围”→“设置建模范围”命令，将输送带设置成编辑状态。

在视图窗口的快捷命令栏中执行“选取意图”→“自原点选取意图”命令（图7－41），再执行“建模”→“创建坐标系”→“通过6个值创建坐标系”命令（图7－42），来创建输送带的原点。

图7－41 “自原点选取意图”命令

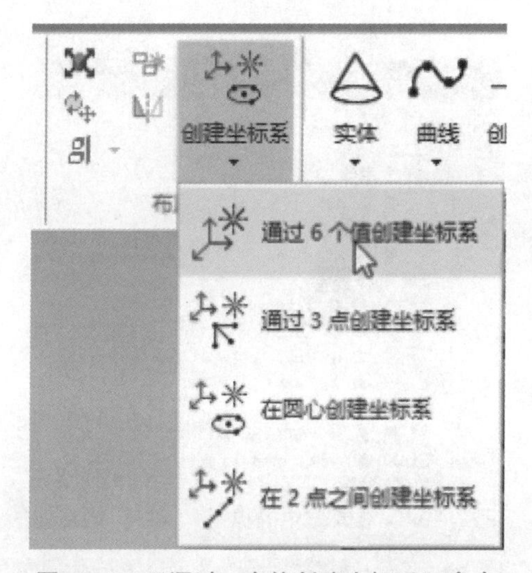

图7－42 “通过6个值创建坐标系”命令

创建的坐标系 fr1 原点与空间原点重合，具体位置如图7－43所示。之后执行“建模”→“实体级别”（选中坐标系 fr1）→“设置要保留的对象”命令（图7－44），在坐标系 fr1 前加上钥匙图标。

选择输送带三维模型，单击鼠标右键，在弹出的菜单中执行“修改颜色”命令，选择咖啡色，如图7－45所示，之后执行“建模”→“范围”→“结束建模”命令，即完成输送带的编辑。编辑完成的输送带及其原点如图7－46所示。

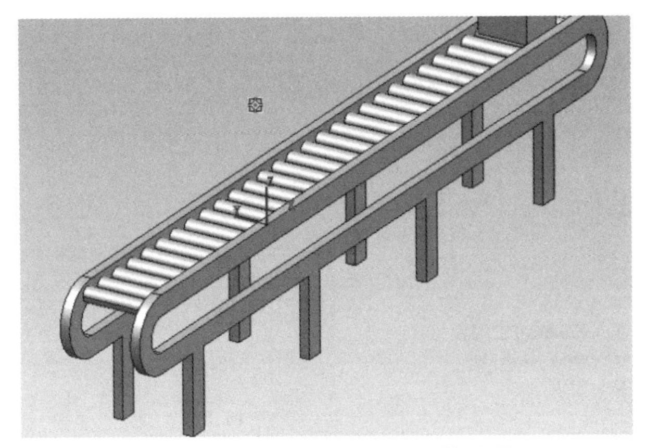

图 7 – 43　创建的坐标系 fr1 的位置

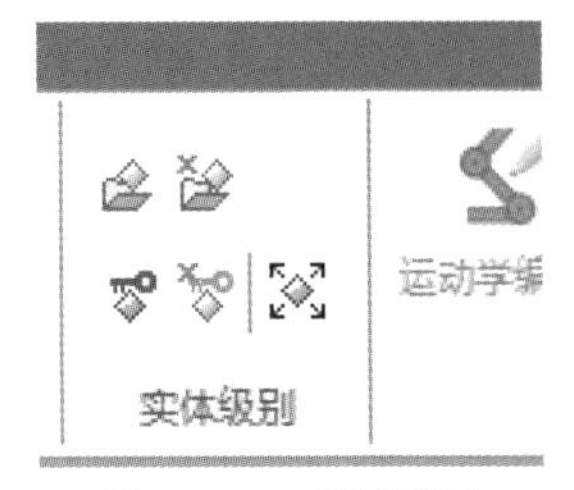

图 7 – 44　“设置要保留的对象”命令

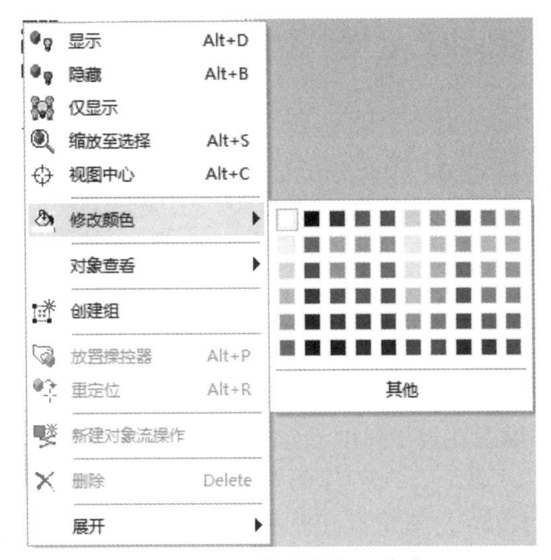

图 7 – 45　“修改颜色”命令

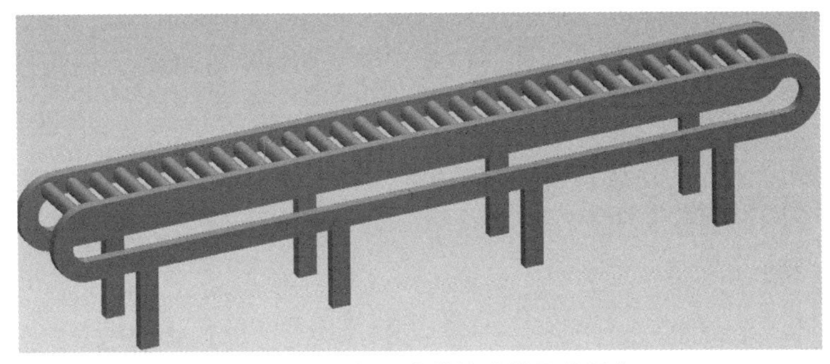

图 7 – 46　编辑完成的输送带及其原点

7.2.4　整理资源

在对象树中选择输送带“A33”，利用“Ctrl + C”组合键复制输送带，再到对象树中选择“资源”文件夹，按“Ctrl + V”组合键，复制出一条输送带“A33_1”，如图 7 – 47

所示，并利用“放置操控器”，对结构的位置进行调整。调整之后的布局如图 7－48 所示。

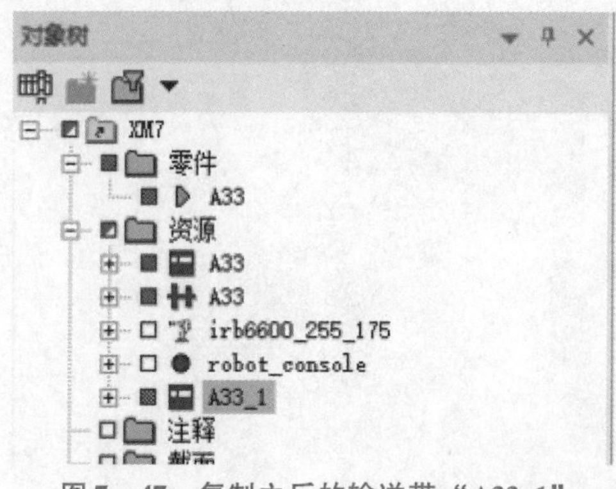

图 7－47　复制之后的输送带“A33_1”

图 7－48　调整之后的布局

为方便整理资源，在对象树中选择“资源”文件夹，执行“建模”→“组建”→“创建复合资源”命令，就会在资源树中创建对应的“复合资源”文件夹。

创建完成之后，在“资源”下对创建的资源名称进行更改，将“复合资源”更改为“ROBOT”，将机器人资源以及底座资源和抓手资源，放入“ROBOT”中进行归类。

另外，重新创建一个“复合资源”文件夹，将输送带分配到其中，如图 7－49 所示。

在对象树中，选择“资源”下的工业机器人模型“irb6600_255_175”，单击鼠标右键，在弹出的菜单中执行“安装工具”命令，对工业机器人进行工具安装，如图 7－50 所示。

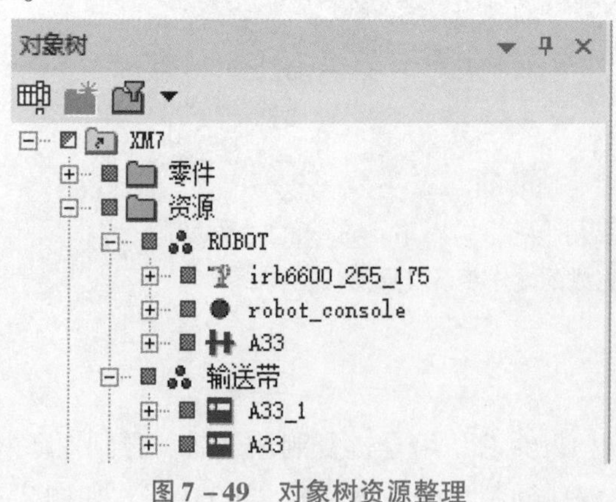

图 7－49　对象树资源整理

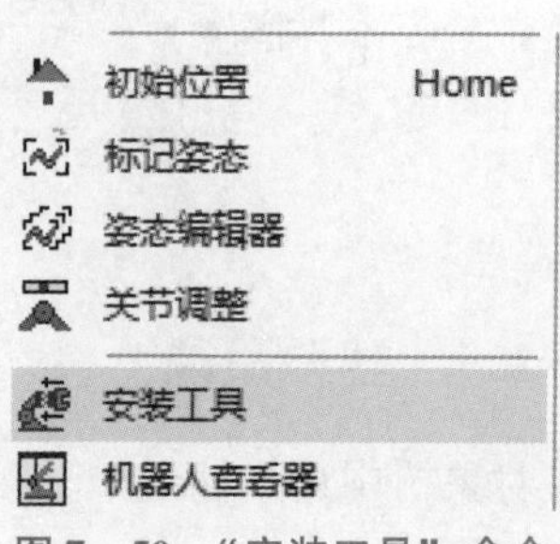

图 7－50　“安装工具”命令

在弹出的“安装工具”对话框当中，在“安装的工具”区域，“工具”选择为抓手“A33”，并且其坐标系选择结构当中的“base”坐标系进行创建，单击“应用”按钮。安装工具前、后的三维视图如图7－51、图7－52所示。

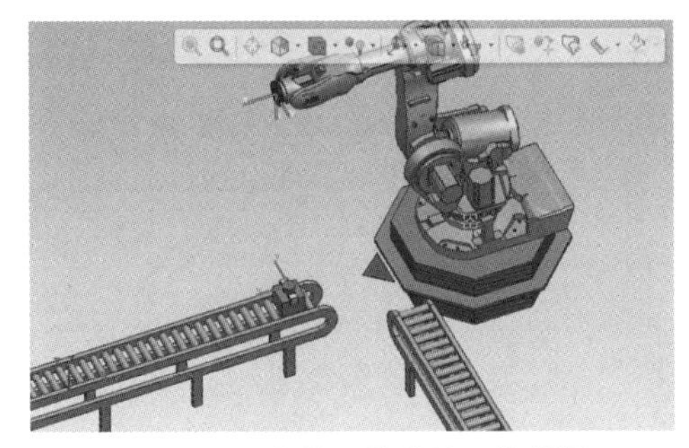

图7－51　安装工具前的三维视图

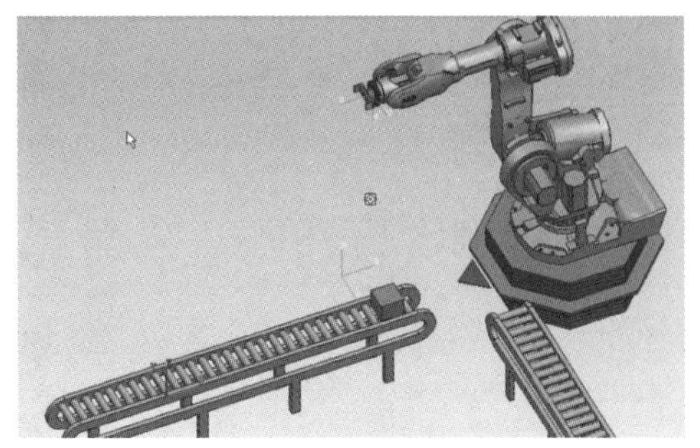

图7－52　安装工具后的三维视图

7.2.5　创建操作树

外观件应用以及物品输送创建

在结构的运动仿真过程中，需要对结构的动作进行模拟，因此需要在操作树中对结构的运动过程进行相应的规划。

执行“操作”→“创建操作”→“新建复合操作”命令，在操作树中创建对应的复合操作，如图7－53所示。在打开的“新建复合操作”对话框（图7－54）中，单击“确定”按钮即可。

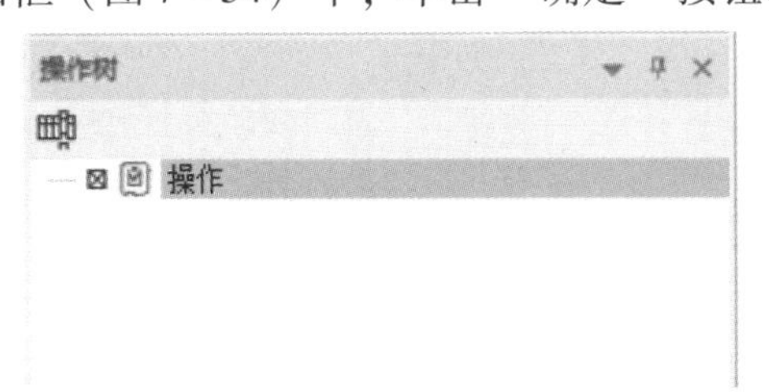

图7－53　在操作树中创建对应的复合操作

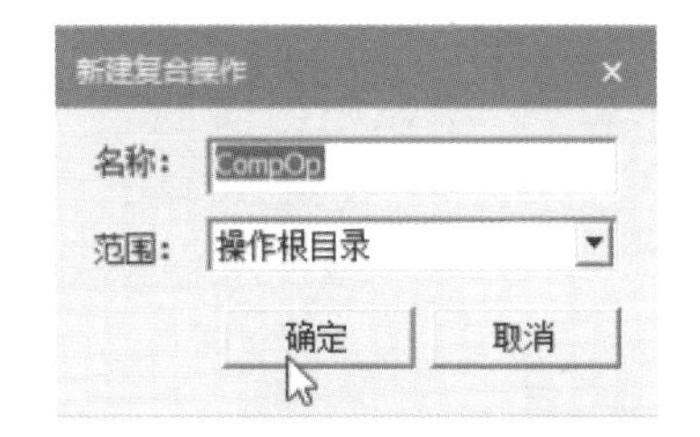

图7－54　“新建复合操作”对话框

结构的动作过程含有零件输送、工业机器人搬运以及零件输出3个过程，因此需要在“输送线”复合操作下再新建3个复合操作，复合操作创建完成之后，利用键盘上的F2键对结构的名称进行更改。

复合操作创建完成之后的操作树结构如图7－55所示。

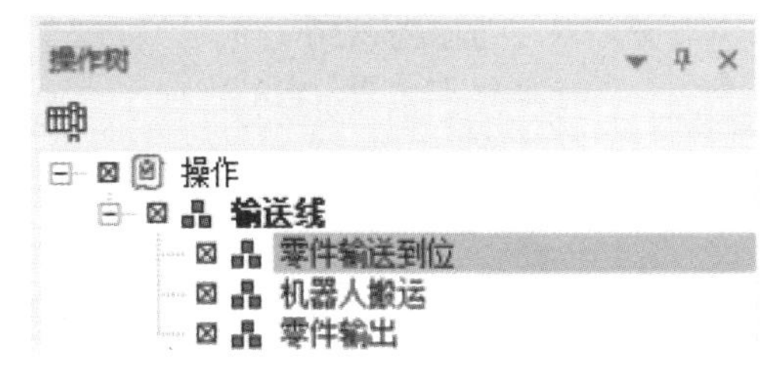

图7－55　复合操作创建完成之后的操作树结构

7.2.6 创建对象流操作

创建对象流操作

7.2.7 创建工业机器人搬运过程

创建工业机器人搬运过程

7.2.8 创建零件输出路径

创建零件输出路径

7.2.9 整体运行模拟

整体运行模拟

7.2.10 进行工业机器人替换

进行工业机器人替换

7.2.11 创建扫掠体

创建扫掠体

7.2.12 导出文件

导出文件

7.3 任务评价

项目 7 任务评价见表 7－1。

表 7－1 项目 7 任务评价

评价项目	分值	得分	
		自评分	师评分
掌握在 PS on eMS Standalone 中创建项目的方法	5		
掌握导入的项目模型结构的创建方法，以及工具的定义方法	5		
掌握复合操作、对象流操作、通用机器人操作、拾放操作的创建与使用方法	5		
掌握外观件的合理应用方法	5		
掌握工业机器人示教命令的创建方法，熟练掌握扫掠体的应用以及项目数据与视频文件的导出	5		
下列任务，每完成一项计 6 分，本项合计分值最高 60 分。 导入模型和调整布局； 定义工具； 整理资源； 创建操作树； 创建对象流操作； 创建工业机器人搬运过程； 创建零件输出路径； 整体运行模拟； 进行工业机器人替换； 创建扫掠体	60		
学习认真，按时出勤	10		
具有团队合作意识和协同工作能力	5		
总计得分			

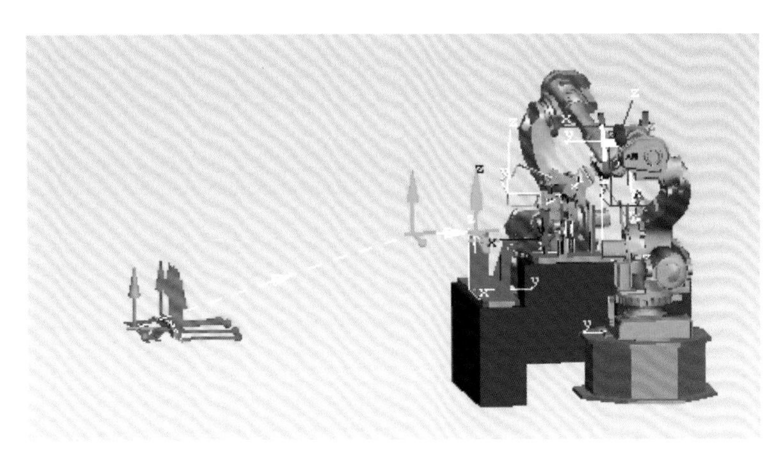

图 6－32　创建完成的路径点